FI

全国信息化工程师—NACG数字艺术人才培养工程指定教材
高等院校数字媒体专业“十二五”规划教材

Flash 二维动画项目制作教程

主　编　吴　韬　魏砚雨
副主编　胡雷刚　刘咏松
　　　　徐　斌　陈　勇

上海交通大学出版社

内 容 提 要

本书是工信部全国信息化工程师—NACG数字艺术人才培养工程指定教材之一。本书以任务驱动为导向，突出职业资格与岗位培训相结合的特点，以实用性为目标。每章节都有明确的学习目标，通过案例制作过程，逐步介绍制作过程中所需要掌握的方法和技巧。

本书共分7章：第1章介绍了Flash CS4 Professional新特性和界面；第2章介绍了创建影片内容的操作方法；第3章介绍了制作Flash动画的基础知识；第4章介绍了制作简单Flash动画的几种实战制作方法；第5章介绍了复杂Flash动画实例的设置；第6章介绍了交互设计和ActionScript的制作方法；第7章介绍了使用Flash中组件的方法。

本书可以作为各级各类职业院校动漫游戏专业相关课程的教学用书，也可以作为Flash网页制作人员的参考用书。

图书在版编目(CIP)数据

Flash二维动画项目制作教程/吴韬，魏砚雨主编.—上海：上海交通大学出版社，2012

高等院校数字媒体专业"十二五"规划教材　全国信息化工程师-NACG数字艺术人才培养工程指定教材

ISBN 978-7-313-08266-4

Ⅰ.①F…　Ⅱ.①吴…②魏…　Ⅲ.①动画制作软件-高等学校-教材　Ⅳ.①TP391.41

中国版本图书馆CIP数据核字(2012)第136892号

Flash二维动画项目制作教程

吴　韬　魏砚雨　主编

上海交通大学出版社出版发行

(上海市番禺路951号　邮政编码200030)

电话：64071208　出版人：韩建民

上海华业装璜印刷有限公司印刷　全国新华书店经销

开本：787mm×1092mm　1/16　印张：18　字数：460千字

2012年6月第1版　2012年6月第1次印刷

印数：1～3030

ISBN 978-7-313-08266-4/TP　定价：63.00元

全国信息化工程师—NACG数字艺术人才培养工程指定教材

高等院校数字媒体专业“十二五”规划教材

编写委员会

本书编写人员名单

主　编： 吴　韬　魏砚雨

副主编： 胡雷刚　刘咏松　徐　斌　陈　勇

参　编： 彭　虹　肖淑方　令狐红英　钱　翔　孙　凯

序

数字媒体产业在改变人们工作、生活、娱乐方式的同时，也在新技术的推动下迅猛发展，成为经济大国的重要支柱产业之一。包括传统意义的互联网及眼下方兴未艾的移动互联网，无不催生数字内容产业的高速发展。我国人口众多，当前又处在国家战略转型时期，国家对于文化产业的高度重视，使我们有理由预见在全球舞台上，我们必将成为不可忽视的重要力量。

在国家政策支持的大环境下，国内涌现了一大批动漫、游戏、后期制作等专业公司，其中不乏佼佼者。同时国内很多院校也纷纷开设了动画学院、传媒学院、数字艺术学院等新型专业。工作中我接触到许许多多动漫企业和学校，包括美国、欧洲、日韩的企业。很多企业都被人才队伍的建设与培养所困扰，他们不但缺乏从事基础工作的员工，高级别的设计师更是匮乏。而相反部分学校的学生毕业时却不能很好地就业。

作为业内的一份子，我深感责任重大。我长期以来思考以上现象，也经常与一些政府主管部门领导、国内外的企业领导、院校负责人探讨此话题。要改变这一现象，需要政府部门的政策扶持、企业单位的参与以及学校的教学投入，需要所有业内有识之士的共同努力。

我欣喜地发现，部分学校已经按照教育部的要求开展校企合作，引入企业的技术骨干担任专业课的教师，通过“帮、带、传”培养了学校自己的教学队伍，同时积累了丰富的项目化教学经验与资源。在有关部门的鼓励下，在热心企业的支持下，在众多学校的参与下，我们成立编委会，组织编写该项目化教材，希望把成功的经验与大家分享。相信这对于我国数字艺术的教学改革有着积极的推动作用，为培养我国高级数字艺术技能人才打下基础。

最后受编委会委托，向给予编委会支持的领导、企业界人士、所有编写人员表示深深的感谢。

朱毓平

2012 年 7 月

前　言

Flash 是一个非常受欢迎的矢量绘图和动画制作软件。它可以制作出一种字节量很小、扩展名为“.swf”的高质量矢量图形和具有很强交互式性的网页动画。这种文件可以插入 HTML 中，也可以单独成为网页；可以在专业级的多媒体制作软件 Authorware 和 Director 中导入使用，也可以独立成为多媒体课件。Flash CS4 Professional 是当前 Flash 系列软件中最新的版本。

本书采用全新的软件核心知识提取和行业应用相结合的学习形式，在讲解实例的过程中提炼出在网页设计、网络动画、二维动画等各种设计领域的实际制作中实用的知识点。将 Flash CS4 软件的精髓和 25 个经典案例的制作方法完美融合在一本书中，全面剖析了 Flash 的各项功能。通过典型的案例将行业设计的技法与软件功能紧密结合，打破传统软件先理论后运用的讲解方式，突破设计师的技术瓶颈，而对于实例的讲解也采用渐进的形式。

本书在教学中可安排 90 课时，建议课时分配如下：

章　节	内　　容	课　　时
第 1 章	初识 Flash CS4 Professional	6
第 2 章	创建影片内容	12
第 3 章	制作 Flash 动画的基础	10
第 4 章	简单 Flash 动画	16
第 5 章	复杂 Flash 动画	16
第 6 章	交互设计和 ActionScript	20
第 7 章	使用 Flash 中的组件	10

本书配有多媒体教学课件，包含了主要实例的制作过程和全部素材。读者使用课件，配合书中的讲解可以达到事半功倍的效果。读者可从下列地址下载课件：www.jiaodapress.com.cn，或 www.nacg.org.cn。

本书图文并茂，可作为各级各类职业院校动漫游戏专业相关课程的教学用书，也可以作为二维动画及网页设计相关专业的培训教学用书，还可作为 Flash 动画初中级爱好者、Flash 网页制作人员的参考用书。

由于时间仓促，加之编者水平和从事工作的经验有限，书中的疏漏和不当之处，敬请广大读者批评指正。

作　者

2012 年 7 月

CONTENTS 目录

1 初识 Flash CS4 Professional

本章学习时间：6课时

学习目标：了解 Flash 的特点、Flash CS4 Professional 的界面和新特性，掌握发布 Flash 作品的方法

教学重点：Flash CS4 Professional 的界面和新特性

教学难点：Flash CS4 的发布设置

讲授内容：Flash 的特点，Flash 的应用范围，制作 Flash 动画的工作流程，舞台和工作区，菜单和工具栏，其他面板工具，Deco 工具，基于对象的动画，全新 3D 平移和旋转工具，反向运动与骨骼工具，发布和设置

课程范例文件：第1章\1-1.fla，第1章\1-2.fla

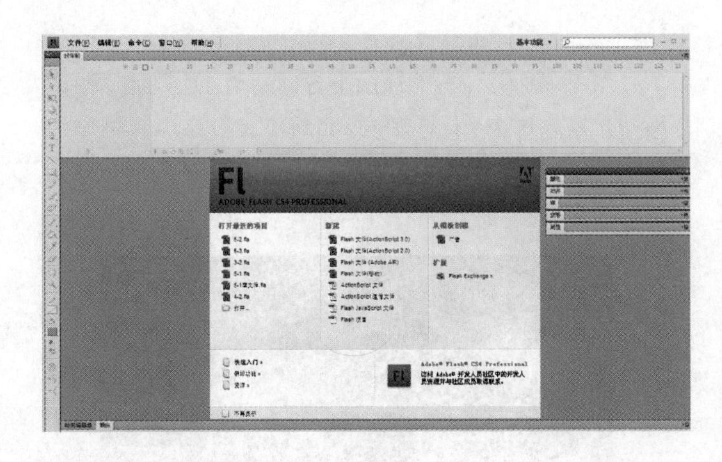

本章课程总览

本章将在介绍一些优秀的 Flash 作品的基础上讲解 Flash 的特点、应用范围，Flash CS4 Professional 的界面和新特性，以及发布 Flash 作品的方法。学习一个软件需要全方位地了解它，包括它的应用，界面、操作技巧等；同时还需要认真掌握发布设置，完成的作品应根据传播的需要通过发布选择不同的格式。

1.1 Flash作品欣赏

从简单的动画到复杂的交互式Web应用程序，都可以使用Flash来创建。通过添加图片、声音和视频，可以使应用Flash程序制作出来的媒体丰富多彩。Flash包含了许多种功能，如拖放用户界面组件、将动作脚本添加到文档的内置行为，为对象添加特殊效果等，这些功能使Flash易于使用。

使用Flash的创作动画作品，是在Flash文档(即保存时文件扩展名为".fla"的文件)中进行的。在制作完Flash内容后发布它，会创建一个扩展名为".swf"的文件。可以使用FlashPlayer运行SWF文件。

知识点提示

Flash的特点

Flash提供的图形变形和特效技术，使得创建动画更加容易，并为网页动画设计者的丰富想象力提供了实现手段；它的交互设计让用户可以随心所欲地控制动画，赋予用户更多的主动权；Flash CS4 Professional更优化的界面设计和强大的工具使得Flash更简单实用。同时，Flash还具有导出独立运行程序的能力，优化下载的配置功能也很强大，可以说Flash为制作适合网络传输的网页动画开辟了新的道路。由于Flash记录的只是关键帧和控制动作，所生成的编辑文件(*.fla)，尤其是播放文件(*.swf)都非常小巧。与其他的动画制作软件制作出来的动画相比，Flash动画具有以下特点：

(1) Flash动画受网络资源的制约一般比较短小，利用Flash制作的动画是矢量的，无论把它放大多少倍都不会失真。

(2) Flash动画具有交互性优势，可以更好地满足用户的需要。它可以让欣赏者的动作成为动画的一部分。用户可以通过单击、

Flash发展到现在出现了无数优秀的作品。下面来欣赏一些网络上流行的Flash作品。

01

图1-1是一个Flash制作得某公司网站LOGO、Flash Banner条和导航。这样制作的Flash Banner条等可以动态变化，比单纯的图片更有视觉冲击力。

图1-1

02

图1-2是Flash制作的上谷网站的片头动画。进入网站先播放这个Flash动画，动画停止时会出现网站链接，可以单击链接进入该网站。Flash片头动画能给人很强的带入感。

图1-2

03

图 1-3 是一个 msn 中文网的 Flash 广告动画。这个广告小巧美观，可以漂浮在网页上引起网友注意。

图 1-3

04

图 1-4 是一个 Flash 制作的欧美酒吧网页主页。整个页面全部采用 Flash 制作，每个按钮、图片和文字都是动态变化的，整个页面动感十足。

图 1-4

选择等动作，决定动画的运行过程和结果，这一点是传统动画所无法比拟的。

(3) Flash 动画可以放在网上供人欣赏和下载，由于使用的是矢量图技术，具有文件小、传输速度快、播放采用流式技术的特点，因此动画是边下载边播放。如果速度控制得好，则根本感觉不到文件的下载过程。

(4) Flash 动画有崭新的视觉效果，比传统的动画更加轻易与灵巧，更加“酷”。不可否认，它已经成为一种新时代的艺术表现形式。

(5) Flash 动画制作的成本非常低，使用 Flash 制作的动画能够大大地减少人力、物力资源的消耗。同时，在制作时间上也会大大减少。

(6) Flash 动画在制作完成后，可以把生成的文件设置成带保护的格式，这样维护了设计者的版权利益。

但是需要注意的是，在网络上观看 Flash 动画需要 FlashPlayer 插件的支持。只有当用户的浏览器已经安装了 FlashPlayer 时，才可以正常播放 Flash 动画。

Flash 的应用范围

Flash 技术发展到今天，已经真正成为了网络多媒体的既定标准，在互联网中得到广泛的应用与推广。现在网络上随处可见 Flash 技术制作的网站动画、网站广告、Banner 条和大量的交互动画、MTV 以及游戏。并且 Flash 已经逐步进入了手机应用市场，人们可以使用手机设置 Flash 屏保、观看 Flash 动画、玩Flash游戏甚至使用Flash进行视频交流，Flash已经成为了跨平台多媒体应用开发的一个重要分支。

1. 网站动画

在早期的网站中只有一些静态的图像和文字，页面有些呆板。使用Flash之后，页面变得活泼生动。由于Flash的动画效果非常好，还可以加载音乐，现在的网页中越来越多的设计采用Flash动画来装饰页面，如Flash制作网站LOGO、Flash Banner条。

2. 片头动画

片头动画通常用于网站的引导页面，具有很强的视觉冲击力。好的Flash片头，往往会给用户留下很深的印象，这样可以更好得吸引浏览者注意，增强网页的感染力。

3. Flash广告

Flash广告动画中一般会采用很多的电视媒体制作的表现手法，而且短小、精悍；适合于网络传输。广告形式非常好。

4. Flash网站

Flash具有良好的动画表现力和强大的后台技术，并支持HTML与网页编程语言的使用，Flash制作网页，优势很强。

5. Flash动漫与MTV

Flash非常适合制作漫画，再配上合适的音乐，有很强的吸引力。这让越来越多的朋友迷恋于这种创作方式，将自己喜欢的故事或者歌曲做成动漫或MTV送给朋友欣赏或自己留念，在作品完成

05

Showgood大话三国系列动漫中的三英战吕布，不仅在人物刻画上惟妙惟肖，人物对白和动作也更生动有趣，是网络上最受欢迎的Flash精品之一，如图1－5和图1－6所示。

图1－5

图1－6

图 1-7 是小小作品 No.3。小小的动画造型风格准确表达主题并创造了独特的视觉效果，镜头画面的视角变化有效地丰富动画艺术的表现力。

小小的小黑人形象是角色本身的变体符号，其造型、动作更加夸张，这种表现方式拓宽了动画动作语言的表现途径。动作的符号化并非模式化，每一部成功而有特色的动画片都在创造一种独特的动作语言符号，小小赋予了小黑人这个动画形象一种全新的性格魅力，也因此成为广大观者所喜爱的作品。小小系列作品，其中小小作品 No.3 是其中最经典的一部，动作和配音几乎可以用完美来形容。该片拥有成龙影片中的打斗动作，甚至还拥有《骇客帝国》中的慢镜头。

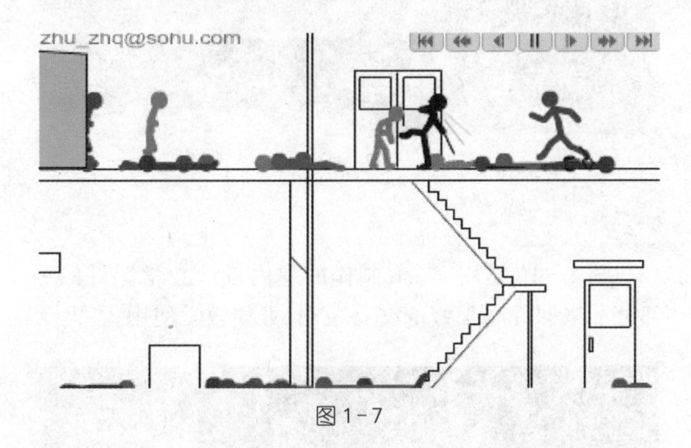

图 1-7

06

图 1-8 是一张 Flash 贺卡，美丽的动态文字效果配上花朵带给人温馨感觉。

图 1-8

后，感受劳动成果，增进 Flash 技术水平，可谓好处多多。此外，使用 Flash 制作 MTV 已经逐步商业化，唱片公司开始推出使用 Flash 技术制作 MTV，开启了唱片公司探索网络的又一途径。

6. Flash 贺卡

Flash 制作的贺卡互动性强、表现形式多样、文件体积小，可以更好地表达对亲人、对朋友的关心与祝福。

7. Flash 游戏

Flash 是一款优秀的多媒体编辑工具，可以实现动画、声音的交互，可以制作寓教于乐的 Flash 小游戏。

8. 多媒体光盘

过去多媒体光盘一般都使用 Director 软件来完成的，现在，可以使用 Flash 制作多媒体宣传光盘。

9. 教学课件

使用 Flash 制作教学课件可以更形象地表达教学内容，增强学生的学习兴趣，现在已经越来越多地使用到学校的教学工作中。

10. 电子杂志

现在很多企业为了在网上发布企业形象、产品信息等，使用 Flash 制作企业电子杂志在网上传播。有些书籍为了方便网上读者订购阅读也制作出电子杂志来满足读者。Flash 在这方面的应用也越来越多。

11. 手机应用

通过 Flash 可以制作出很多的

手机应用动画，有 Flash 手机屏保、Flash 手机主题、Flash 手机游戏、Flash 手机应用工具等，Flash 在这方面的应用越来越广。

Flash 的应用远远不止这些，它在电子商务与其他的媒体领域也得到了广泛的应用。相信随着 Flash 技术的发展，Flash 的应用范围将会越来越广泛。

制作 Flash 动画的工作流程

(1) 确定动画要执行哪些基本任务，建立新 Flash 文件，同时设置好动画文件的舞台背景大小、颜色、动画播放帧频等。新建文件包含 Flash 文件(ActionScript 3.0)、Flash 文件(ActionScript 2.0)、Flash 幻灯片演示文稿和 Flash 表单应用程序等。可根据需要来选择。

(2) 制作各种动画所需元件并导入媒体元素，如图像、视频、声音和文本等。

(3) 排列元素制作动画。在舞台上和时间轴中排列这些元件和媒体元素制作动画。可根据需要应用图形滤镜(如模糊、发光和斜角)、混合和其他特殊效果。

(4) 使用 ActionScript 控制行为。编写 ActionScript 代码以控制元件和媒体元素的行为方式，包括这些元素对用户交互的响应方式。

(5) 保存测试并发布动画。进行测试以验证动画是否达到预期效果，查找并修复所遇到的错误。在整个创建过程中应不断测试动画。将 Flash 文件发布为可在网页中显示并可使用 FlashPlayer 播放的 SWF 等格式文件。

07

图 1-9 是小小作品过关斩将 2。小小的过关斩将系列是模拟街机的 Flash 游戏。它将街机的动作逼真地模拟到 Flash 中，有很强的打击感。

图 1-9

08

图 1-10 是用 Flash 制作的室内设计教学课件的一部分。该课件有很好的交互控制，方便教学使用。

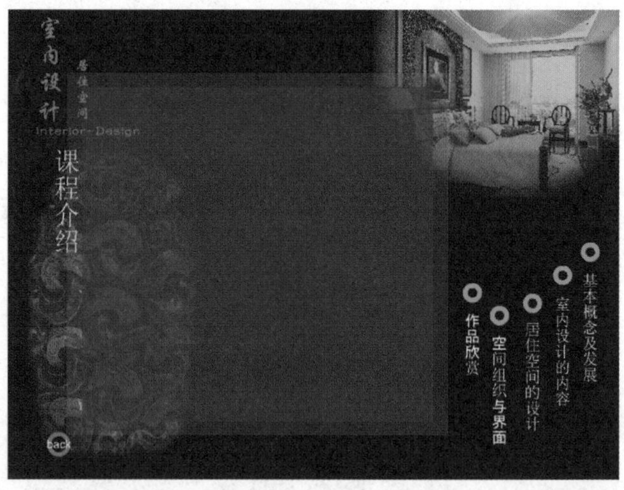

图 1-10

另外，现在还有很多书籍的多媒体光盘都采用 Flash 制作，可直接播放并与读者互动。网上还有很多手机主题屏保都采用 Flash 制作然后转换成手机使用格式。各个应用领域的 Flash 优秀作品很多，制作时除了需要精通 Flash 技术外还要有很好的创意。

1.2 认识 Flash CS4 Professional 界面

每个软件都有自己的工作环境，要正确地使用好这个软件必须先熟悉这个软件的工作界面。对于 Flash CS4 Professional(以下简称 Flash CS4)而言，第一印象就是视觉上的变化，界面相对于以往又有了改进。Flash CS4 重新划分了界面布局；菜单栏放到了窗口栏之上，使得工作区域更为整洁，画布的面积更大；改进了工具的交互，更便于操作。Flash CS4 的工作界面由菜单栏、时间轴、工具栏、舞台和工作区以及浮动面板等组成，如图 1－11 所示。

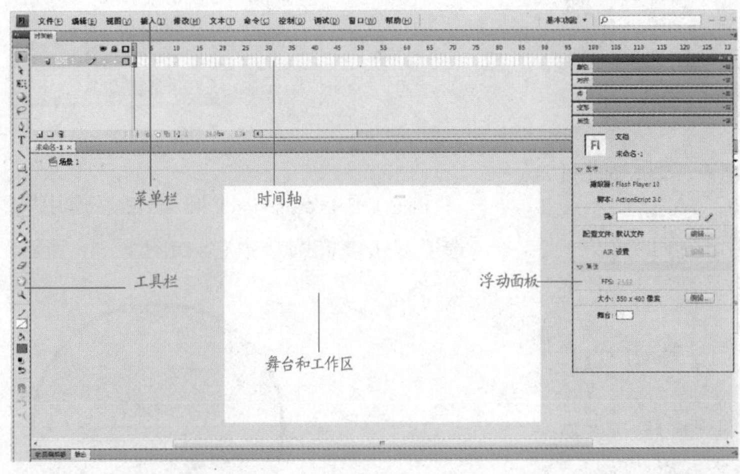

图 1－11

下面通过使用 Flash CS4 绘制一个喜羊羊的头像来熟悉 Flash CS4 的界面。

01

打开 Flash CS4，新建 Flash 文件(ActionScript 3.0)，如图 1－12 所示。

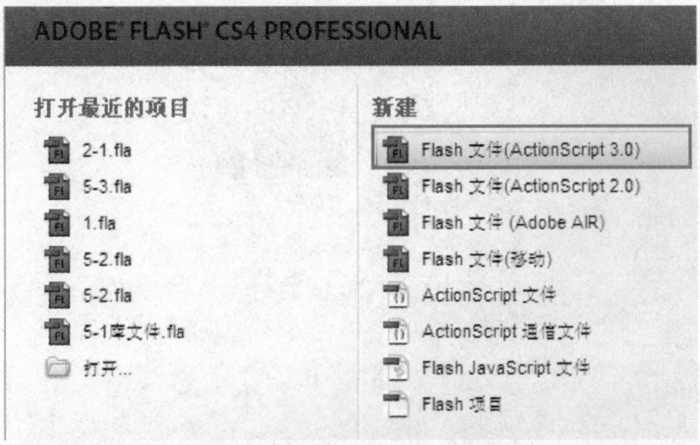

ADOBE® FLASH® CS4 PROFESSIONAL

打开最近的项目
2-1.fla
5-3.fla
1.fla
5-2.fla
5-2.fla
5-1库文件.fla
打开...

新建
Flash 文件(ActionScript 3.0)
Flash 文件(ActionScript 2.0)
Flash 文件 (Adobe AIR)
Flash 文件(移动)
ActionScript 文件
ActionScript 通信文件
Flash JavaScript 文件
Flash 项目

图 1－12

知 识 点 提 示

舞台和工作区

舞台是图 1－11 中间的白色部分，是制作作品使用的区域，可以在上面编辑图形动画等，最后生成 SWF 文件播放的内容也只有在舞台上的图形。

工作区是舞台旁边的灰色区域，在它上面也可以制作图形动画等，但在生成 SWF 文件时是看不到的，这点要注意。

菜单和工具栏

菜单栏包括文件菜单、编辑菜单、视图菜单、插入菜单、修改菜单、文本菜单、命令菜单、控制菜单、调试菜单、窗口菜单和帮助等菜单栏目。根据不同的功能菜单使用它相应的功能选项。

文件菜单:用于文件操作,如创建、打开和保存文件等。

编辑菜单:用于动画内容的编辑操作,如复制、粘贴等。

视图菜单:用于对工作环境进行设置,如放大、缩小、辅助线等。

插入菜单:用于插入元件、场景、图层等。

修改菜单:用于修改动画中各种对象的属性,如帧、图层、场景或动画本身。

文本菜单:用于对文本的属性进行设置。

命令菜单:用于管理命令。

控制菜单:用于对动画进行播放、控制和测试。

调试菜单:用于对动画进行调试。

窗口菜单:用于打开、关闭或切换窗口面板。

帮助菜单:用于查找 Flash 帮助信息。

工具栏包括 Flash 所有的图形制作工具,利用这些工具可以进行绘图、选取、喷绘、修改以及编排文字等操作。在选择了某个工具时,其对应的附加选项会在工具栏下面的位置出现。具体可分为绘图工具、视图调整工具、颜色修改工具和选项设置工具四部分。如下图:

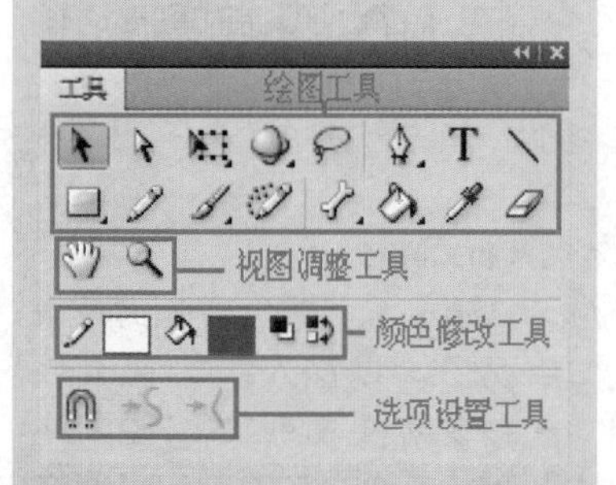

文档"属性"面板保持设置不变。

02

使用"椭圆工具"绘制喜羊羊的脸,用鼠标按住工具栏的"矩形工具"下的小三角,在下拉菜单中选择"椭圆工具",如图 1-13 所示。

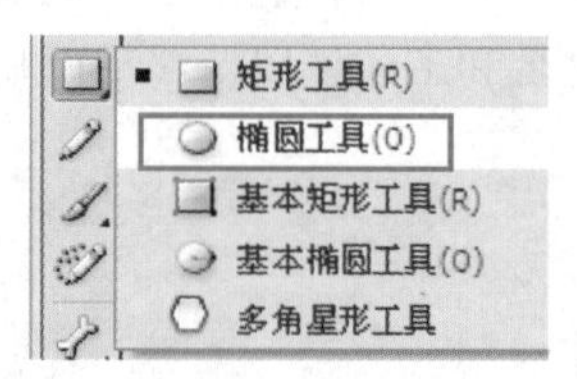

图 1-13

在工作区绘制一个椭圆,然后使用"选择工具" 框选或双击该椭圆选中它,如图 1-14 所示。

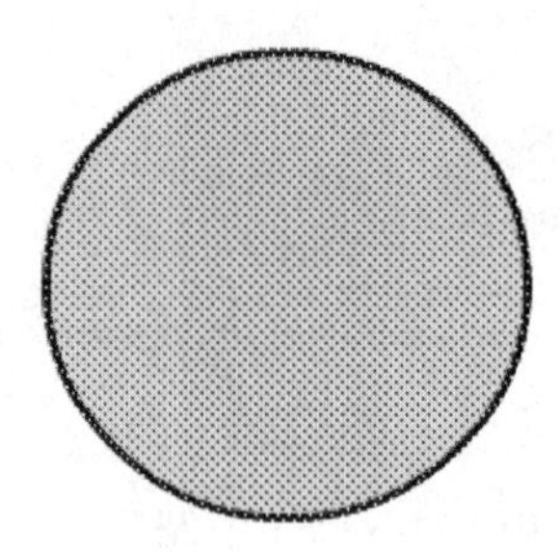

图 1-14

从"窗口"菜单调出"颜色"面板,设置椭圆"笔触"为黑色,"填充"为淡黄色,如图 1-15 所示。

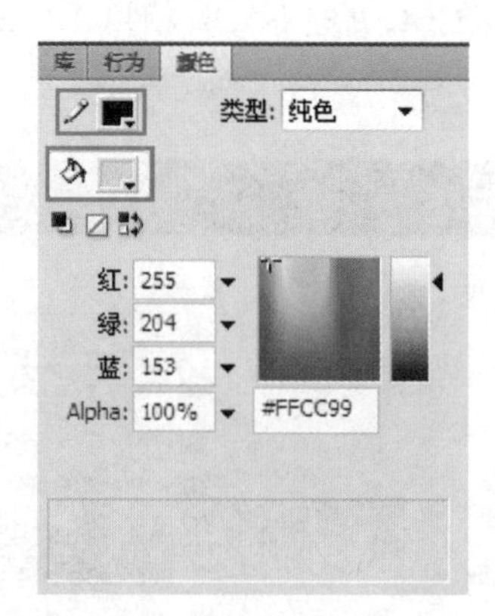

图 1-15

打开"属性"面板,设置"笔触"大小为 0.10,这样可保证缩放不变形,如图 1-16 所示。

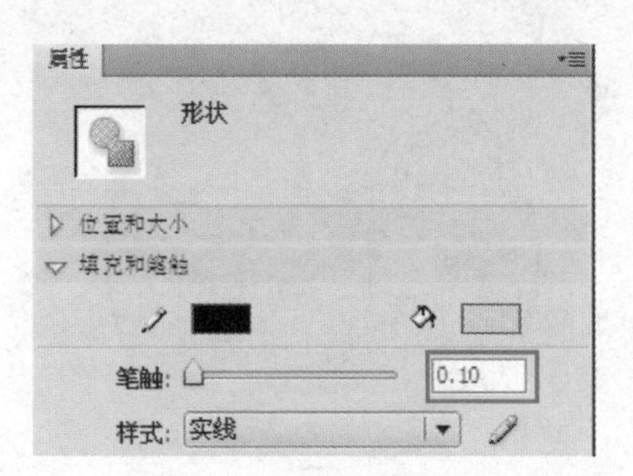

图 1 - 16

完成后执行“修改”→“组合”命令(图 1 - 17),或使用快捷键〈Ctrl〉+〈G〉组合椭圆。

修改(M) 文本(T) 命令(C) 控制
文档(D)... Ctrl+J
转换为元件(C)... F8
分离(K) Ctrl+B
位图(B)
元件(S)
形状(P)
合并对象(O)
时间轴(M)
变形(T)
排列(A)
对齐(N)
组合(G) Ctrl+G
取消组合(U) Ctrl+Shift+G

图 1 - 17

03

下面使用“椭圆工具”绘制喜羊羊的眼睛,在时间轴上新建图层 2,如图 1 - 18 所示。

图 1 - 18

使用“椭圆工具”在图层 2 上绘制一个圆,同样的方法把圆的填充色改为白色,如图 1 - 19 所示。

绘图工具从左到右分别是选择工具、部分选择工具、任意变形工具、3D 工具、套索工具、钢笔工具、文本工具 T、直线工具、矩形工具、铅笔工具,刷子工具、Deco 工具、骨骼工具、颜料桶工具、墨水瓶工具、滴管工具和橡皮擦工具。它们的具体使用在以后章节中学习。

其他面板工具

时间轴

时间轴是 Flash 里面最重要的部分,也是动画与平面的区别所在。它由显示影片播放状况的帧和表示层叠关系的图层和播放头组成。播放头指示当前在舞台中显示的帧。播放文档时,播放头从左向右通过时间轴。Flash CS4 Professional 的时间轴如下图所示。

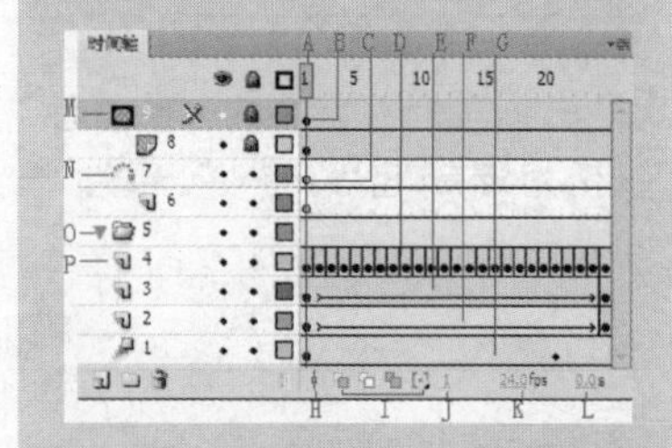

A:播放头。
B:关键帧。
C:空关键帧。
D:逐帧动画。
E:传统补间动画。
F:形状补间动画。
G:动画补间动画。
H:“滚动到播放头”按钮。
I:“绘图纸”按钮。
J:当前帧指示器。
K:帧频指示器。
L:运行时间指示器。

M:遮罩层。

N:引导层。

O:图层文件夹。

P:图层。

属性面板

在 Flash CS4 中,“属性”面板、“滤镜”面板和“参数”面板整合成了一个面板,“属性”面板显示了当前选择的内容的属性设置项,是不固定的,如下图所示。

Flash CS4 的所有的面板都可以变为浮动面板,包括“属性”面板。

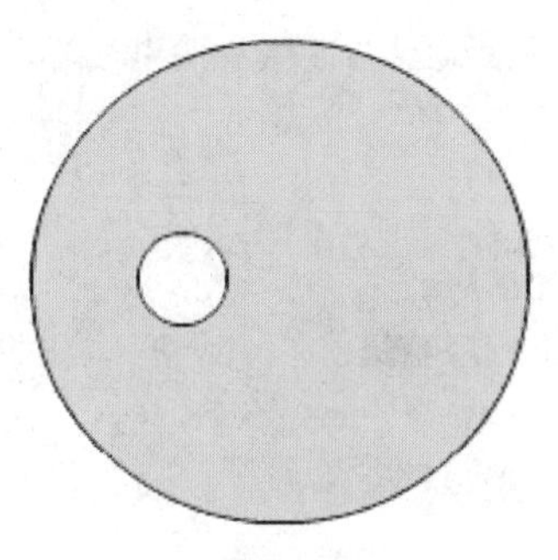

图 1-19

单击选中刚绘制的圆,按住〈Alt〉键同时移动、复制出一个圆并在颜色面板中把它改为黑色。使用工具栏的“任意变形工具”从对角把它缩小一圈,如图 1-20 所示。

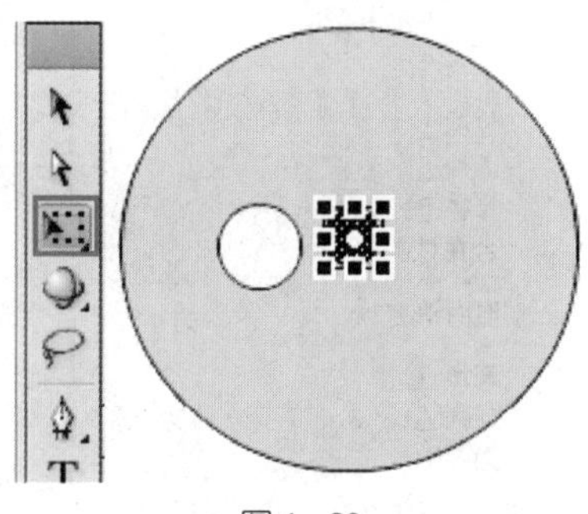

图 1-20

使用“选择工具”框选这两个圆,从“窗口”菜单调出“对齐”面板,依次单击“对齐”面板中的“水平居中对齐”和“垂直居中对齐”,把这两个圆按圆心对齐,如图 1-21 所示。

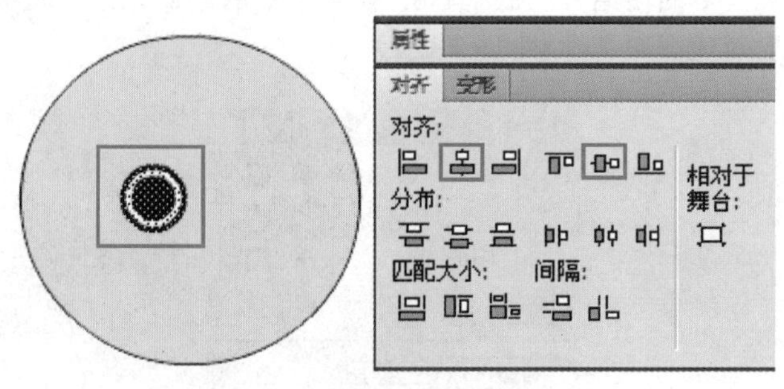

图 1-21

再使用“椭圆工具”绘制一个小些的圆,颜色为白色放置在黑眼球上,如图 1-22 所示。

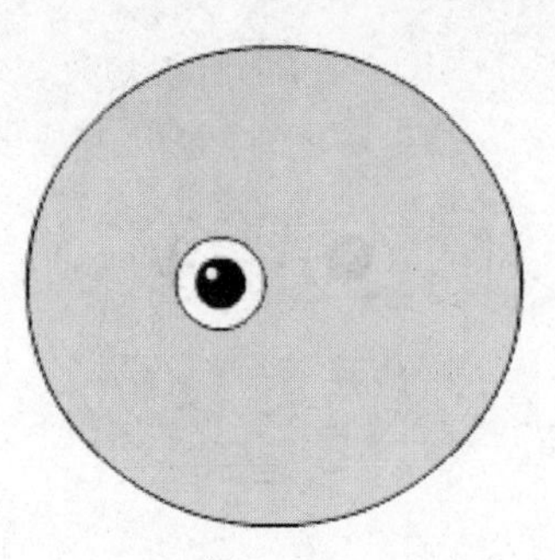

图 1-22

用“选择工具” 框选眼睛，使用快捷键〈Ctrl〉+〈G〉把圆组合。然后在按住〈Alt〉键的同时，移动并复制出另一个眼睛，并如图 1-23 所示将它们放到合适的位置。

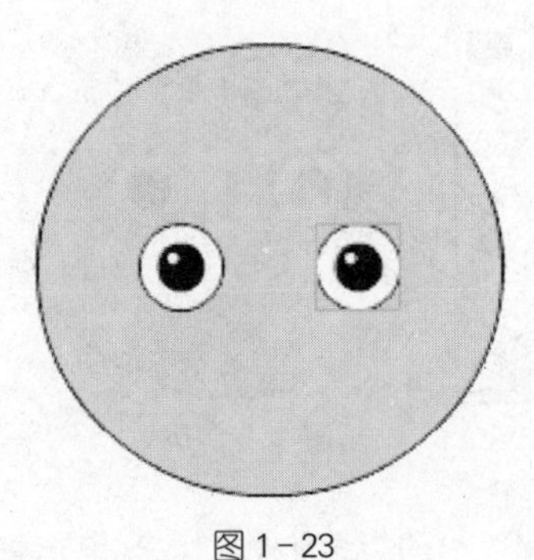

图 1-23

04

下面绘制眉毛，选择工具栏的“直线工具” 在眼睛上面绘制一条线段，如图 1-24 所示。

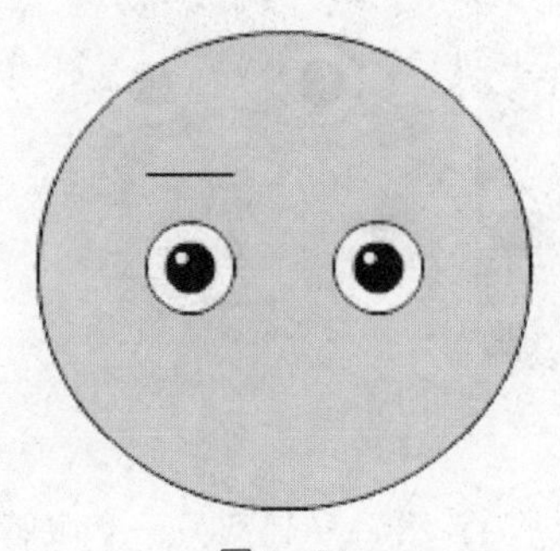

图 1-24

然后使用“选择工具”从线段中间把它向上拉成弧形，如图 1-25 所示。

其他面板

Flash CS4 面板有很多，包括“颜色”面板、“库”面板、“对齐”面板、“变形”面板等，其中“颜色”面板，“库”面板，“对齐”面板，“变形”面板依次如下图所示。

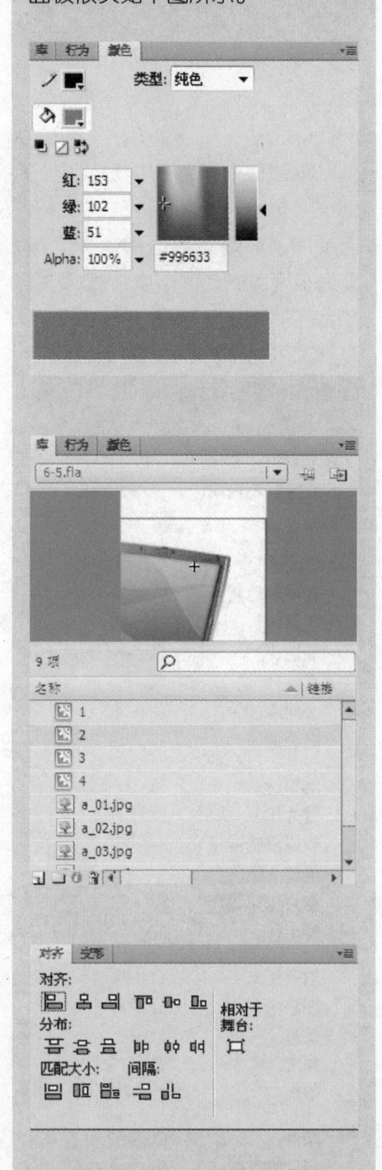

在动画制作过程中使用它们可以方便地对对象、颜色、文本、符号实例、帧、场景等进行操作。这些面板可以调节大小或隐藏，可以放置在屏幕上任何地方。也可以从“窗口”菜单中调出需要用到的面板，如下图所示。

窗口(W)	帮助(H)
直接复制窗口(F)	Ctrl+Alt+K
工具栏(O)	▸
✔ 时间轴(J)	Ctrl+Alt+T
动画编辑器	
✔ 工具(K)	Ctrl+F2
✔ 属性(P)	Ctrl+F3
✔ 库(L)	Ctrl+L
公用库(N)	▸
动画预设	
动作(A)	F9
行为(B)	Shift+F3
编译器错误(E)	Alt+F2
调试面板(D)	▸
影片浏览器(M)	Alt+F3
输出(U)	F2
对齐(G)	Ctrl+K
颜色(C)	Shift+F9
信息(I)	Ctrl+I
样本(W)	Ctrl+F9
变形(T)	Ctrl+T
组件(X)	Ctrl+F7
组件检查器(Q)	Shift+F7
其他面板(R)	▸
扩展	
工作区(S)	▸
隐藏面板(P)	F4

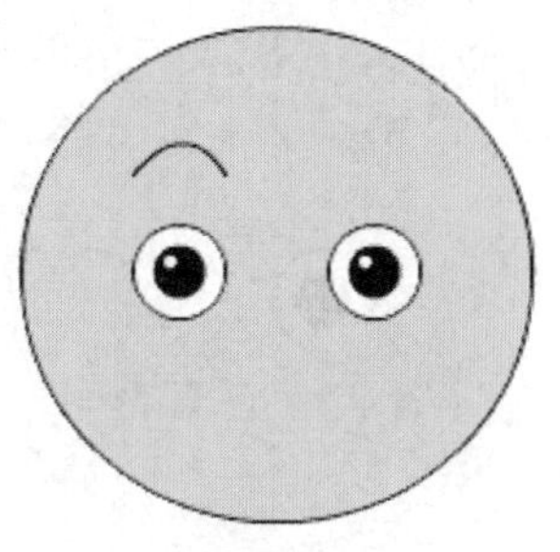

图 1－25

再使用“直线工具”，（注意：在设置选项中设置“设置贴紧至对象”）把弧线的两端连起来，使用“选择工具”从线段中间把它向上拉成弧形，最后效果如图 1－26 所示。

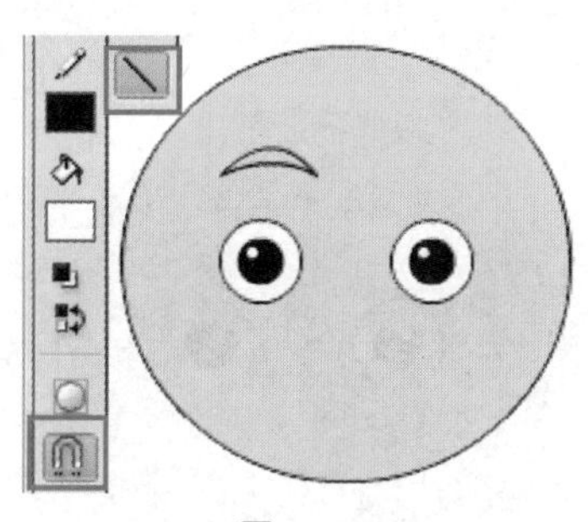

图 1－26

使用工具栏中的“颜料桶工具”，单击两条圆弧包围的中间填充为黑色如图 1－27 所示。注意：填充之前要保证颜色修改工具栏的填充色为黑色。

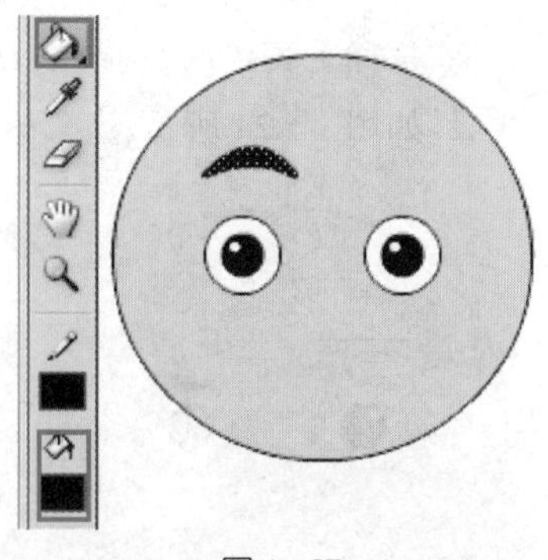

图 1－27

同样组合眉毛，然后复制到另一个眼睛上面。

05

与绘制眼睛的方法一样，使用“椭圆工具”在图层 2

上绘制出鼻子，组合放置在脸中间。使用“直线工具”绘制出嘴巴，然后使用“颜料桶工具”为嘴巴填充合适颜色，也组合放置在鼻子下面。最后使用“椭圆工具”绘制两个酒窝组合后放置在嘴角两边。注意：酒窝的椭圆边框可使用“选择工具”单击选中后，按〈Delete〉键删除掉。完成后效果如图 1－28 所示。

图 1－28

06

新建图层 3，在图层 3 上使用工具栏中的“铅笔工具”沿着脸的边缘绘制出头发形状。注意：在设置选项中设置铅笔模式为“平滑”。绘制时，出错的地方可以使用“橡皮擦工具”擦除，用“铅笔工具”重新绘制。使用手绘板的绘画效果更好。需要注意的是线必须是封闭的，不能有断开的地方，不然无法填充颜色，如图 1－29 所示。

图 1－29

在面板的右上角如果有黑色的小三角就表示有附加选项的弹出菜单可以单击它弹出菜单。另外可以双击面板的标题栏使面板缩小或只有名称的面板栏，从而节省空间如下图所示。再双击就返回扩展状态。

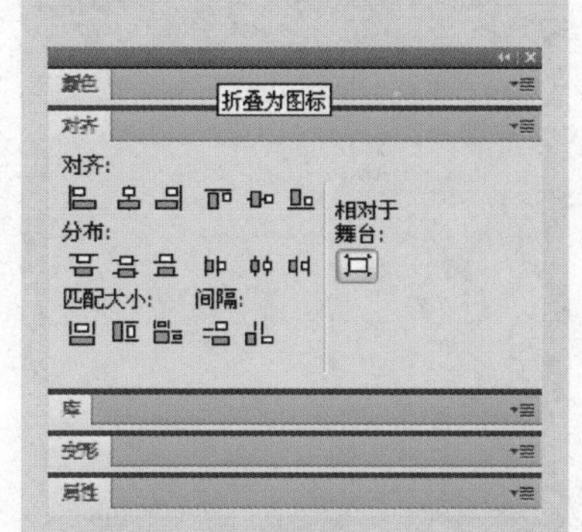

使用“颜料桶工具”为头发填充白色，并组合。

07

选中图层2，使用“直线工具”绘制出羊角，然后使用“颜料桶工具”为羊角填充棕色。组合并复制出另一个，使用“任意变形工具”调整方向、大小放置在头上。使用“铅笔工具”绘制耳朵并使用“颜料桶工具”填充为黄色。然后组合并复制出另一个，使用“任意变形工具”调整方向、大小放置在头两边。最后效果如图1－30所示。

图1－30

完成后，使用“文件”菜单下的“保存”菜单或者使用快捷键〈Ctrl〉+〈S〉弹出“另存为”对话框（图1－31）。选择保存的路径并命名文件，然后单击“保存”。

图1－31

1.3 Flash CS4 新特性

Flash CS4 这次改版有了很大的变化，这是近年来的版本里改动最大的一次。不仅仅是界面的修改和绘画工具以及 ActionScript 3.0 的完善，而且动画形式也彻底改变了。Flash CS4 的动画补间效果不再是作用于关键帧，而是作用于动画元件本身。“骨骼工具”的加入使制作角色动画更方便，这些改变使得 Flash 更像是一款专业动画制作工具，而不只是网页动画工具。

本节只讲解“Deco 工具”的绘图运用，其他新特性在后面的章节中会详细讲述。

01

使用 Flash CS4 打开上节制作的 Flash 文件，单击场景空白地方，然后在属性面板的“属性”栏中单击“编辑”按钮，如图 1-32 所示。

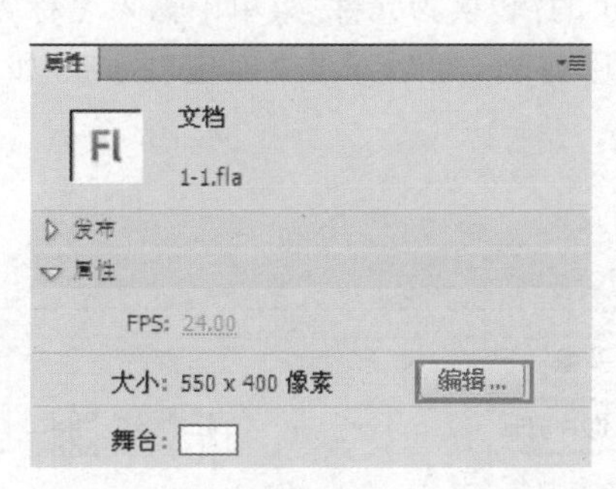

图 1-32

弹出“文档属性”对话框，设置文档大小为 550 像素×550 像素，背景色为灰色，如图 1-33 所示。

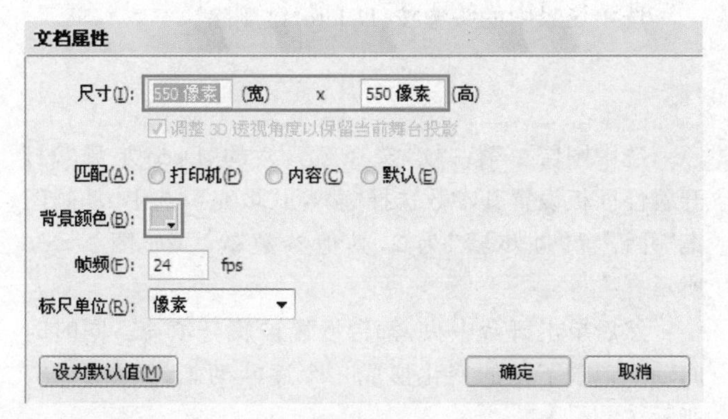

图 1-33

知 识 点 提 示

Deco 工具

“Deco 工具” 是在 Flash CS4 工具栏中新增加的绘图工具。“Deco 工具”包含三种效果：藤蔓式填充、网格填充和对称刷子。它利用 Flash CS4 的程序引擎绘制复杂图形。

使用“Deco 工具”的主要优势在于加快复杂图案的绘制速度。它无须对齐大量元件或贴紧至网格，可以使用“Deco 工具”来快速绘制出复杂图案。

基于对象的动画

在 Flash CS4 中需要对 Flash 动画有一个全新的认识。要实现动画一定要有关键帧，在关键帧中对象或对象的属性发生变化就形成了动画效果。实现动画需在关键帧中改变对象或对象的属性。在 Flash CS4 就是两个概念了。改变对象，比如在关键帧中出现新的对象，如同以前版本一样在 Flash 时间轴上是用黑圆点表示，如下图所示。

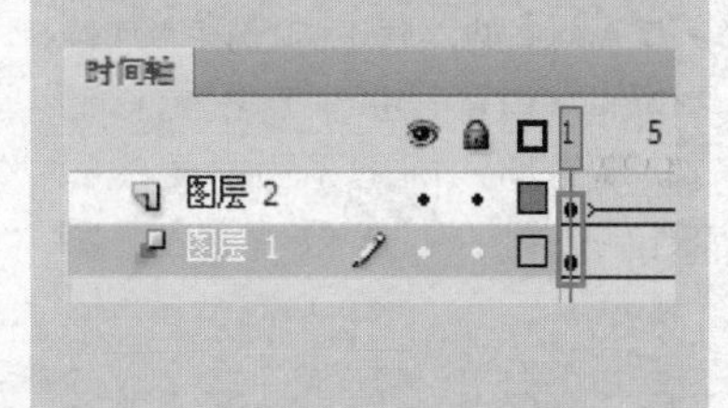

在帧中改变对象的属性，如位置的变化等，这种帧叫属性关键帧。属性关键帧是 Flash CS4 新出现的概念。它在 Flash 时间轴上是菱形点表示，如下图所示。

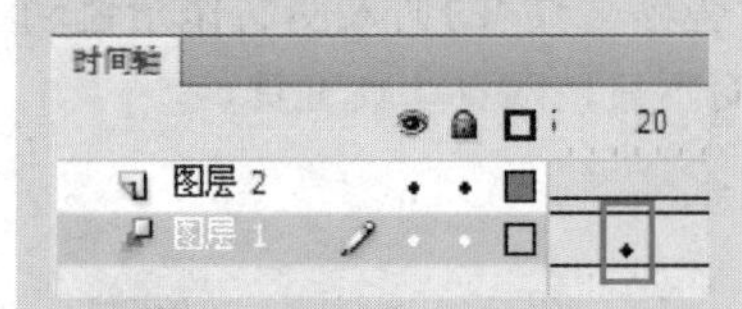

Flash CS4 制作的动画除了关键帧外，对补间也有了新的定义，在时间轴上单击右键，弹出的快捷菜单中不是只有创建补间动画和创建补间形状两项，而是增加了创建传统补间一项，如下图所示。

创建补间动画
创建补间形状
创建传统补间

Flash CS4 中的传统补间是原来的补间动画。现在的补间动画是全新的、基于对象属性变化的补间动画，跟以前的补间动画使用完全不一样，具体用法会在后面的章节中详细讲解。基于对象的动画不仅可大大简化 Flash 中的设计过程，而且还提供了更大程度的控制作用。补间此时将直接应用于对象而不是关键帧，从而精确控制每个单独的动画属性。基于对象的动画形式可以直接将动画补间效果应用于对象本身，而对象的移动轨迹可以很方便地运用贝塞尔曲线细微的调整，这一点和同期被 Adobe 纳入旗下的多媒体软件 Director 有着异曲同工之妙，移动轨迹的加入简化了引导层的操作，提高了工作效率，如下图所示。

02

使用“选择工具”框选整个头像，使用“任意变形工具”把头像缩放到五分之一大小，然后右键单击头像弹出快捷菜单，选择“转换为元件...”命令，如图 1－34 所示。

图 1－34

在弹出的“转换为元件”菜单中输入名称为“头像”，类型为影片剪辑，然后单击“确定”按钮，如图 1－35 所示。

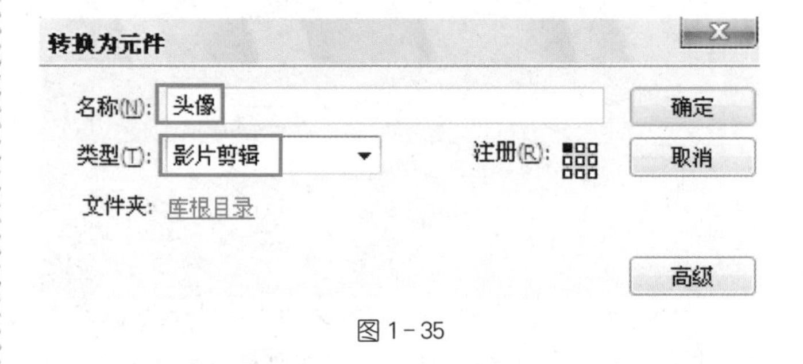

图 1－35

选中场景中的头像按〈Delete〉键删除。

03

选中图层 1 第一帧，选择工具栏的“Deco 工具”，打开属性面板设置其参数选择“藤蔓式填充”，选中“动画图案”并设置“帧步骤”为 2，其他参数默认，如图 1－36 所示。

然后单击舞台中央，舞台慢慢被藤蔓填充。同时时间轴上记录了帧的变化形成一个逐帧动画，如图 1－37 所示。

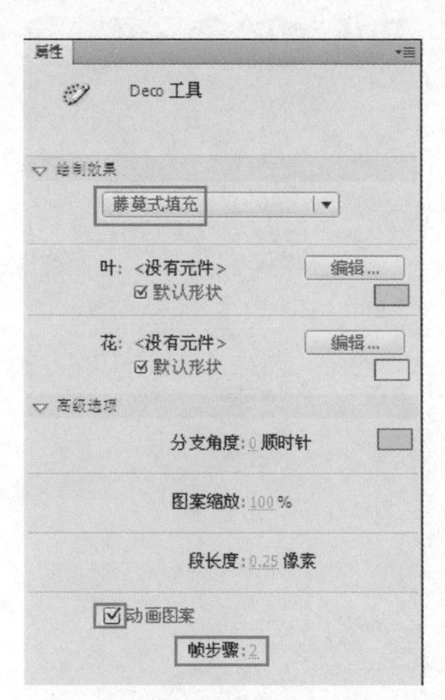

图 1-36

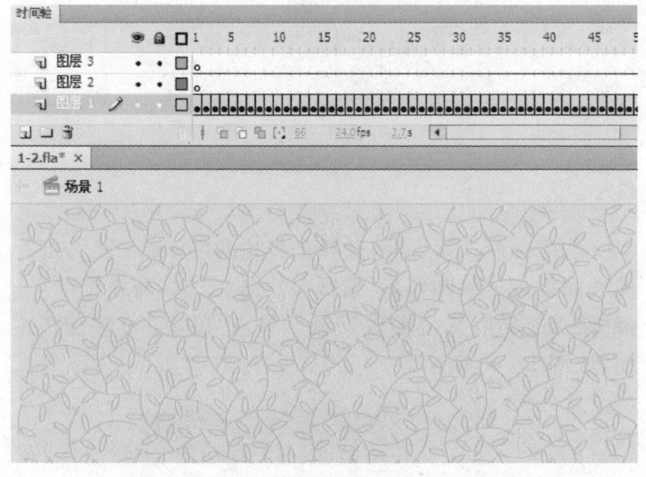

图 1-37

04

选中图层 2 第 1 帧，选择工具栏的“Deco 工具”，打开属性面板，在“绘图效果”选择“网格填充”，设置“图案缩放”为 80%，填充颜色设置为土黄色，其他参数默认，如图 1-38 所示。

单击舞台左上角，舞台被黄色块填充，如图 1-39 所示。

全新 3D 平移和旋转工具

在以往的版本中，舞台的坐标体系是平面上的，它只有二维的坐标轴即水平方向(X)和垂直方向(Y)，只需确定 X，Y 的坐标即可确定对象在舞台上的位置。Flash CS4 引入了三维定位系统，增加一个坐标轴 Z，那么在 3D 定位中要确定对象的位置就需要 X，Y，Z 三个坐标来确定对象的位置了。在 Flash CS4 Professional 中 3D 工具有两个：一个是 3D 旋转，一个是 3D 平移，如下图所示。

- 3D 旋转工具(W)
- 3D 平移工具(G)

用 3D 旋转或 3D 平移工具绕 Z 轴旋转或平移影片剪辑，将会产生 3D 效果，如下图所示。

反向运动与骨骼工具

Flash CS4中的另一个新增功能是它可以使用“骨骼工具”创建骨架。骨架是一系列链接的元件或形状，当单击或运行动画时，它们会相对运动。这种动画方法称为反向运动（IK）。典型示例是牵线木偶，木偶的四肢通过关节连接在一起，当操纵木偶的人拉动任何牵线时，与相应关节相连的其他肢体会根据改变位置的那个肢体动起来。“骨骼工具”如下图所示。

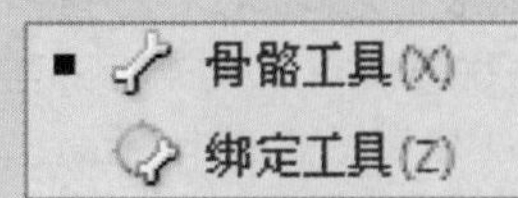

骨架为Flash CS4创作环境增加了新的视觉状态。与对象中点相连的线条称为骨骼，可以选择骨骼相连处的关节，从而将各种属性和限制应用到骨架的各个部分，如下图所示。

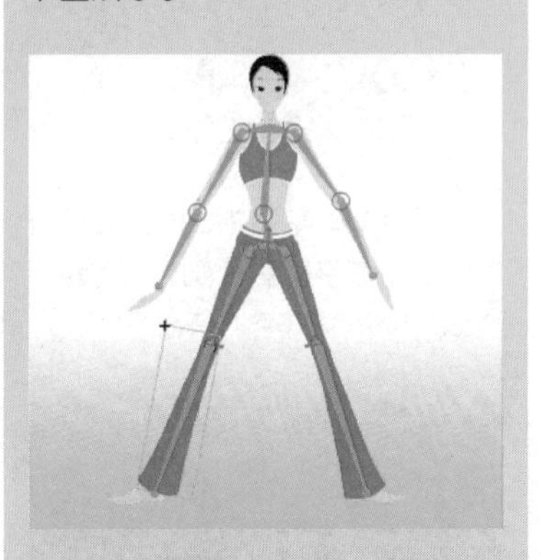

骨骼动画减轻了绘制更多逐帧图形，实现了以人体骨骼节点为依据制作更流畅的动画。

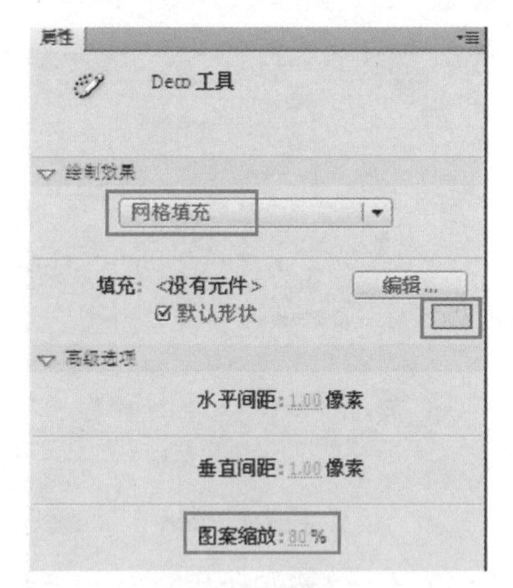

图1-38

图1-39

05

选中图层3第1帧，选择工具栏的“Deco工具”，打开属性面板，在“绘图效果”选择“对称刷子”，“高级选项”选择“绕点旋转”，其他参数默认。单击“模块”的“编辑”按钮，如图1-40所示。

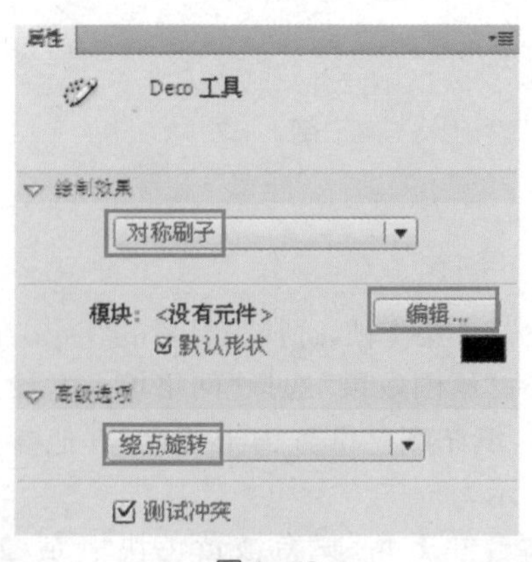

图1-40

在弹出的“交换元件”对话框中选择“头像”元件，单击“确定”按钮，如图 1－41 所示。

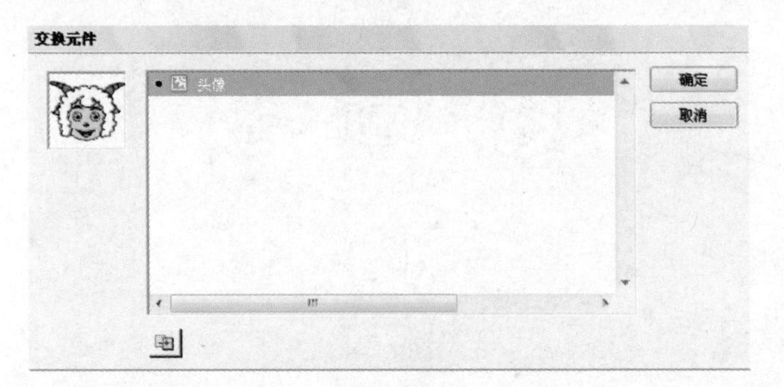

图 1－41

此时场景变化，出现 V 形手柄，用鼠标拖动交叉圆点将手柄移到舞台中心，用鼠标拖动右边手柄圆点成 90°角，如图 1－42 所示。

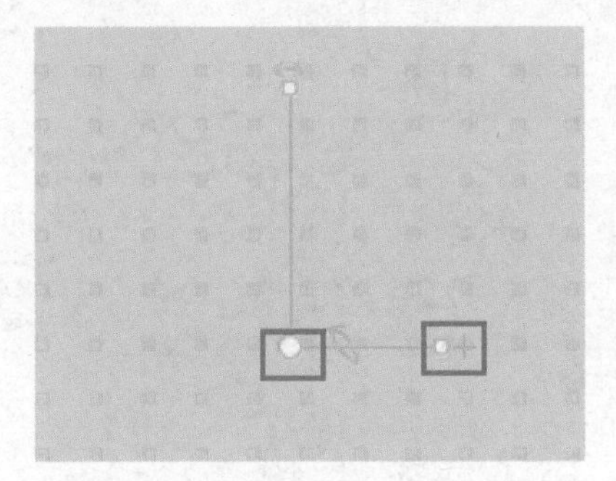

图 1－42

单击交叉圆点附近放置第一个头像，如图 1－43 所示。

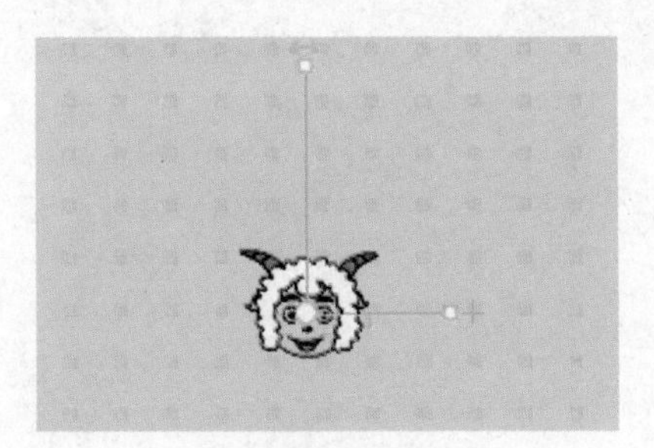

图 1－43

再单击圆点附近按住鼠标左键拉出四个头像放置到合适的位置，如图 1－44 所示。

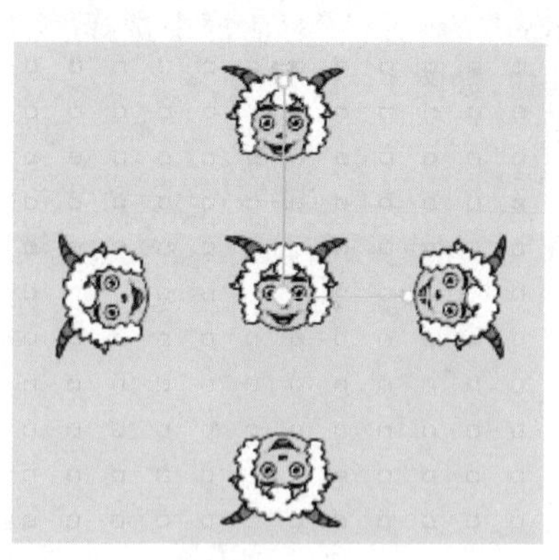

图 1-44

再重复这一操作，往外面拉出多个头像摆放到合适位置，最后形成如图 1-45 的效果。完成后保存。

图 1-45

1.4 发布 Flash CS4 文件

当 Flash 动画制作完成并进行了性能测试之后，就可以导出和发布所需要的动画格式。发布是批量作业的，可以同时输出 SWF、HTML、MOV 等文件格式。导出只能单个的输出，而且不能导出 HTML 网页格式。

01

使用 Flash CS4 打开上节制作的 Flash 文件，先测试影片。选择“控制”菜单中的“测试影片”或者使用快捷键〈Ctrl〉+〈Enter〉，如图 1-46 所示。

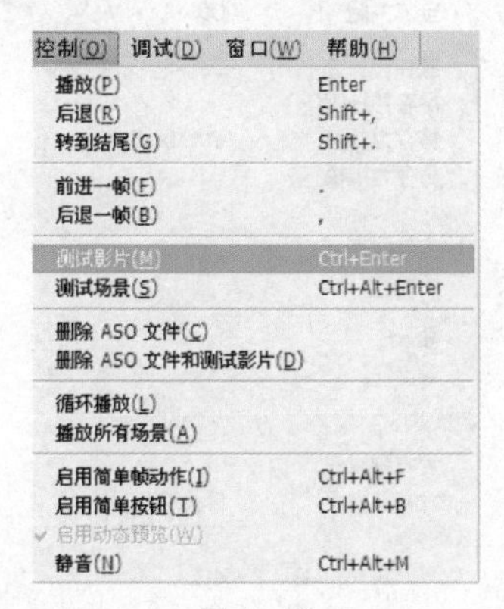

图 1-46

然后 Flash 使用 SWF 格式导出影片，完成后播放，如图 1-47 所示。

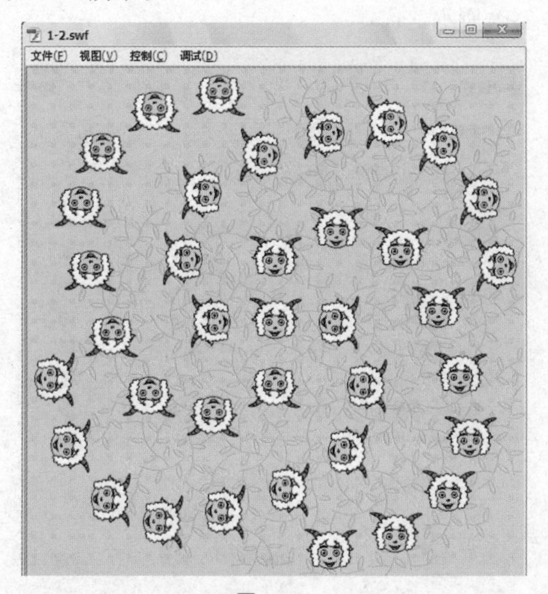

图 1-47

知 识 点 提 示

发布和设置

将制作好的动画测试、优化后，就可以利用发布命令将制作的 Flash 动画文件进行发布，以便于动画的使用、推广和传播。发布动画可使用“文件”→“发布”来发布动画，在发布 Flash 动画前应进行发布设置。选择“文件”→“发布设置”可弹出发布设置对话框来进行发布的内容设置。

设置发布格式

在弹出的“发布设置”对话框中系统默认打开的是“格式”选项卡。“格式”选项卡用于设置动画的发布格式，如下图所示。

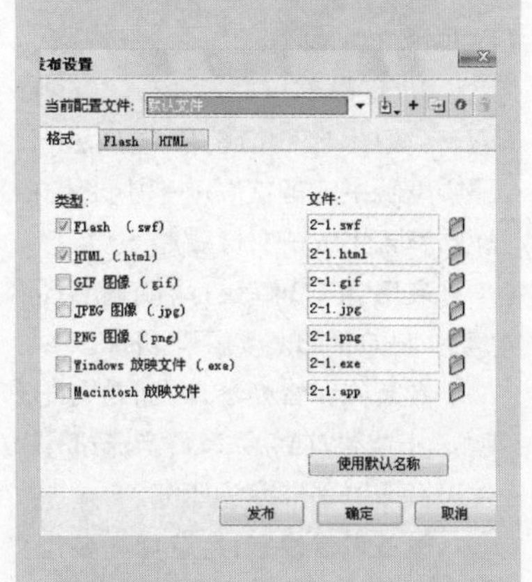

发布 Flash

在发布设置对话框中，选择“Flash”选项，出现如下图所示的对话框。

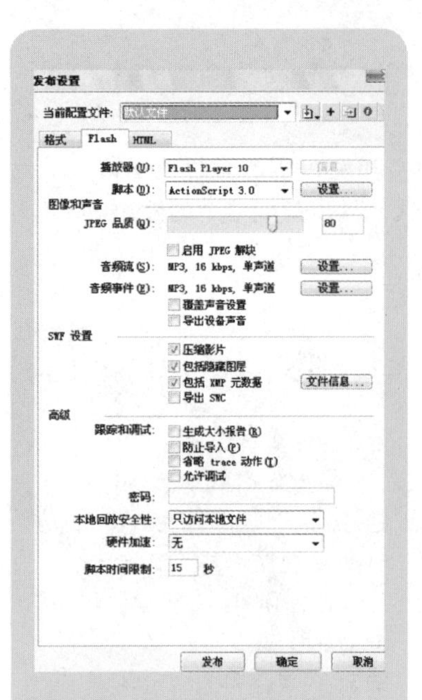

播放器：可选择发布的文件最低可使用 Flash Player 的哪个版本播放。可以发布成低版本来满足低端用户观看，但注意有些使用了 Flash CS4 功能的动画在使用低于 Flash Player 10 的 Flash Player 版本播放发布的 SWF 文件不起作用，看不到效果。

脚本：可在弹出菜单中选择 ActionScript 版本。

JPEG 品质：可移动滑块或输入一个值来控制位图压缩。图像品质越低生成的文件就越小，图像品质越高生成的文件就越大。

启用 JPEG 解块：可使高度压缩的 JPEG 图像显得更加细腻。

音频流和音频事件：可为导出的 SWF 文件中的所有声音流或事件声音设置采样率和压缩。

覆盖声音设置：勾选可为要覆盖在属性检查器的“声音”部分中为个别声音指定的设置，创建一个较小的低保真版本的 SWF 文件。

导出设备声音：勾选可导出适合于设备（包括移动设备）的声音

并且注意在这个 Flash 源文件所在目录下会生成一个与源文件同名的 SWF 文件。测试文件没问题后保存发布需要的格式。

02

选择“文件”→“发布设置”命令，设置发布格式，如图 1－48 所示。

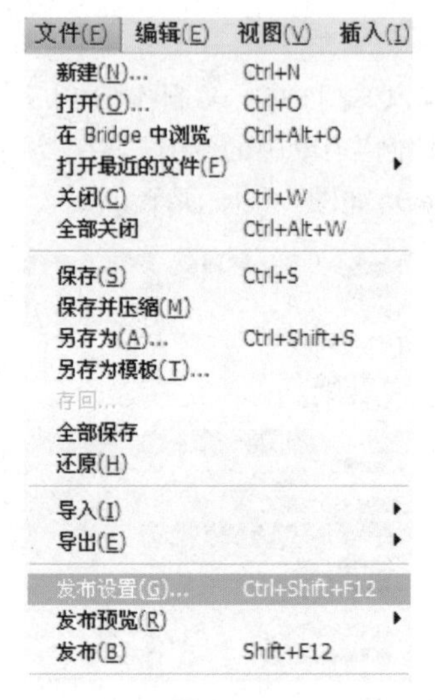

图 1－48

弹出“发布设置”对话框，选中“Flash”、“HTML”、“GIF 图像”、“JPEG 图像”选项，名称和保存目录默认，如图 1－49 所示。

图 1－49

03

在“发布设置”对话框中选择“Flash”选项，切换到Flash格式，设置Flash的“JPEG品质”为100，在高级项设置“防止导入”，然后在“密码”中输入几个数字作为密码，其他设置保持默认值，如图1－50所示。

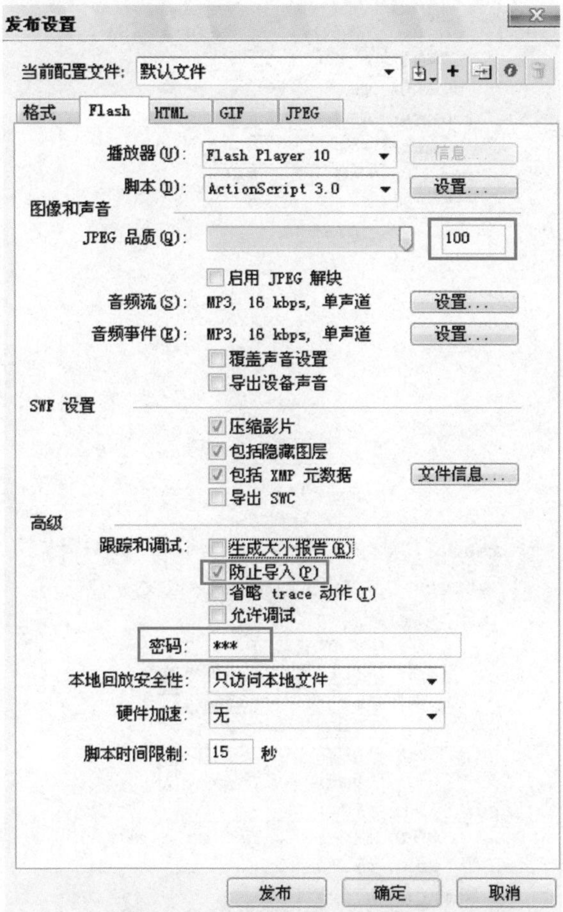

图 1－50

选择“HTML”选项，切换到HTML格式，设置“尺寸”为1 200像素×600像素，“品质”为高，“HTML对齐”为顶部，“缩放”为无边框，其他设置保持默认值，如图1－51所示。

选择“GIF”选项，切换到GIF格式，设置“尺寸”为1 000像素×1 000像素，“回放”为动画，“选项”中勾选“优化颜色”、“抖动纯色”、“交错”、“平滑”，其他设置保持默认值，如图1－52所示。

而不是原始库声音。

压缩影片(默认勾选)：压缩SWF文件以减小文件大小和缩短下载时间。

包括隐藏图层(默认勾选)：导出Flash文档中所有隐藏的图层。

包括XMP元数据(默认勾选)：可在“文件信息”对话框中导出输入的所有元件数据。

导出SWC：导出“.swc”文件，该文件用于分发组件。

生成大小报告：生成一个报告，按文件列出最终Flash内容中的数据量。

防止导入：防止其他人导入SWF文件并将其转换回FLA文档。可使用密码来保护Flash SWF文件。

省略trace动作：使Flash忽略当前SWF文件中的ActionScript trace语句。

允许调试：激活调试器并允许远程调试Flash SWF文件。可以通过使用密码来保护SWF文件。

密码：可在文本字段中输入密码。如果设置了密码，则其他人必须输入该密码才能调试或导入SWF文件。如果要删除密码，只要清除密码文本字段即可。

本地回放安全性：可在下拉菜单中选择要使用的Flash安全模型。其中“只访问本地”可使已发布的SWF文件与本地系统上的文件和资源交互，但不能与网络上的文件和资源交互。“只访问网络”可使已发布的SWF文件与网络上的文件和资源交互，但不能与本地系统上的文件和资源交互。

硬件加速：使SWF文件能够使用硬件加速，可从下拉菜单中选择下列选项之一：

第 1 级-直接：“直接”模式通过允许 Flash Player 在屏幕上直接绘制，而不是让浏览器进行绘制，从而改善播放性能。

第 2 级- GPU：在“GPU”模式中，Flash Player 利用图形卡的可用计算能力执行视频播放并对图层化图形进行复合。根据用户的图形硬件的不同，这将提供更高一级的性能优势。如果预计观众拥有高端图形卡，则可以使用此选项。

脚本时间限制：可设置脚本在 SWF 文件中执行时可占用的最大时间量，输入一个数值。Flash Player 将取消执行超出改数值限制的任何脚本。

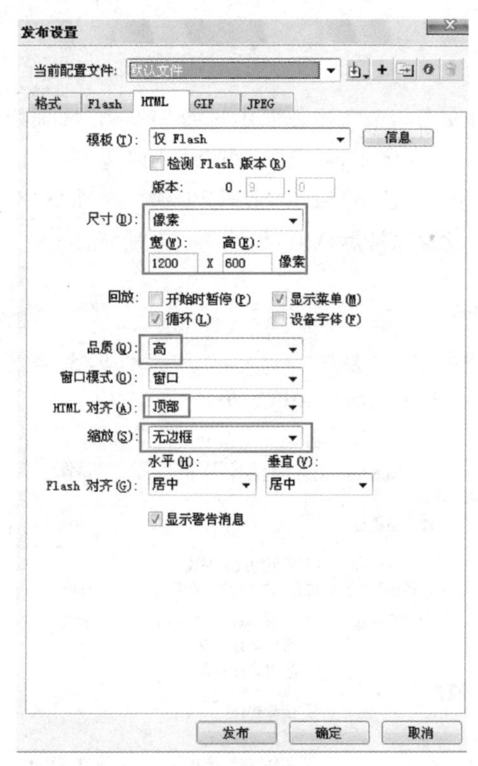

图 1－51

发布 HTML

在发布设置对话框中，选择“HTML”选项，出现如下图所示的对话框。

模版：生成 HTML 文件时所用的模版，单击“信息”按钮可以查看关于模版的介绍。

尺寸：定义 HTML 文件中 Flash 动画的长和宽。“尺寸”包含以下三个选项。

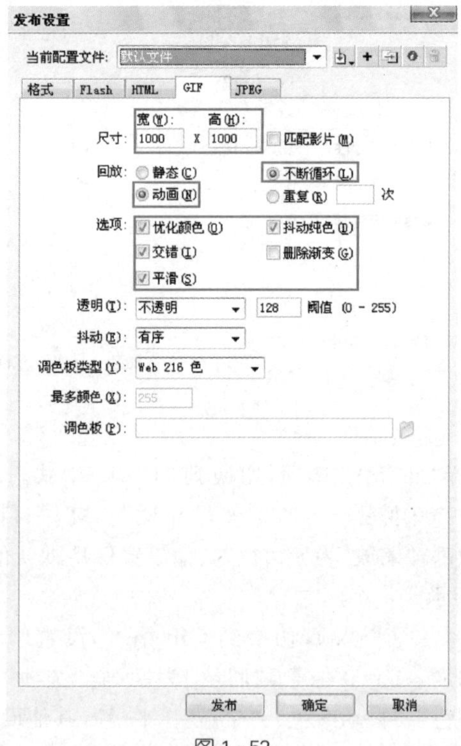

图 1－52

选择“JPEG”选项，切换到 JPEG 格式，设置“尺寸”为 1 000 像素×1 000 像素，“品质”为 100，选中“渐进”，如图 1－53 所示。

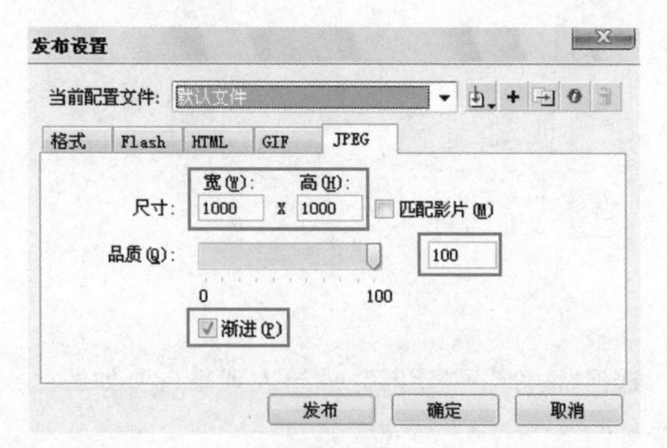

图 1－53

单击“确定”按钮完成设置。把时间轴上的播放头拉到最后一帧，如图 1－54 所示。

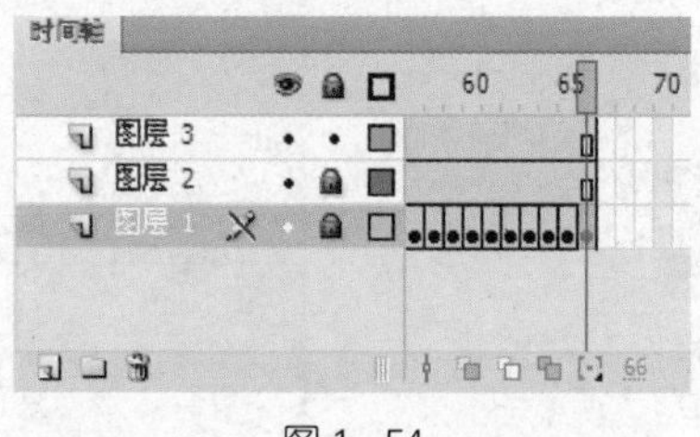

图 1－54

选择“文件”→“发布”命令进行发布，如图 1－55 所示。

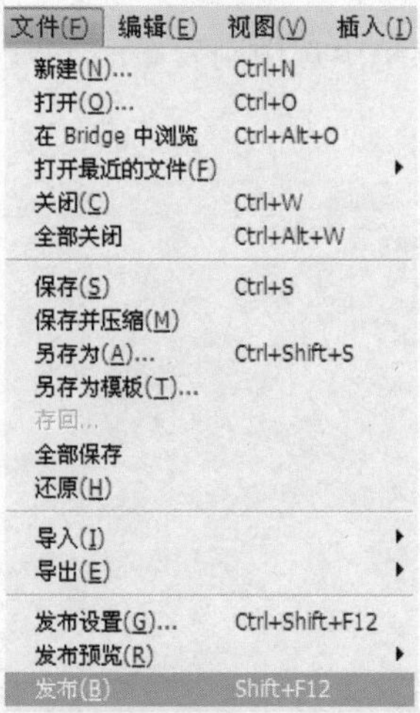

文件(F) 编辑(E) 视图(V) 插入(I)
新建(N)... Ctrl+N
打开(O)... Ctrl+O
在 Bridge 中浏览 Ctrl+Alt+O
打开最近的文件(F)
关闭(C) Ctrl+W
全部关闭 Ctrl+Alt+W
保存(S) Ctrl+S
保存并压缩(M)
另存为(A)... Ctrl+Shift+S
另存为模板(T)...
存回...
全部保存
还原(H)
导入(I)
导出(E)
发布设置(G)... Ctrl+Shift+F12
发布预览(R)
发布(B) Shift+F12

图 1－55

匹配影片：设置的尺寸和影片的尺寸大小相同。

像素：选中后可以在下面的宽和高的文本框中输入像素数。

百分比：选取后，可以在下面的宽和高的文本框中输入百分比。

“回放”有以下四下选项。

开始时暂停：动画在第一帧就暂停。

显示菜单：选中后，在生成的动画页面上单击右键，会弹出控制影片播放的菜单。

循环：设置是否循环播放动画。

设备字体：使用经过消除锯齿处理的系统字体替换那些系统中未安装的字体。

品质：选择动画的图像质量。

窗口模式：选择影片的窗口模式，包含以下三个选项。

窗口：Flash 影片在网页中的矩形窗口内播放。

不透明无窗口：如果想在 Flash 影片背后移动元素，同时又不想让这些元素显露出来，就可以使用这个选项。

透明无窗口：使网页的背景可以透过 Flash 影片的透明部分。

HTML 对齐：用于确定影片在浏览器窗口中的位置，包含以下五个选项。

默认：使用系统中默认的对齐方式。

左对齐：将影片位于浏览器窗口的左边排列。

右对齐：将影片位于浏览器窗口的右边排列。

顶部：将影片位于浏览器窗口的顶端排列。

底部：将影片位于浏览器窗口的底部排列。

缩放：动画的缩放方式，包含以下四个选项。

默认：按比例大小显示 Flash 影片。

无边框：使用原有比例显示影片，但是去除超出网页的部分。

精确匹配：使影片大小按照网页的大小进行显示。

无缩放：影片不执行缩放比例。

Flash 对齐：动画在页面中的排列位置。

显示警告信息：选择该复选框后，如果影片出现错误，则会弹出警告信息。

发布 GIF

在发布设置对话框中，选择"GIF"选项，出现如下图所示的对话框。

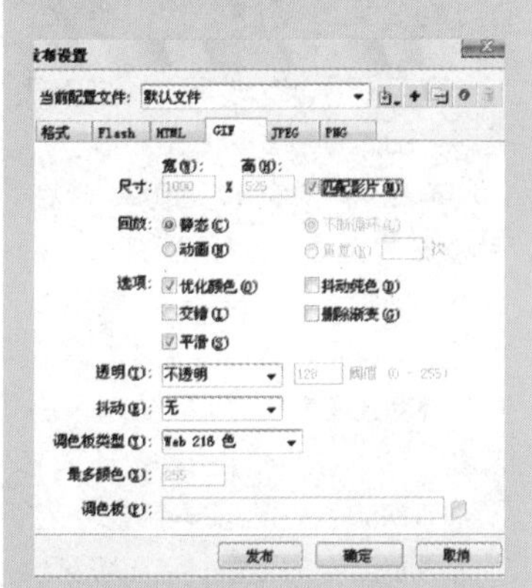

尺寸：输入导出图像的高度和宽度。勾选匹配影片则跟 Flash 大小一样。

回放：决定创建的是静态的图片还是动画。其中包含如下两个选项。

静态：发布的 GIF 为静态图像。

动画：发布的 GIF 为动态图像，选择该项后，可以设置动画的循环播放次数。

发布完成后，生成的文件出现在源文件所在的目录下，如图 1－56 所示。

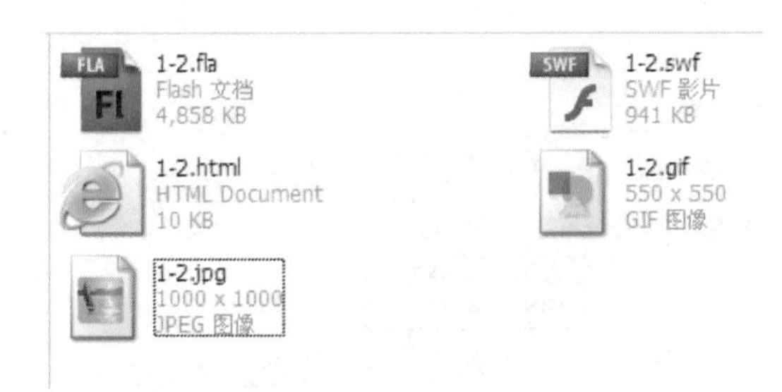

图 1－56

选择"文件"→"导入"→"导入到舞台"，如图 1－57 所示。

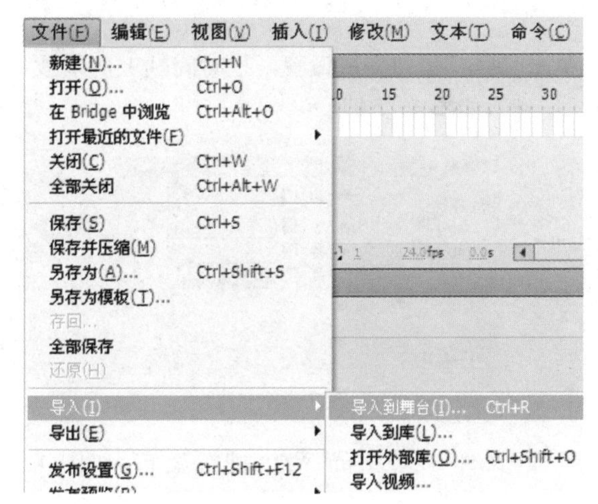

图 1－57

在弹出的菜单中选中刚发布的 SWF 文件，如图 1－58 所示。

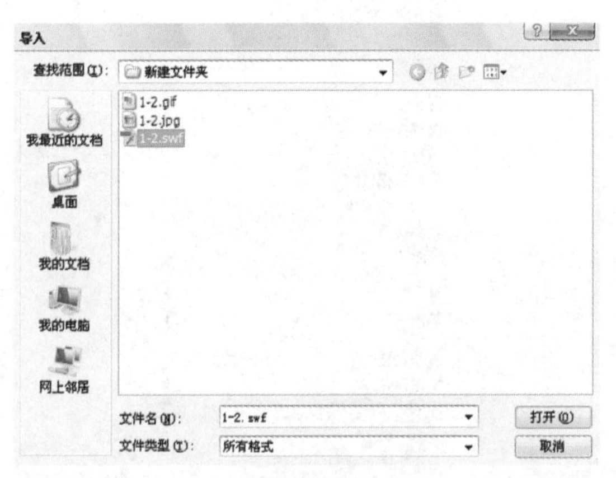

图 1－58

会弹出“导入需要密码”对话框，只有当输入密码正确才能导入，否则会提示文件受保护无法导入，如图 1-59 所示。

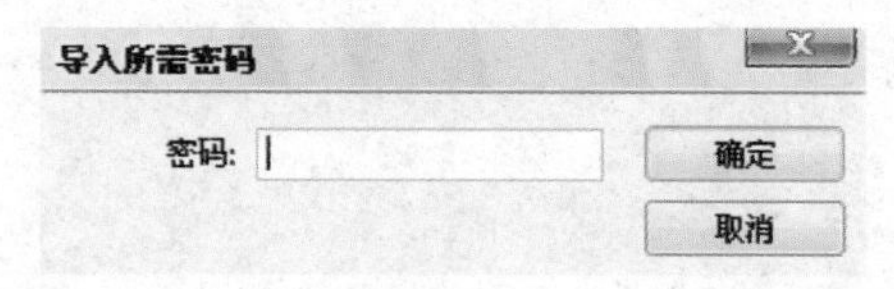

图 1-59

打开 HTML 网页格式文件，动画会布满整个页面，如图 1-60 所示。因为所设置的大小不是原大小。

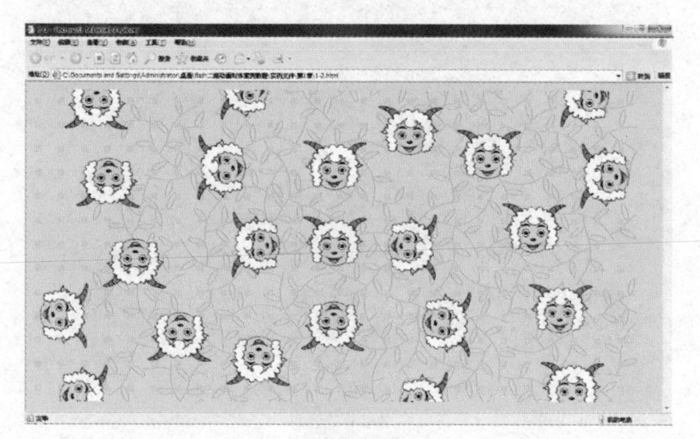

图 1-60

打开 GIF 文件，该文件会播放动画，如图 1-61 所示。

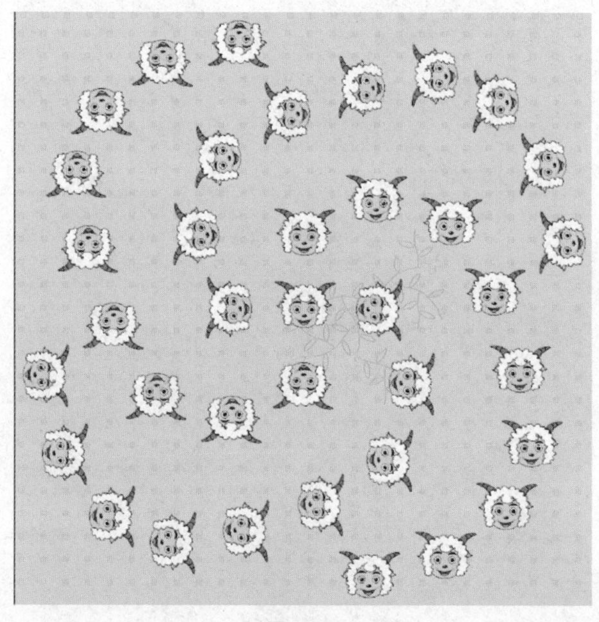

图 1-61

选项：指定 GIF 图像的范围，包含以下五个选项。

优化颜色：删除 GIF 动画颜色表中用不到的颜色。

抖动纯色：使用相近的颜色来替代调色板中没有的颜色。

交错：使 GIF 动画由模糊到清晰的方式进行显示。

删除渐变：删除影片中出现的渐变颜色，将其转化为渐变色的第一个颜色。

平滑：经过平滑处理可以产生高质量的位图图像。

透明：确定动画的透明背景如何转换为 GIF 图像，包含以下三个选项。

不透明：转换之后的背景为不透明。

透明：转换之后的背景为透明。

Alpha：可以设置透明度的数值，数值的范围是 0～255。

抖动：改变颜色的质量，包含以下三个选项。

无：没有抖动处理。

有序：将增加文件大小控制在最小范围之内的前提下提供良好的图像质量。

扩散：提供最好的图像质量，但会增加文件尺寸。

调色板类型：定义用于图像的调色板，包含以下四个选项。

Web 216 色：标准的网络安全色。

最合适：为 GIF 动画配置最精确颜色的调色板。

接近 Web 最适色：网络最佳色，将优化过的颜色转换为 Web216 色的调色板。

自定义：自定义添加颜色创建调色板。

最多颜色：设定 GIF 图像中使用的最大颜色数。

调色板:定义使用于图像的调色板。

此外,发布PNG格式跟GIF格式类似。

发布JPEG

在发布设置对话框中,选择“JPEG”选项,出现如下图所示的对话框。

尺寸:输入导出图像的高度和宽度。

品质:图像品质越低,生成的文件越小,反之越大。

渐进:勾选该复选框,可以逐渐显示JPEG图像,在低速的网络中可以觉得下载速度很快。

预览发布效果

使用发布预览,可以从发布预览菜单中,选择一种文件类型输出,在预览菜单中可以选择的类型都是已在发布设置中指定输入的文件类型。

在发布设置对话框中对动画的发布格式进行设置,即可在正式发布之前对发布的动画格式进行预览。

发布预览功能预览文件方法:选择“文件”→“发布预览”命令,在弹出的子菜单中选择发布预览的格式,Flash就可以创建一个指定类型的文件,并将它放到Flash影片文档所在的文件夹中。在覆盖或删除之前,此文件会一直留在那里。

JPEG文件是一张静态图片,图片的画面是播放头所在位置处的Flash上的画面。更改播放头的位置得出的JPEG文件就不一样,如图1-62所示。

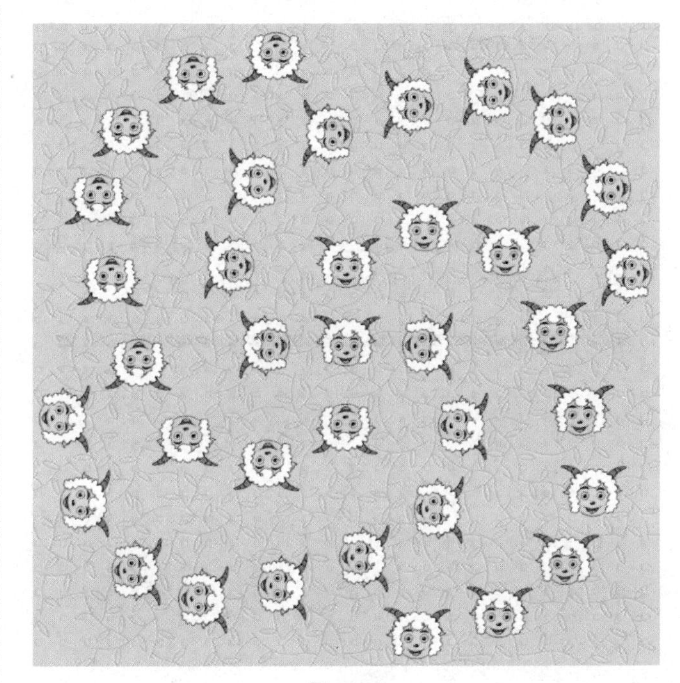

图1-62

本章小结

本章介绍了 Flash 的特点、应用范围，Flash CS4 的界面和新特性，以及发布 Flash 作品的方法。通过本章的学习应该能够知道 Flash 的特点和应用范围，了解 Flash CS4 的工作原理和它的界面，掌握发布 Flash 作品的方法。这是学习 Flash 的开始，后面的章节将详细讲解 Flash CS4 的使用方法和技巧。

课后练习

1. 使用 Flash 可以制作________、________、________、________、________。
2. Flash CS4 的新特性有________、________、________。
3. Flash CS4 的工作界面由________、________、________、________和________和________等组成。
4. Flash CS4 可发布的主要格式有________、________、________、________。
5. Flash 源文件是什么格式？生成的动画文件是什么格式？一般用什么来观看动画？
6. Flash 的特点有哪些？

创建影片内容

本章学习时间：12 课时

学习目标：掌握使用 Flash 绘图工具制作矢量图形的方法，熟悉导入需要的位图、声音、视频等文件的方法

教学重点：Flash 绘图工具的应用

教学难点：钢笔工具和刷子工具

讲授内容：基本绘图工具，填充、线条和渐变的应用，钢笔工具的应用，选择工具和变形工具的应用，文字工具的应用，位图和矢量图的区别，位图、PSD 文件、AI 文件、声音文件、视频文件的导入，位图转换为矢量图的应用

课程范例文件：第 2 章\fla\2 - 1. fla，第 2 章\fla\2 - 2. fla，第 2 章\fla\2 - 3. fla

本章课程总览

本章是 Flash 学习的基础部分，本章将讲解运用 Flash 的绘图工具来绘制矢量图形，掌握绘制的技巧，以及导入位图、PSD 文件、AI 文件、声音文件、视频文件的方法。位图、PSD 文件等都是制作动画的素材，为后面的动画制作提供材料，但是有些时候，制作所需的素材，不能从外界直接得到，需要制作者使用 Flash 提供的绘图工具自己绘制。

2.1 绘制圣诞贺卡

图2-1

打开本书素材文件"第 2 章\pic\2-1.jpg",使用 Flash 来制作这张图片效果(图 2-1)。"2-1.jpg"是一张圣诞贺卡背景的图片文件(图 2-2)。

图2-2

01

打开 Flash CS4,新建一个 ActionScript 2.0 的 Flash 文件,在属性面板的"属性"项中单击"编辑..."选项,在弹出的文档属性面板中设置文档尺寸为 1 000 像素×526 像素,如图 2-3 所示。

知 识 点 提 示

基本绘图工具

Flash CS4 的基本绘图工具有 13 项,它们的图标及功能如下:

选择工具:选择图形及对象或图形的一部分。

部分选择工具:选择图形的边缘来改变图形的形状。

变形工具:包括对对象做任意变形的任意变形工具和对填充颜色做变形调整的渐变变形工具。

套索工具:任意选取图形的部分。

钢笔工具:可以准确地控制图形边缘的点来绘制图形。

T **文本工具**:输入文字。

直线工具:绘制一条直线。

矩形工具:绘制矩形及椭圆和多边形。

铅笔工具:模仿铅笔自由绘画图形轮廓线。

刷子工具:自由绘制填充

图形。

颜料桶和墨水瓶工具：颜料桶工具 用来给图形轮廓填充图形，墨水瓶工具 用来给填充图形增加外轮廓。

滴管工具：吸取图形颜色及特性。

橡皮擦工具：擦除图形。

直线的"属性"面板

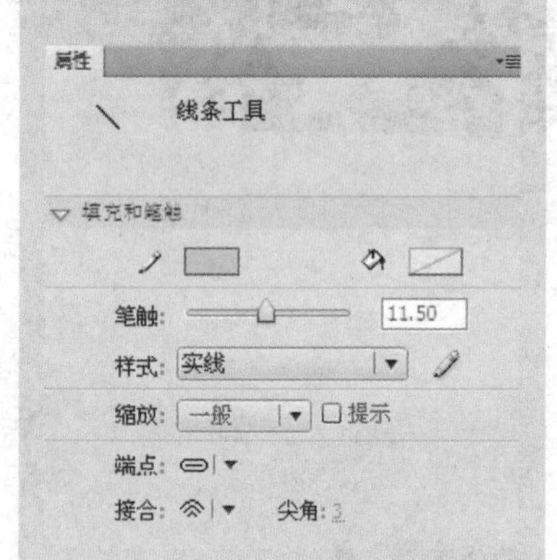

"属性"面板中可以设置线条颜色、线条宽度、线条样式等。

线条颜色：其通过单击笔触颜色，弹出颜色后选择；也可以通过上面的文本框输入线条颜色的16进制RGB值；还可以单击右上角的 按钮打开颜色对话框来选择。

线条宽度：可以单击"笔触"用滑块来设置或者直接输入数字。Flash中的线条宽度是以dpi(点/英寸)为单位的。

样式：选择所画的线条类型。Flash自定了一些线条样式，如实线、虚线、斑马线。

提示：可在像素下调整直线瞄点和曲线瞄点，防止出现模糊的垂直线或水平线。缩放是在播放器中保持笔触缩放，可选择"一般"、"水平"、"垂直"、"无"。

端点：Flash可以设置线条的

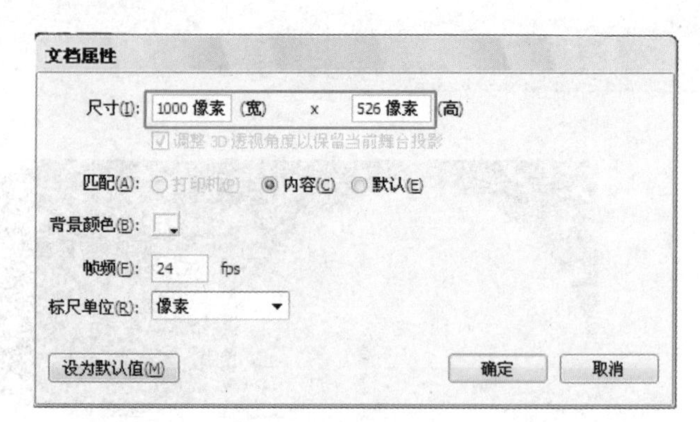

图2-3

02

绘制天空和大地：首先使用"矩形工具"绘制一个矩形。在"属性"面板设置矩形的宽为1 000像素，高为526像素，在"颜色"面板中设置边框为无，填充色为线性填充，颜色设置如图2-4所示。

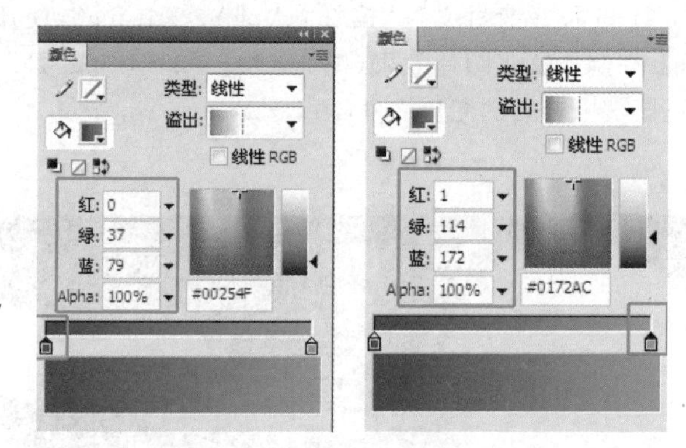

图2-4

使用"渐变变形工具"把矩形的填充色方向调整为上下渐变，如图2-5所示。

图2-5

选择“窗口→对齐”命令，弹出“对齐”面板。选中相对于舞台选项使用“水平居中对齐”和“垂直居中对齐”(图 2－6)，把矩形对齐到舞台中心。

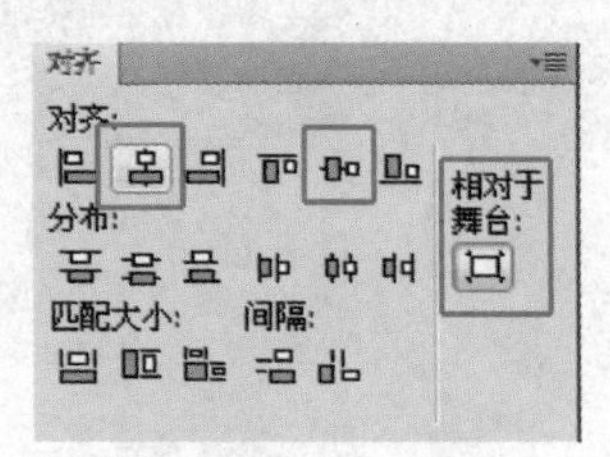

图2－6

03

然后绘制地面。使用“椭圆工具”绘制一个椭圆。如图 2－7 所示，使用“任意变形工具”把椭圆放大到合适大小放在图的下面。

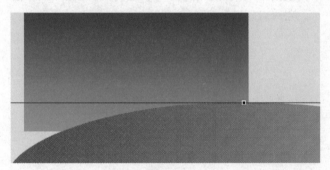
图2－7

用“选择工具”选中不在舞台的部分并删除。给地面填充灰白渐变，渐变设置如图 2－8 所示。

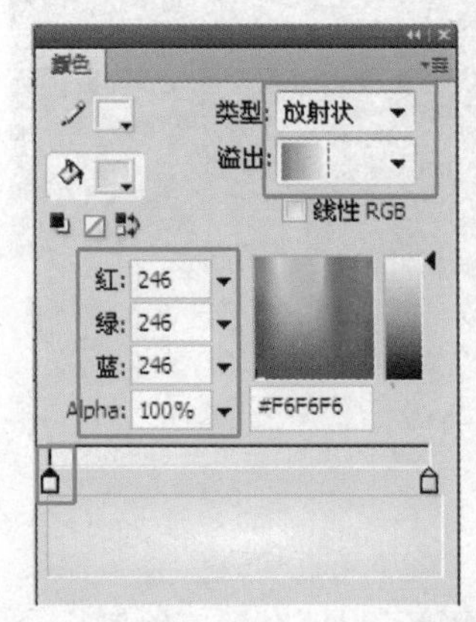

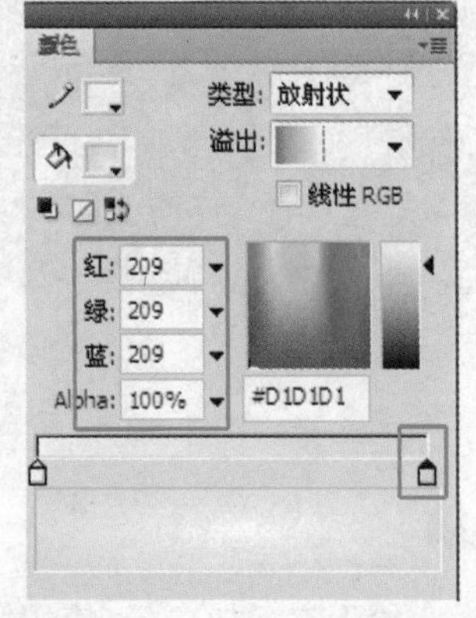

图2－8

三种端点状态：无，圆角，方形。

无　　圆角　　方形

接合：定义两条线条相接的方式也有三种：尖角、圆角、斜角。

尖角　　圆角　　斜角

疑难提示

绘制图形有“合并绘制”和“对象绘制”模型两种。如果绘制时按下工具面板的“选项”中的“对象绘制”按钮，绘图工具处于对象绘制模式。在“合并绘制”下所绘制的图形重叠在一起时候是不能分开的。在“对象绘制”下，每个图形都是独立的可以分开。

技巧提示

“滴管工具”和“墨水瓶工具”可以很快地将一条直线的颜色样式套用到别的线条上。用“滴管工具”单击上面的直线，看“属性”面板，它显示的就是该直线的属性，而且工具也自动变成了“墨水瓶工具”。使用“墨水瓶工具”单击其他线条，所有线条的属性都变成了和滴管工具选中的真线一样了。

绘制直线时若要将线条的角度限制为 45°的倍数，可以按住〈Shift〉键拖动。

知 识 点 提 示

矩形的“属性”面板

“矩形”面板除了有跟直线一

样的控制外轮廓的“线控制”面板外还有一个矩形选项。该项用来设置矩形的圆角半径。

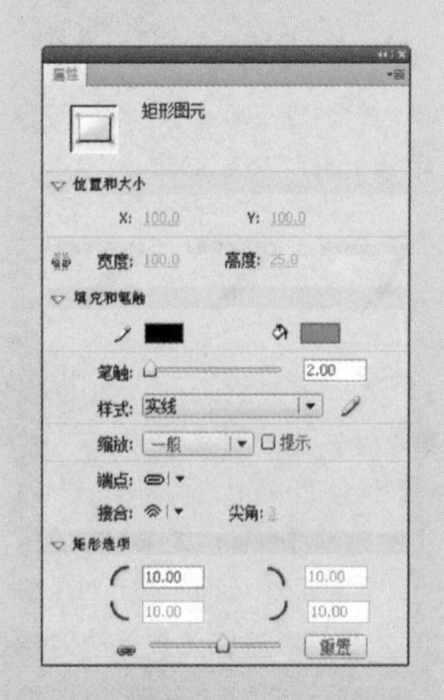

矩形圆角半径:设置矩形的圆角半径。可以在每个文本框中输入内径的数值。如果输入负值,则创建的是反半径。还可以取消选择限制角半径“挂锁”图标,然后分别调整每个角半径。

重置:重置“基本矩形工具”的所有控件,并将在舞台上绘制的基本矩形形状恢复为原始大小和形状。

椭圆的“属性”面板

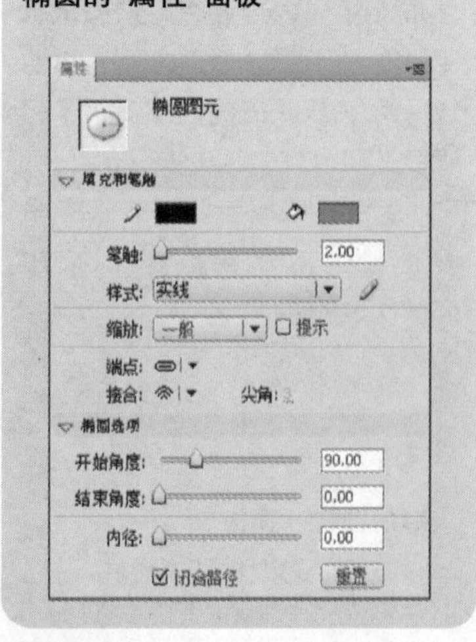

如图 2-9 所示,使用“渐变变形工具”调整渐变为上白下灰。

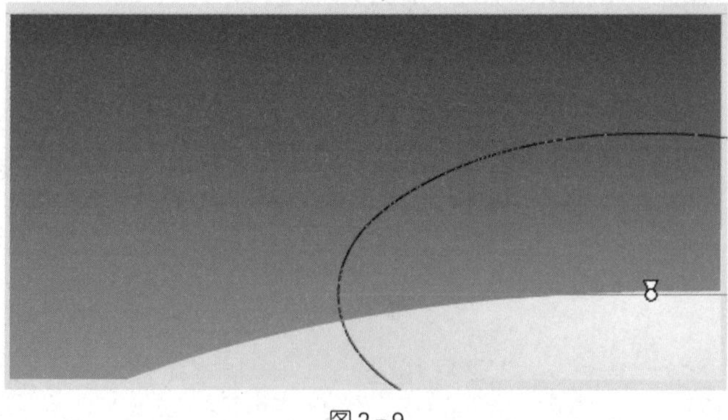

图 2-9

用“墨水瓶工具”给雪地上面增加白色轮廓线。接下来绘制雪地上的路。选中雪地,使用“刷子工具”在雪地上绘制出路,刷子模式选择“颜料选择”,如图 2-10 所示。完成后效果如图 2-11 所示。

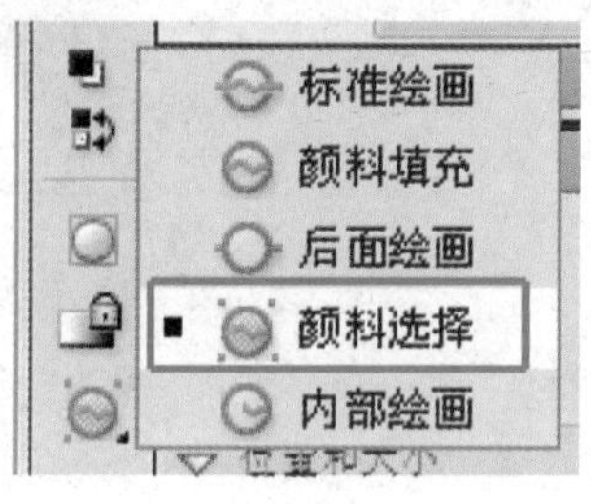

图 2-10

图 2-11

04

给天空增加白云,使用“钢笔工具”在天空绘制一个如图 2-12 所示的封闭图形。

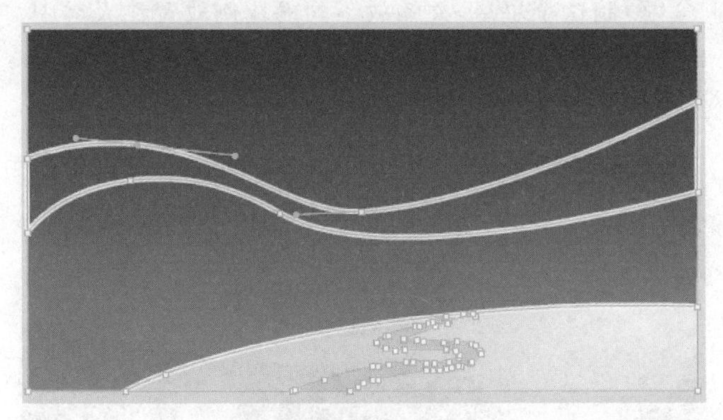

图2-12

用“选择工具”选中钢笔绘制的白云部分，使用“颜料桶工具”填充白色，并取消边缘轮廓。使用“椭圆工具”在白云上绘制两个白色的圆如图2-13所示。注意：按住〈Alt〉键可以绘制圆形。

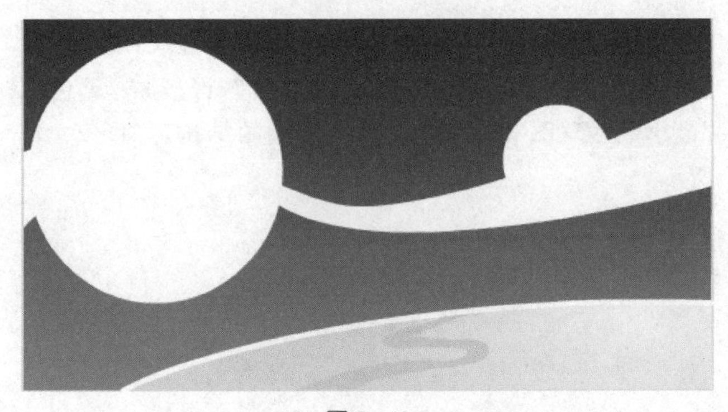

图2-13

接下来为天空绘制星星。使用“多角星形工具”绘制一个八角星(图2-14)，使用“任意变形工具”缩放到合适大小后放置在天空上方，设置如图2-15所示。

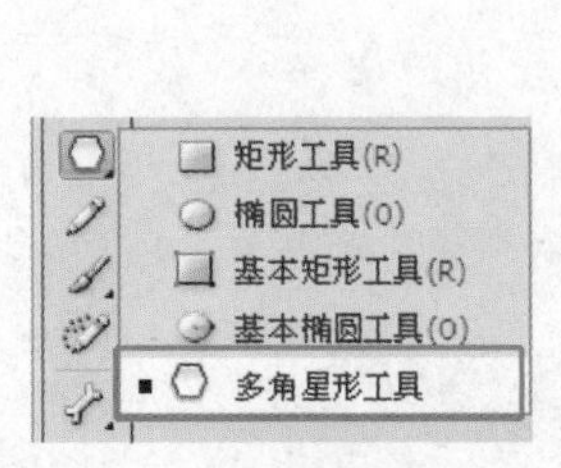

图2-14

图2-15

开始角度/结束角度：设置椭圆的起始点角度和结束点角度。使用这两个数值可以轻松地将椭圆和圆形的形状修改为扇形、半圆形及其他有创意的形状。

内径：椭圆的内径(即内侧椭圆)。可以在框中输入内径的数值，或单击滑块相应地调整内径的大小。可以输入介于0.00和99.00之间的值，以表示删除的填充的百分比。

闭合路径：确定椭圆的路径(如果指定了内径，则有多条路径)是否闭合。如果指定了一条开放路径，但未对生成的形状应用任何填充，则仅绘制笔触。默认情况下选择闭合路径。

重置：重置“基本椭圆工具”的所有控件，并将在舞台上绘制的基本椭圆形状恢复为原始大小和形状。

疑难提示

使用“椭圆工具”和“矩形工具”绘制形状，除了“合并绘制”和“对象绘制”模式以外，“椭圆工具”和“矩形工具”还提供了“图元对象绘制”模式，就是“基本矩形工具”或“基本椭圆工具”。

使用“基本矩形工具”或“基本椭圆工具”创建矩形或椭圆时，与使用对象绘制模式创建的形状不同，Flash会将形状绘制为独立的对象。基本形状工具可以通过使用“属性检查器”来指定矩形的角半径以及椭圆的起始角度、结束角度和内径。创建基本形状后，可以选择舞台上的形状，然后调整“属性检查器”中的参数来更改半径和尺寸。

知识点提示

多角星形工具“属性”面板

工具设置
样式: 多边形
边数: 5
星形顶点大小: 0.50
确定 取消
选项...

单击“选项”弹出“工具设置”对话框。其中“样式”可以选择“多边形”或“星形”。“边数”可以输入一个介于3～32之间的数字。“星形顶点大小”,可以输入一个介于0.00到1.00之间的数字以指定星形顶点的深度。此数字越接近0,创建的顶点就越尖(像针一样)。如果是绘制多边形,应保持此设置不变(它不会影响多边形的形状)。

填充、线条和渐变的应用

选中任意封闭的轮廓线可以用“颜料桶工具”来填充。

选中任意无轮廓图形可以用“墨水瓶工具”来增加轮廓线。

填充的颜色或轮廓线的颜色可以打开“颜色”面板来调节。可以选择用单色或渐变色甚至位图。“颜色”面板如下图所示:

复制这个星星,并缩放不同的比例放置在天空中。注意:在按下〈Ctrl〉键的同时用鼠标拖动来复制星星。完成后效果如图2－16所示。

图2－16

05

绘制房屋:先把天空和地面使用快捷键〈Ctrl〉+〈G〉组合后放到一边。然后用“直线工具”,设置成“黑色”、“最小笔触”(图2－17),绘制出房屋的结构,如图2－18所示。

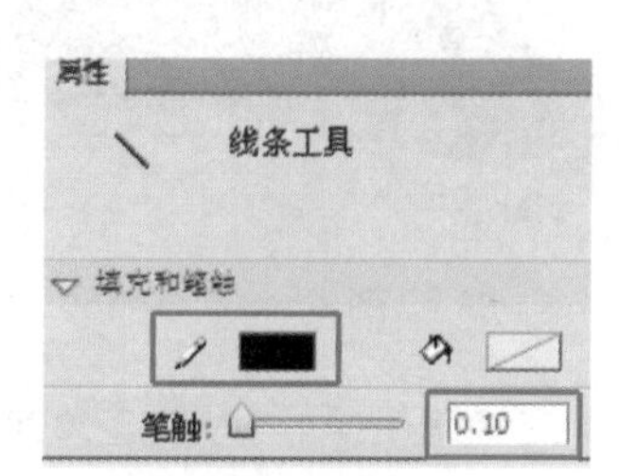

图2－17

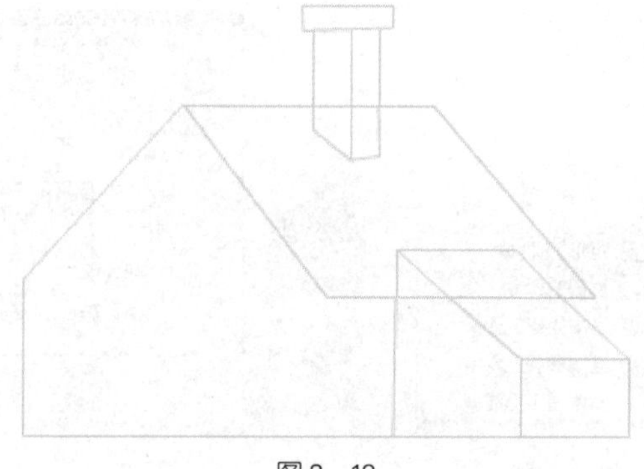

图2－18

如果有些地方不满意，可以用“部分选择工具”选中定位点来移动位置进行修改。修改形状用“钢笔工具”中的“加点工具”来加点，然后用“部分选取工具”调整点的位置，如图 2－19 所示。

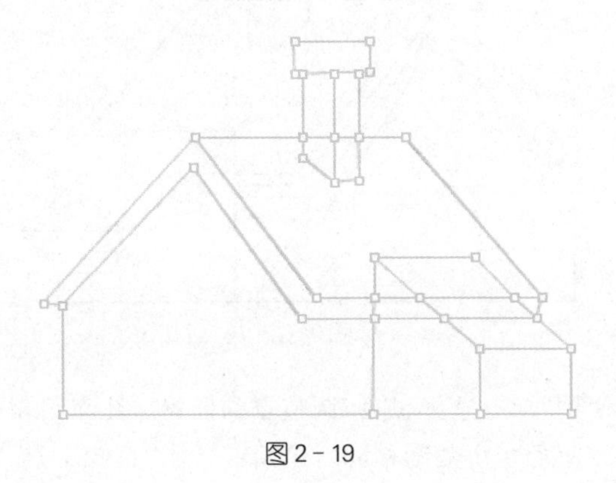

图 2－19

用“选择工具”选中交叉的线段，按〈Del〉键删除，如图 2－20 所示。

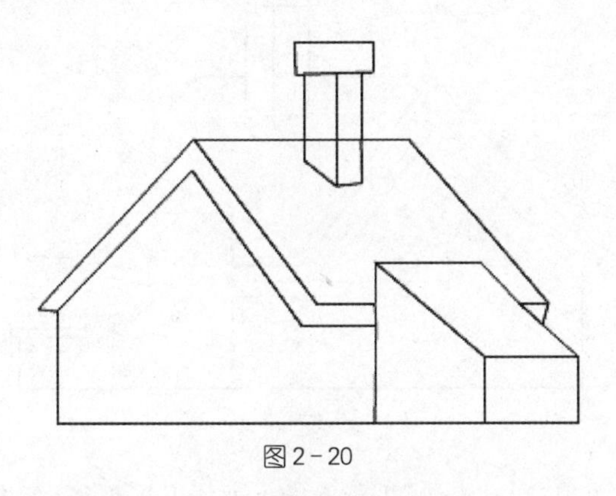

图 2－20

使用“直线工具”增加屋檐部分，如图 2－21 所示。

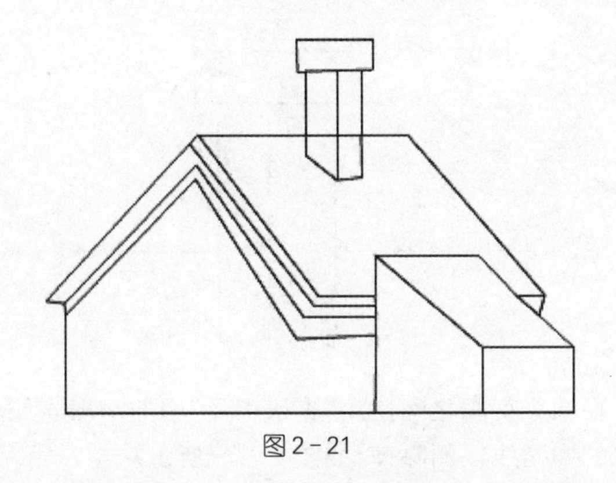

图 2－21

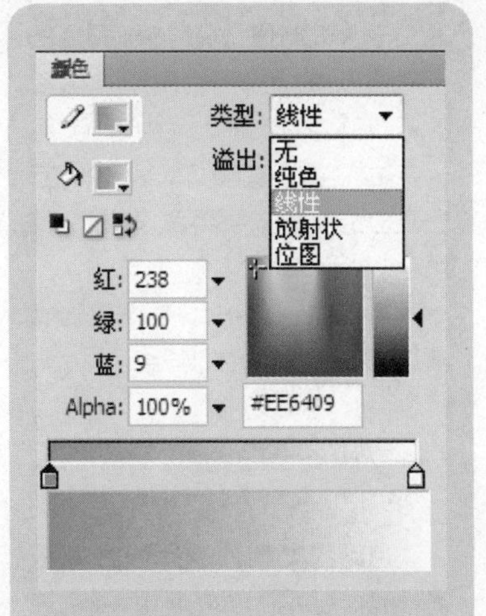

笔触颜色：更改图形对象的笔触或边框的颜色。

填充颜色：更改填充颜色。填充是填充形状的颜色区域。

类型：更改填充样式，包含以下五个选项：无：删除填充。纯色：提供一种单一的填充颜色。

线性：产生一种沿线性轨道混合的渐变。

放射状：产生从一个中心焦点出发沿环形轨道向外混合的渐变。

位图：用可选的位图图像平铺所选的填充区域。选择“位图”时，系统会显示一个对话框，可以通过该对话框选择本地计算机上的位图图像，并将其添加到库中。可以将此位图用作填充；其外观类似于形状内填充了重复图像的马赛克纹样。

RGB：更改填充的红(R)、绿(G)和蓝(B)的值。

Alpha：可设置实心填充的不透明度，或者设置渐变填充的当前所选滑块的不透明度。如果 Alpha 值为 0%，则创建的填充不可见（即透明）；如果 Alpha 值为 100%，则创建的填充不透明。

十六进制值:显示当前颜色的十六进制值。若要使用十六进制值更改颜色,请键入一个新的值。十六进制颜色值(也叫做 HEX 值)是 6 位的字母数字组合,代表一种颜色。

溢出:控制超出线性或放射状渐变限制进行应用的颜色。

技 巧 提 示

当颜色类型项选择线性或放射状时可以用下面的颜色条来控制渐变色。用鼠标在颜色条上单击可以增加一个颜色点。按住颜色点往下面拖拉可以删除这个颜色点。

知 识 点 提 示

钢笔工具

"钢笔工具"是绘图很重要的工具,若要绘制精确的路径(如直线或平滑流畅的曲线),就要使用"钢笔工具"。使用"钢笔工具"绘画时,单击直线段可以在直线段上创建点,拖动点可以创建曲线段。可以通过调整线条上的点来调整直线段和曲线段。将曲线转换为真线,将直线转换为曲线,并显示用 Flash 其他绘画工具(如"铅笔"、"刷子"、"线条"、"椭圆"或"矩形"工具)在线条上创建的点,并可以调整这些线条。

"钢笔工具"在绘画时会显示的不同指针反映其当前绘制状态。

继续增加右边房间的屋檐,如图 2-22 所示。

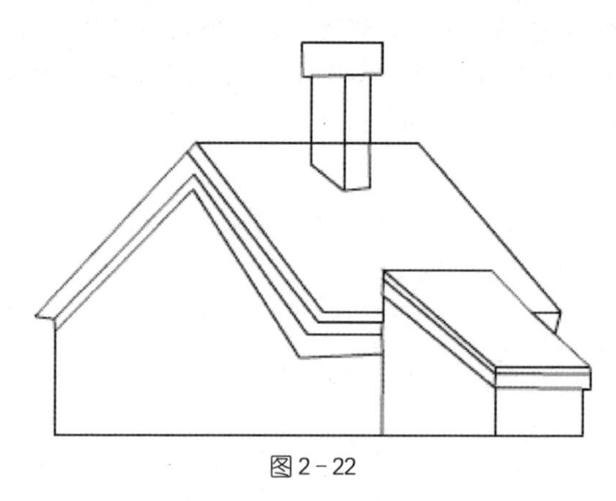

图 2-22

使用"部分选择工具"调整点的位置。注意可以使用键盘方向键来小范围移动。烟筒部分用"直线工具"增加两根线段,如图 2-23 所示。

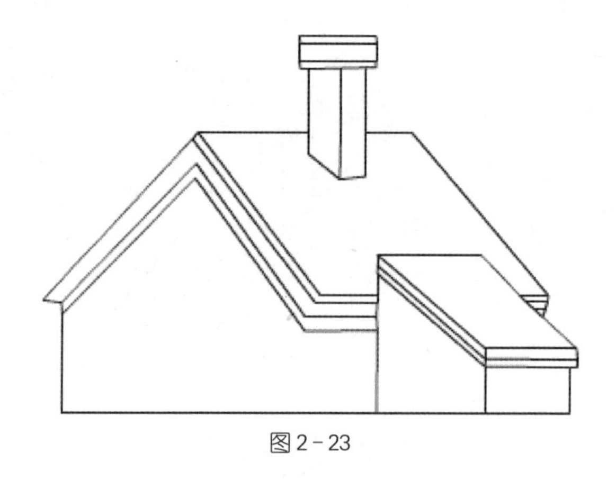

图 2-23

使用"选择工具"把烟筒的上面线变成弧形,如图 2-24 所示。

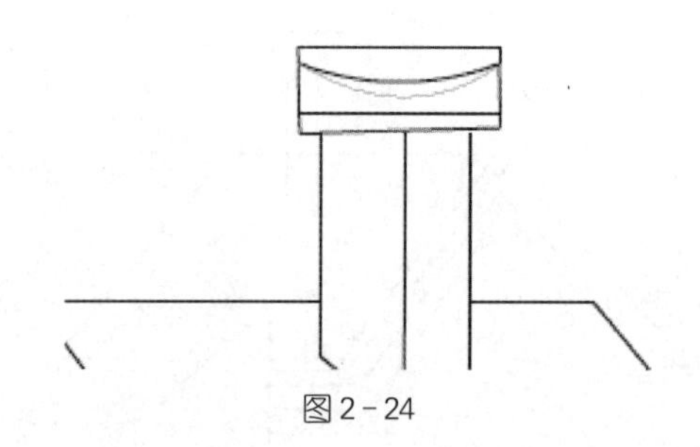

图 2-24

在两个房间之间使用"直线工具"增加一根直线并把交叉的中间线段删除掉,如图 2-25 所示。

图 2－25

使用“部分选择工具”把不必要的点删除，如图 2－26 所示。

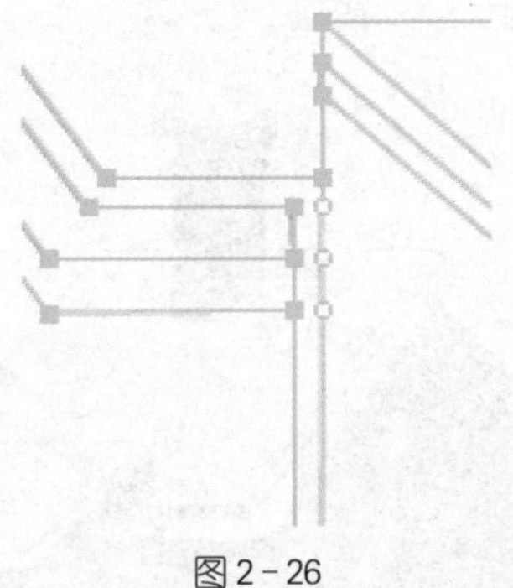

图 2－26

用“颜料桶工具”为房屋和烟筒填充上褐色。如果填充不上颜色是因为外轮廓线没有封闭。检查每个点是否封闭了，若没有就用“部分选择工具”移动点到封闭位置，如图 2－27 所示。

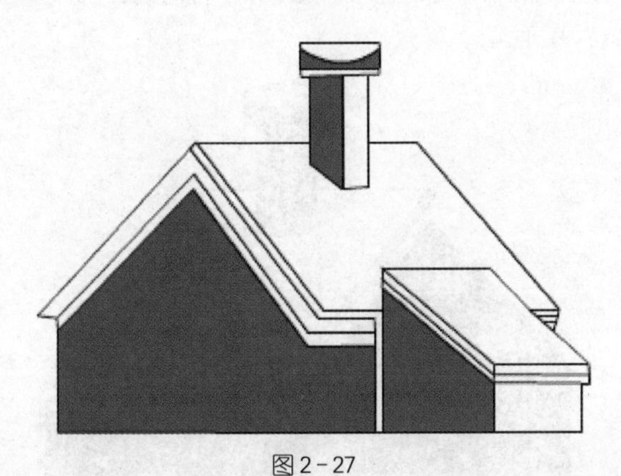

图 2－27

钢笔工具 (P)
添加锚点工具(=)
删除锚点工具(-)
转换锚点工具(C)

初始锚点指针：选中“钢笔工具”后看到的第一个指针。指示下一次在舞台上单击鼠标时将创建初始锚点，它是新路径的开始。

连续锚点指针：指示下一次单击鼠标时将创建一个锚点，并用一条直线与前一个锚点相连接。

添加锚点指针：指示下一次单击鼠标时将向现有路径添加一个锚点。若要添加锚点，必须选择路径，并且“钢笔工具”不能位于现有锚点的上方。根据其他锚点，重绘现有路径。一次只能添加一个锚点。

删除锚点指针：指示下一次在现有路径上单击鼠标时将删除一个锚点。若要删除锚点，必须用“选择工具”选择路径，并且指针必须位于现有锚点的上方。根据删除的锚点，重绘现有路径。一次只能删除一个锚点。

连续路径指针：从现有锚点扩展新路径。若要激活此指针，鼠标必须位于路径上现有锚点的上方。仅在当前未绘制路径时，此指针才可用。锚点未必是路径的终端锚点，任何锚点都可以是连续路径的位置。

闭合路径指针：在正绘制的路径的起始点处闭合路径。只能闭合当前正在绘制的路径，并且现有锚点必须是同一个路径的起始锚点。生成的路径没有将任何指定的填充颜色设置应用于封闭形状，单独应用填充颜色。

连接路径指针：除了鼠标不能位于同一个路径的初始锚点上方外，与闭合路径工具基本相同。该指针必须位于唯一路径的任一端点上方。可能选中路径段，也可能不选中路径段。

注意：连接路径可能产生闭合形状，也可能不产生闭合形状。

回缩贝塞尔手柄指针：当鼠标位于显示其贝塞尔手柄的锚点上方时显示。单击鼠标将回缩贝塞尔手柄，并使得穿过锚点的弯曲路径恢复为直线段。

转换锚点指针：将不带方向线的转角点转换为带有独立方向线的转角点。若要启用转换锚点指针，可以使用〈Shift〉+〈C〉快捷键切换钢笔工具。

技 巧 提 示

若要更改直线段的角度或长度，或者调整曲线段以更改曲线的斜率或方向。移动曲线点上的切线手柄时，可以调整该点两边的曲线。移动转角点上的切线手柄时，只能调整该点的切线手柄所在的那一边的曲线。

若要调整直线段，选择“部分选取工具”，然后选择直线段。使用“部分选取工具”可以将线段上的锚点拖动到新位置。

若要调整曲线段，可选择“部分选取工具”，然后拖动该线段。

注意：单击路径时，Flash将显示锚点。使用“部分选取工具”调整线段会给路径添加一些点。

用“颜料桶工具”为房屋侧墙、烟筒填充暗一些的颜色，如图2－28所示。

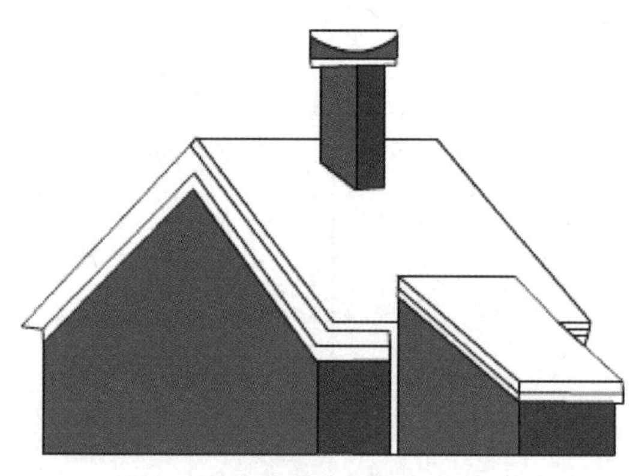

图2－28

继续为其他区域填充颜色。再对图形的细节部分做一些调整，如图2－29所示。

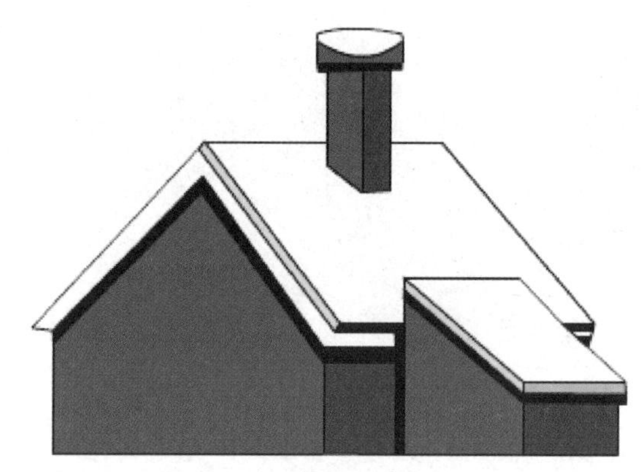

图2－29

如图2－30所示，为墙面增加些变化。使用“直线工具”在墙面绘制一批垂直线，绘制时可以按住〈Shift〉键让线条保存垂直。

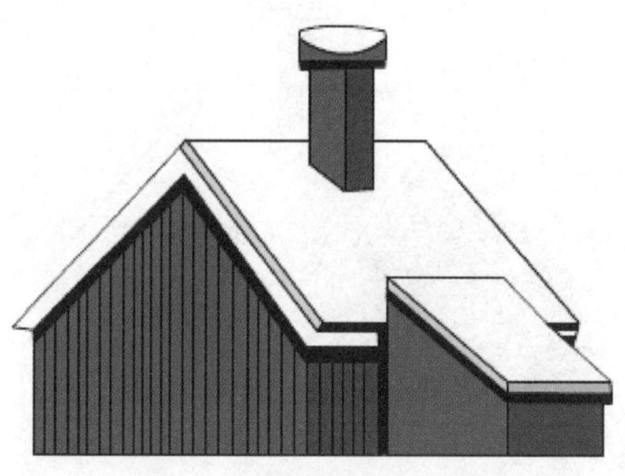

图2－30

使用“颜料桶工具”为墙面填充深颜色，如图 2－31 所示。

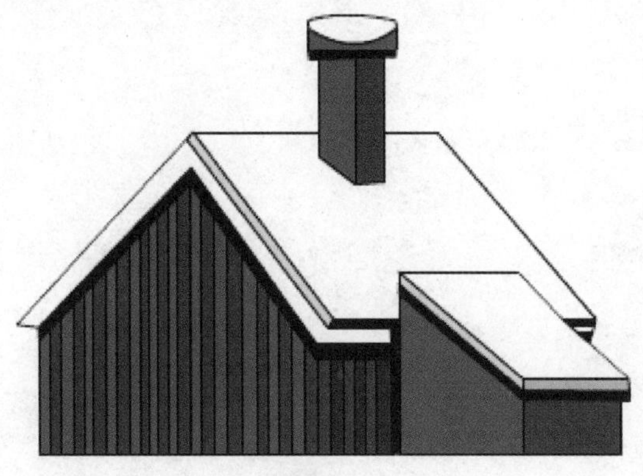

图2－31

把背景设置为蓝色以便于观看，为屋顶填充白色，如图 2－32 所示。

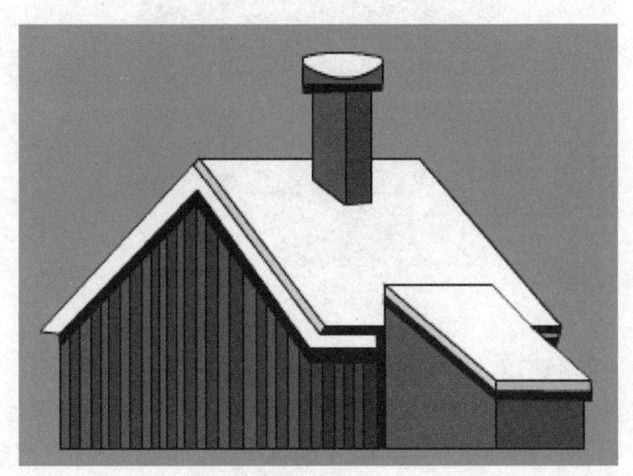

图2－32

06

给房屋增加门窗：使用“矩形工具”，在房屋外绘制一个矩形，注意在属性面板把填充色设置为无。绘制在房屋外是为了不与房屋图形的线产生交叉，单独做完再放置到房屋上。然后在大矩形内绘制一个小矩形。注意：不选中“视图”→“贴紧”→“贴紧至对象”，如图 2－33 所示。这样里面绘制的矩形才不会因为离得太近而贴紧外面矩形，如图 2－34 所示。

若要调整曲线上的点或切线手柄，选择“部分选取工具”，然后选择曲线段上的锚点。

若要调整锚点两边的曲线形状，可拖动该锚点，或者拖动切线手柄。若要将曲线限制为倾斜 45°的倍数，可按住〈Shift〉键拖动。若要单独拖动每个切线手柄，按住〈Alt〉键拖动。

部分选取工具：用来修改和调节路径。它经常和钢笔工具一起使用。

知识点提示

选择工具和变形工具

选择工具：可以选择图形。单击选中填充或轮廓，双击图形可以把整个图形选中，另外可以用框选来选取图形的一部分。“选择工具”除了选取图形外还可以改变图形的形状，要改变线条或形状轮廓的形状，使用“选择工具”拖动线条上的任意点。指针会发生变化，以指明在该线条或填充上可以执行哪种类型的形状改变。

如果重定位的点是端点，则延长或缩短该线条。如果重定位的点是转角，则组成转角的线段在它们变长或缩短时仍保持伸直。

当转角出现在指针附近时，可以更改终点。当曲线出现在指针附近时，可以调整曲线。

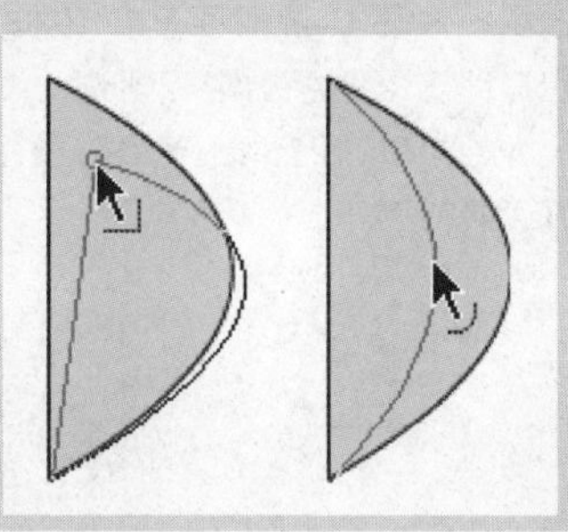

部分选取工具：可以改变线上每个点的位置来影响图形。详见钢笔工具。

使用“任意变形工具”或选择“修改”→“变形”菜单中的选项，可以将图形对象、组、文本块和实例进行变形。根据所选元素的类型，可以变形、旋转、倾斜、缩放或扭曲该元素。

任意变形工具：可以单独执行某个变形操作，也可以将诸如移动、旋转、缩放、倾斜和扭曲等多个变形组合在一起执行。

注意：“任意变形工具”不能变形元件、位图、视频对象、声音、渐变或文本。如果多项选区包含以上任意一项，则只能扭曲形状对象。若要将文本块变形，首先要将字符转换成形状对象。

另外在变形菜单里面的“扭曲”、“缩放”、“旋转与倾斜”、“缩放和旋转”都可以通过“任意变形工具”来实现。而“顺时针旋转90度”、“逆时针旋转90度”和“垂直翻转”、“水平翻转”可以快速的实现这几种定值的变形。而“取消变形”可以将变形操作后的对象回到原始状态。

渐变变形工具：可以调整图形填充的大小、方向或者中心，可以控制渐变填充或位图填充变形。它不能对对象做变形。

使用“渐变变形工具”单击用渐变或位图填充的区域。系统将显示一个带有编辑手柄的边框。当指针在这些手柄中的任何一个上面的时候，它会发生变化，显示该手柄的功能。

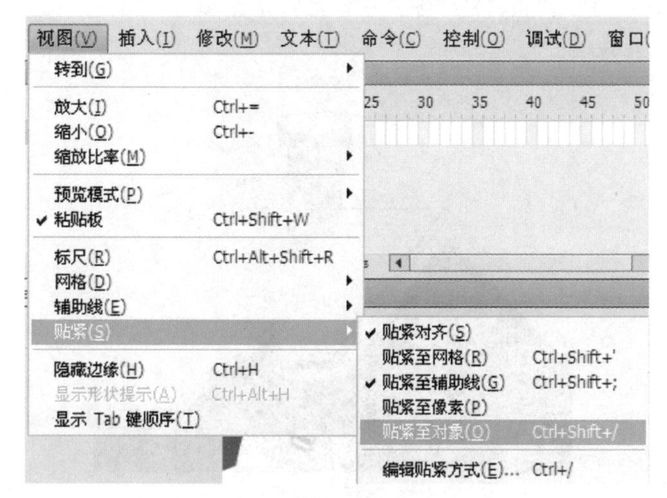

图2-33

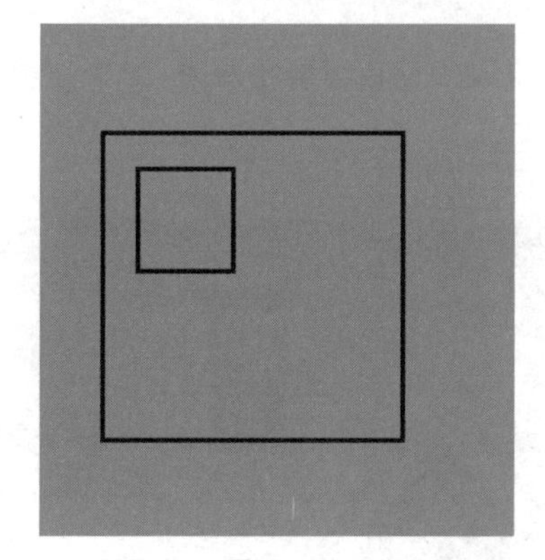

图2-34

复制里面的矩形，选中小矩形按住〈Alt〉键往右拖拉。然后再选中两个小矩形按住〈Alt〉键往下拖拉出四个矩形。若同时按住〈Shift〉键可保存沿水平垂直方向移动，如图2-35所示。

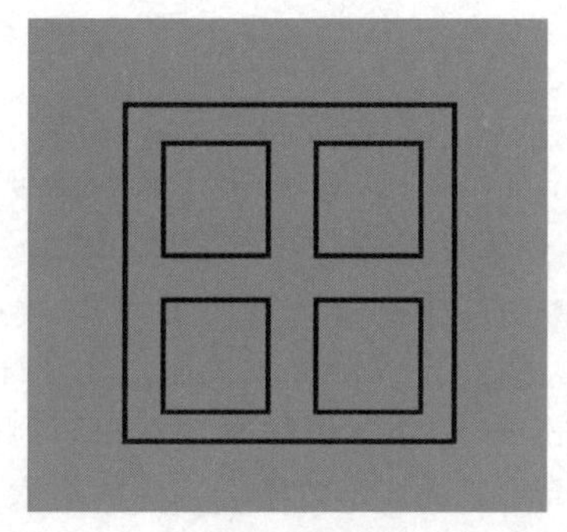

图2-35

使用“颜料桶工具”为窗外框填充灰白色，里面填充灰色，如图2-36所示。

图2-36

然后把窗户移动到房屋的墙上，可以用“任意变形工具”调整大小，如图2-37所示。

图2-37

使用同样的方法为房屋增加其他的门窗，完成效果如图2-38所示。

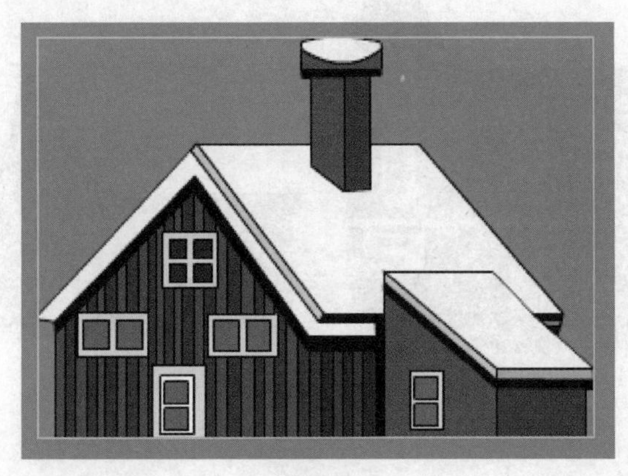

图2-38

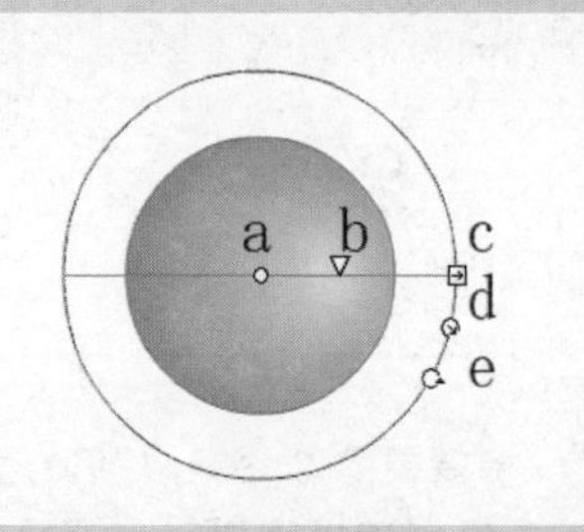

a—中心点，b—宽度，c—旋转，d—大小，e—焦点

技巧提示

移动、重新对齐、更改和跟踪任意变形的变形点

在变形期间，所选元素的中心会出现一个变形点。变形点最初与对象的中心点对齐。可以移动变形点，将其返回到它的默认位置以及移动默认原点。

对于缩放、倾斜或者旋转图形对象、组和文本块，默认情况下，与被拖动的点相对的点就是原点。对于实例，默认情况下，变形点是原点。可以移动变形的默认原点。

更改渐变或填充的形状

若要改变渐变或位图填充的中心点位置，拖动中心点，如下图所示。

若要更改渐变或位图填充的宽度，拖动边框边上的方形手柄（此选项只调整填充的大小，而不调整包含该填充对象的大小），如

下图所示。

若要更改渐变或位图填充的高度，拖动边框底部的方形手柄，如下图所示。

若要旋转渐变或位图填充，拖动角上的圆形旋转手柄，还可以拖动圆形渐变或填充边框最下方的手柄，如下图所示。

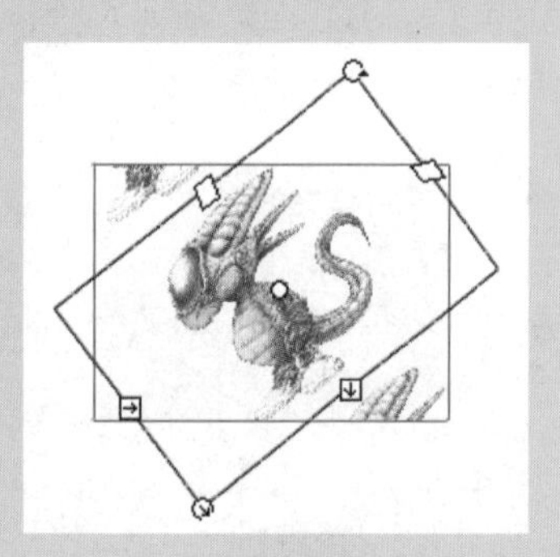

若要缩放线性渐变或者填充，拖动边框中心的方形手柄，如下图所示。

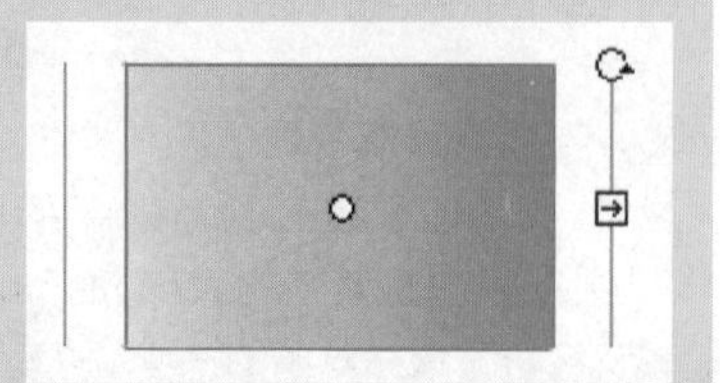

选中全部房屋，在“属性”面板把轮廓线设置为无，如图2-39所示。

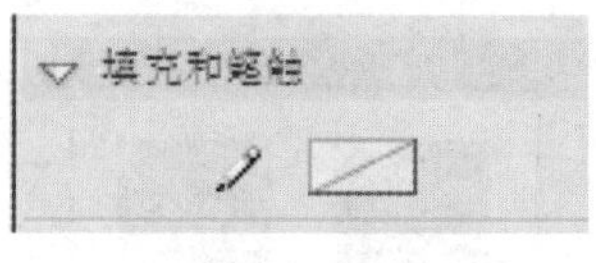

图2-39

使用〈Ctrl〉+〈G〉快捷键对房屋进行组合，如图2-40所示。

图2-40

使用同样的方法再绘制两个房屋并组合，如图2-41所示。

图2-41

07

绘制圣诞树：首先使用“刷子工具”，设置填充颜色为绿色，根据需要改变笔刷大小，绘制出树的形状。修改时配合使用“橡皮擦工具”进行修边。最好配合手绘板进行操作。完成效果如图 2－42 所示。

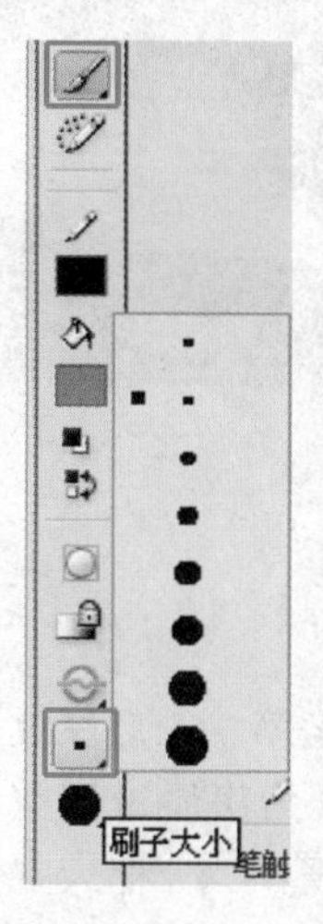

图2－42

选取深绿色，在树上绘制出层次，如图 2－43 所示。
选取白色在树上绘制出积雪，如图 2－44 所示。

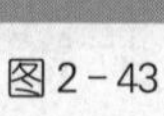

图2－43

图2－44

然后再使用快捷键〈Ctrl〉＋〈G〉对树进行组合。

若要更改环形渐变的焦点，则应拖动环形边框中间的圆形手柄，如下图所示。

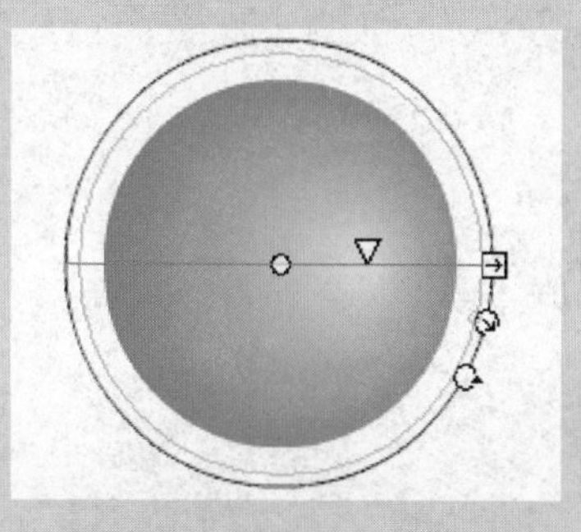

若要倾斜形状中的填充，拖动边框顶部或右边圆形手柄中的一个，如下图所示。

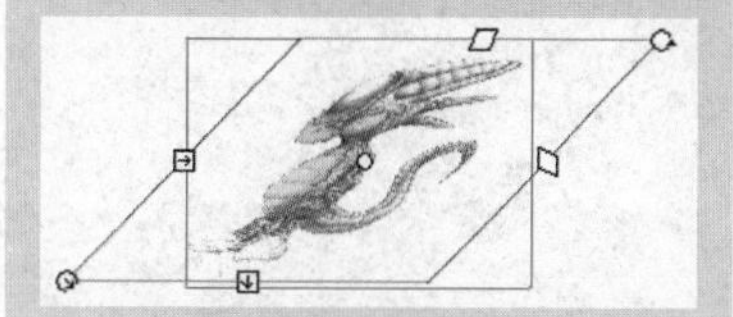

若要在形状内部平铺位图，缩放填充，如下图所示。

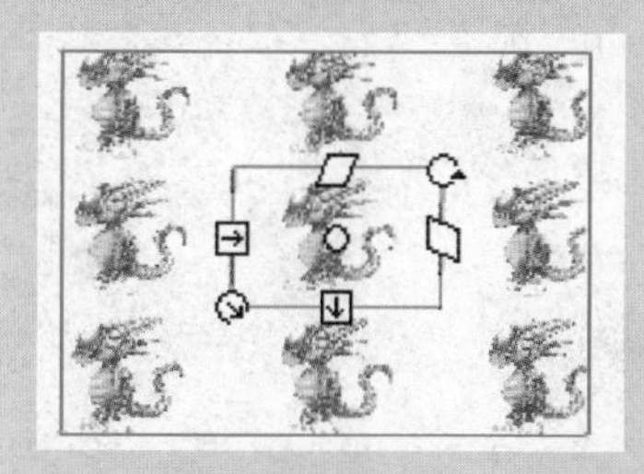

08

将这些图形放置到场景中:先把场景使用〈Ctrl〉+〈Shift〉+〈G〉快捷键取消组合,把地面的图形选中单独组合,如图2-45所示。

图2-45

天空也单独组合为一个图形。把第一个房屋放到场景中。这时发现看不到房屋了,是因为房屋被天空和地挡住了。选中天空使用快捷键〈Ctrl〉+〈↓〉把天空的排列顺序移动到最底层,达到房屋的顺序在地面与天空之间的效果。这样房屋的底部会被地面层盖住。使用"任意变形工具"调整房屋大小,放置在白云下,如图2-46所示。

图2-46

把另外两个房屋也放置到场景中。注意调整叠放顺序,达到如图2-47所示的效果。

把树也放置到场景中,并复制三棵树,调整树与房屋之间的叠放顺序,放置到如图2-48所示的位置。

图2-47

图2-48

最后再美化一下画面。将天空组合取消,使用“刷子工具”选用白色围绕房屋和树的边缘绘制一圈,如图2-49所示。

图2-49

继续使用"刷子工具"在左边蓝天下绘制些白云，完成的效果如图2-50所示。

图2-50

使用〈Ctrl〉+〈S〉键保存文件，也可使用〈Ctrl〉+〈Enter〉快捷键预览观看效果。

09

打开本书素材文件"第2章\fla\2-1.fla"继续为它增加文字效果。

用"文字工具"输入"圣诞快乐"。设置字体系列为方正姚体，大小为70.0点，如图2-51所示。

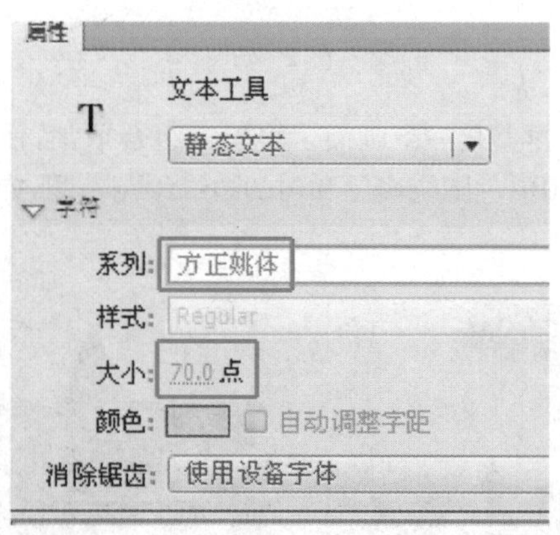

图2-51

将文字放置在右边的月亮中间，如图2-52所示。

按住〈Ctrl〉+〈B〉键把文字分离，如图2-53所示。

按住〈Ctrl〉+〈B〉键再分离一次，使它成为图形，如图2-54所示。

知识点提示

文字工具的应用

Flash中的文本形式有三种：静态文本、动态文本和输入文本。在Flash电影中，所有动态文本字段和输入文本字段都是TextField类的实例。可以在"属性检查器"中为文本字段指定一个实例名称，然后在动作脚本中使用TextField类的方法和属性对文本字段进行控制，如透明度、是否运用背景填充等。静态文本是在影片的播放过程中不会改变的。

1. 文本的输入

文本有两种输入框模式：无宽度限制的文本输入框模式和有宽度限制的输入框模式。无宽度限制的输入框只要用"文本工具"在舞台上点击下就可以输入如下图所示文字。

图 2 - 52

图 2 - 53

图 2 - 54

选中这些文字，打开“颜色”面板为文字填充白黄线性渐变，渐变设置如图 2 - 55 所示。完成效果如图 2 - 56 所示。

无宽度限制的输入框会随着文字的输入自动扩展，可以一直超出舞台范围，要换行需按〈Enter〉键。

有宽度限制的输入框是用文本工具在舞台上用鼠标划个框，如下图所示。

有宽度限制的输入框就会限制宽度，当输入文本超过限定时，文本会自动换行。如果要手动改变文本的宽度，只要拖动文本框右上角的圆圈或方块标志就行。

2. 文本的属性面板

设置文本属性面板可调节文字。这里可以把文字输入后再选中文字来调节，也可以在输入前先调节。静态文本文字属性面板的设参数，如下图所示。

文字面板包括"位置和大小"、"字符"、"段落"、"选项"、"滤镜"五个部分。其中"位置和大小"项中可以输入 X 和 Y 的值来改变文本的位置。"宽度"和"高度"是改变文字框的大小。

"字符"项里面系列是用来选择字体的。样式可以设置斜体。"大小"后面的输入框用来输入字体大小值。字体大小以磅值设置，而与当前标尺单位无关。颜色是用来设置文字的颜色。

设置文本的填充颜色可单击颜色色块，然后执行下列任意一项操作：

(1) 从"颜色选择器"中选择颜色。

(2) 在左上角的框中键入颜色的十六进制值。

(3) 单击"颜色选择器"按钮，然后从系统颜色选择器中选择一种颜色。(设置文本颜色时，只能使用纯色，而不能使用渐变。要对文本应用渐变，应分离文本，将文本转换为组成它的线条和填充。)

"消除锯齿"下拉菜单中可以选择一种字体呈现方法。

"段落"项中"格式"是用来设置文字的对齐方式。还可以设置文本间距和边距；"方向"可以改变文字方向为水平文本或垂直文本。单击"方向"按钮，下拉出三个选项，可选择"水平"、"垂直，从左向右"或"垂直，从右向左"。当为垂直时，还可以选择旁边的键来旋转方向。

"选项"项中"链接"可输入文本字段要链接到的 URL。然后在下边"目标"框中选择链接打开的方式。这个在动作脚本会用到下图所示的选项。

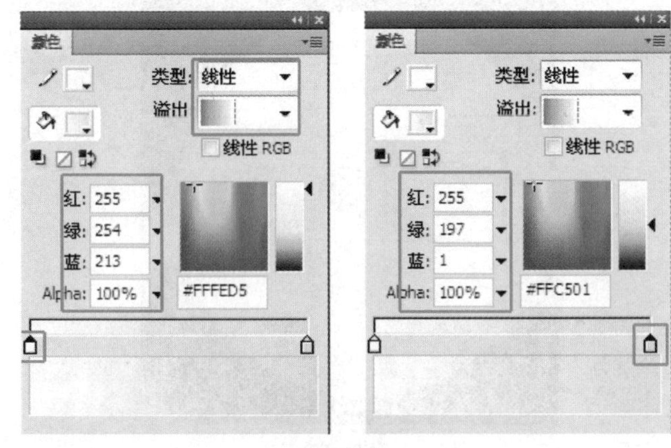

图 2-55

图 2-56

使用"部分选择工具"选中"圣"字，调整它的边框，使得圣字左边有往外飘的效果，如图 2-57 所示。

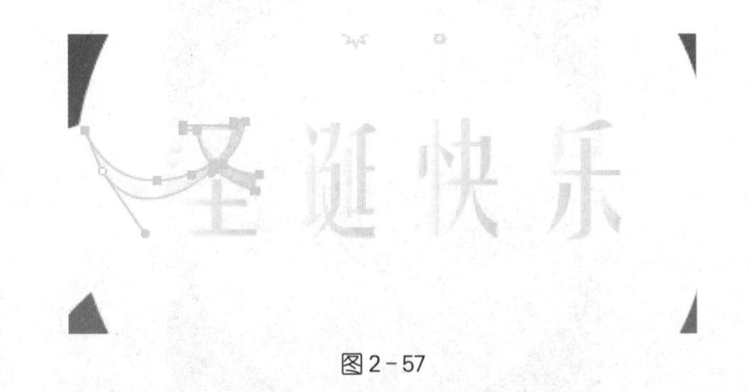

图 2-57

使用"部分选择工具"选中"乐"字，调整它的边框，使得乐字右边有往外飘的效果，如图 2-58 所示。

选中这些文字，使用"修改"→"变形"→"封套"命令，修改文字造型，如图 2-59 所示。

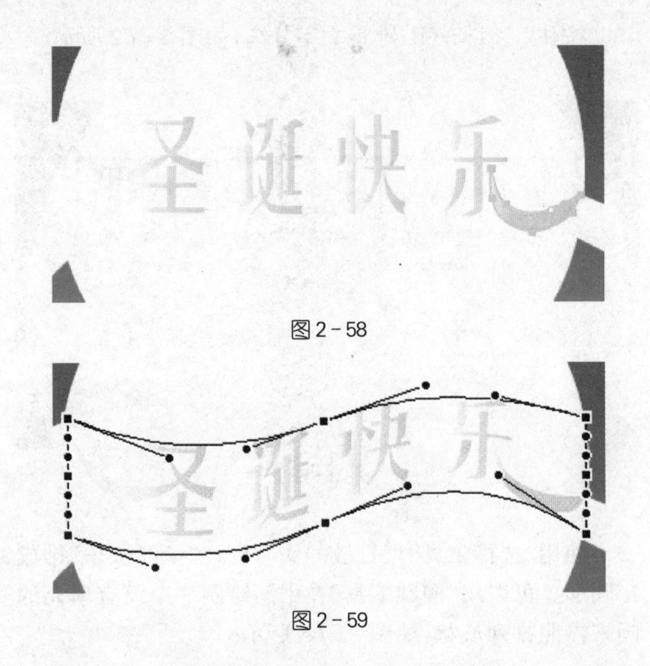

图2－58

图2－59

选中单个文字调整下位置，最后按〈Ctrl〉+〈G〉键组合这些文字，如图2－60所示。

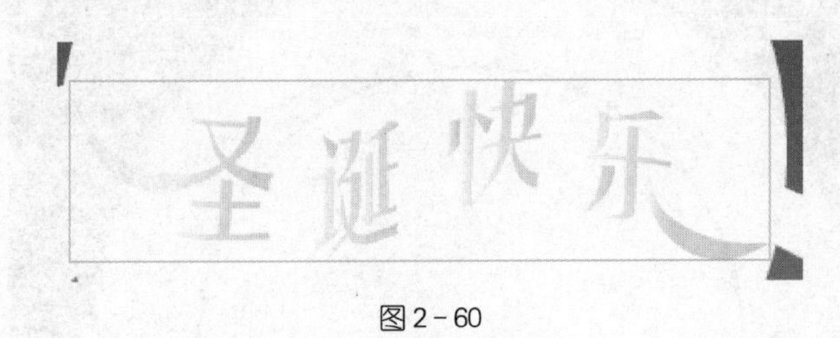

图2－60

10

继续为贺卡增加文字效果。用文字工具输入“merry christmas”。设置字体系列为隶书，大小为40.0点，放置在圣诞快乐上方，如图2－61所示。

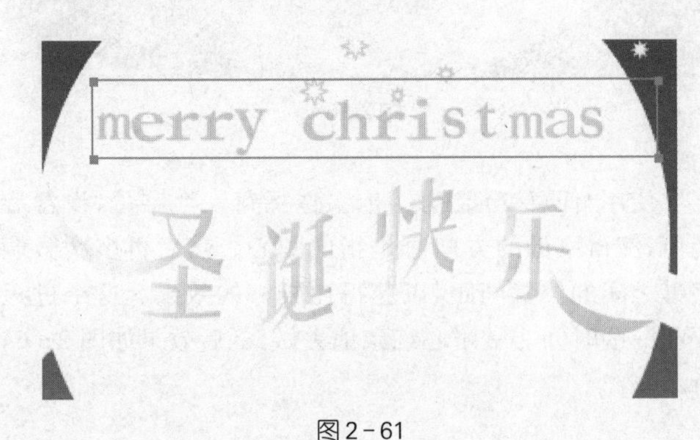

图2－61

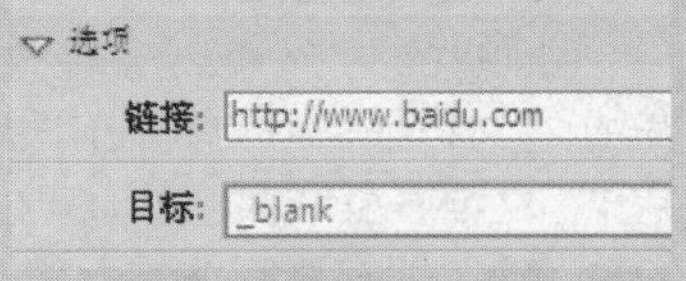

▽ 选项

链接：http://www.baidu.com

目标：_blank

上图表示单击该文本会链接到百度首页。打开网页方式是单独弹出一个网页。

“滤镜”项是可以给文字增加特效渲染效果。

3. 文本的分离

文本一经建立就是对象，是一个整体。可以分离文本，将每个字符放在单独的文本字段中。然后可以快速地将文本字段分布到不同的图层并使每个字段具有动画效果（不能分离可滚动文本字段中的文本）。

还可以将文本转换为组成它的线条和填充以便对它执行改变形状、擦除等操作。如同其他任何形状一样，可以单独将这些转换后的字符分组，或者将它们更改为元件并制作动画效果。将文本转换为线条和填充之后，就不能再编辑文本了。

4. 分离操作

首先使用“选取工具”单击一个文本字段。

然后选择“修改”→“分离”命令，或者按〈Ctrl〉+〈B〉快捷键，选定文本中的每个字符都会放入一个单独的文本字段中。文本在舞台上的位置保持不变。

再次选择“修改”→“分离”命令，将舞台上的字符转换为形状。所以要将文本转换成形状需要分离两次。

5. 对文字使用滤镜特效

刚创建的文字一般是没有效果的，在 Flash CS4 中可以应用滤镜来为文字增加特效。可以增加投影、模糊、发光、斜角、渐变发光、渐变斜角及调整颜色的特效变化。

删除全部
启用全部
禁用全部
投影
模糊
发光
斜角
渐变发光
渐变斜角
调整颜色

文本每添加一个新的滤镜，在属性面板中，就会将其添加到该对象所应用的滤镜的列表中。可以对一个文本应用多个滤镜，也可以删除以前应用的滤镜。除了文本外还可以对按钮和影片剪辑对象应用滤镜。

滤镜参数

投影： flash

模糊 X 和**模糊** Y：用来设置投影的宽度和高度。

距离：用来设置阴影与对象之间的距离。

颜色：用来打开"颜色选择器"并设置阴影颜色。

强度：设置阴影暗度。数值越大，阴影就越暗。

角度：设置阴影的角度，输入一个值。

挖空：可挖空（即从视觉上隐藏）源对象，并在挖空图像上只显示投影。

内侧阴影：可在对象边界内应用阴影。

按住〈Ctrl〉+〈B〉键将文字分离，如图 2－62 所示。

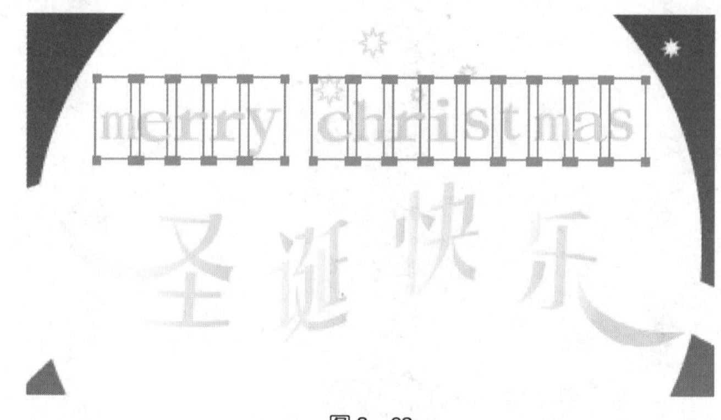

图 2－62

使用"选择工具"把打散的文字围绕"圣诞快乐"排成半圆形。可以用"椭圆工具"在中间绘制一个没有填充的圆来参照排列形状，如图 2－63 所示。

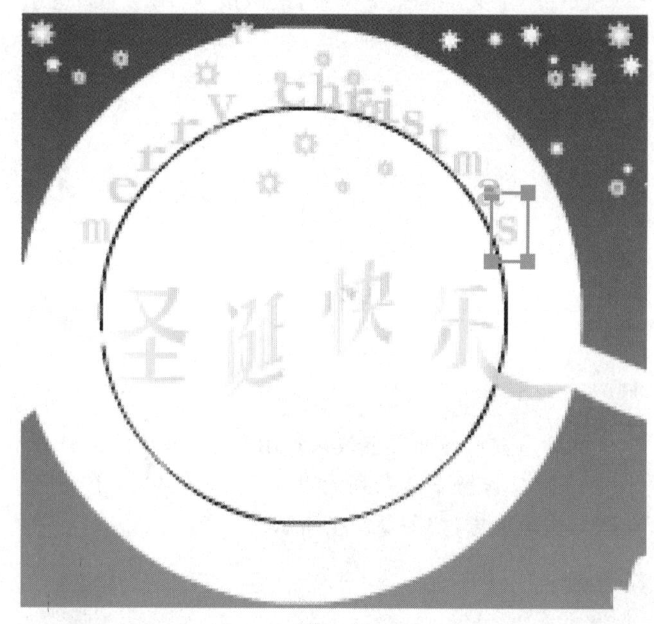

图 2－63

使用"任意变形工具"依次选择每一个字母，设置旋转值，使得字母的方向总是指向圆心。然后再多次微调字母之间的位置间距，以获得比较好的效果。这个过程要花一些时间非常耐心细致地去做，最后效果如图 2－64 所示。

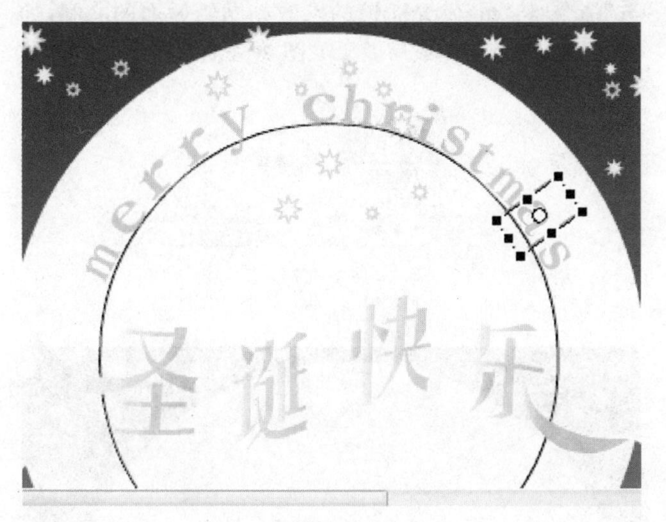

图 2-64

删除用来作参照的圆。选中字母“m”在“文字属性”面板滤镜项增加发光滤镜。设置文字本身颜色为白色。发光滤镜的设置如图 2-65 所示。得到的效果如图 2-66 所示。

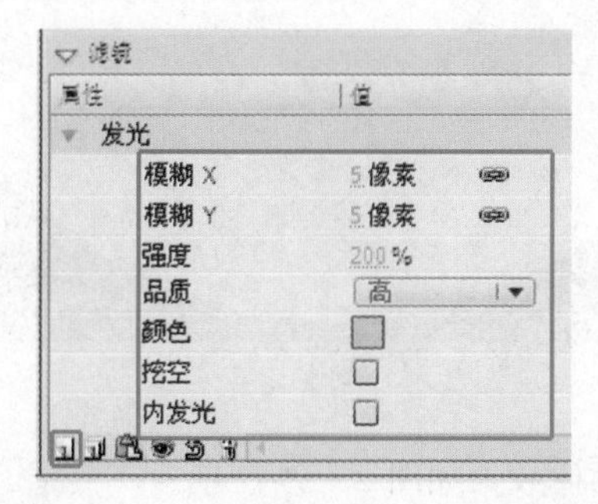

图 2-65

图 2-66

给后面的每个文字都加入发光滤镜，设置跟“m”同样。注意：可以使用“滤镜”面板中“剪贴板”的“复制所

隐藏对象：用来隐藏对象并只显示其阴影。使用“隐藏对象”可以更轻松地创建逼真的阴影。

选择投影的品质级别设置为高则近似于高斯模糊，设置为低可以实现最佳的回放性能。

其他滤镜参数都与上述参数类似，不一一介绍。

选”命令，将“m”发光滤镜的参数粘贴给后面的文字，如图 2－67 所示。完成后效果如图 2－68 所示。

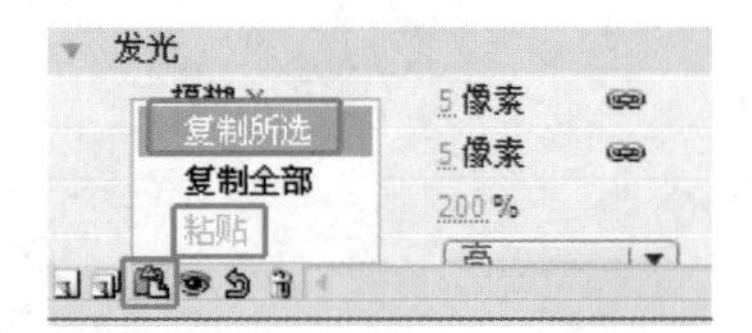

图 2－67

图 2－68

最后整体效果如图 2－69 所示。

图 2－69

使用〈Ctrl〉+〈S〉键保存文件，使用〈Ctrl〉+〈Enter〉键预览效果。

2.2 导入外部 Flash 视觉元素

下面使用 flash 导入外部素材来制作一个网络广告，如图 2－70 所示。

图 2－70

01

新建一个 flash as 2.0 文件。在文档属性面板设置文档大小为 600 像素 × 400 像素大小。如图 2－71 所示。

文档属性

尺寸(I)： 600 像素 (宽) x 400 像素 (高)

☑ 调整 3D 透视角度以保留当前舞台投影

匹配(A)： ○ 打印机(P) ○ 内容(C) ◉ 默认(E)

背景颜色(B)：

帧频(F)： 24 fps

标尺单位(R)： 像素

设为默认值(M)　确定　取消

图 2－71

执行“文件”→“导入”→“导入到库”命令。在弹出的窗口中目录选择本书素材文件“第 2 章\pic\路. jpg”，如图 2－72 所示。

知 识 点 提 示

位图和矢量图的区别

矢量图形：矢量图形是用点、直线或者多边形等基于数学方程的几何图文来表示图像，这些图文还包括颜色和位置属性。例如，树叶图像可以由创建树叶轮廓的线条所经过的点来描述。树叶的颜色由轮廓的颜色和轮廓所包围区域的颜色决定。

在编辑矢量图形时，可以修改描述图形形状的线条和曲线的属性。可以对矢量图形进行移动、调整大小、改变形状以及更改颜色的操作而不更改其外观品质。矢量图形与分辨率无关，也就是说，它们可以显示在各种分辨率的输出设备上，而丝毫不影响品质。

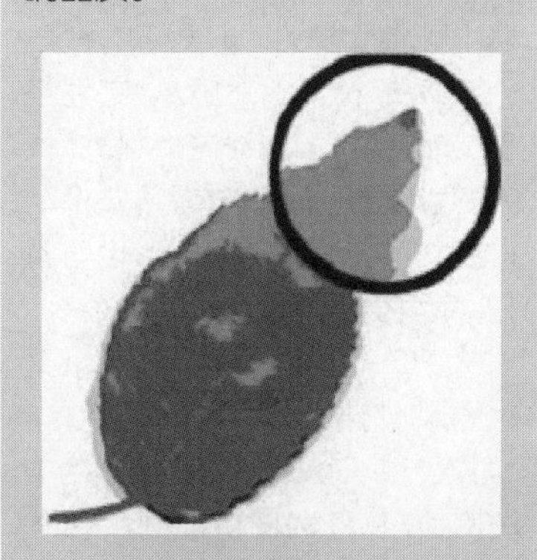

位图图像：位图图像（以下简称位图）使用在网格内排列的称作像素的点来描述图像。例如，树叶的图像由网格中每个像素的特定位置和颜色值来描述，这类似于用镶嵌方式来创建图像。

在编辑位图时,修改的是像素,而不是直线和曲线。位图跟分辨率有关,因为描述图像的数据是固定到特定尺寸的网格上的。编辑位图可以更改它的外观品质,特别是调整位图的大小会使图像的边缘出现锯齿,因为网格内的像素重新进行了分布。在比图像本身的分辨率低的输出设备上显示位图图形时也会降低它的品质。

导入位图

导入位图的方法很多。如果要将位图直接导入到当前Flash文档中可选择“文件”→“导入”→“导入到舞台”命令。然后从“文件类型”弹出菜单中选择文件格式,找到要导入的位图。或者直接拖动位图文件到Flash舞台上,也可以把图片导入到舞台中。

要将文件导入到当前Flash文档的库中,选择“文件”→“导入”→“导入到库”命令(若要使用文档中的库项目,直接将它拖到舞台上即可)。

技 巧 提 示

导入到Flash中的位图都有背景,在Flash中导入不规则的位图,

图2-72

然后使用“窗口”→“库”打开库面板。在库中选择“2-3-1.jpg”并把它拖拉到舞台中。使用“窗口”→“对齐”打开“对齐”面板把位图对齐到舞台中心,如图2-73所示。

图2-73

02

使用“文件”→“导入”→“导入到舞台”命令,在弹出的窗口中目录选择素材文件“第2章\pic\车.psd”。然后在弹出的“导入psd面板”中选中图层0,右边选择拼合的位图图像,其他设置如图2-74所示。

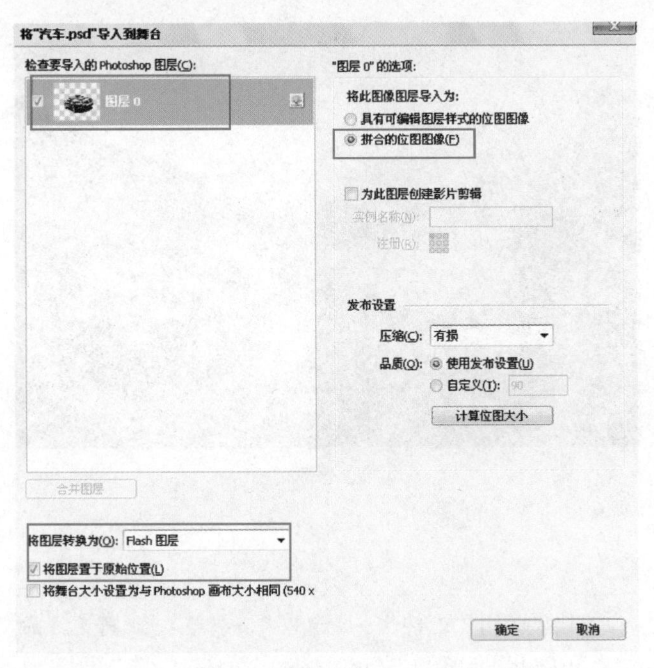

图 2 - 74

这样就把车图片导入到了舞台中。如图 2 - 75 所示。

图 2 - 75

使用任意变形工具把车图片缩小放置到背景右下。效果如图 2 - 76 所示。

比如一张照片，在 Photoshop 中将人剪好后其他地方为透明，但导入 Flash 后成为白色，这时候需要将位图的白色去掉，只剩下不规则的人的形状，也就是位图其他部分为空白。一种做法是在 Photoshop 中将处理后的图片保存为 PNG 格式的文件，在 Flash 中导入就是带透明的；另一种做法是保存为 PSD 文件格式，然后导入 PSD 文件中有图像的层就可以了。

导入 PSD 文件

导入 PSD 文件的方法跟导入位图的方法类似，只是选择的文件类型不一样。PSD 文件是 PSD 格式的。位图有 BMP、JPG、EMF、PNG、GIF 等格式。

导入 PSD 文件后会弹出面板，如下图所示。

在左边面板里可以选择需要导入的图层。

具有可编辑图层样式的位图图像：创建内部带有被剪裁的位图的影片剪辑。指定该选项会保持受支持的混合模式和不透明度，但是在 Flash 中不能重现的其他视觉属性将被删除。如果选择了此选项，则必须将此对象转换为影片剪辑。

拼合的位图图像：将文本栅

格化为拼合的位图图像，以保持文本图层在 Photoshop 中的确切外观。

为此图层创建影片剪辑：指定在将图像图层导入到 Flash 时，将其转换为影片剪辑。如果不希望将所有的图像图层都转换为影片剪辑，则可以在“PSD 导入”对话框中逐个图层对该选项进行更改。

将位图转换为矢量图

(1) 选择当前场景中的位图。选择“修改”→“位图”→“转换位图为矢量图”命令，弹出下面面板，如下图所示。

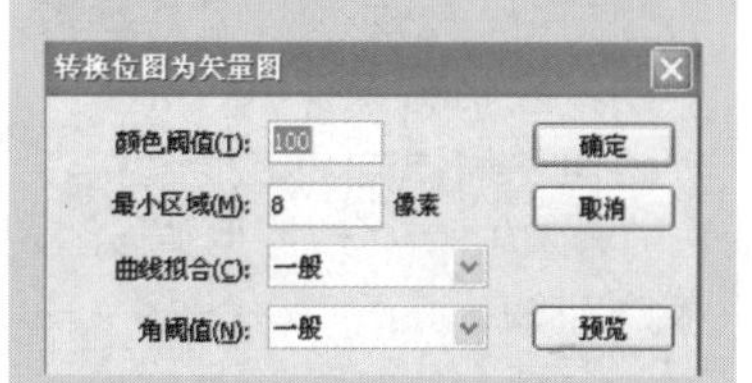

(2) 输入一个“颜色阈值”值。当两个像素进行比较后，如果它们在 RGB 颜色值上的差异低于该颜色阈值，则认为这两个像素颜色相同。如果增大了该阈值，则意味着降低了颜色的数量。

(3) 最小区域：输入一个值来设置为某个像素指定颜色时需要考虑的周围像素的数量。

(4) 曲线拟合：选择一个选项来确定绘制轮廓所用的平滑程度。

(5) 转角阈值：选择一个选项来确定保留锐边还是进行平滑处理。

技 巧 提 示

将位图转换为矢量图形时，矢量图形不再链接到库面板中的位图元件。

图2-76

03

继续使用“文件”→“导入”→“导入到舞台”命令。在弹出的窗口中选择本书素材文件“第 2 章\pic\bz.jpg”，把标志图导入到舞台，如图 2-77 所示。

图2-77

选中手机图片使用“修改”→“位图”→“转换位图为矢量图”命令。在弹出的窗口设置“颜色阈值”为 50，“最小区域”为 5，“曲线拟合”和“角阀值”设为“一般”，如图 2-78所示。

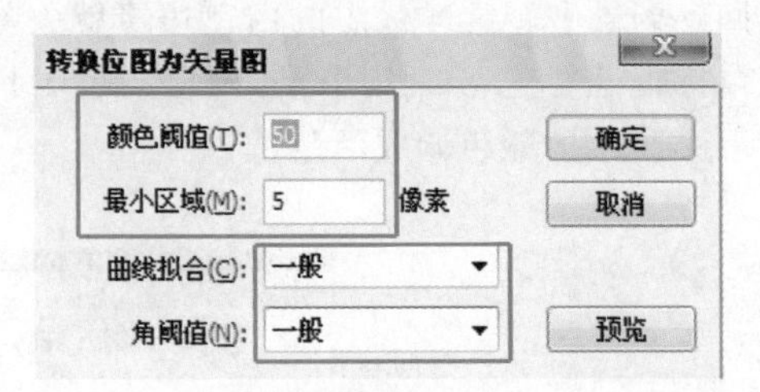

图 2-78

按快捷键〈Ctrl〉+〈G〉把转换的图形组合，如图 2-79 所示。

图 2-79

用鼠标双击组合图形进入到图形里进行编辑。用鼠标选中白色区域，按〈Del〉键把白色区域删除，如图 2-80 所示。

图 2-80

注意：如果导入的位图包含复杂的形状和许多颜色，则转换后的矢量图形的文件比原始的位图文件大。若要找到文件大小和图像品质之间的平衡点，可尝试"转换位图为矢量图"对话框中的各种设置。还可以分离位图后以使用 Flash 绘画和涂色工具修改图像。

若要创建最接近原始位图的矢量图形，输入以下值：

（1）颜色阈值：10。

（2）最小区域：1 像素。

（3）曲线拟合：像素。

（4）转角阈值：较多转角。

知 识 点 提 示

导入 Illustrator 素材

Flash CS4 可导入版本为 10 或更低版本的 Illustrator AI 文件。导入方法可以在 Illustrator 与 Flash 之间复制和粘贴或者导入 Illustrator 保存的 AI 文件。

如果在 Illustrator 与 Flash 之间复制和粘贴（或拖放）插图，将显示"粘贴"对话框，为将要复制（或粘贴）的 AI 文件提供导入设置。

粘贴为位图：将要复制的文件平面化为一个位图对象。

使用 AI 文件导入器首选参数粘贴：使用 Flash"首选参数"（选择"编辑"→"首选参数"）中指定的 AI 文件导入设置导入文件。

应用建议的导入设置以解决不兼容问题：默认情况下，选中"使用 AI 文件导入器首选参数粘贴"时启用。将自动修复在 AI 文件中检测到的任何不兼容项目。

保持图层：默认情况下，选中"使用AI文件导入器首选参数粘贴"时启用。指定将AI文件中的图层转换为Flash图层(与从"AI导入"对话框中选中"转换为Flash图层"效果相同)。如果取消选择此选项，所有图层将平面化为一个图层。

如果是导入AI文件到Flash中会弹出如下窗口：

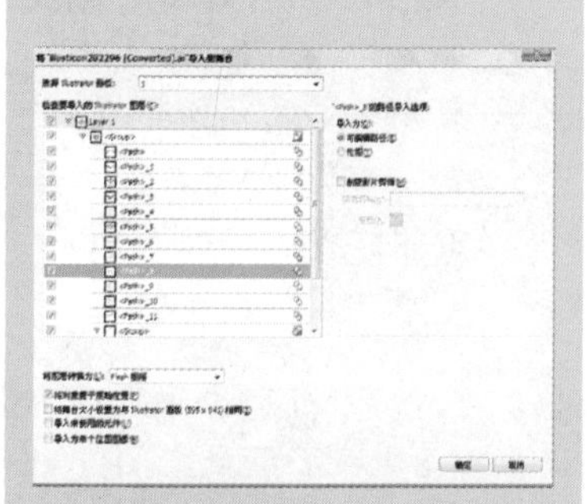

导入AI文件跟导入PSD文件一样可以选择需要导入的层。导入的层是成为位图还是矢量图或影片剪辑。

导入声音文件

能直接导入Flash的声音文件有WAV和MP3两种格式。声音一般导入到库，导入声音有以下两种方法：

(1) 直接选择声音文件拖拉到Flash舞台中。这样声音直接导入到了库里。

(2) 执行"文件"→"导入"→"导入到库"命令，弹出"导入到库"对话框，在该对话框中，选择要导入的声音文件，单击"打开"按钮，将声音导入到库。

使用声音只要在库中把声音文件拉到使用关键帧处。

返回到场景中。这样标志的白色边缘就去除掉了。继续用鼠标框选标志下面几个字，调出颜色工具，如图2-81所示，把字的颜色调成黑色。

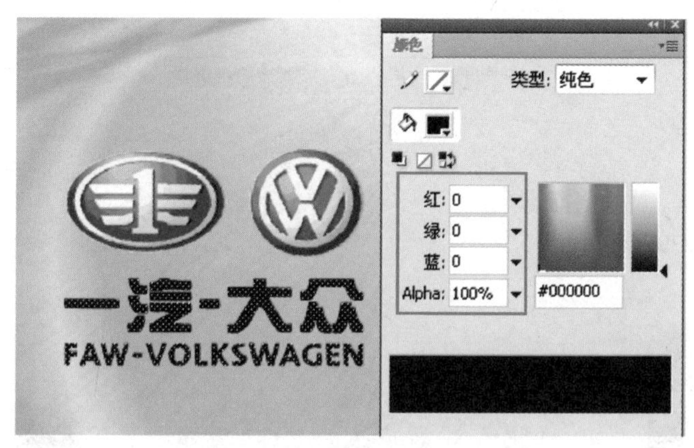

图2-81

用任意变形工具把标志缩小放置在车的左边，如图2-82所示。

图2-82

04

使用"文件"→"导入"→"导入视频"命令，在弹出的窗口中单击"启动Adobe Media Encoder"按钮，如图2-83所示。

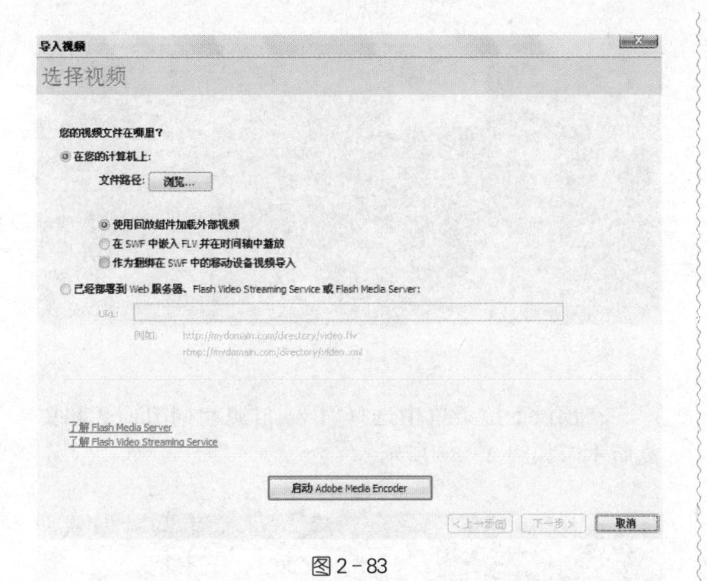

图 2-83

这样就打开了 Adobe Media Encoder。在“Adobe Media Encoder”面板中选择“文件”→“添加”。在弹出的面板中选择本书素材文件“第 2 章\pic\carPlayer. wmv”，如图 2-84 所示。

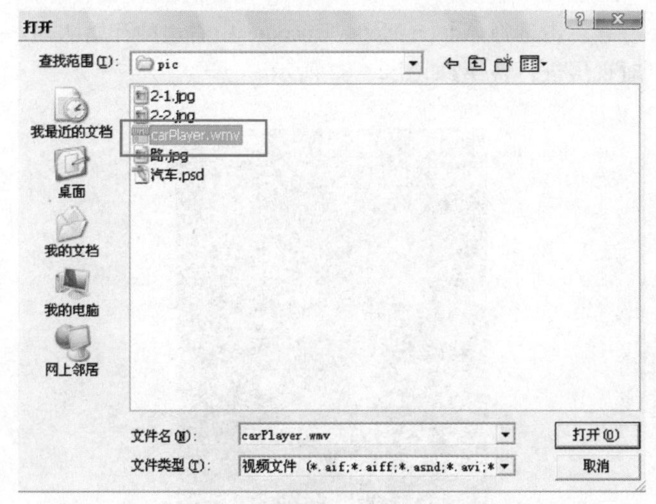

图 2-84

在 Adobe Media Encoder 的格式下拉菜单选择“FLV | F4V”格式，如图 2-85 所示。

疑 难 提 示

声音的属性面板

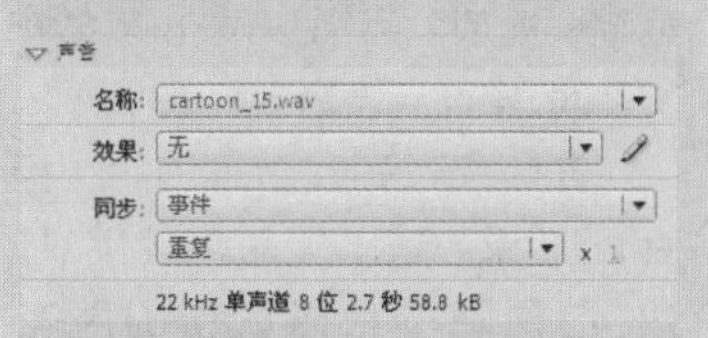

名称：从中可以选择要引用的声音对象，这也是另一种引用库中声音的方法。

效果：从中可以选择一些内置的声音效果，比如让声音的淡入、淡出等效果。

编辑按钮：单击这个按钮可以进入到声音的编辑对话框中，对声音进行进一步的编辑。

同步：设置声音和动画同步的类型，默认的类型是“事件”类型。另外，还可以设置声音重复播放的次数。

其中“效果”包含以下 8 个选项：

无：不对声音文件应用效果，选择此选项将删除以前应用过的效果。

左声道/右声道：只在左或右声道中播放声音。

从左到右淡出/从右到左淡出：会将声音从一个声道切换到另一个声道。

淡入：会在声音的持续时间内逐渐增加其幅度。

淡出：会在声音的持续时间内逐渐减小其幅度。

自定义：可以使用“编辑封套”创建声音的淡入和淡出点。

“同步”菜单里可以设置“事件”、“开始”、“停止”和“数据流”四个同步选项：

事件：将声音和一个事件的发

生过程同步起来。事件与声音在它的起始关键帧开始显示时播放，并独立于时间轴播放完整的声音，即使SWF文件停止执行，声音也会继续播放。当播放发布的SWF文件时，事件与声音混合在一起。

开始：与“事件”选项的功能相近，但如果声音正在播放，使用“开始”选项则不会播放新的声音实例。

停止：将使指定的声音静音。

数据流：将强制动画和音频流同步。与事件声音不同，音频流随着SWF文件的停止而停止。而且，音频流的播放时间绝对不会比帧的播放时间长。当发布SWF文件时，音频流混合在一起。

通过“同步”弹出菜单还可以设置“同步”选项中的“重复”和“循环”属性。为“重复”输入一个值，以指定声音应循环的次数，或者选择“循环”以连续重复播放声音。

导入视频文件

要将视频导入到Flash CS4中，必须使用以FLV或H.264格式编码的视频。视频导入向导(选择“文件”→“导入”→“导入视频”)检查所导入的视频文件；如果视频不是Flash可以播放的格式，则会弹出提示框。如果视频不是FLV或F4V格式，可以使用Adobe Media Encoder CS4以适当的格式对视频进行编码。

使用Adobe Media Encoder可以实现工作效率最大化，它现在是Flash CS4 Professional随附的一个单独软件组件，支持H.264编码。在后台进行文件编码，同时继续创意制作。设置多个项目进行编码、管理优先级并控制每个项目的高级设置。Flash CS4 Profession al

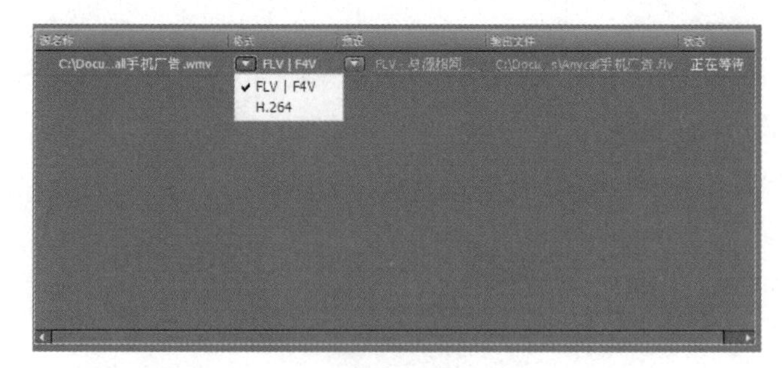

图2-85

在预设下拉菜单中选择“flv-与源相同flash8和更高版本”，如图2-86所示。

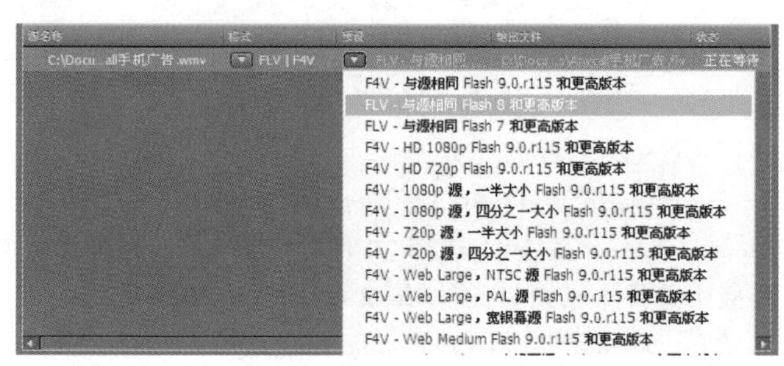

图2-86

点击选择Adobe Media Encoder中右边的开始队列，对视屏进行转换，如图2-87所示。

图2-87

Adobe Media Encoder 下面会显示转换过程，如图 2－88 所示。

图 2－88

完成后会在原来视频的目录下生成个转换的 flv 格式文件。回到 flash 中，在导入视频面板中的浏览项选择刚转换好的 flv 文件，如图 2－89 所示。

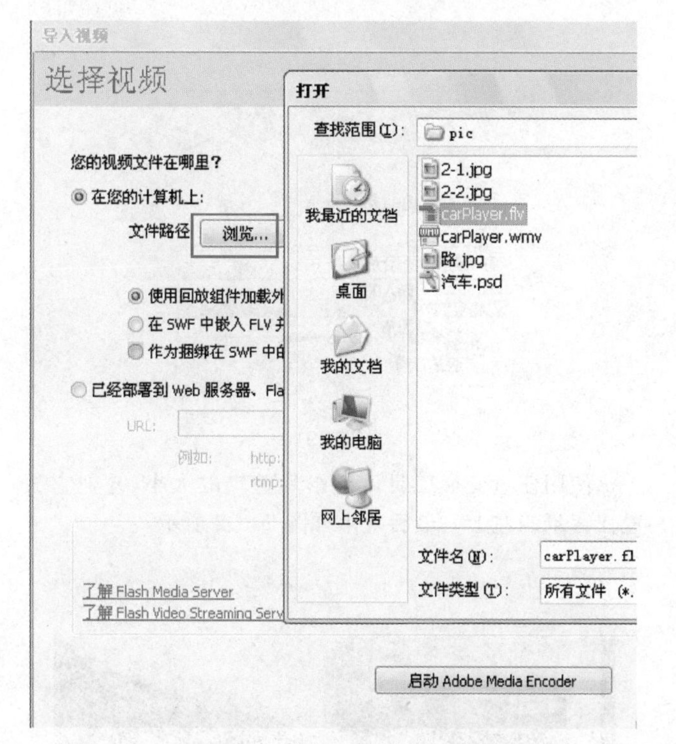

图 2－89

选择在 swf 中嵌入 flv 并在时间轴中播放。如图 2－90 所示。

单击“下一步”按钮。在后面的面板中符号类型下拉中选择影片剪辑。如图 2－91 所示。

继续单击“下一步”按钮，直到完成。完成后在舞台上出现了车的影片剪辑。

使用 Adobe Media Encoder 实现更高质量的效果并且控制性更强。Adobe Media Encoder 可以轻松将多种文件格式转换为高质量的 H.264 视频(MP4、3Gp)或 Flash 媒体(FLV、F4V)文件，包含 MPEG、XDCAM EX 等附加文件格式导入插件。

Adobe Media Encoder CS4 具有标准的 Adobe CS4 风格界面，且在 Adobe 其他视频处理软件(如 Premiere Pro CS4、After Effects CS4)上也能发现 Adobe Media Encoder 的身影。

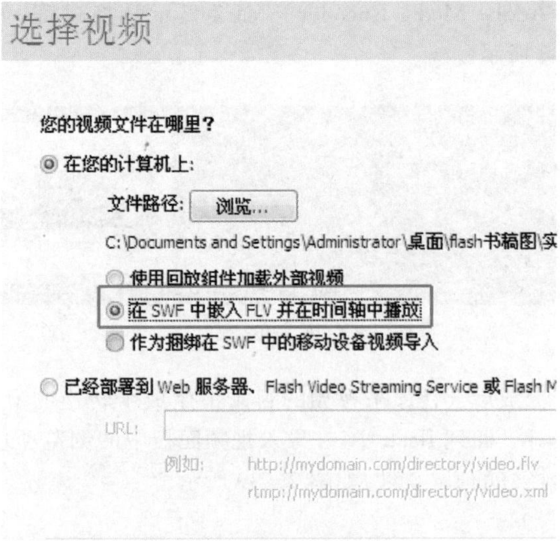

选择视频

您的视频文件在哪里？

在您的计算机上：

文件路径：浏览...

C:\Documents and Settings\Administrator\桌面\flash书稿图\实

使用回放组件加载外部视频

在 SWF 中嵌入 FLV 并在时间轴中播放

作为捆绑在 SWF 中的移动设备视频导入

已经部署到 Web 服务器、Flash Video Streaming Service 或 Flash M

URL:

例如： http://mydomain.com/directory/video.flv

rtmp://mydomain.com/directory/video.xml

图 2－90

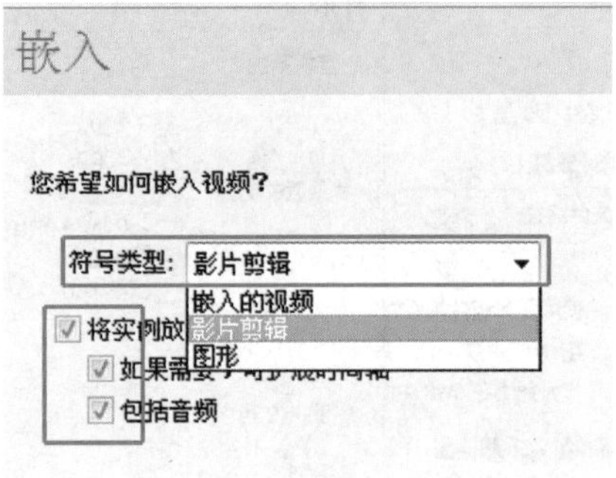

嵌入

您希望如何嵌入视频？

符号类型：影片剪辑

嵌入的视频

影片剪辑

图形

将实例放

如果需要

包括音频

图 2－91

使用任意变形工具调整影片剪辑的大小，并把它放置在背景的左上。最后效果如图 2－92 所示。

图 2－92

最后按快捷键〈Ctrl〉＋〈S〉保存文件。然后按快捷键〈Ctrl〉＋〈Enter〉预览效果。

本章小结

本章讲述的是Flash绘图工具及一些基本操作工具如对齐等命令的使用，讲解了导入位图、PSD文件、AI文件、声音文件、视频文件的方法。通过本章的学习应该能够综合使用这些绘图工具绘制各种图形，以及导入所需要的素材，并进行加工。这是后期制作动画的基础。

课后练习

1. 在Flash中，使用“钢笔工具”创建路径时，下列关于调整曲线和直线的说法中错误的是(　　)。
   A. 当用户使用“部分选择工具”单击路径时，定位点即可显示
   B. 使用“部分选择工具”调整线段可能会增加路径的定位点
   C. 在调整曲线路径时，要调整定位点两边的形状，可拖动定位点或拖动正切调整柄
   D. 拖动定位点或拖动正切调整柄，只能调整一边的形状
2. 在Flash中绘制的图形包含两部分分别是________和________。其中“墨水瓶工具”可以快速绘制________，“颜料桶工具”可以添加________。
3. 对齐面板的作用是________，其中相对于舞台的命令可以________。
4. 简述矢量图和位图的区别。
5. 如何制作透明的Flash背景。

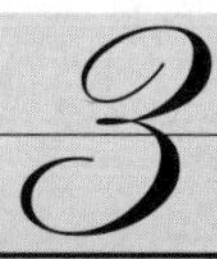

制作 Flash 动画的基础

本章学习时间：10 课时

学习目标：掌握使用 Flash 的时间轴和图层以及创建 Flash 元件的方法，了解 Flash 三种元件的区别

教学重点：Flash 时间轴和图层的应用，影片剪辑和按钮的应用

教学难点：时间轴对动画的控制，动态影片剪辑和按钮的制作

讲授内容：时间轴上的帧的类型，帧的相关操作，图层的相关操作，元件和实例，创建图形元件和编辑图形元件，创建影片剪辑元件和编辑影片剪辑元件，创建按钮元件和编辑按钮元件

课程范例文件：第 3 章\fla\3－1. fla，第 3 章\fla\3－2. fla

本章课程总览

本章是 Flash 动画制作的基础，本章将讲解使用时间轴和图层来控制动画的速度变化的方法，掌握时间轴的使用技巧，元件的制作，元件中图形、影片剪辑和按钮的不同制作方法，不同的作用。图形、影片剪辑和按钮等是制作动画的元素。动画制作大部分是各种元件的运动变化，所以需要先把元件制作好再进行动画制作。

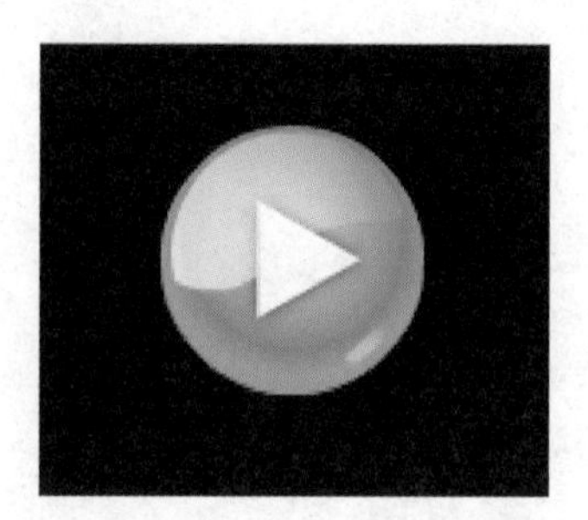

3.1 认识时间轴和图层

图3-1

这节将利用时间轴和图层来制作动态图片效果——网络广告实例，效果如图 3-1 所示。

01

新建 Flash 文档，在“属性”面板设置文档大小为 800 像素×100 像素，其他设置不变，如图 3-2 所示。

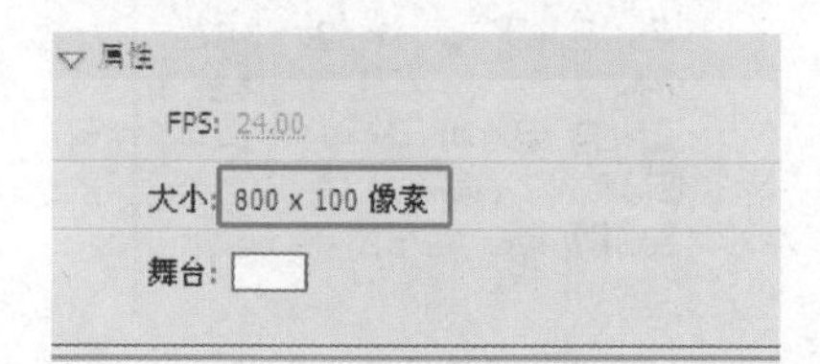

图3-2

使用“矩形工具”绘制一个大小为 800 像素×100 像素的矩形，设置矩形的笔触颜色为无，如图 3-3 所示。

图3-3

执行“窗口”→“颜色”命令，在弹出颜色面板中设置填充为线性渐变填充，渐变填充颜色的设置如图 3-4 所示。

> **知 识 点 提 示**
>
> **时间轴上的帧的类型**
>
> 帧可以理解为在动画时间上的一个时间点，就是影像动画中最小单位的单幅影像画面，相当于电影胶片上的每一格镜头。就像一天是 24 小时，这天的动画中某个时刻就是帧。但帧也是有长度的，如果一天的动画要做成 24 帧，那么一帧就表示 1 小时。一个图层上不同的帧上可以是不同的对象。在 Flash 中帧有三种类型：帧、关键帧、空白关键帧。
>
> **关键帧**是动画中很重要、特殊的帧。任何动画要表现运动或变化，至少前后要给出两个不同的关键状态，而中间状态的变化和衔接电脑可以自动完成。在 Flash 中，表示关键状态的帧叫做关键帧。动画中的变化是在关键帧中定义的。当创建逐帧动画时，每个帧都是关键帧。在补间动画中，可以在动画的重要位置定义关键帧，Flash 会创建关键帧之间的帧内容。补间动画的插补帧显示为浅蓝色或浅绿色，并会在关键帧之间绘制一个箭头。由于 Flash 文档会保存每一个关键帧中的形状，所以只应在

插图中有变化的点处创建关键帧。关键帧在时间轴中有相应的表示符号:实心圆表示该帧为有内容的关键帧。

帧前的空心圆则表示该帧为空白的关键帧,也就是空白关键帧。空白关键帧是特殊的关键关键帧,它上面没有内容,可以在上面绘制图形。当有图形后,它就变成了关键帧。以后添加到同一图层的帧的内容将和关键帧相同。同样如果将关键帧上的内容删除掉,那么它就变成了空白关键帧。

帧的相关操作

虽然帧的类型跟作用各不相同,但操作是相同的。对于帧的操作有选择帧、插入帧、清除帧、拷贝和粘贴帧、移动帧、反转帧等。

1. 插入帧、关键帧和空白关键帧

插入帧、关键帧和空白关键帧的三种方法:

在时间轴上选定需插入帧、关键帧和空白关键帧的帧格。

方法一:选择"插入"→"时间轴"命令,即可插入"帧"、"关键帧"和"空白关键帧",如下图所示。

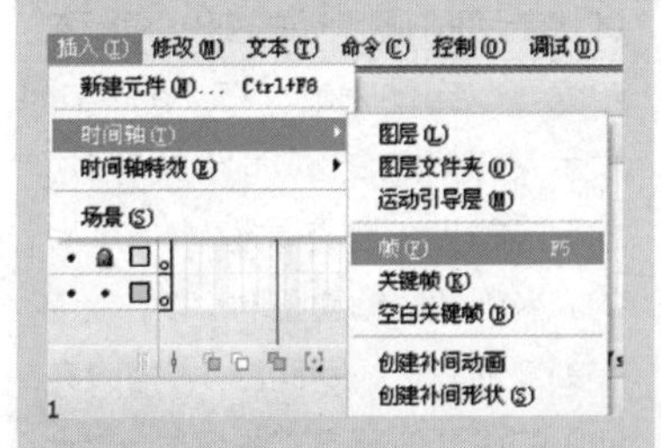

方法二:在帧格上右击后,单击选择"插入帧"、"插入关键帧"或"插入空白关键帧",如下图所示。

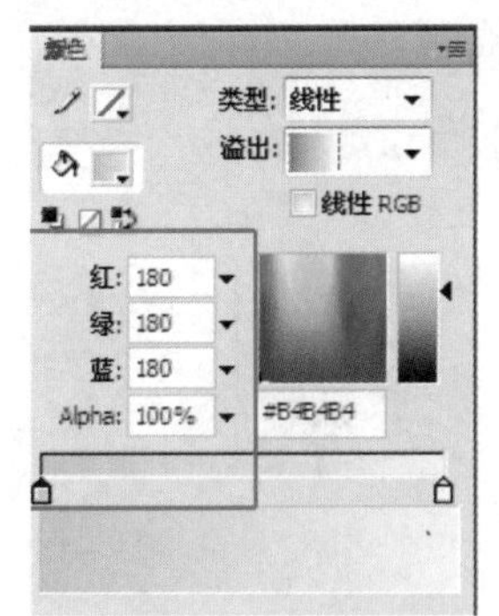

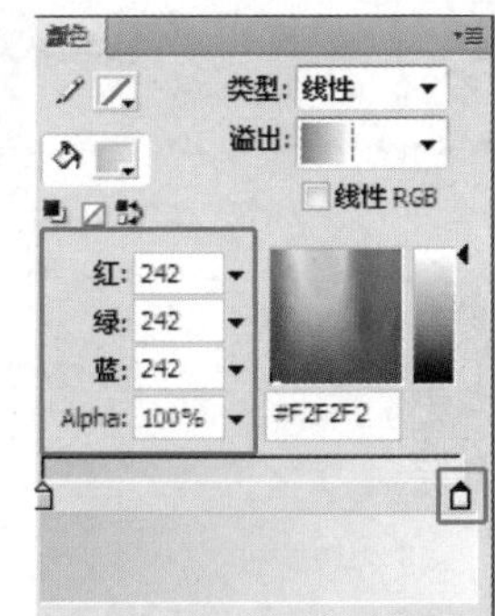

图3-4

完成后按〈Ctrl〉+〈G〉键把矩形组合。执行"窗口"→"对齐"命令,弹出对齐面板,单击"相对于舞台"、"垂直居中对齐"、"水平居中对齐"把矩形对齐到舞台中心,如图3-5所示。完成制作背景。

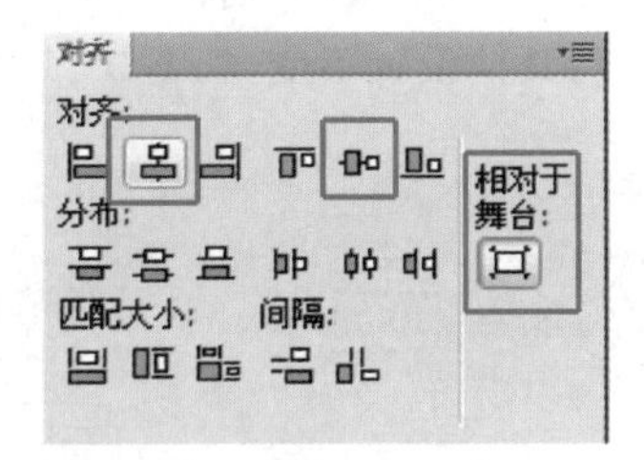

图3-5

02

使用"文字工具"在舞台上输入文字"享受科技尽在手机数码频道"。在属性面板设置字体为隶书,大小为40,颜色为白色,如图3-6所示。注意:使用空格键调整"享受科技"与"尽在手机数码频道"的距离。

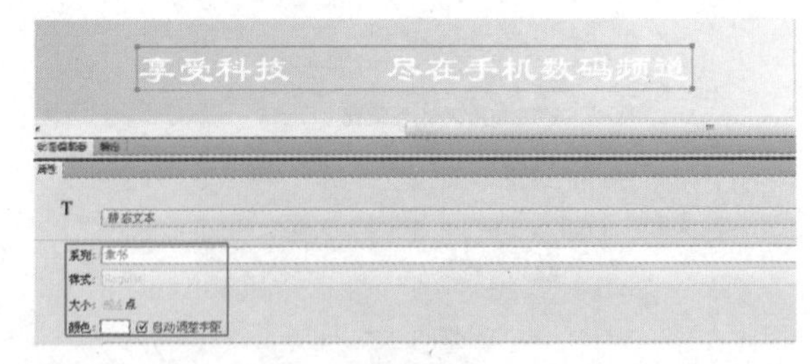

图3-6

03

在图层面板中,使用"新建图层"按钮新建一个图层,如图3-7所示。

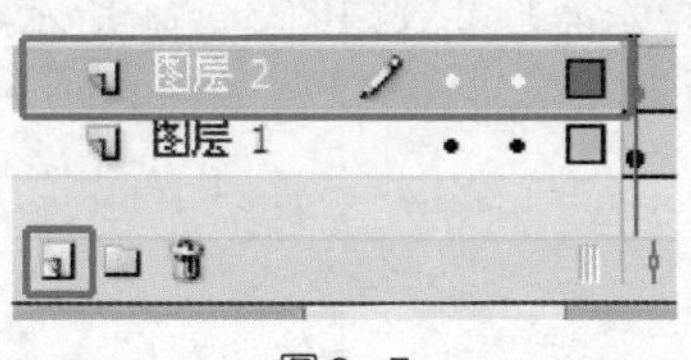

图 3-7

选中图层 1 的文字，使用〈Ctrl〉+〈C〉键复制，选中图层 2 使用〈Ctrl〉+〈V〉键把文字粘贴到图层 2。按下图层 1 的锁定键，把图层 1 锁定(防止所做的操作影响图层 1)，如图 3-8 所示。

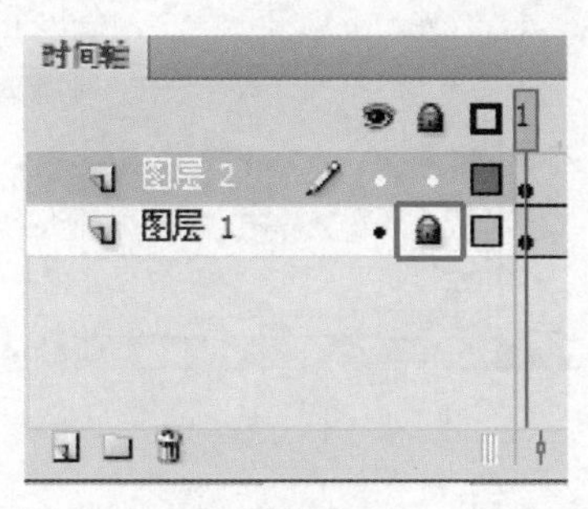

图 3-8

在图层 2 中把文字移动到与图层 1 的文字同样的位置，使之重叠。使用〈Ctrl〉+〈B〉键打散文字一次，如图 3-9 所示。

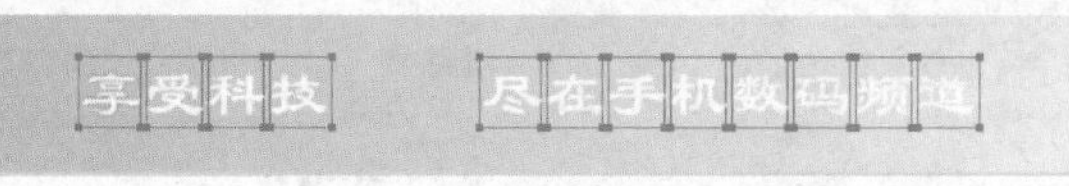

图 3-9

04

单独选中“享”字，在“属性”面板给它增加发光滤镜，如图 3-10 所示。

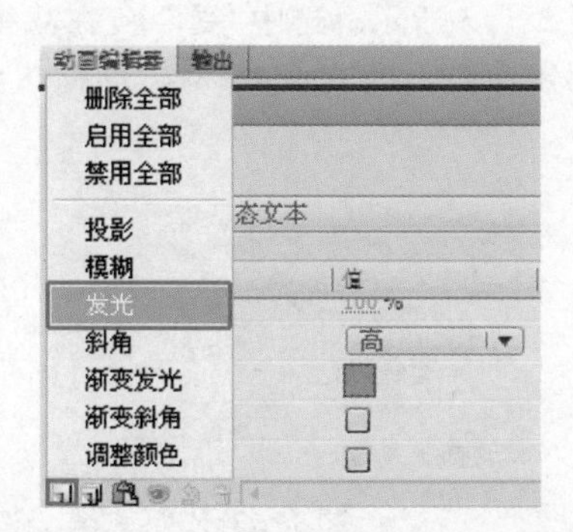

图 3-10

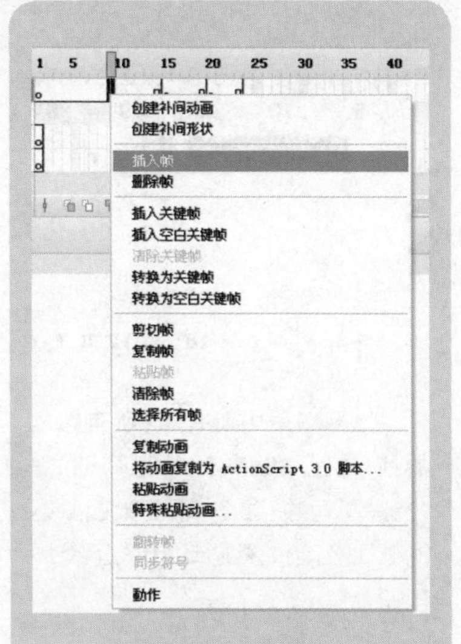

方法三：直接按〈F5〉(插入帧)、〈F7〉(插入空白关键帧)或〈F6〉(插入关键帧)键即可。

2. 转换为关键帧和空白关键帧

在帧格上右键单击后，单击选择“转换为关键帧”或“转换为空白关键帧”。

3. 清除帧

(1) 先选择好要删除的帧、关键帧或空白关键帧。

(2) 在要删除的关键帧上单击右键，然后单击“清除帧”、“清除关键帧”即可。

4. 选择帧

在时间轴面板帧控制区中，有以下几种常见操作：

选择单个帧：单击该帧帧格。

选择多个连续帧：单击一个端点帧后，按〈Shift〉键，然后单击另一个端点帧。

选择不连续的多个帧：单击一个帧后，按〈Ctrl〉键，然后单击其他需选择的帧，如下图所示。

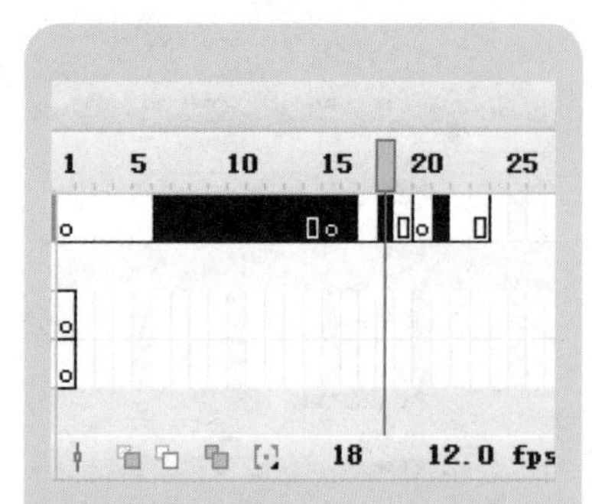

选择场景中所有帧(所有图层的帧):执行"编辑"→"时间轴"→"选择所有帧"命令;或在帧控制区的帧上右击,然后单击"选择所有帧"。

5. 拷贝和粘贴帧

(1) 选取需要拷贝的一个或多个帧。

(2) 在被选定的帧上单击右键后,单击"复制帧"。

(3) 在需进行粘贴的位置单击右键后,单击"粘贴帧"即可。

6. 移动帧

可以在同一层中或不同层之间拖曳帧或关键帧至不同位置。

7. 反转帧

反转帧的功能可使所选定的一组帧(可以不是第1帧至最后1帧)按照顺序反转过来,使结束帧变为开始帧,开始帧变为结束帧,形成一个倒带的效果。

(1) 先选定需反转的帧。单击开始帧(或结束帧),按住〈Shift〉键后单击结束帧(开始帧),将需选定的帧全部选定。

(2) 在选定的帧上单击右键,然后单击"翻转帧"。

设置发光滤镜的参数如图 3-11 所示,其中颜色设为#FF6 600。

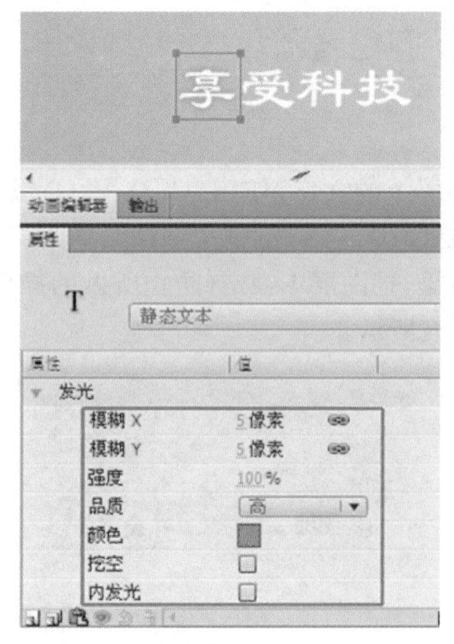

图 3-11

右键单击图层 2 第 5 帧,在弹出菜单中选择"插入关键帧",如图 3-12 所示。

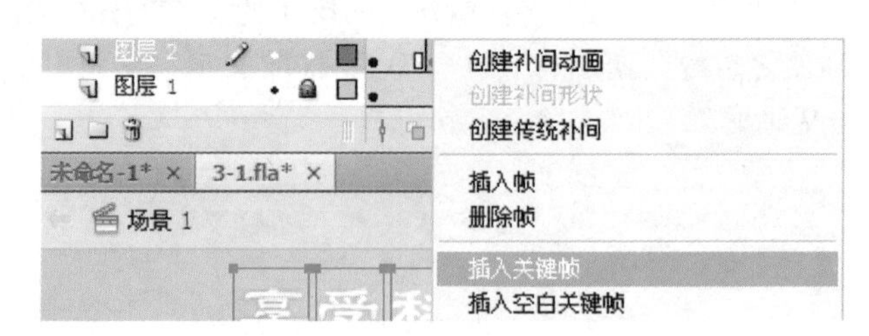

图 3-12

单独选中"受"字,在属性面板给它增加跟"享"字一样的滤镜效果。这里有个快速操作的方法是先选中"享"字的滤镜单击"剪切板"按钮在弹出的菜单中选择"复制所选",如图 3-13 所示。选中"受"字,在滤镜面板点击"剪切板"按钮在弹出的菜单中选择"粘贴",如图 3-14 所示。

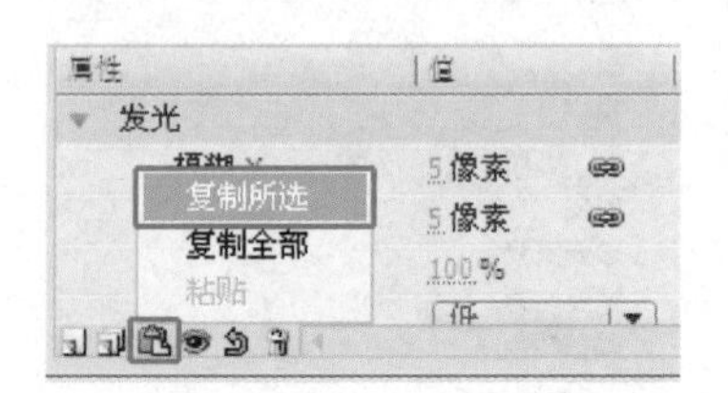

图 3-13

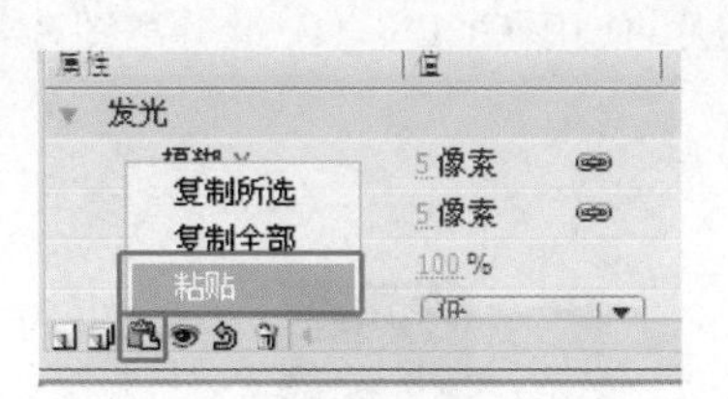

图3－14

分别在第9帧、第13帧、第17帧、第21帧、第25帧、第29帧、第33帧、第37帧、第41帧、第45帧处插入关键帧。使用同样的操作方法为对应的文字增加同样的滤镜效果，如图3－15所示。

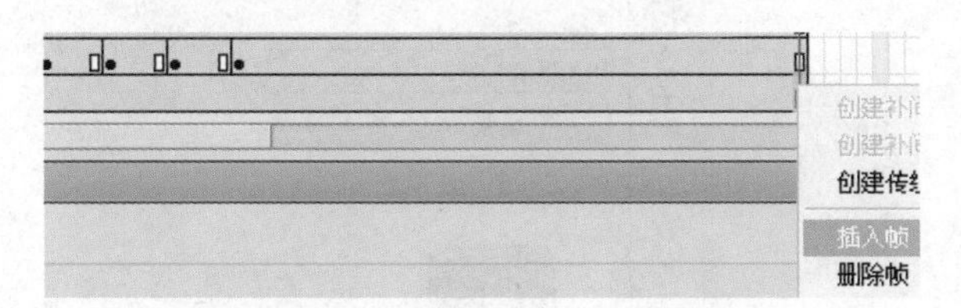

图3－15

右键单击图层1和图层2的第80帧处，在弹出菜单中选择“插入帧”，如图3－16所示。

图3－16

05

在“图层”面板新建图层3，锁定图层1、图层2，选中图层3，执行“文件”→“导入”→“导入到舞台”命令，选择导入本书素材文件“第3章\pic\3.1.jpg”，如图3－17所示。

图3－17

图层的相关操作

Flash文档中的每一个场景都可以包含任意数量的图层。图层和图层文件夹用于组织动画序列的组件和分离动画对象，这样它们就不会互相擦除、连接或分割。若要一次补间多个组或元件的运动，每个组或元件必须在单独的图层上。背景层通常包含静态插图，其他的每个图层中包含一个独立的动画对象。当文档中有多个图层时，跟踪和编辑一个或两个图层上的对象可能很困难。如果一次处理一个图层中的内容，这个任务就容易一点。使用图层文件夹可将图层组织成易于管理的组。

1. 新增图层

当创建一个Flash文件后，系统默认会带一个图层，如下图所示。

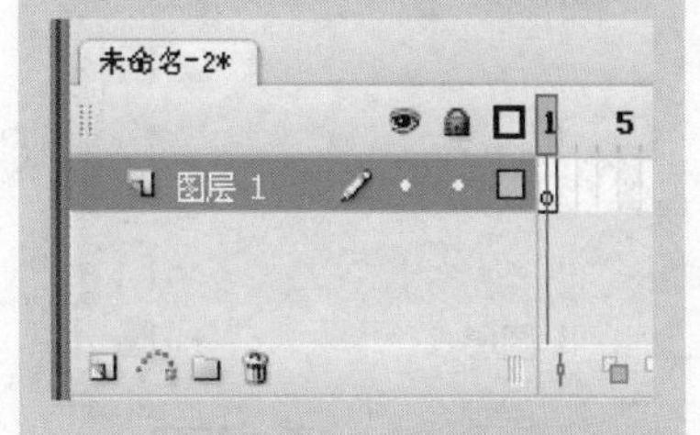

如果要增加图层，有两种方法。

方法一：单击左下“新键图层”按钮 ，可以增加一个图层。

方法二：在图层上单击右键，在弹出框中选择“插入图层”，如下图所示。

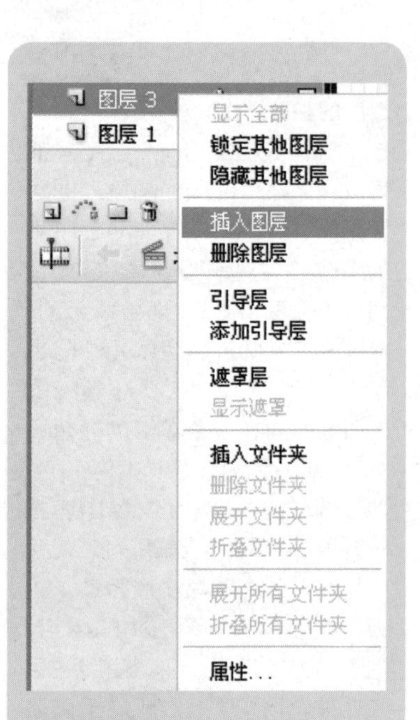

2. 选取图层

只要在图层上单击就可以选中单个图层，如果要多选，可以按住〈Ctrl〉键进行多选。选中的图层以蓝色显示，如下图所示。

选中图片，使用〈Ctrl〉+〈B〉键分离图片，如图 3－18 所示。

图 3－18

使用"套索工具"，并选中下面的"魔术棒"选项。用鼠标单选图片白色部分，如图 3－19 所示。

图 3－19

使用〈Del〉键删除选中部分，如图 3－20 所示。

图 3－20

图片上下还有白色残余，取消"魔术棒"选项。直接使用"套索工具"把白色部分全部选中，如图 3－21 所示。然后删除，这样就得到了一个无背景的手机图。

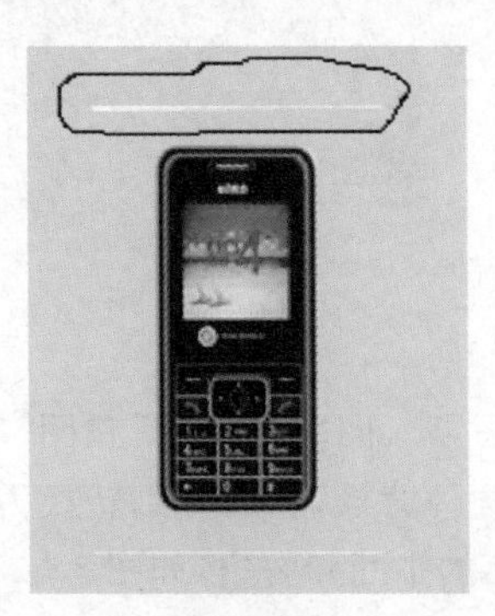

图3－21

选中图片，单击鼠标右键，在弹出菜单中选择"转换为元件"，如图 3－22 所示。有关元件的内容将在下节学习。

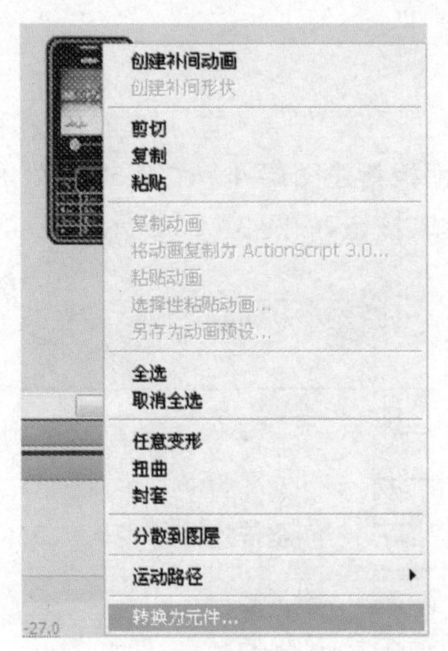

图3－22

在弹出的面板中名称输入"a"，"类型"选择"影片剪辑"，如图 3－23 所示。

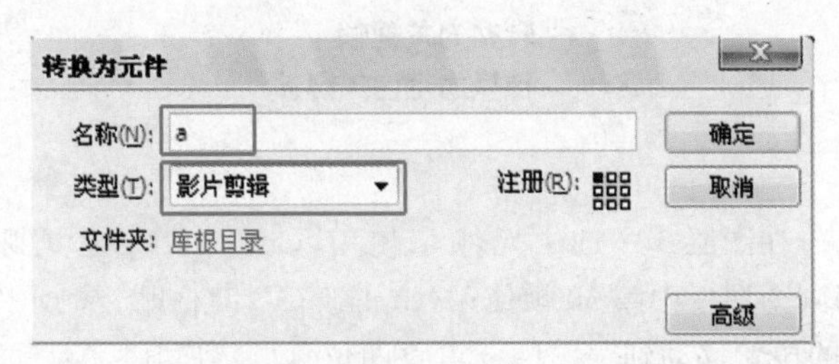

图3－23

3. 重命名图层

给图层重命名的方法有几种，最简单的办法就是双击图层，在上面直接输入图层名称就可以，如下图所示。

4. 删除图层

删除图层将把在该图层上的对象全部删除。删除图层有以下两种简单的办法。

方法一：选中图层然后单击图层面板左下角的"删除"按钮 。

方法二：选中图层然后在图层上单击右键弹出框中选择"删除图层"，如下图所示。

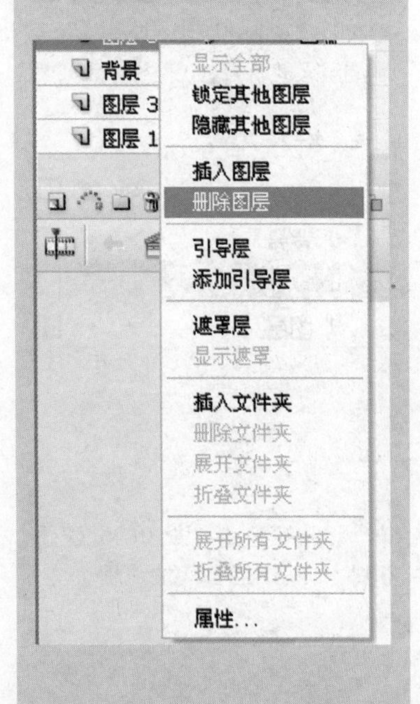

5. 隐藏图层

在频繁的对多个图层中的对象进行操作时，为了方便，经常要显示或隐藏某些层中的对象。方法很简单，只要在跟面板中眼睛对应的点上单击，出现了叉号就表示该层被隐藏了。再单击，叉号变为点表示图层又被显示，如下图所示。

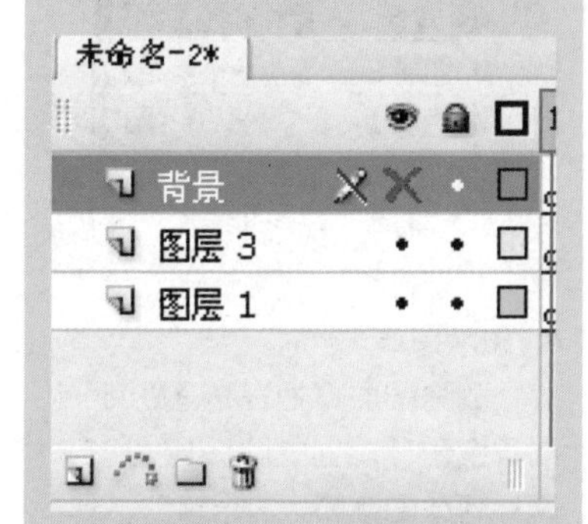

6. 锁定图层

当图层被锁定时，可以看到该图层上的对象，但是无法对其进行操作方法是只要在跟面板中锁对应的点上单击，出现了锁就表示该层被隐藏了。再单击，锁变为点表示图层又被解开，如下图所示。

另外单击锁定旁边的框表示该图层的对象都以轮廓显示。

使用“任意变形工具”把它放置在文字的左边，如图3-24所示。

图3-24

同样的方法导入图“3.2.jpg”和图“3.3.jpg”，跟图“3.1.jpg”一样去掉背景，然后分别转换为元件b和元件c，并放置在文字的中间和右边，如图3-25所示。

图3-25

06

在图层面板新建图层4。在第50帧处右键单击“插入空白关键帧”按钮，如图3-26所示。

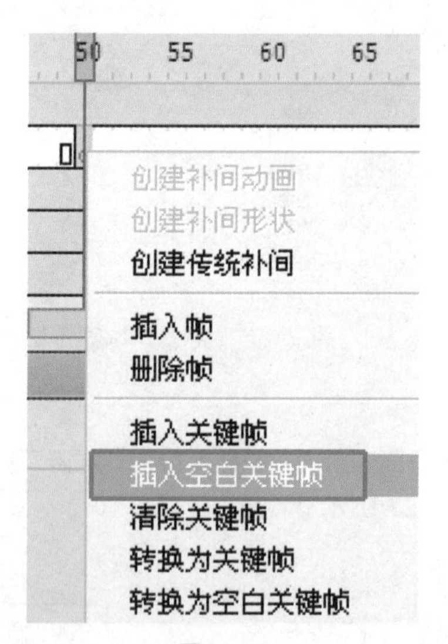

图3-26

在图层3中选中元件a，使用〈Ctrl〉+〈C〉键复制。回到图层4中第50帧使用〈Ctrl〉+〈V〉键粘贴。把元件a的位置移动到跟图层3重叠的位置。然后在“属性”面板色彩效果项中设置样式为色调，颜色为白色，色调控制为 74%，如图 3－27 所示。

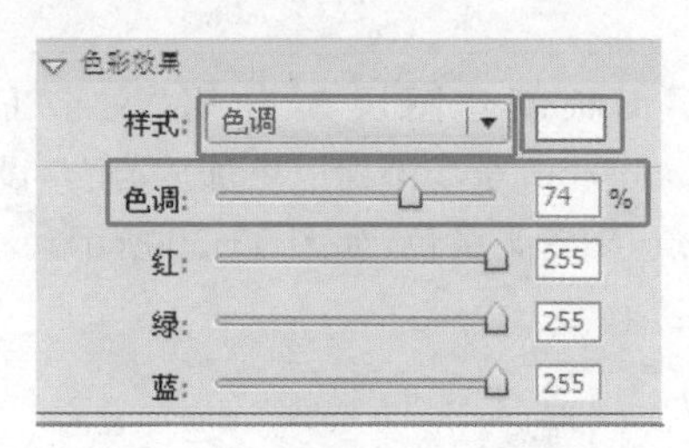

图 3－27

在第 55 帧处右键单击，选择快捷菜单中的插入“关键帧”命令。在图层 3 中选中元件 b 使用〈Ctrl〉+〈C〉键复制。回到图层 4 中第 55 帧使用〈Ctrl〉+〈V〉键粘贴。把元件 b 的位置移动到跟图层 3 重叠的位置。然后在“属性”面板滤镜项中增加发光滤镜，设置颜色为黄色，其他设置如图 3－28 所示。

滤镜

属性	值
发光	
模糊 X	5 像素
模糊 Y	5 像素
强度	100 %
品质	高
颜色	
挖空	
内发光	

图 3－28

在第 60 帧处右键单击“插入关键帧”。然后在图层 3 中选中元件 c 使用〈Ctrl〉+〈C〉键复制。回到图层 4 中第 50 帧使用〈Ctrl〉+〈V〉键粘贴。把元件 c 的位置移动到跟图层 3 重叠的位置。然后在“属性”面板“色彩效果”项中设置“样式”为色调，颜色为黄色，色调控制为 74%，如图 3－29 所示。

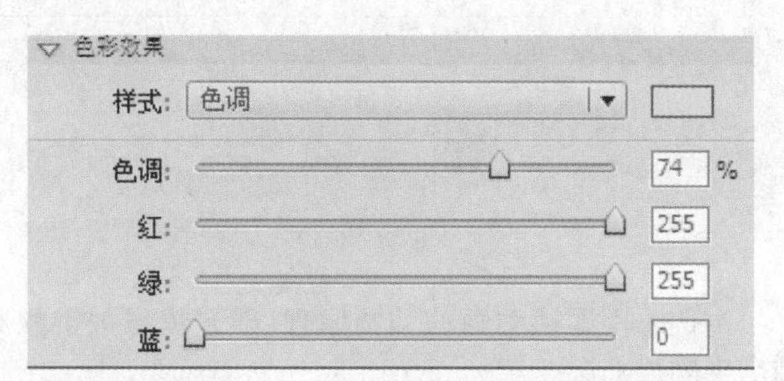

图 3－29

7. 图层文件夹

图层文件夹可以提高 Flash 工作的效率，它可以将图层分类整理。

创建图层文件夹只需要单击图层面板左下的“新建文件夹”按钮 就可以。双击它可以给它命名。删除图层文件夹的操作跟删除图层是一样的，如下图所示。

注意：新建的图层文件夹中是没有图层的，需要用鼠标把图层拖入到图层文件夹中。同样要把图层拿出来也只要用鼠标把它拖出来就可以。图层文件夹左边的三角按钮可以关闭或者打开图层文件夹。

07

在图层面板新建图层5，使用“文字工具”输入“www.sjsmpd.com 全场消保　更加放心”。设置字体大小为15.0点，颜色为黄色，如图3－30所示。

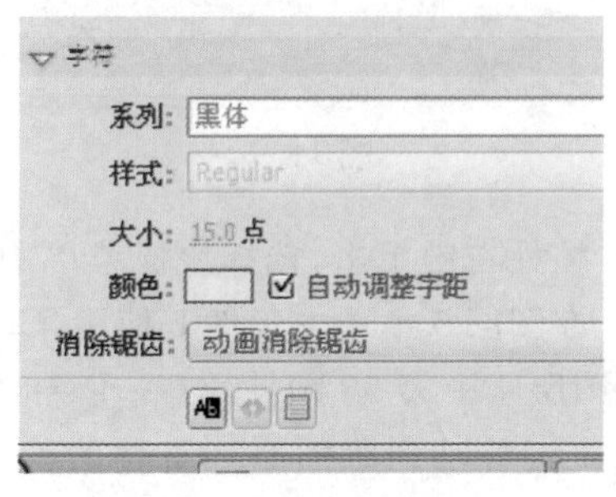

图3－30

在“属性”面板“滤镜”项给文字增加发光滤镜，设置颜色为绿色值＃00CC00，其他设置如图3－31所示。

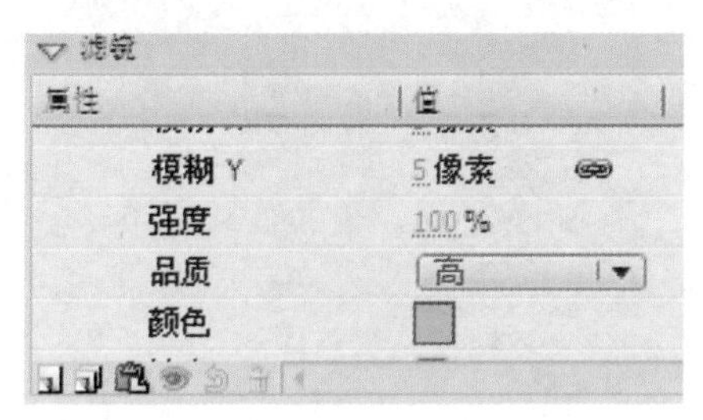

图3－31

最后按〈Ctrl〉＋〈S〉键保存。可使用〈Ctrl〉＋〈Enter〉键预览效果。时间轴面板和效果如图3－32所示。

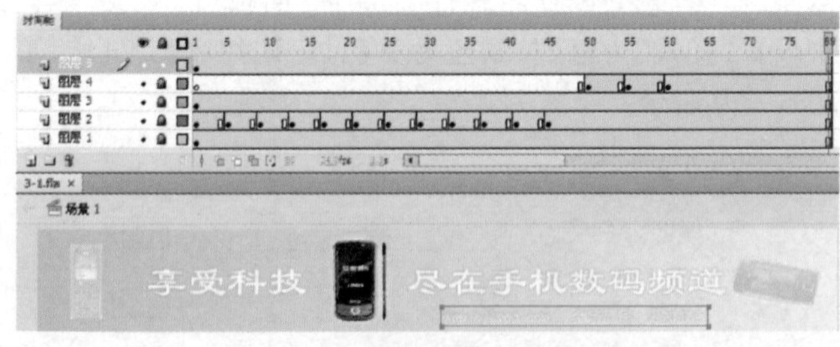

图3－32

本例采用逐帧动画的动画原理，即只依靠关键帧和图层来制作动画。

3.2 认识元件和实例

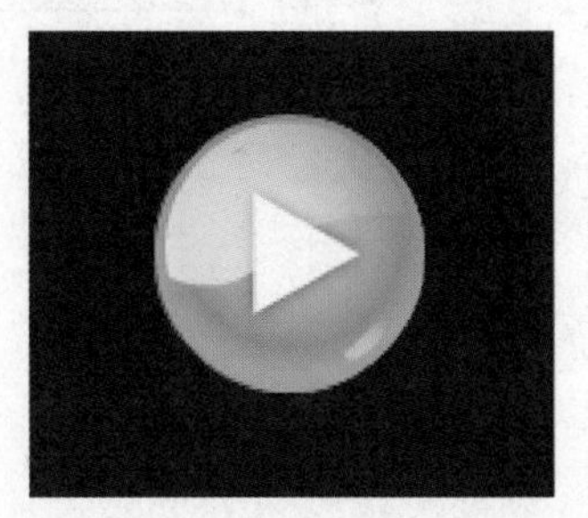

图 3 - 33

本节制作一个水晶按钮实例，当鼠标放到按钮上，会发生变化并发出声音，效果如图 3 - 33 所示。

01

创建“放电”影片剪辑元件。

新建一个 Flash 影片文档，单击属性面板中“属性”项的“编辑”按钮，设置舞台尺寸为 80 像素×80 像素，背景颜色设置为黑色，其他保持默认设置，如图 3 - 34 所示。

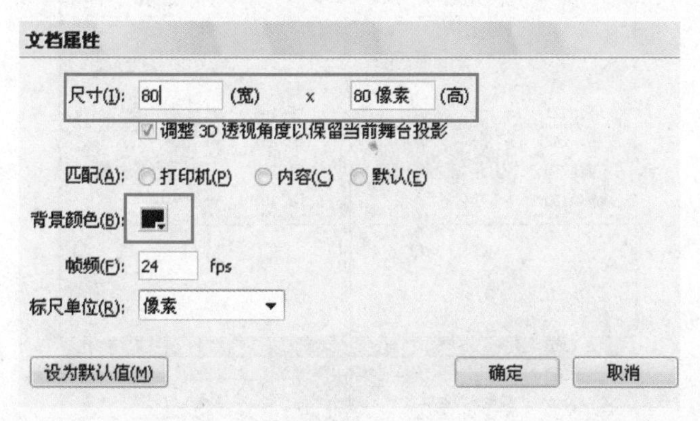

图 3 - 34

执行“插入”→“新建元件”命令，新建一个名为“放电”的影片剪辑元件，如图 3 - 35 所示。

在这个元件的编辑场景中，在第 1 关键帧处使用椭圆工具，笔融无绘制一个 80 × 80 的正圆。如图 3 - 36 所示。

用快捷键〈Ctrl〉+〈K〉调出“对齐”面板，单击“两个中心对齐”按钮把圆对齐到中心，如图 3 - 37 所示。

知 识 点 提 示

元件和实例

元件：指在 Flash 创作环境中创建过一次的图形、按钮或影片剪辑。元件可以包含从其他应用程序中导入的插图。任何创建的元件都会自动成为当前文档的库的一部分，可在整个文档或其他文档中重复使用该元件，如下图所示。

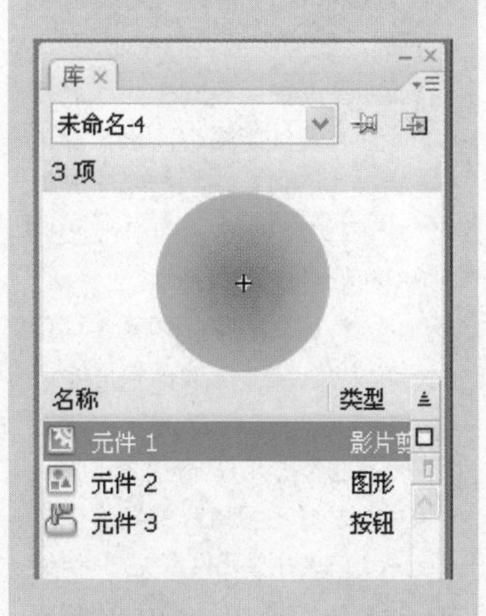

每个元件都有一个唯一的时间轴、舞台以及图层。可以将帧、关键帧和图层添加至元件时间轴。创建元件时需要选择元件类型。

实例：指位于舞台上或嵌套在另一个元件内的元件副本。实例可以与它的元件在颜色、大小和功能上有差别。编辑元件会更新它的所有实例，但对元件的一个实例应用效果则只更新该实例。

创建元件之后，可以在文档中任何地方（包括在其他元件内）创建该元件的实例。修改元件时，Flash会更新元件的所有实例，如下图所示。

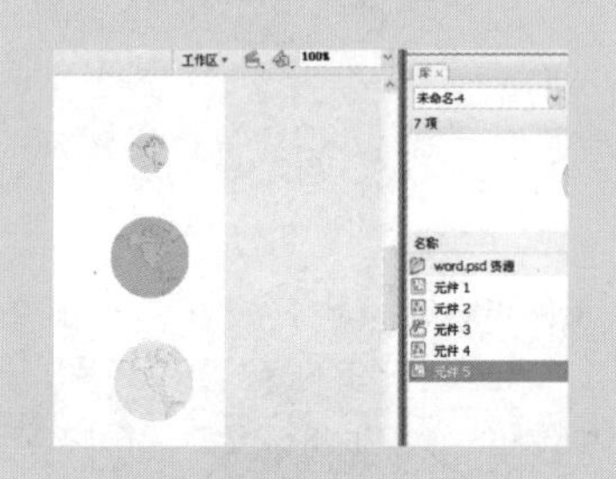

图中右边库里面的是元件，左边舞台上的是这个元件的三个实例，这三个实例的大小，颜色，透明度都不一样，但它们的元件只有一个。

可以在属性面板中为实例提供名称。要指定色彩效果、分配动作、设置图形显示模式或更改新实例的行为，要使用属性面板。除非特别指定，否则实例的行为与元件行为相同。所做的任何更改都只影响实例，并不影响元件。

注意：在文档中使用元件可以显著减小文件的大小，保存一个元件的几个实例比保存该元件内容的多个副本占用的存储空间小。例如，通过将诸如背景图像这样的静态图形转换为元件然后重新使用它们，可以减小文档的文件大小。使用元件还可以加快SWF文件的回放速度，因为元件只需下载到Flash Player中一次。

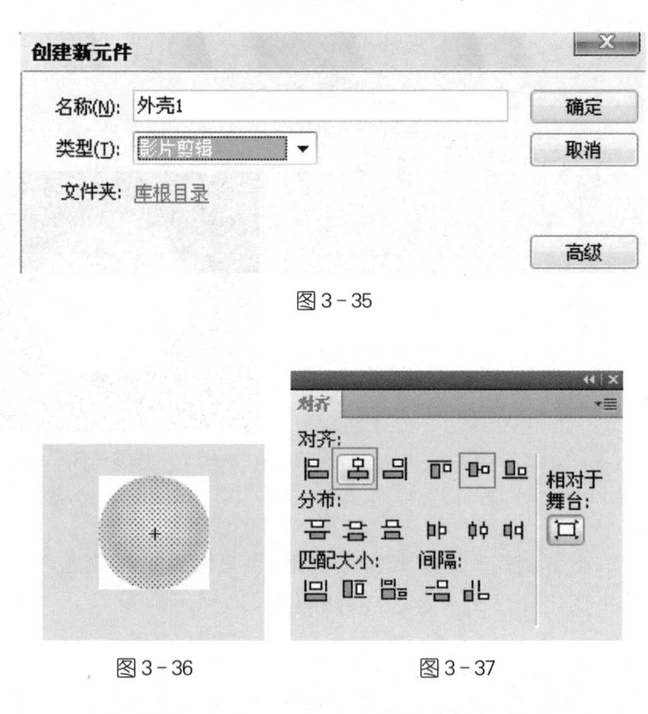

图3-35

图3-36　图3-37

选中圆打开颜色面板，设置圆的填充类型为放射状，渐变为从青到白的渐变。具体颜色值如图3-38所示。

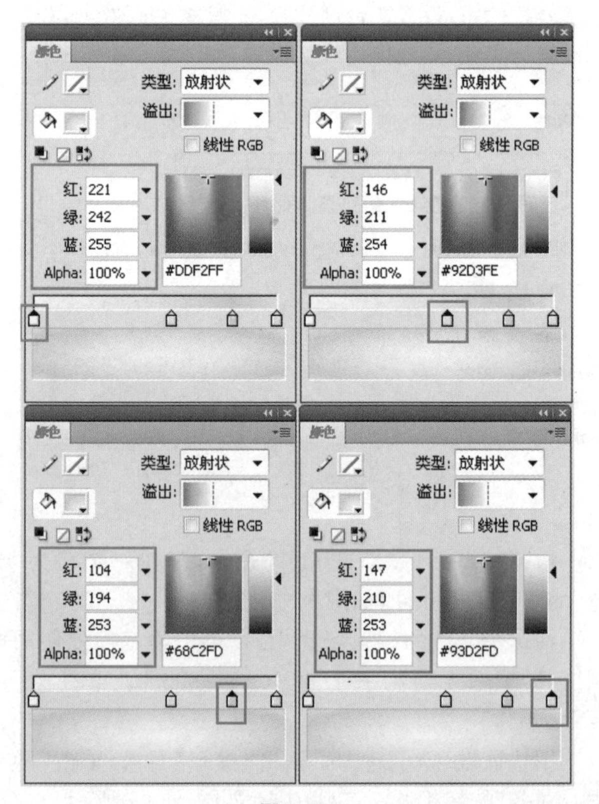

图3-38

鼠标点击第15帧右键选择插入关键帧，也选中圆打开颜色面板，设置圆的填充类型为放射状，渐变为蓝青的渐变。具体颜色值如图3－39所示。

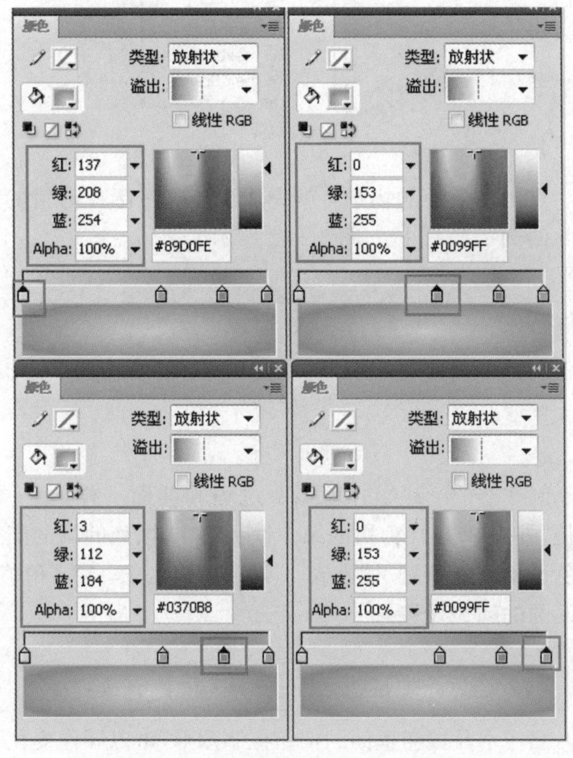

图3－39

在第1帧到第15帧之间单击右键在弹出窗口中选择“创建补间形状”。建立这2个图像之间的变形，如图3－40所示。

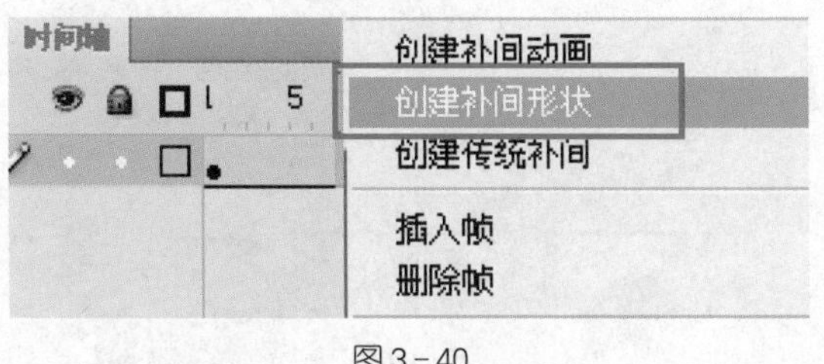

图3－40

选中第15帧，按〈F9〉弹出动作窗口，在里面直接输入表示停止的代码：stop()，如图3－41所示。

技 巧 提 示

元件的使用

可以通过舞台上选定的对象来创建元件，也可以创建一个空元件，然后在元件编辑模式下制作或导入内容，并在Flash中创建字体元件。元件可以拥有Flash的所有功能，包括动画。通过使用包含动画的元件，可以创建包含大量动作的Flash应用程序，同时最大限度地减小文件大小。如果一个元件中包含重复或循环的动作，例如鸟的翅膀上下拍打，则应该考虑在元件中创建动画。

知 识 点 提 示

创建图形元件和编辑图形元件

图形元件是静态图像，并可用来创建连接到主时间轴的可重用动画片段。图形元件与主时间轴同步运行。交互式控件和声音在图形元件的动画序列中不起作用。由于没有时间轴，图形元件在FLA文件中的尺寸小于按钮或影片剪辑。

创建图形元件方法

（1）选择“插入”→“新建元件”命令。

（2）在“创建新元件”对话框中，键入元件名称并选择“类型”为“图形”，如下图所示。

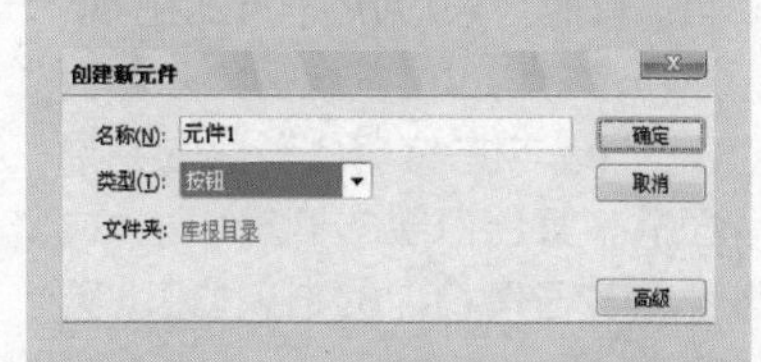

（3）单击“确定”。Flash会将该元件添加到库中，并切换到元件编辑模式。在元件编辑模式下，元件的名称将出现在舞台左上角的上面，并由一个十字光标指示该元件的注册点，如下图所示。

（4）创建图形元件内容，可使用绘画工具进行绘制、导入介质或创建其他元件的实例等。

需返回Flash文档编辑舞台，在编辑栏中单击场景名称。

在创建元件时，注册点位于元件编辑模式中的窗口的中心。可以将元件内容放置在与注册点相关的窗口中。要更改注册点，在编辑元件时，应相对于注册点移动元件内容

编辑图形元件

编辑图形元件时，Flash会更新文档中该图形元件的所有实例。通过以下方式编辑元件：选中并右键单击图形元件，弹出菜单如下图所示。

使用“在当前位置编辑”命令在舞台上与其他对象一起进行编辑。其他对象以灰显方式出现，从而将它们和正在编辑的元件区别开来。正在编辑的元件的名称显示在舞台顶部的编辑栏内，位于当前场景名称的右侧，如下图所示。

图3-41

点击左上角的场景1就完成了外壳1影片剪辑的操作并回到了场景1，如图3-42所示。

图3-42

制作“外壳2”影片剪辑。过程和前面一样，不一样的是“外壳2”影片剪辑的第1帧和第15帧处的圆的渐变颜色设置刚好分别是“外壳1”影片剪辑的第15帧和第1帧处圆的颜色设置。

02 创建水晶按钮的控制图形影片剪辑

制作水晶按钮里面的按钮控制图形，可以制作变化多端的图形。这里制作最简单的播放图形符号。使用“插入”→“新建元件”新建一名为“播放1”的影片剪辑元件。在这个元件的编辑场景中，在第1关键帧处使用多角星形工具，设置笔融无，填充颜色为#005A96，在选项里设置为3边星形绘制一个45×50的三角形，如图3-43所示。

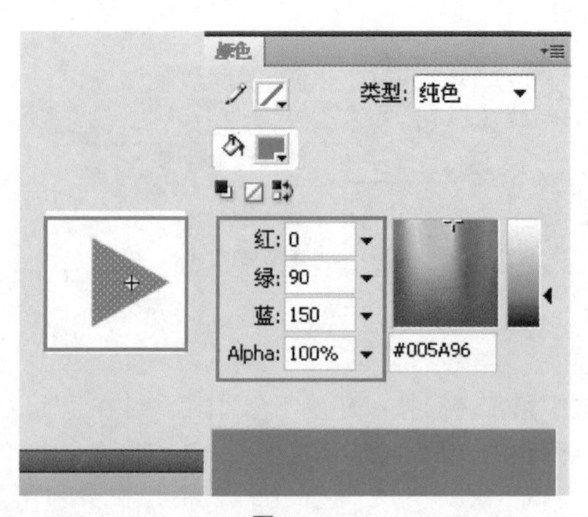

图3-43

用快捷键〈Ctrl〉+〈k〉调出“对齐”面板，单击“两个中心对齐”按钮把三角形对齐到中心。

鼠标点击第15帧右键选择插入关键帧，选中三角形使用任意变形工具，按快捷键〈Ctrl〉+〈t〉调出变形窗口，设置大小缩放为原来的70%，如图3-44所示，并设置三角形的笔触颜色为白色。

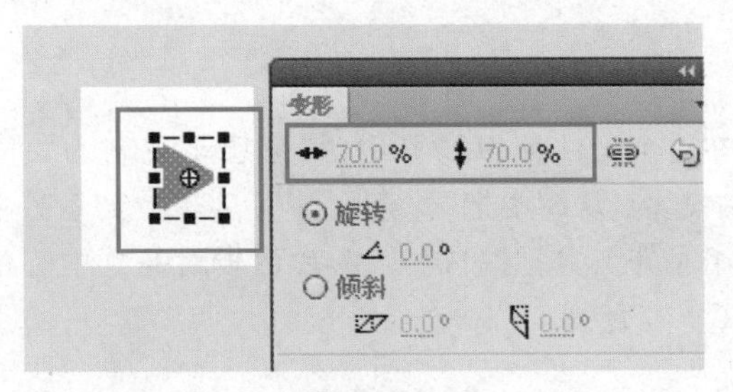

图3-44

选中第15帧，按〈F9〉弹出动作窗口，同样在里面直接输入表示停止的代码：stop()。

单击左上角的场景1完成“播放1”影片剪辑的操作。

制作“播放2”影片剪辑的过程和前面一样，不一样的是“播放2”影片剪辑的第1帧和第15帧处的三角形的大小和颜色设置刚好分别是“外壳1”影片剪辑的第15帧和第1帧处三角形的大小和颜色设置。

03 创建“水晶按钮”按钮元件

先导入一个声音文件，使用“文件”→“导入”→“导入到库”命令。在弹出的窗口中目录选择本书素材文件“第3章\pic\CLICK.WAV”，把声音文件导入到库中，如图3-45所示。

使用“插入”→“新建元件”新建一名为“水晶按钮”的按钮元件，如图3-46所示。

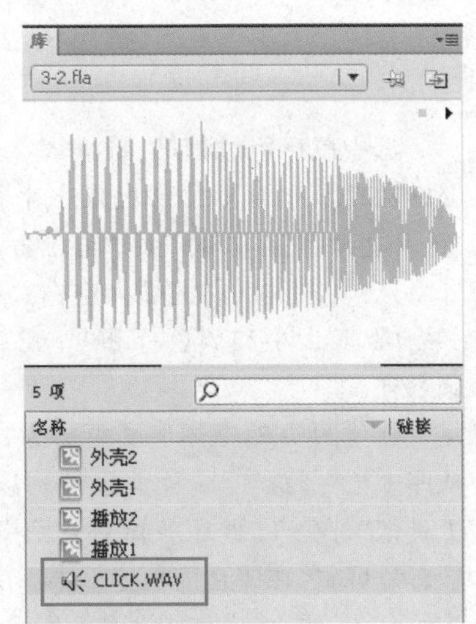

图3-45

在单独的窗口中使用“在新窗口中编辑”命令。在单独的窗口中编辑元件时可以同时看到该元件和主时间轴。正在编辑的元件的名称会显示在舞台顶部的编辑栏内。

使用元件编辑模式，可将窗口从舞台视图更改为只显示该元件的单独视图来编辑它。正在编辑的元件的名称会显示在舞台顶部的编辑栏内，位于当前场景名称的右侧。

当编辑元件时，Flash将更新文档中该元件的所有实例，以反映编辑的结果。编辑元件时，可以使用任意绘画工具、导入媒体或创建其他元件的实例。

编辑元件方法

(1) 执行下列操作之一：

① 在舞台上双击该图形元件的一个实例，或者双击库里的图形元件。

② 在舞台上选中元件的一个实例，右键单击，然后在弹出的快捷菜单中选择“编辑”或“在当前位置编辑”命令。

③ 在舞台上选择该元件的一个实例，然后选择“编辑”→“编辑元件”命令或“编辑”→“在当前位置编辑”命令。

(2) 编辑元件。

(3) 如果要更改注册点，在舞台上拖动该元件。一个十字光标会表明注册点的位置。

(4) 要退出“在当前位置编辑”模式并返回到Flash文档编辑

模式，可执行下列操作之一：

① 从编辑栏中的"场景"菜单选择当前场景名称。

② 使用"编辑"→"编辑文档"命令。

③ 双击元件内容的外部。

技 巧 提 示

将选定元素转换为元件的方法

(1) 在舞台上选中一个或多个元素，右键单击，然后从上下文菜单中选择"转换为元件"。

(2) 在"转换为元件"对话框中，键入元件名称并选择类型。

(3) 在注册网格中单击，以便放置元件的注册点。

(4) 单击"确定"按钮。

Flash 会将该元件添加到库中。舞台上选定的元素此时就变成了该元件的一个实例。创建元件后，可以通过选择"编辑"→"编辑元件"以在元件编辑模式下编辑该元件，也可以通过选择"编辑"→"在当前位置编辑"以在舞台的上下文中编辑该元件。

知 识 点 提 示

创建影片剪辑元件和编辑影片剪辑元件

影片剪辑是 Flash 中用途最多、功能最强的部分。它就是一个小的 Flash 动画。它可以包含交互式控件、声音、甚至其他影片剪辑实例。所以制作动画套动画的场景时就必须要用到影片剪辑。比如可以把影片剪辑实例放置在按钮中制作动态的按钮。而且因为影片剪辑自己带有独立的时间轴，

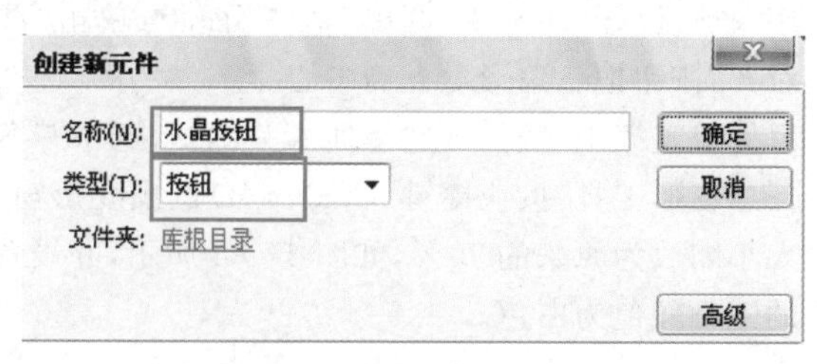

图 3-46

在这个元件编辑场景中，把图层 1 更名为"外壳"。选中弹起帧，从库中把"外壳 1"影片剪辑拉到场景中来。并使用对齐工具把"外壳 1"影片剪辑对齐到中心位置，如图 3-47 所示。

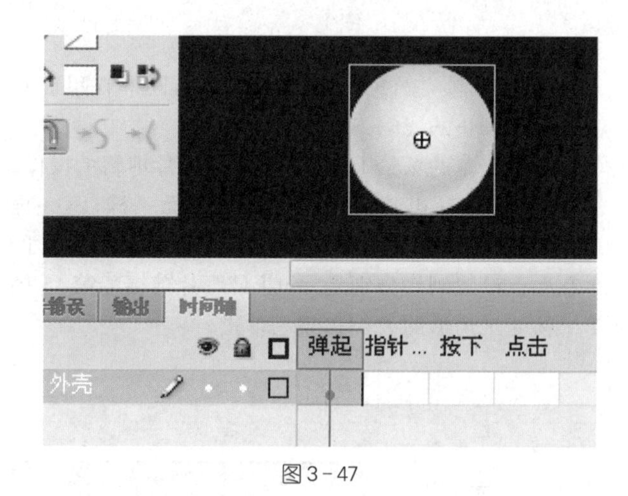

图 3-47

选中鼠标经过帧，右键插入空白关键帧。从库中把"外壳 2"影片剪辑拉到场景中来。并使用对齐工具把"外壳 2"影片剪辑对齐到中心位置。

选中按下帧，右键插入空白关键帧。在该帧处绘制一个圆，其大小和颜色都和"外壳 2"影片剪辑第一帧的圆一样。

新建图层 2，把图层 2 更名为"播放"。选中弹起帧，从库中把"播放 1"影片剪辑拉到场景中来，并使用对齐工具把"外壳 1"影片剪辑对齐到中心位置。选中"播放 1"影片剪辑，在属性面板滤镜中添加发光滤镜，设置颜色为黑色，品质为高，如图 3-48 所示。

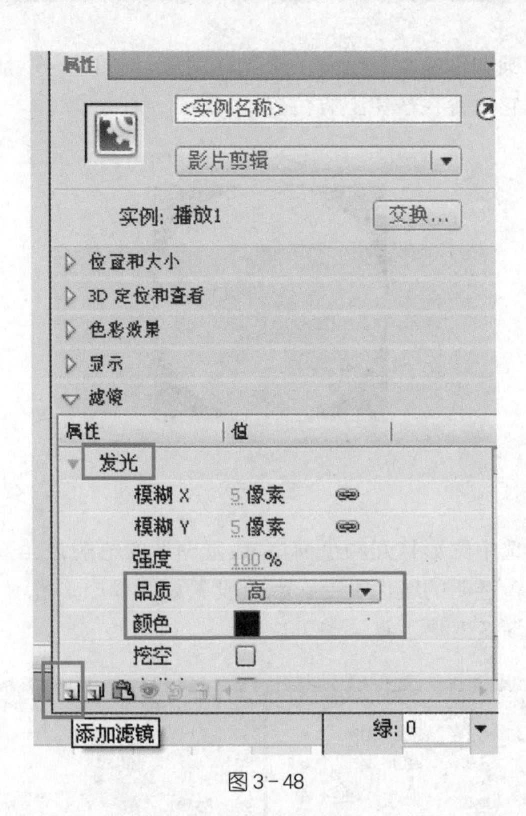

图3-48

同样在播放图层选中鼠标经过帧，右键插入空白关键帧。从库中把“播放 2”影片剪辑拉到场景中来，使用对齐工具把“播放 2”影片剪辑对齐到中心位置，添加和“播放 1”影片剪辑一样的发光滤镜，如图 3 - 49 所示。

图3-49

选中按下帧，右键选择插入空白关键帧。

新建图层 3，把图层 2 更名为“光泽”。选中弹起帧，

所以如果场景中有影片剪辑实例，即使场景的时间轴已经停止，但是影片剪辑实例还可以再播放。

关于创建影片剪辑和编辑修改影片剪辑就按照图形元件的操作就可以。不同的是影片剪辑里面可以制作动画。

创建按钮元件和编辑按钮元件

按钮是 Flash 动画中常用的元件。要实现动画和人的互动时就必须要加入按钮来实现。Flash 中按钮实际上是四帧的交互影片剪辑。当为元件选择按钮时，Flash 会创建一个包含四帧的时间轴。前三帧显示按钮的三种可能状态，第四帧定义按钮的活动区域。时间轴实际上并不播放，它只是对指针运动和动作做出反应，跳转到相应的帧。

按钮元件的时间轴上的每一帧都有一个特定的功能，如下图所示。

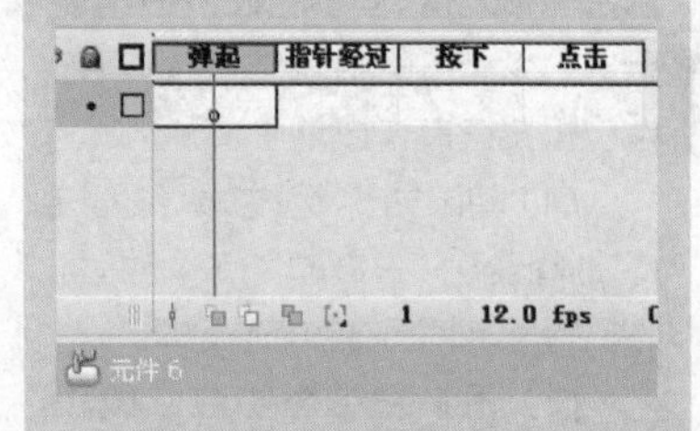

第一帧是弹起状态，代表指针没有经过按钮时该按钮的状态。

第二帧是指针经过状态，代表指针滑过按钮时该按钮的外观。

第三帧是按下状态，代表单击按钮时该按钮的外观。

第四帧是点击状态，定义响应鼠标单击的区域。此区域在 SWF 文件中是不可见的。

使用影片剪辑元件或按钮组件创建一个按钮。使用每种按钮各有优点。使用影片剪辑创建按钮时，可以添加更多的帧到按钮或添加更复杂的动画。但是，影片剪辑按钮的文件大小要大于按钮元件。

创建编辑按钮的方法

（1）选择“插入”→“新建元件”，或者按快捷键<Ctrl>+<F8>要创建按钮，可将按钮帧转换为关键帧。

（2）在“创建新元件”对话框中，输入新按钮元件的名称，对于“类型”，选择“按钮”。Flash会切换到元件编辑模式。时间轴的标题会变为显示四个标签分别为“弹起”、“指针经过”、“按下”和“点击”的连续帧。第一帧（“弹起”帧）是一个空白关键帧。

（3）在时间轴中选择“弹起”帧，然后使用绘画工具、导入一幅图形或者在舞台上放置另一个元件的实例。创建弹起状态的按钮图像。可以在按钮中使用图形或影片剪辑元件，但不能在按钮中使用另一个按钮。使用影片剪辑元件以将按钮制作成动画。

（4）单击“指针经过”帧，然后选择“时间轴”→“关键帧”。Flash会插入复制“弹起”帧内容的关键帧。

（5）将按钮图像更改或编辑为“指针经过”状态。

（6）为“按下”帧和“点击”帧重复步骤(5)和步骤(6)。

“点击”帧在舞台上不可见，但它定义了单击按钮时该按钮的响应区域。“点击”帧的图形必须是一个实心区域，它的大小足以包含“弹起”帧、“按下”帧和“指针经过”帧的所有图形元素。它也可以比可见按钮大。如果没有指定“点击”帧，“弹起”状态的图像会被用作“点击”帧。

使用圆和钢笔工具绘制一个光泽图形，如图3－50所示，并把它放置在按钮上方位置。

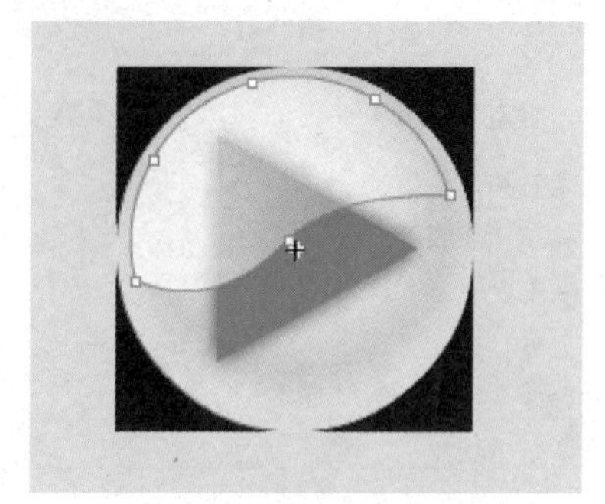

图3－50

选中图形打开颜色窗口，设置图形的笔触为无，填充为白色透明的线性渐变。颜色设置如图3－51所示。再使用渐变变形工具调整下位置。

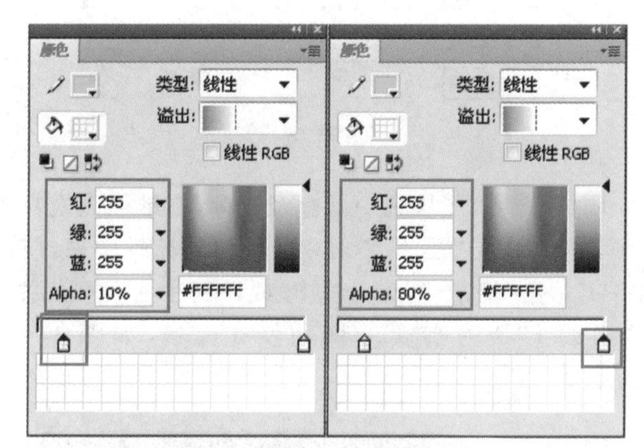

图3－51

再使用钢笔工具绘制一个小光泽图形，如图3－52所示，并把它放置在按钮右下方位置。

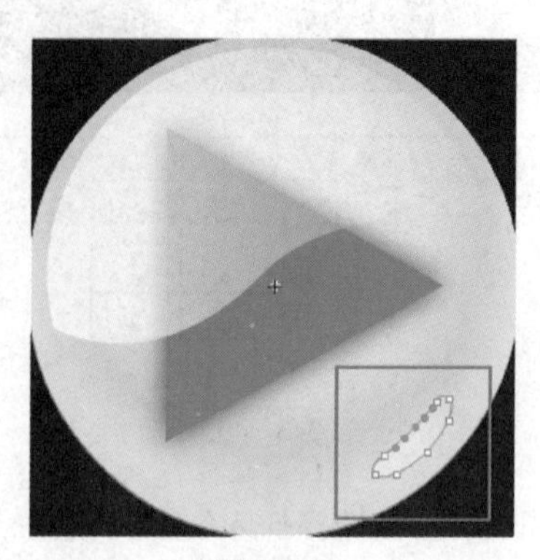

图3－52

同样设置图形的笔触为无，填充为白色透明的线性渐变。颜色设置如图 3－53 所示。

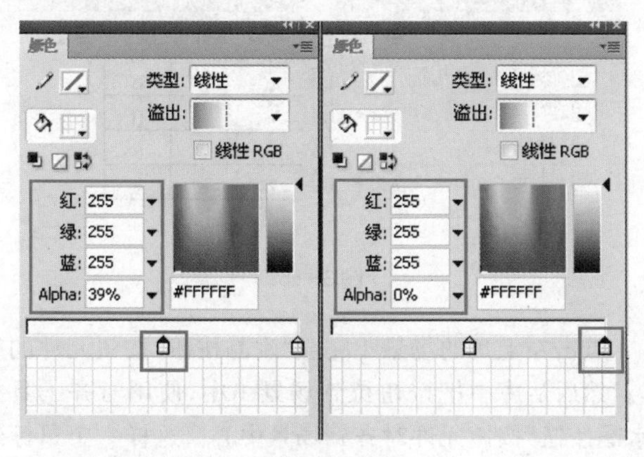

图 3－53

选中按下帧，右键选择插入帧。

新建图层 4，把图层 4 更名为“声音”。选中按下帧，右键选择插入空白关键帧，从库中把 CLICK. WAV 声音文件拉到场景中。在属性面板中设置声音的效果为无，同步为开始。如图 3－54 所示。

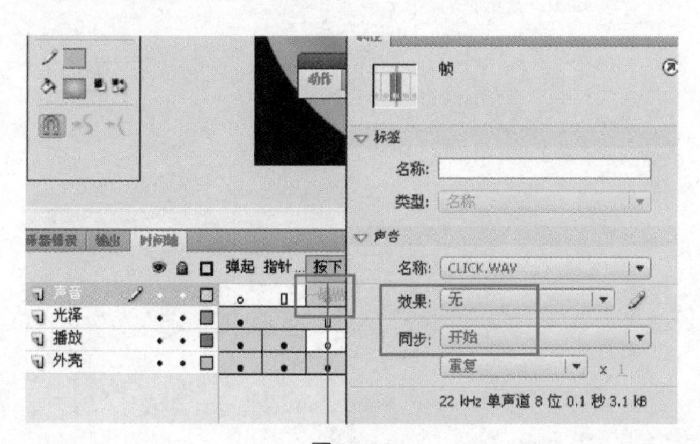

图 3－54

如果要创建脱节的图像变换（对于图像变换，将指针移到一个按钮上将导致舞台上的另一个图形发生变化），将“点击”帧放在一个不同于其他按钮帧的位置上。

（7）如果要为按钮状态分配声音，可以在时间轴选择该状态对应的帧，选择“窗口”→“属性”命令，然后从属性面板的“声音”菜单中选择一种声音。

完成之后，如果要在文档中使用按钮，可从库面板拖动按钮元件到舞台上。需要修改编辑只要用鼠标双击它进入按钮编辑。

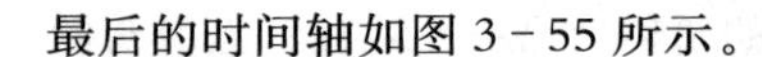

最后的时间轴如图3-55所示。

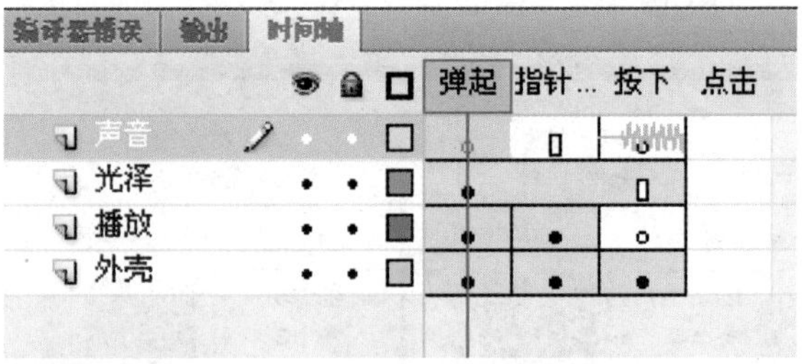

图3-55

点击左上角的场景1完成“水晶按钮”按钮元件的制作。然后从库中把按钮拉到场景1中，使用对齐工具把“水晶按钮”按钮元件对齐到场景中心。这样一个鼠标经过会变化和按下时有声音的水晶按钮就做好了。

最后按快捷键〈Ctrl〉+〈S〉保存文件。按快捷键〈Ctrl〉+〈Enter〉预览效果。

本章小结

本章讲述的是 Flash 中时间轴和图层的使用,以及图形元件、影片剪辑和按钮的制作。通过本章学习应该能够使用时间轴和图层来控制动画,能够制作各种元件,制作动态的影片剪辑和按钮,会调用元件。元件是动画制作的元素,就像电影中的演员。

课后练习

1. 时间轴上的帧的类型有________、________、________。
2. 元件是________,实例是________。
3. ________是用来存放和组织可以反复使用的动画元件,是放置舞台元素的“仓库”。使用 Flash 可以创建三种类型元件,它们分别是________、________、________。
4. 制作按钮元件中________帧呈现的是按钮的一般状态,也就是鼠标指针没有在按钮上的外貌;________帧为鼠标移到按钮时,按钮所呈现的外形;________帧为单击鼠标时,按钮所呈现的状态;________帧用来设定鼠标的感应区域,当鼠标该区域时按钮才会进入经过状态,单击按钮时按钮才会进入向下状态。
5. (　　)操作可以使 Flash 进入直接编辑元件的模式。
   A. 双击舞台上的元件实例
   B. 选中舞台上的元件,然后使用鼠标右键单击,从弹出的快捷菜单中选择编辑
   C. 双击库面板内的元件图标
   D. 将舞台上的元件拖动到库面板之上
6. 图层在 Flash 制作中有什么作用?
7. 元件跟组合图形的区别是什么?

简单 Flash 动画

本章学习时间：16 课时

学习目标：掌握制作 Flash 形状补间动画、动画补间动画、引导层动画、遮罩层动画的方法

教学重点：形状补间动画、动画补间动画、引导层动画、遮罩层动画的应用

教学难点：形状补间动画和动画补间动画的应用区别，各种动画的应用特点

讲授内容：形状补间动画，补间动画的缓动选项，动画补间动画，位置上的动画补间，大小和旋转上的动画补间，影片剪辑动画中的滤镜动画，基于对象的动画操作技巧，引导层动画，引导层动画制作要点，遮罩层，遮罩层动画制作要点

课程范例文件：第 4 章\fla\4－1. fla，第 4 章\fla\4－2. fla，第 4 章\fla\4－3. fla，第 4 章\fla\4－4. fla

本章课程总览

本章是开始学习使用 Flash 制作动画，本章将讲解制作 Flash 的形状补间动画、动画补间动画、引导层动画、遮罩层动画的方法和技巧。其中引导层动画要用到传统补间动画，而 Flash CS4 还引进了一个全新的补间动画。这个补间动画是个全新的动画概念，也是 Flash 动画的一次飞跃。

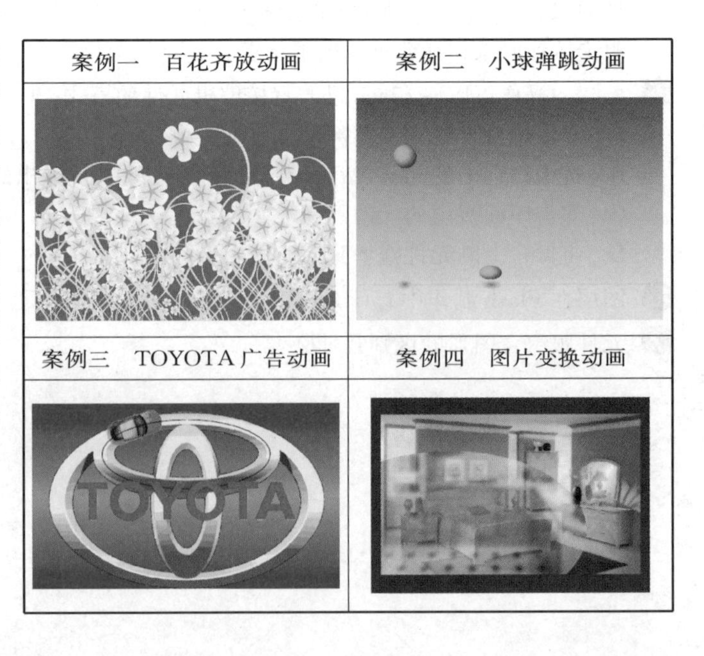

案例一　百花齐放动画
案例二　小球弹跳动画
案例三　TOYOTA 广告动画
TOYOTA
案例四　图片变换动画

4.1 制作形状补间动画

图4-1

本节通过制作一个百花齐放的动画来学习形状补间动画的制作过程。效果如图 4-1 所示。

01

打开 Flash CS4 新建一个 ActionScript 3.0 的 Flash 文件,在文档属性面板设置文档背景为蓝色,大小为默认值,如图 4-2 所示。

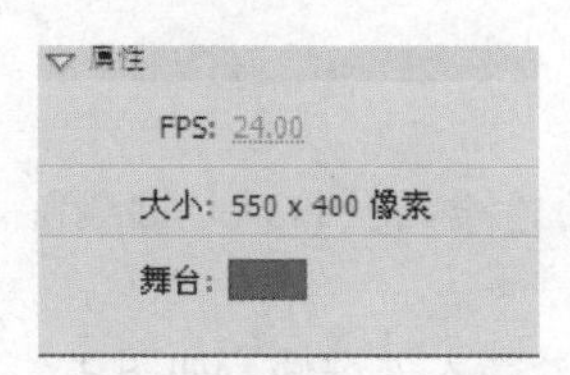

图4-2

使用"插入"→"新建元件"弹出元件面板,取名为花,类型为影片剪辑。在编辑状态下在第 1 帧使用钢笔工具绘制花枝的形状,注意把根的地方放置在元件中心位置。如图 4-3 所示。

知识点提示

形状补间动画

在 Flash 的时间帧面板上,在一个时间点(关键帧)绘制一个形状,然后在另一个时间点(关键帧)更改该形状或绘制另一个形状,Flash 根据两者之间的帧的值或形状来创建的动画被称为"形状补间动画"。

形状补间动画可以实现两个图形之间颜色、形状、大小、位置的相互变化,变形的灵活性介于逐帧动画和动作补间动画之间,使用的元素多为用鼠标或压感笔绘制出的形状,如果使用图形元件、按钮、文字,则必先"打散"再变形。

形状补间在时间帧面板上的表现

形状补间动画建好后，时间帧面板的背景色变为淡绿色，在起始帧和结束帧之间有一个长长的箭头，如下图所示。

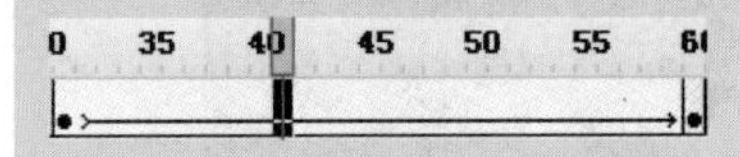

形状间的补间动画

制作形状变化的动画，比如从一个圆变为一个矩形这种动画我们使用形状补间来制作。

创建形状补间的方法：在时间轴面板上动画开始播放的地方创建或选择一个关键帧并设置要开始变形的形状，一般一帧中以一个对象为好，在动画结束处创建或选择一个关键帧并设置要变成的形状，再在开始变形处的帧单击右键，在弹出菜单中选择“创建补间形状”，如下图所示。这样一个形状补间动画就创建完毕。

创建补间动画
创建补间形状
创建传统补间

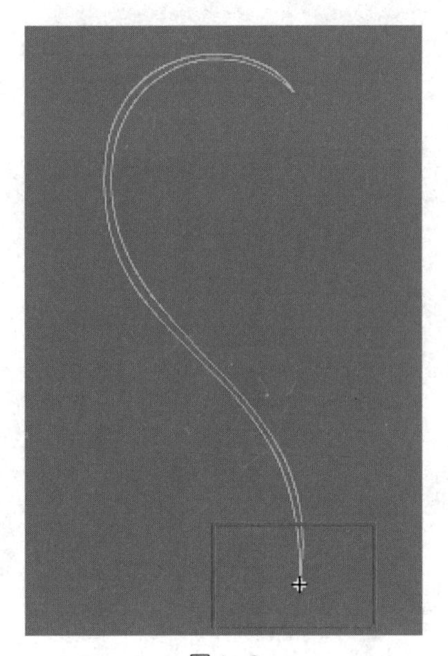

图 4-3

使用颜料桶工具为上面图形填充一个青色。颜色十六进制值为＃96FFFF，颜色面板设置如图 4-4 所示。

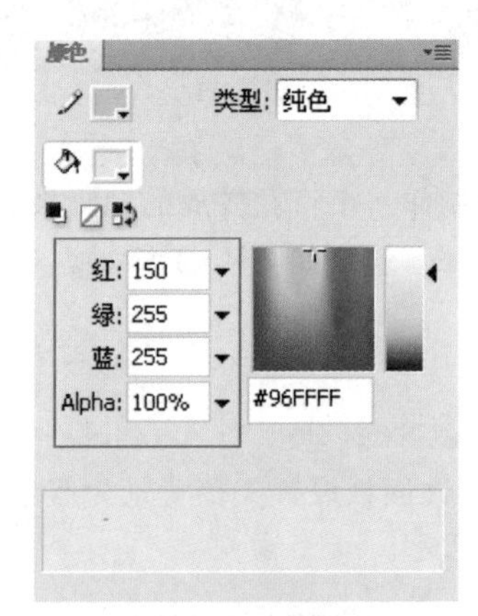

图 4-4

选中图形的边线，使用〈Del〉键删除，只保留图形的填充颜色。

在第 50 帧处插入关键帧。如图 4-5 所示。

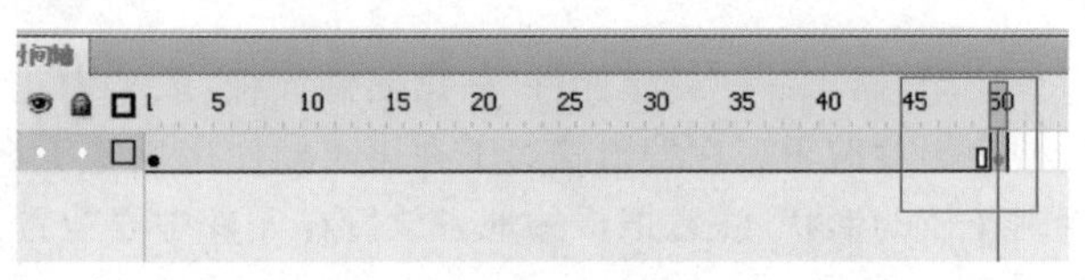

图 4-5

下面做花枝生长的过程，选中第 1 关键帧的图形使用选择工具框选中上面一大部分，只留下根的部分不选，如图 4－6 所示。

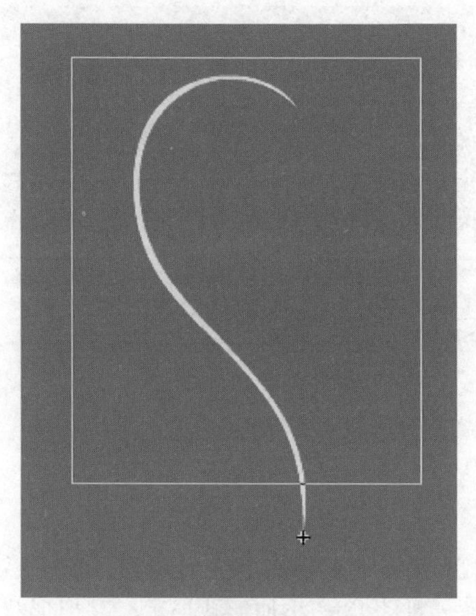

图 4－6

使用〈Del〉键删除，然后使用部分选择工具，移动点的位置，并适当调整点的方向，得到图形如图 4－7 所示。

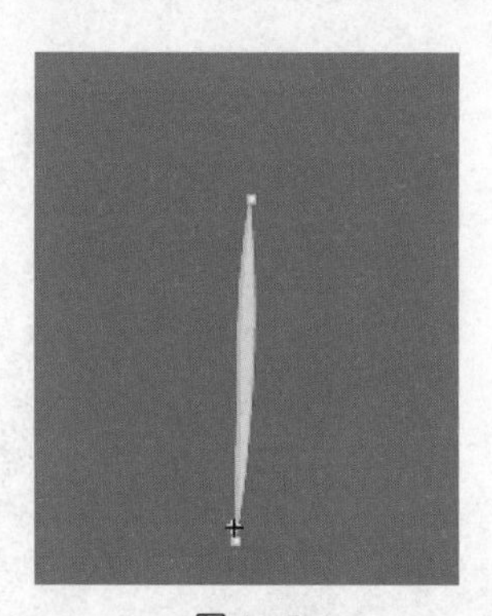

图 4－7

在第 1 帧到第 50 帧之间单击右键在弹出窗口中选择“创建补间形状”，建立这 2 个图像之间的变形。如图 4－8 所示。

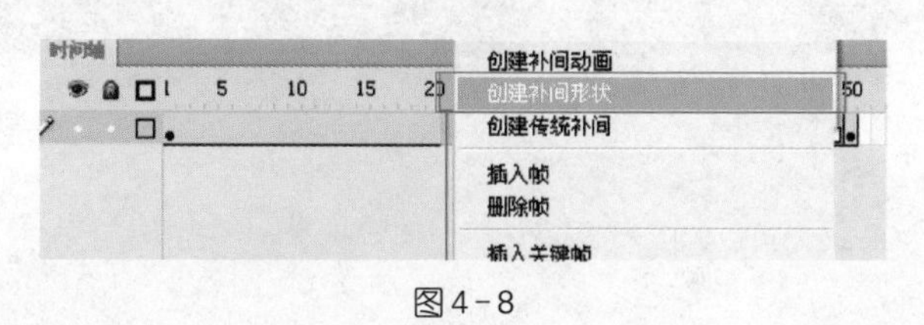

图 4－8

技 巧 提 示

添加形状提示动画

形状提示的作用：在“起始形状”和“结束形状”中添加相对应的“参考点”，则在变形过渡时依据一定的规则进行，从而较有效地控制变形过程。

添加形状提示的方法：先在形状补间动画的开始帧上单击一下，再执行“修改”→“形状”→“添加形状提示”命令，该帧的形状就会增加一个带字母的红色圆圈，相应地，在结束帧形状中也会出现一个“提示圆圈”，用鼠标左键单击并分别按住这两个“提示圆圈”，在适当位置安放，安放成功后开始帧上的“提示圆圈”变为黄色，结束帧上的“提示圆圈”变为绿色，安放不成功或不在一条曲线上时，“提示圆圈”颜色不变，如下图所示。

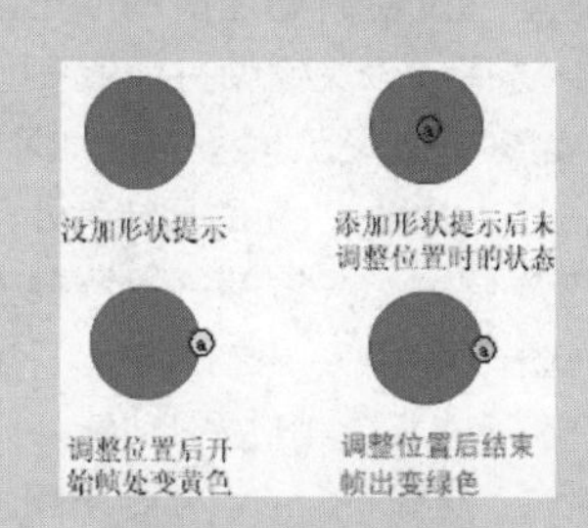

添加形状提示的技巧：“形状提示”可以连续添加，最多能添加 26 个。按逆时针顺序从形状的左上角开始放置形状提示，它们的工作效果最好。

确保“形状提示”是符合逻辑的。例如，前后关键帧中有两个三角形，使用三个“形状提示”，那么两个三角形中的“形状提示”顺序必须是一致的，而不能第一个形状是 abc，而在第二个形状是 acb。

形状提示要在形状的边缘才能起作用，在调整形状提示位置前，要选择工具栏上“选择工具”下面的“贴紧至对象”工具，这样，会自动把“形状提示”吸附到边缘上，如果你觉得“形状提示”仍然无效，则可以用工具栏上的“缩放工具”单击形状，放大到 2 000 倍，以确保“形状提示”位于图形边缘上。

另外，要删除所有的形状提示，执行“修改”→“形状”→“删除所有提示”命令。删除单个“形状提示”，可单击右键，在弹出菜单中选择“删除提示”。

知 识 点 提 示

颜色间的补间动画

制作颜色变化的动画也使用形状补间来制作。制作方法跟形状间的补间动画一样，首先在时间轴面板上动画开始播放的地方创建或选择一个关键帧并设置要开始变形的形状及颜色，一般一帧中以一个对象为好，在动画结束处创建或选择一个关键帧并设置要变成的形状和颜色，再右键单击开始帧，在弹出菜单中选择“创建补间形状”。这样一个形状补间动画就创建完毕。

移动时间轴上的滑竿观察变形过程发现不理想，如图 4－9 所示。

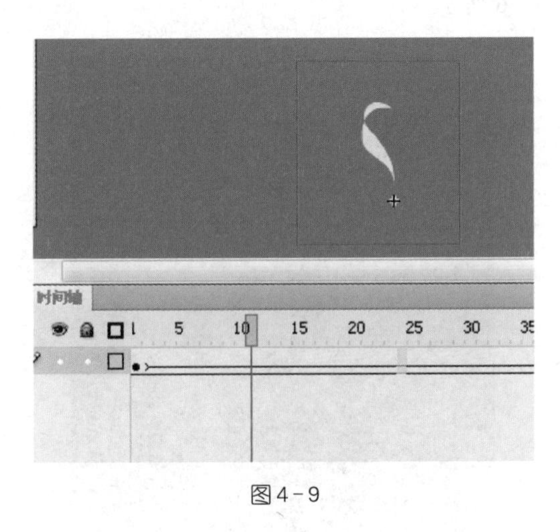

图4－9

使用形状提示来调整下变形过程。选中第 1 帧，使用“修改”→“形状”→“添加形状提示”，并把形状提示“a”移动到最下位置，如图 4－10 所示。

回到第 50 帧位置，把形状提示“a”也移动到最下位置，如图 4－11 所示。

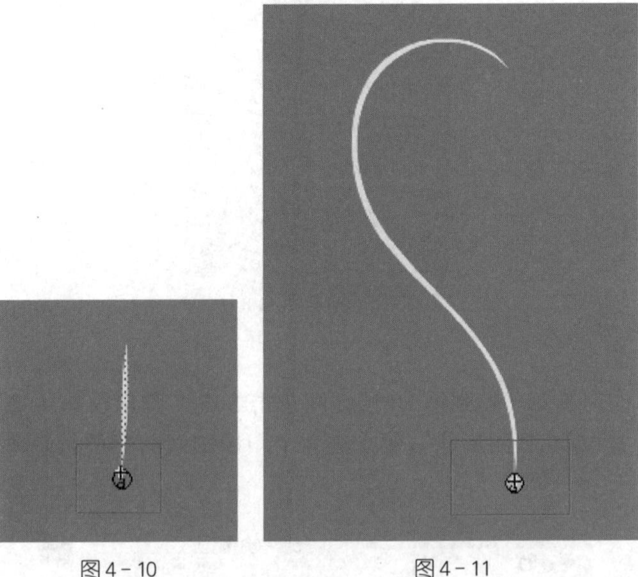

图4－10　　图4－11

再回到第 1 帧，使用“修改”→“形状”→“添加形状提示”，并把形状提示“b”移动到最上位置，如图 4－12 所示。

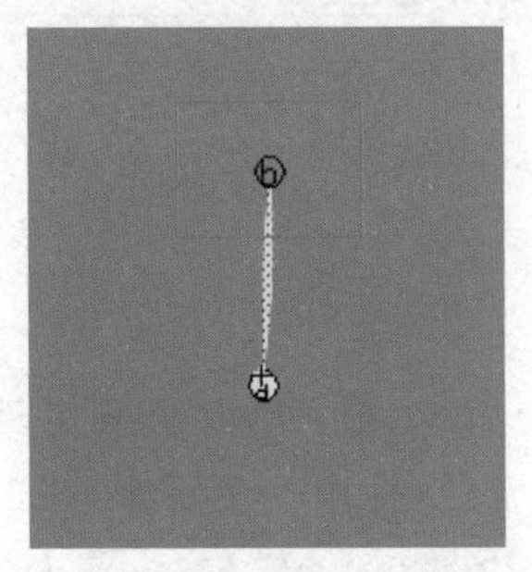

图 4－12

同样在第 50 帧位置，把形状提示“b”也移动到最上位置，如图 4－13 所示。

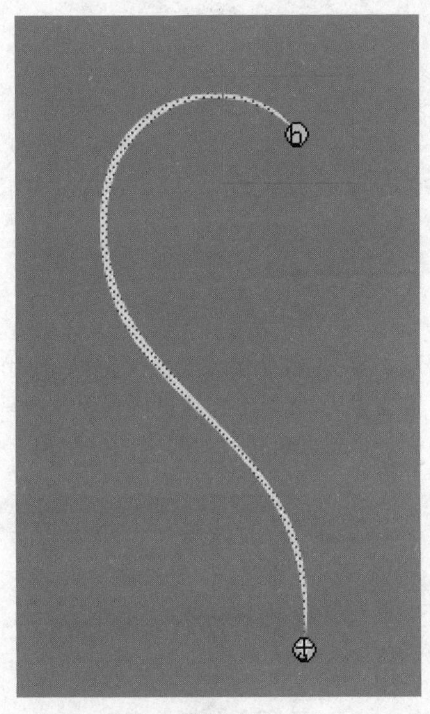

图 4－13

这样花枝的生长就做好了。

02

下面继续在花影片剪辑上面制作花开的效果。

在图层 1 的第 75 帧处插入帧。新建图层 2，在图层 2 的第 51 帧处插入空白关键帧。如图 4－14 所示。

补间动画的缓动选项和混合选项

当选中补间位置时候形状补间动画的属性面板上“补间”项中只有两个参数：“缓动”和“混合”。

▽ 补间

缓动：100 输出

混合：分布式

✔ 分布式

角形

“缓动”选项：在“缓动”后面可以输入数值。这个数值在－100～100 之间变化。默认情况下，值为 0。补间帧之间的变化速率是不变的。在－1～－100 的负值之间，动画运动的速度从慢到快，朝运动结束的方向加速度补间。在 1～100 的正值之间，动画运动的速度从快到慢，朝运动结束的方向减慢补间。

“混合”选项：“混合”选项中有两项供选择。

“角形”选项：创建的动画中间形状会保留有明显的角和直线，适合于具有锐化转角和直线的混合形状。

“分布式”选项：创建的动画中间形状比较平滑和不规则。

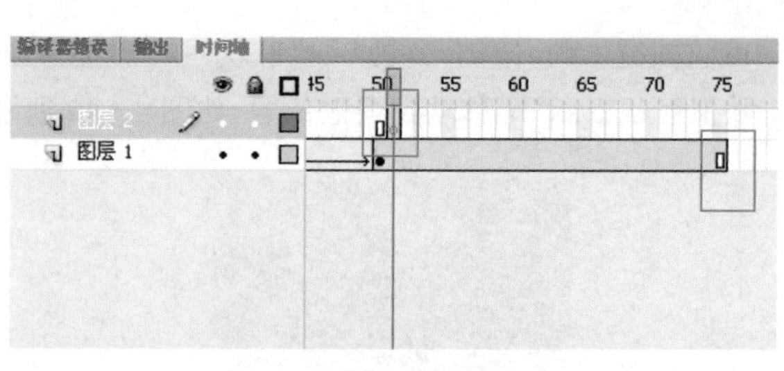

图 4 - 14

选中图层 2 第 51 帧，使用“椭圆工具”，设置描边为“无”，“填充”为青色，拖出一个正圆，并把它放置在花枝顶上。如图 4 - 15 所示。

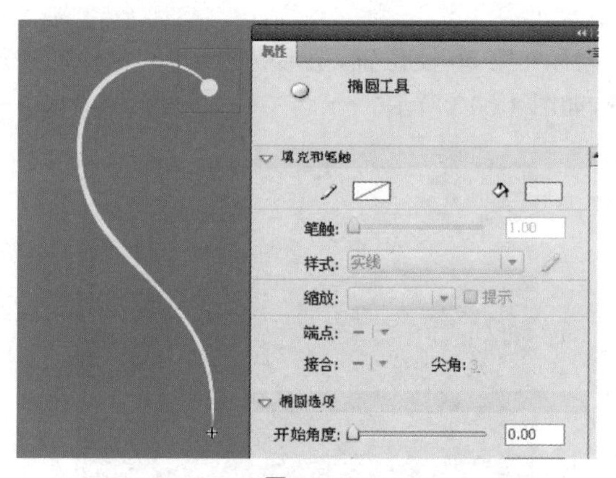

图 4 - 15

在图层 2 第 75 帧处插入空白关键帧，使用“多边形工具”，设置描边为“无”，在选项里设置为 5 边星形，在花枝顶端绘制一个正五角星。如图 4 - 16 所示。

图 4 - 16

使用部分选取工具，配合〈Alt〉键把五角星的角变成圆角。如图 4 - 17 所示。

图 4－17

最后形状如图 4－18 所示。

图 4－18

打开颜色面板，设置花形状的填充类型为放射状，渐变为从青到白的渐变。青色为＃96FFFF，白色十六进制值为＃FFFFFF，颜色面板如图 4－19 所示。

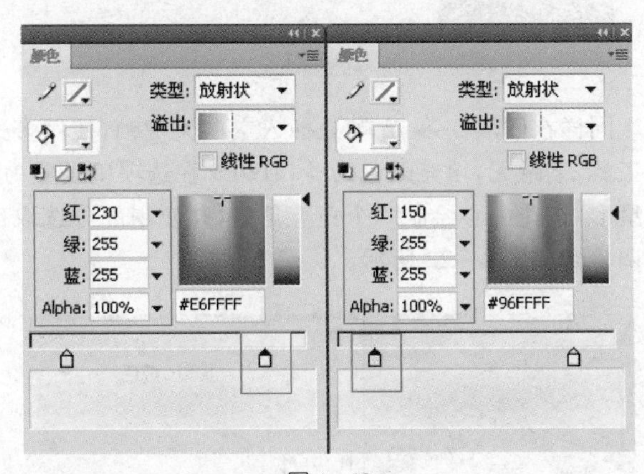

图 4－19

在图层 2 第 51 帧到第 75 帧之间单击右键在弹出窗口中选择“创建补间形状”。建立从圆到花的变形。

03

继续制作花心的成长过程。新建图层 3，在图层 3 的第 51 帧处插入空白关键帧。如图 4－20 所示。

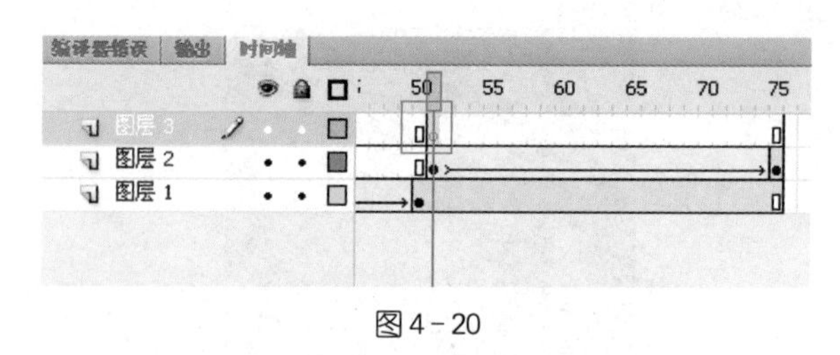

图 4 - 20

选中图层 3 第 51 帧，使用椭圆工具，笔融无，填充青色为＃BAF8F8，拖出一个正圆，并把它放置在圆的中心。如图 4 - 21 所示。

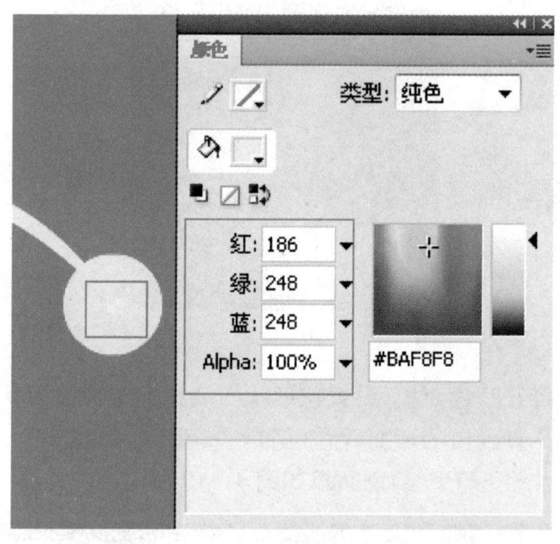

图 4 - 21

同样在图层 3 第 75 帧处插入空白关键帧，使用多边形工具，笔融无，填充颜色为＃14B9B9 在选项里设置为 5 边星形，在花中心绘制一个正五角星，并使用部分选取工具调整到如图 4 - 22 所示。

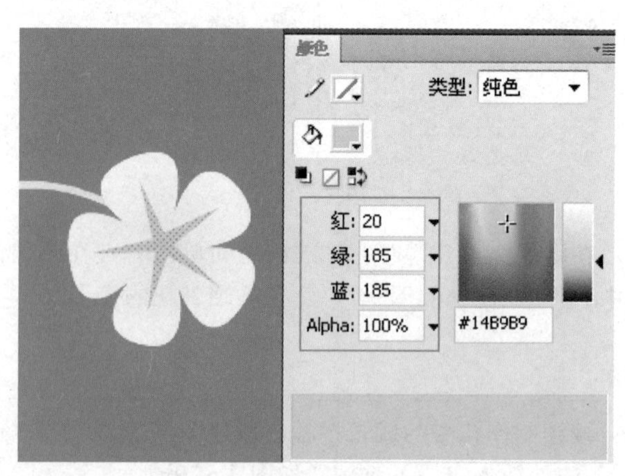

图 4 - 22

在图层 3 第 51 帧到第 75 帧之间创建补间形状。建立从圆到花心的变形。新建图层 4，在图层 4 第 75 帧插入空白关键帧。按〈F9〉打开动作面板，在上面输入：stop()。这段简单的代码来让花影片剪辑播放完后自己停止。如图 4 - 23 所示。

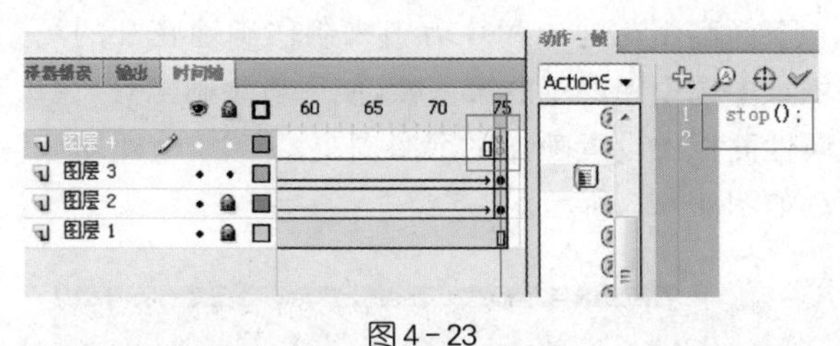

图 4 - 23

这样这个花的元件就完成了。用鼠标单击左上角的场景 1 回到场景。如图 4 - 24 所示。

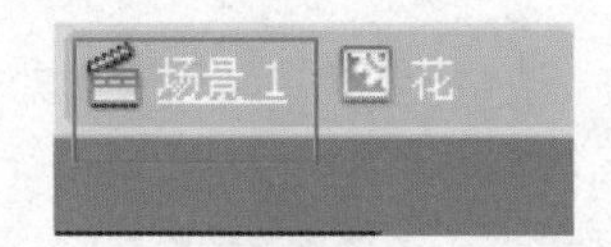

图 4 - 24

04

下面再做一个方向相反开花的影片剪辑。使用“插入”→“新建元件”弹出元件面板，取名为花花，类型为影片剪辑。在编辑状态下在第 1 帧从库中把花影片剪辑放置到场景中，然后使用“任意变形工具”选中花影片进行剪辑，按快捷键〈Ctrl〉+〈T〉调出变形面板，设置缩放宽度为 - 100，如图 4 - 25 所示。

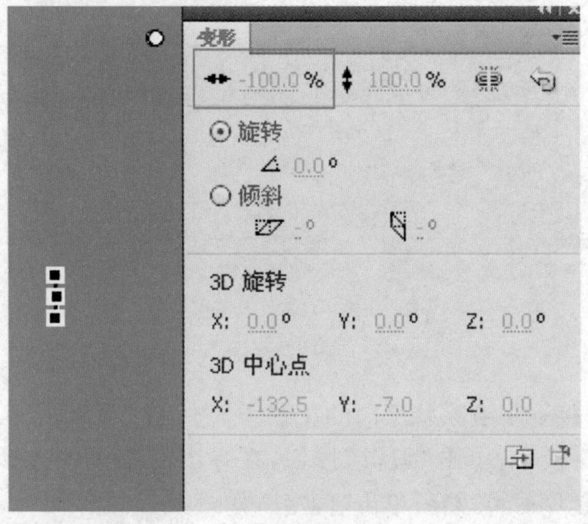

图 4 - 25

然后一样注意把根的地方放置在元件中心位置。这样这个反向的开花元件就完成了。用鼠标单击左上角的场景1回到场景。

05

下面利用花这个影片剪辑来制作满地花开的场景。在场景中选中图层1的第一帧，使用喷涂刷工具，在该工具属性面板中设置喷涂的元件是花，选中“随即缩放”选项。如图4－26所示。

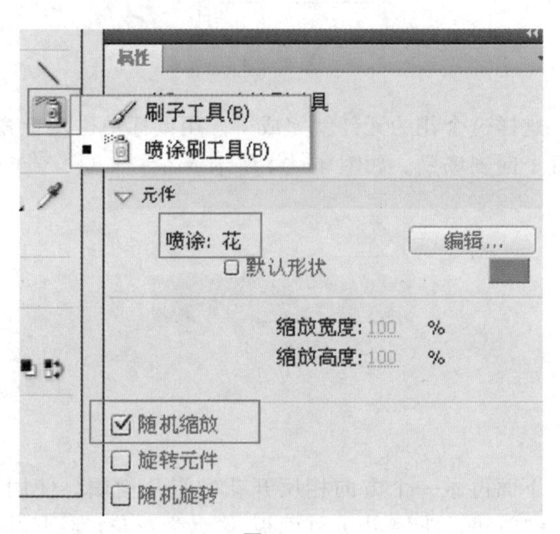

图4－26

然后在场景下方均匀地喷涂些花的元件，如图4－27所示。

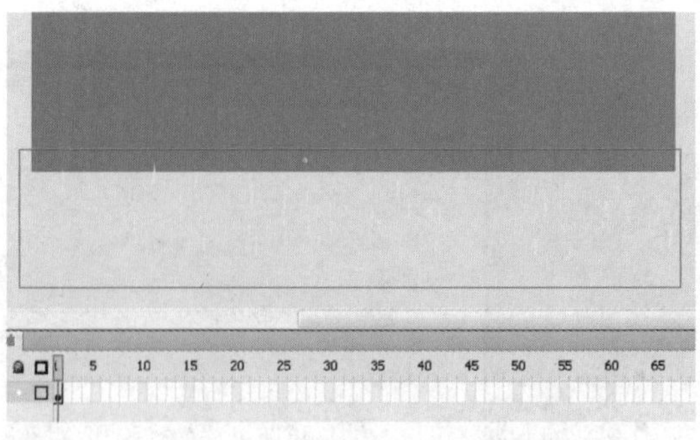

图4－27

接下来喷涂些反向的花到场景中，在“喷涂刷工具属性”面板中，单击“编辑”按钮，在弹出的菜单中选择“花花”影片剪辑，然后单击“确定”，如图4－28所示。

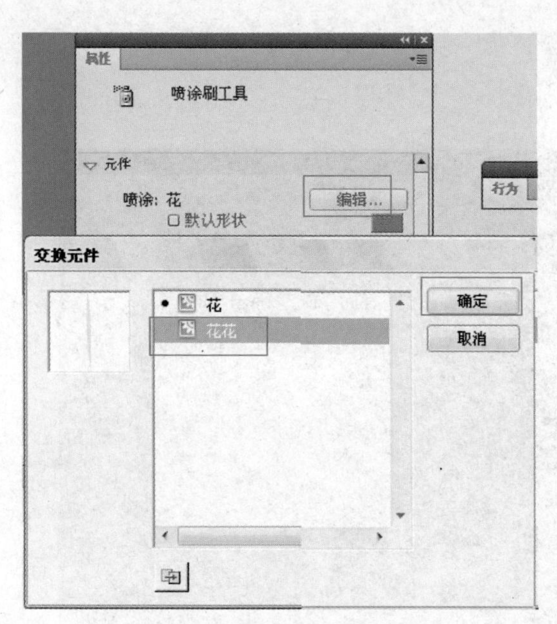

图 4-28

同样在场景下方均匀地喷涂些花花的元件。按快捷键〈Ctrl〉+〈Enter〉预览动画效果。然后按快捷键〈Ctrl〉+〈S〉保存。

4.2 制作动画补间动画

图4-29

本节通过制作小球的运动动画来学习动画补间动画制作，效果如图4-29所示。

01

打开Flash CS4新建一个ActionScript 3.0的Flash文件，在文档属性面板使用默认设置。

使用“矩形工具”绘制一个跟场景一样大小的矩形，使用“对齐工具”中心对齐到场景中心。选中矩形打开“颜色”面板。设置笔触颜色为无，填充为线性渐变，设置如图4-30所示。

使用“渐变变形工具”把填充调整为水平方向，如图4-31所示。

知识点提示

要实现动画一定要有关键帧，在关键帧中对象或对象的属性发生变化就形成了动画效果。对于关键帧，在Flash CS4中有了不同的解释：改变对象，比如在关键帧中出现新的对象，这种关键帧就叫关键帧；在关键帧中改变对象的属性，比如位置的变化，这种关键帧叫属性关键帧。属性关键帧是Flash CS4新出现的概念。

动画除了关键帧外，还可能用到补间的概念，在新版本中，对补间也有了不同的解释，在时间轴上单击右键，从菜单中可以看到已经

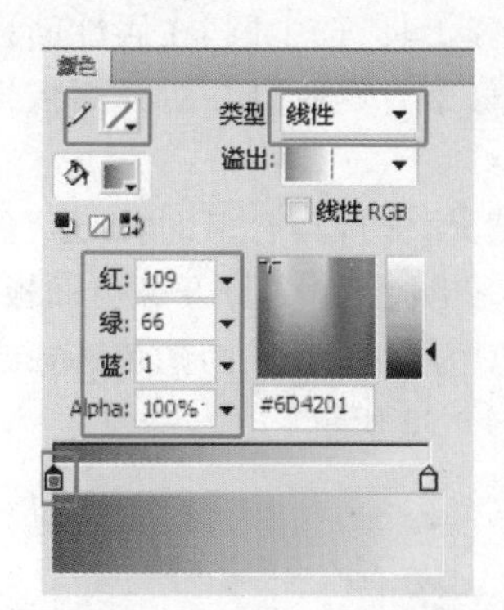

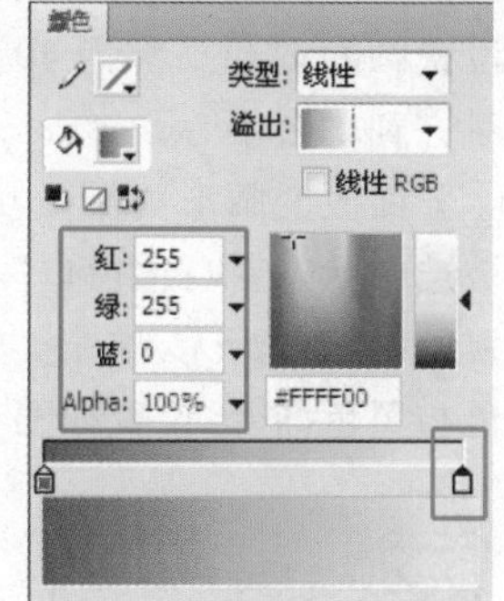

图 4-30

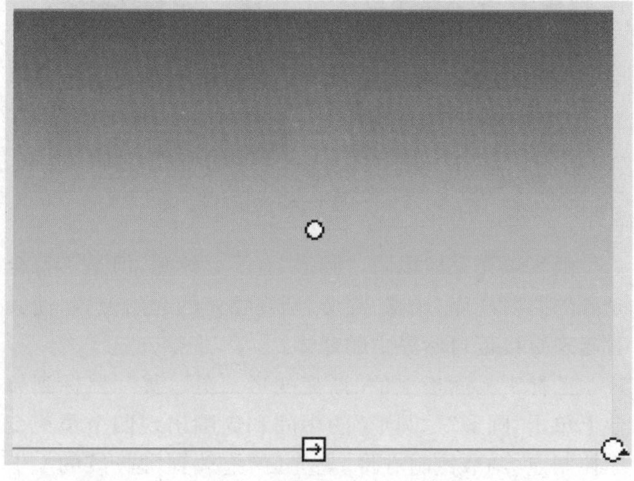

图 4-31

02

执行"插入"→"新建元件"命令(或使用快捷键〈Ctrl〉+〈F8〉),打开"创建新元件"对话框。在"创建新元件"对话框中,输入元件的名称为"球",类型为"影片剪辑",然后单击确定按钮。

创建元件完成以后,编辑动画的舞台已经从"场景1"切换到"球"影片剪辑的编辑状态,在文件名的下方有"场景 1|球"的提示。这样进入了元件编辑状态。

选择工具栏上的"椭圆工具"移动鼠标到舞台的中间,按住键盘〈Shift〉键同时按住鼠标左键拖动,绘制出一个随意大小的圆形。

说明:按住〈Shift〉键拖动可以将形状限制为正圆形,否则为不规则的椭圆形状。

不再像以前版本那样只有"创建补间动画"和"创建补间形状"两项,而是增加了"创建传统补间"一项。

动画补间动画

补间动画是通过为一个帧中的对象属性指定一个值并为另一个帧中的该对象的相同属性指定另一个值创建的动画。

其中对象类型包括影片剪辑、图形和按钮元件以及文本字段。可补间的对象的属性包括:对象的位置、大小、旋转、倾斜、颜色效果、滤镜属性。

其中颜色效果包括 Alpha(透明度)、亮度、色调和高级颜色设置。只能在元件上补间颜色效果。若要在文本上补间颜色效果,需将文本转换为元件。滤镜属性包括应用于图形元件的滤镜。

疑 难 提 示

补间形状和补间动画的区别

形状补间动画和动作补间动画都属于补间动画。前后都各有一个起始帧和结束帧,两者之间的区别如下。

在时间轴上的表现:动作补间动画是淡蓝色背景无箭头,形状补间动画是淡绿色背景加长箭头。

组成元素:动作补间动画是影片剪辑、图形元件、按钮、文字、位图等;形状补间动画是形状,如果使用图形元件、按钮、文字,则必先打散再变形。

完成的作用:动作补间动画实现一个元件的大小、位置、颜色等的变化。形状补间动画实现两个形状之间的变化,或一个形状的大小、位置、颜色等的变化。

使用工具面板上的"选择工具"选中圆，在属性面板中设置圆的宽和高都为40像素。然后打开对齐面板把圆对齐到舞台中心。

下面改变圆形为渐变填充，保持舞台上的"圆形"处于被选中状态，执行"窗口"→"颜色"命令打开颜色面板。设置笔触颜色为无，填充类型为放射状渐变，颜色选择为绿色与黑色渐变，设置如图4-32所示。

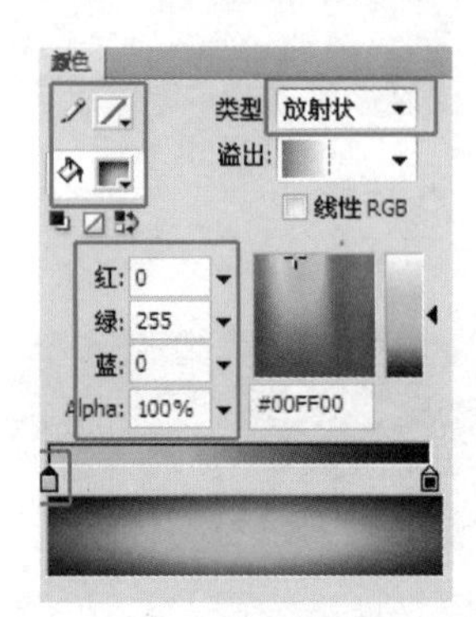

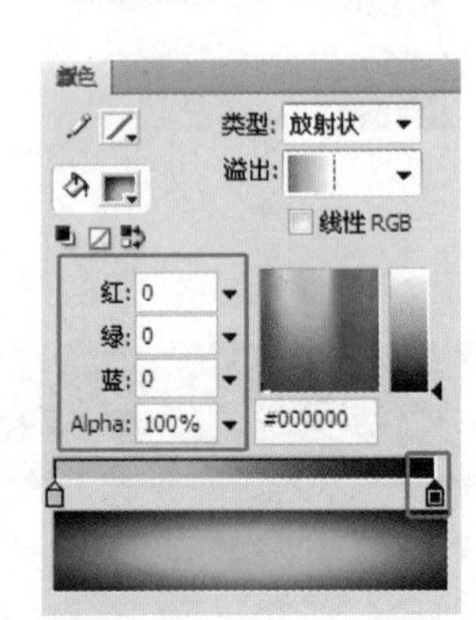

图4-32

渐变填充完成以后，"圆形"有了立体感，但是不符合光源的照射规律，调整"圆形"渐变填充的起始位置，使其看起来更接近自然界中的球体。

选择工具面板上的"渐变变形工具"，移动鼠标到舞台上单击"圆形"，"圆形"的中间和周围出现四个填充变形控制点，调节控制点将"高光区"拖放到"圆形"的左上方，如图4-33所示。

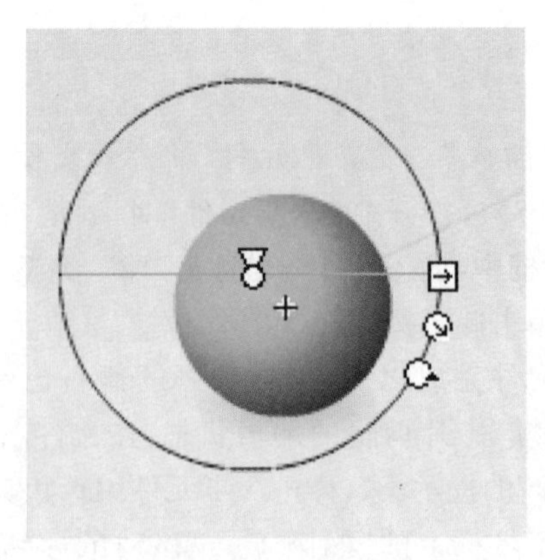

图4-33

完成球元件的制作，单击场景1，并回到场景中。

知识点提示

位置上的动画补间

位置上的动画补间是指对象的位置在一段帧内发生了改变而形成的动画。

设置位置上的动画补间的方法

在舞台上选择任何图层类型上的一个对象。然后右键单击所选内容或当前对象所在的关键帧，然后从弹出菜单中选择"创建补间动画"。

如果对象不是可补间的对象类型，或者如果在同一图层上选择了多个对象，将显示一个对话框，如下图所示。

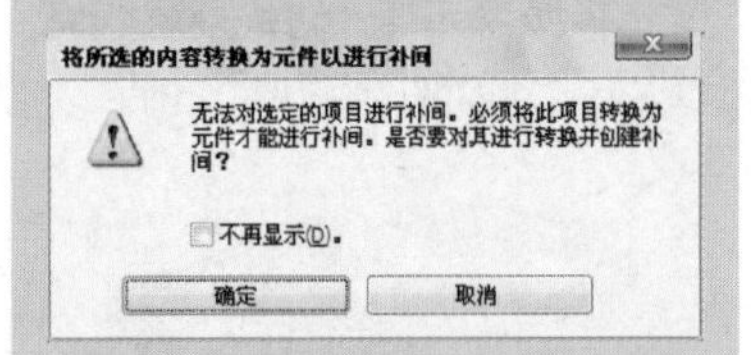

通过该对话框可以将所选内容转换为影片剪辑元件，以继续下面的操作。如果补间对象是图层上的唯一的对象，则Flash将在该图层创建补间，创建一段补间范围。

如果原始对象仅驻留在时间轴的第一帧中，则补间范围的长度等于一秒的持续时间。如果帧速率是24帧/秒，则范围长度包含24帧。如果帧速率不足5帧/秒，则范围长度为5帧。如果原始对象存在于多个连续的帧中，则补间范围将包含该原始对象占用的帧数。

在时间轴中拖动补间范围的任一端，以按所需长度缩短或延长范围。然后选中补间范围内的

03

双击图层 1,为图层 1 取名为背景。在第 80 帧中右键单击插入帧。锁定图层 1,新建图层 2,双击图层 2 并取名为小球运动。选中时间轴上的第一帧,从“库”窗口中把球元件拉到舞台上,放到如图 4 - 34 所示位置。

图 4 - 34

在第 1 帧到第 80 帧之间单击右键,在弹出菜单中选择“创建补间动画”,如图 4 - 35 所示。

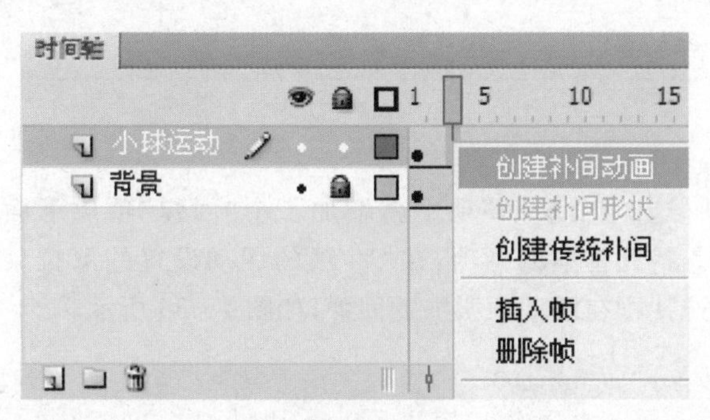

图 4 - 35

此时,时间轴变为蓝色,表示创建了补间动画。然后选中第 80 帧,在第 80 帧处把小球拉到场景右上方,如图 4 - 36 所示。

这样在第 80 帧处就创建了一个属性关键帧。小球中间产生一条线,说明制作了位移属性的补间动画。执行“窗口”→“动画编辑器”命令,弹出“动画编辑器”窗口。选中小球运动图层第 80 帧,在动画编辑器窗口的“缓动”

某个帧,将舞台上的对象拖到新位置。这样就制作了位置上的动画补间。

舞台上显示的运动路径显示从补间范围的第一帧中的位置到新位置的路径。由于显式定义了对象的 X 和 Y 属性,因此将在包含播放头的帧中为 X 和 Y 添加属性关键帧。属性关键帧在补间范围中显示为小菱形。

技 巧 提 示

运动路径的调节

可以用“选择工具”或“部分选取工具”来改变运动路径的形状,也可以打开动画编辑器来控制动画对象的位置和速度、加速度等参数。

知 识 点 提 示

大小和旋转上的动画补间

大小和旋转上的动画补间是指对象的大小在一段帧内发生了改变而形成的动画,并且发生了转动。

大小和旋转上的动画补间的方法

基本跟位置上的动画补间一样。在舞台上选择任何图层类型上的一个对象。右键单击所选内容或当前对象所在的关键帧,然后从弹出菜单中选择“创建补间动画”。

在时间轴中拖动补间范围的任一端，以按所需长度缩短或延长范围。然后选中补间范围内的某个帧，将舞台上的对象使用“任意变形工具”缩放。这样就制作了大小上的动画补间。需要进行旋转先在图层上选中这段动画补间。然后在属性面板的“旋转”项设置好旋转的角度方向，如下图所示。

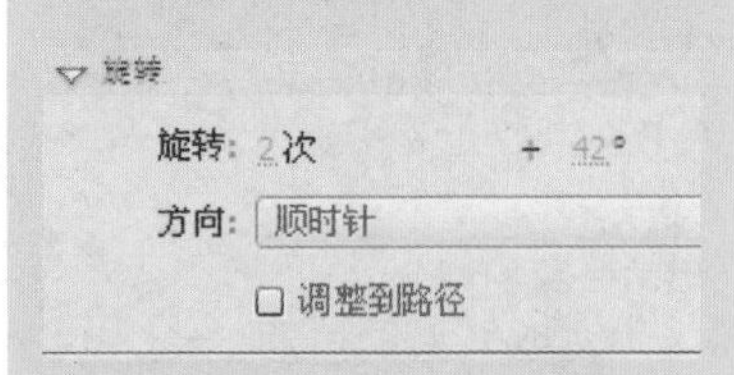

当然大小和旋转的动画补间也可以到动画编辑器上来修改变化速度等参数。

影片剪辑动画中的滤镜动画

影片剪辑动画中的滤镜动画是指影片剪辑的滤镜效果在一段帧内发生了改变而形成的动画。

影片剪辑动画中的滤镜动画的制作方法：在舞台上选择任何图层类型上的一个影片剪辑。右键单击所选内容或当前对象所在的关键帧，从弹出菜单中选择“创建补间动画”。

在时间轴中拖动补间范围的任意一端，按所需长度缩短或延长范围。选中补间范围内的某个帧并在舞台上选中该影片剪辑。在属性面板的滤镜项为影片剪辑增加一个滤镜效果。

在不同的帧选中该影片剪辑调节不同的滤镜参数。这样就完成了影片剪辑动画中的滤镜动画制作。

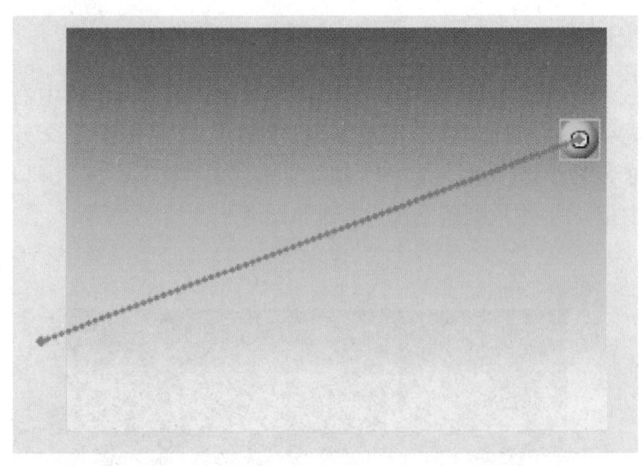

图4－36

项中点击加号，在弹出选项中选择“回弹”，如图 4－37 所示。

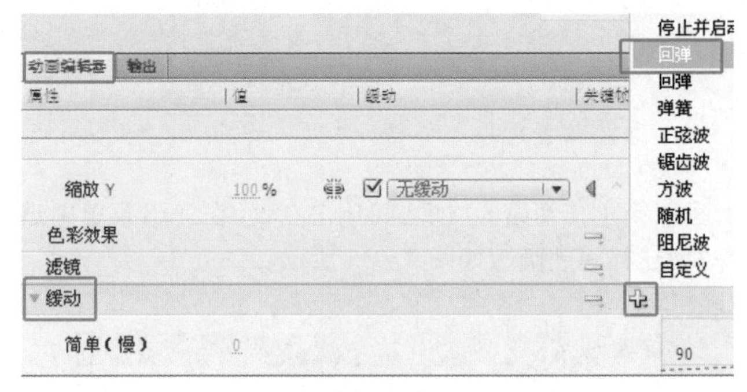

图4－37

这样在“缓动”项中就增加了个“回弹”项供下面应用。找到基本动画项，在“Y”项的缓动设置的下拉菜单中选择刚在缓动项增加的回弹，如图 4－38 所示。

图4－38

这时，小球的运动轨迹发生变化，产生了抛物线，如图 4－39 所示。这样就制作了小球的回弹效果。

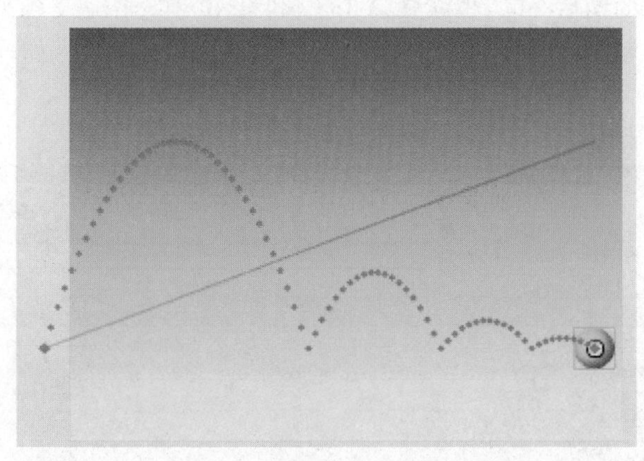

图 4－39

预览一下效果。发现小球弹跳比较呆板，故继续增加小球落地时发生变形的效果。

用鼠标在时间轴上移动，找出小球下落点的帧位置。本例中第 39 帧是小球第一个落地点。选中第 39 帧，在动画编辑器面板的“转换”项中，把“缩放 Y”项的值设置为 60%，使得小球在第 39 帧产生了变形，如图 4－40 所示。

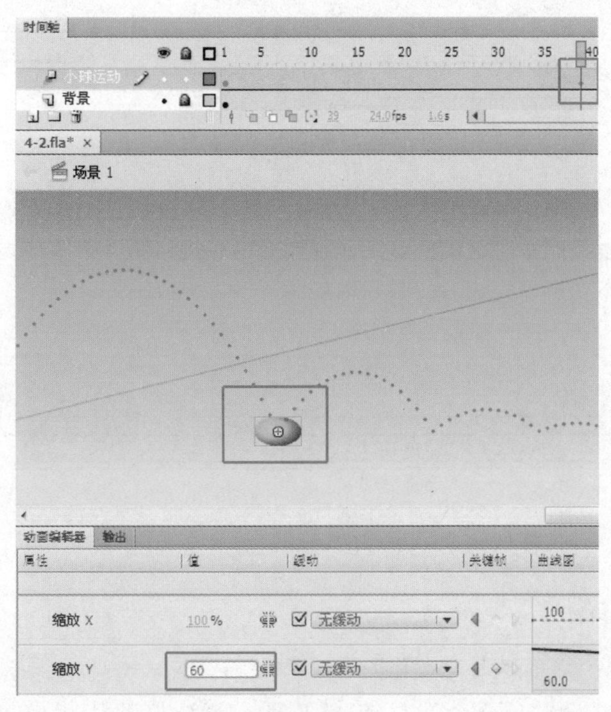

图 4－40

技 巧 提 示

基于对象的动画操作技巧

在 Flash CS4 中增加了一个面板——“动画编辑器”。这个编辑器是专门用来对基于对象的动画补间使用的调整工具，如下图所示。

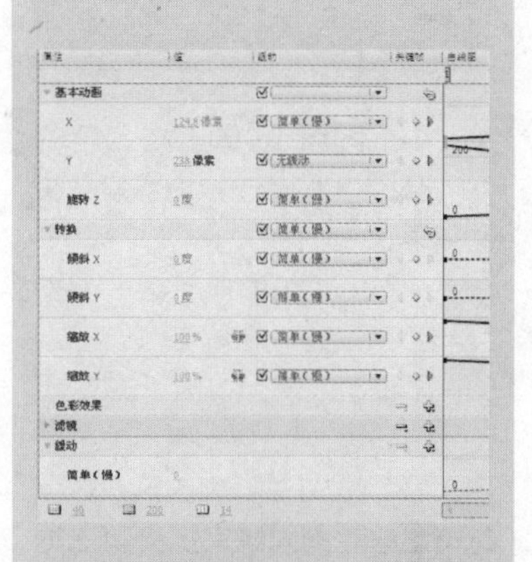

在这个面板中可以精确地调整动画的属性值。最上面的是“基本动画”栏，如下图所示，在这里可设置 X，Y 和旋转属性。

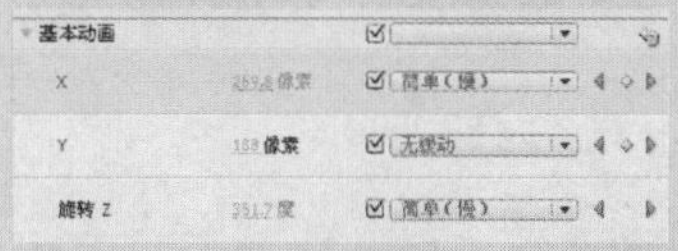

X 属性：在关键帧一栏中，有两个方向相反的小三角形，它可以用来跳转到另一个关键帧，中间的菱形可添加和删除关键帧。

定位到关键帧后，将鼠标放到前面蓝色的数字上，鼠标会出现双箭头，这时可左右拖动这个数字，可以调整对象的 X 属性。也可以单击这个蓝色数值输入一个数值，精确定位 X 属性。

在面板的右边是该属性的曲线，可以调整这个曲线来更改对象的 X 属性。定位到一个关键帧上，然后上下拖动这根曲线的锚点，可以看到小前面的蓝色数字会发生变化。在面板中还有“缓动”栏。这里可以为相应属性设置缓动效果。要使用缓动效果，请先在面板下部的“缓动”栏内添加缓动。

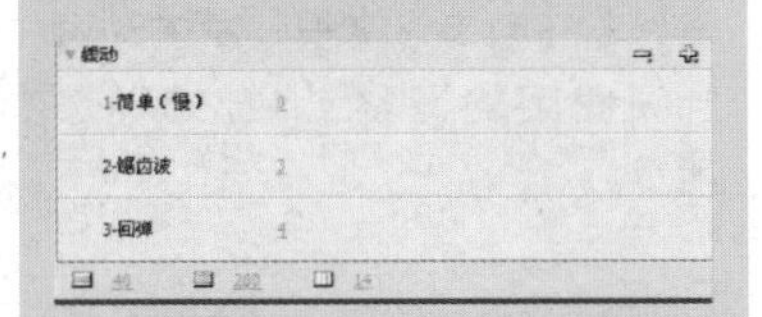

如上图所示，单击右上角的“+”号，弹出的菜单中内置很多缓动效果。

在弹出菜单的最下面一项是“自定义”，这就是说，可以自己定义一个缓动效果，比如让小球的移动由慢到快，再由快到慢。单击自定义后，可以在关键帧中输入数字或调整后面的曲线来定义自己的缓动效果。添加缓动效果后，回到基本动画栏，单击 X 属性的缓动设置旁边的“倒三角”，在弹出的菜单中，就有了刚添加的缓动效果，单击要用的缓动就将缓动效果用到了 X 属性上了。Y 属性与 X 属性一样。如下图所示。

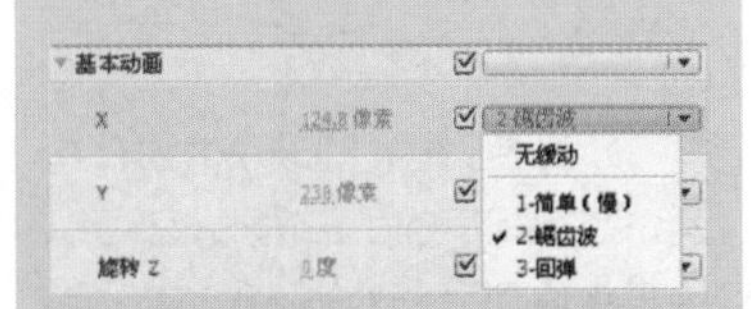

在“旋转”栏中也可以为它们设置缓动效果。在“转换”栏中可设置缩放和倾斜属性。在缩放属性中有一个连接 X，Y 属性按钮，可以约束缩放的宽度和高度比例不变。

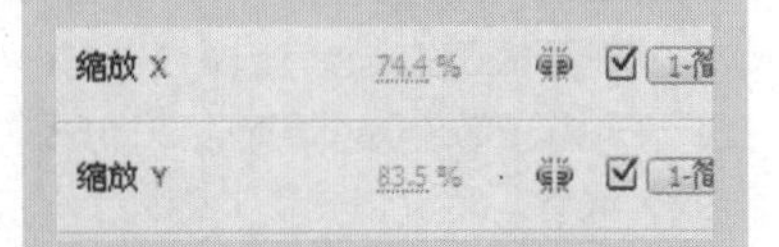

预览动画，发现小球从一开始就逐渐压缩变小，这不是所要的效果。碰地变形应该是瞬间的。选中第 39 帧的前后 2 帧，也就是第 38 帧和第 40 帧。在这 2 帧处把动画编辑器的“缩放 Y 项”的值改为 100%，如图 4-41 所示。

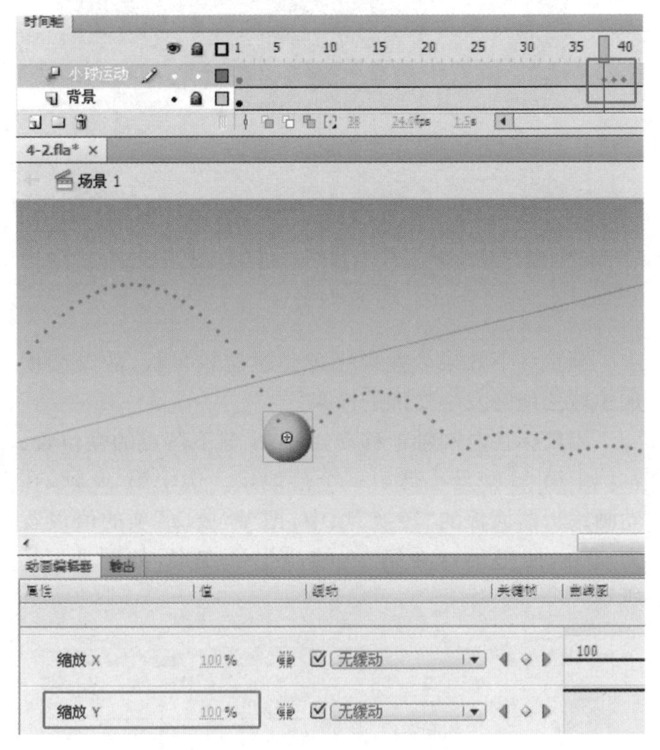

图 4-41

使用同样的方法，把小球的第 2 个和第 3 个落地点也按照第 1 个落地点一样制作变形。最后第 4 个落地点不变形。完成后的时间轴如图 4-42 所示。

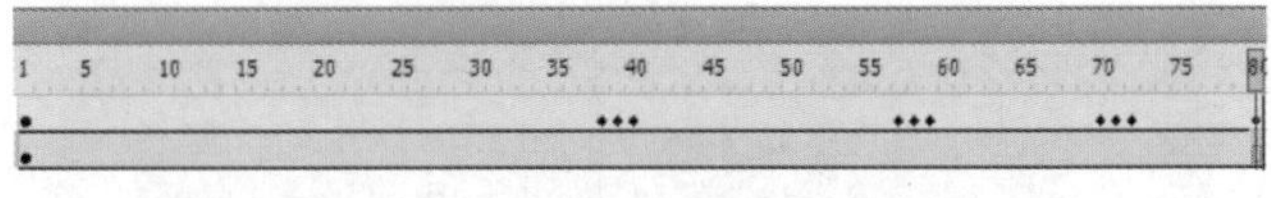

图 4-42

这样就完成了小球的运动。

04

下面为小球制作阴影效果。

执行“插入”→“新建元件”命令，或使用快捷键

〈Ctrl〉+〈F8〉，打开“创建新元件”对话框。在创建新元件对话框中，输入元件的名称为“阴影”，类型为“影片剪辑”，然后单击“确定”。

进入元件编辑状态，选择工具面板上的“椭圆工具”移动鼠标到舞台的中间，绘制出一个随意大小的椭圆。

使用工具面板上的“选择工具”选中椭圆，在属性面板中设置圆的宽为 40，高为 15，如图 4－43 所示。

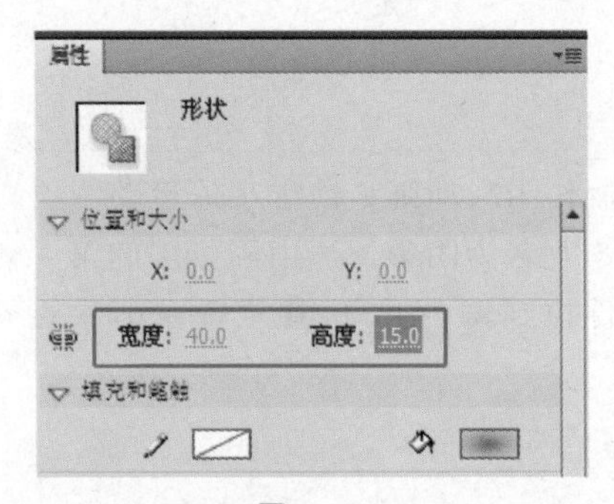

图 4－43

改变椭圆形的填充方式为渐变填充，保持舞台上的“圆形”处于被选中状态，执行“窗口”→“颜色”命令打开颜色面板。设置笔触颜色为无，“填充”类型为放射状渐变，颜色选择为黄色与黑色渐变。设置如图 4－44 所示。

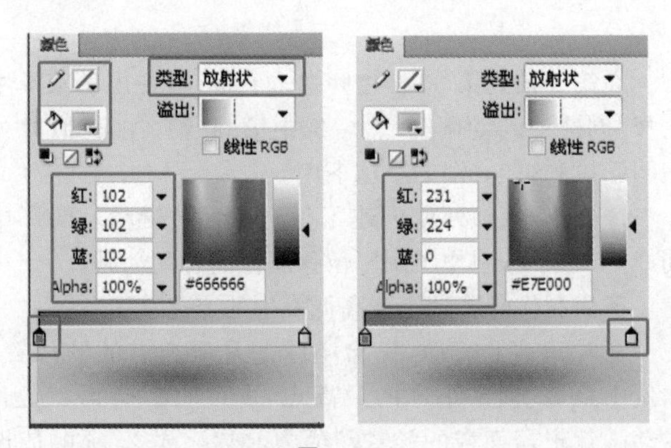

图 4－44

选择工具栏上的“渐变变形工具”，把填充位置调节到跟图形重合，如图 4－45 所示。

接下来的色彩和滤镜的用法跟缓动一样，通过单击“＋”号来添加相应效果，并设置其属性值。

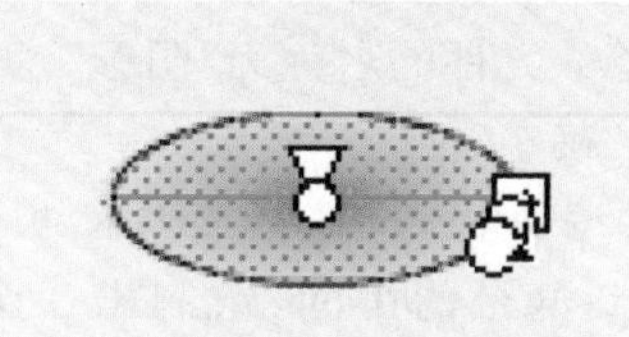

图4-45

完成阴影元件的制作，用鼠标单击场景 1，并回到场景中。

05

下面制作阴影动画。锁定小球运动图层，新建图层 3，为图层 3 取名为阴影。选中阴影层的第 1 帧，从库中把阴影元件拉到舞台上，位置放置在小球的下面，如图 4-46 所示。

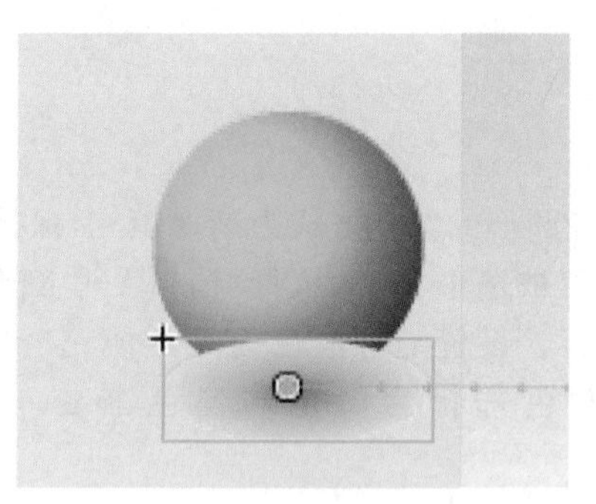

图4-46

在第 1 帧到第 80 帧之间单击右键，在弹出的菜单中选择“创建补间动画”。然后选中第 80 帧，在第 80 帧处把阴影拉到第 80 帧的小球下面。

这样第 80 帧处就创建了一个属性关键帧。阴影中间产生一条线，制作了阴影位移属性的补间动画。

下面制作阴影随小球高低发生的变化。

在时间轴上移动，找出小球上升最高点的帧位置。本例中第 20 帧是小球的最高点，选中阴影层第 20 帧，在动画编辑器面板的“转换”项中，把“缩放 X”项的值设置为 70%，如图 4-47 所示，使得阴影在第 20 帧产生了变形。

同样选中阴影图层第 80 帧，在动画编辑器窗口的“缓动”项中单击“+”，在弹出选项中选择“回弹”项。

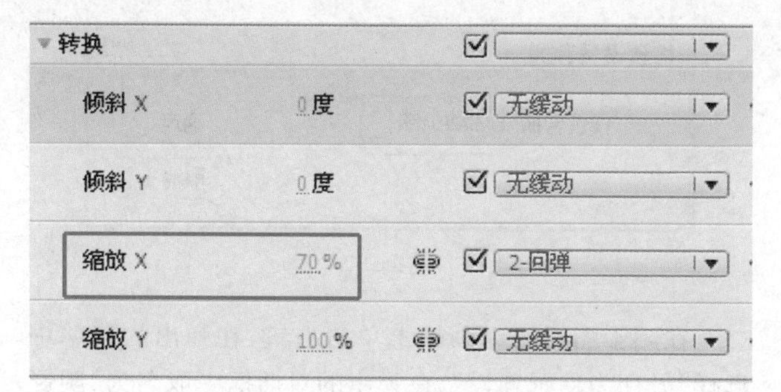

图 4－47

在“缓动”项中的“缩放 X”项的缓动设置中的下拉菜单中选择刚刚在缓动项添加的“2－回弹”，如图 4－48 所示。

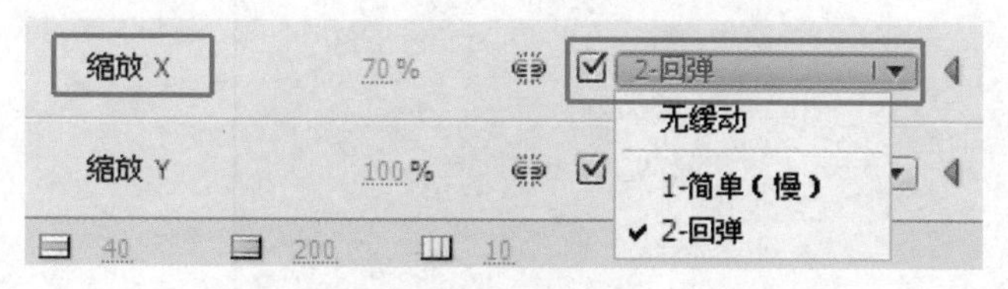

图 4－48

预览时，发现阴影就会随着小球的升高降低大小发生变化了。最后把阴影层拉到小球运动层下面。这样就制作了小球的回弹的阴影跟踪效果。

06

下面利用 Flash CS4 的新功能来方便地增加弹跳效果。

在“小球运动”图层的动画帧上单击右键，在弹出的菜单中选择“另存为动画预设”，如图 4－49 所示。

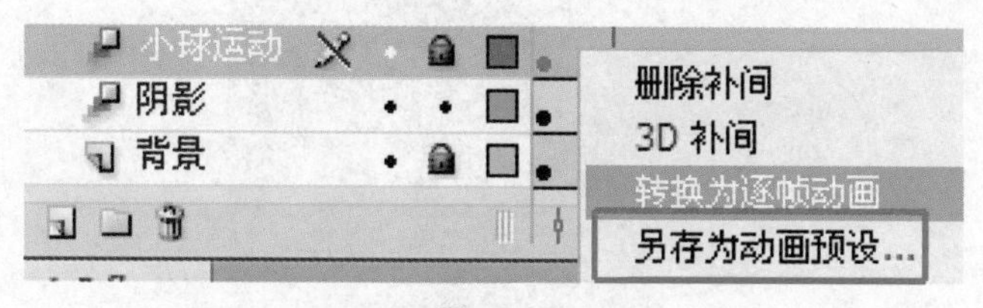

图 4－49

在“将预设另存为”对话框中取名为运动小球，单击“确定”，如图 4－50 所示。

图 4 - 50

在阴影图层的动画帧上单击右键，在弹出的菜单中选择“另存为动画预设”，在弹出的对话框中取名为“阴影运动”，单击“确定”。

执行“窗口”→“动画预设”命令，弹出动画预设面板。发现在“自定义预设”里面有刚定义的两个预设，如图 4 - 51 所示。

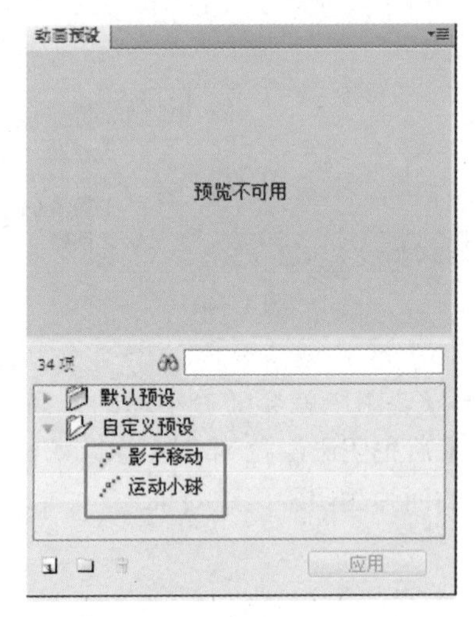

图 4 - 51

新建图层 4，在第 20 帧处插入空白关键帧。然后从库中把球元件拖拉到舞台上，位置如图 4 - 52 所示。

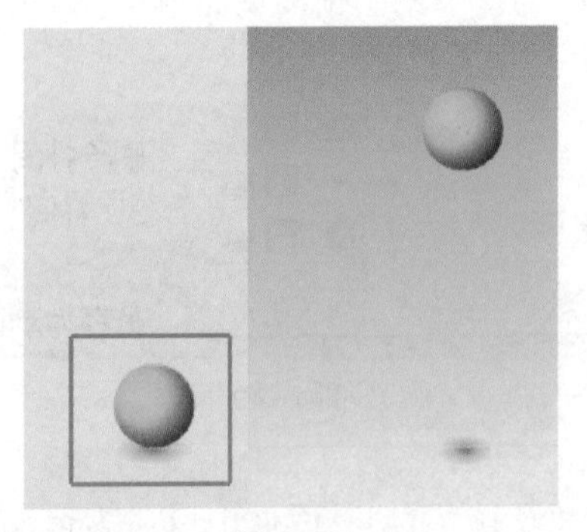

图 4 - 52

选中小球，在“动画预设”面板中选中“运动小球”，然后单击“应用”，如图 4－53 所示。这样就把刚才设置的小球运动动画给予了图层 4 的小球，并且图层 4 的帧延伸到了第 99 帧。

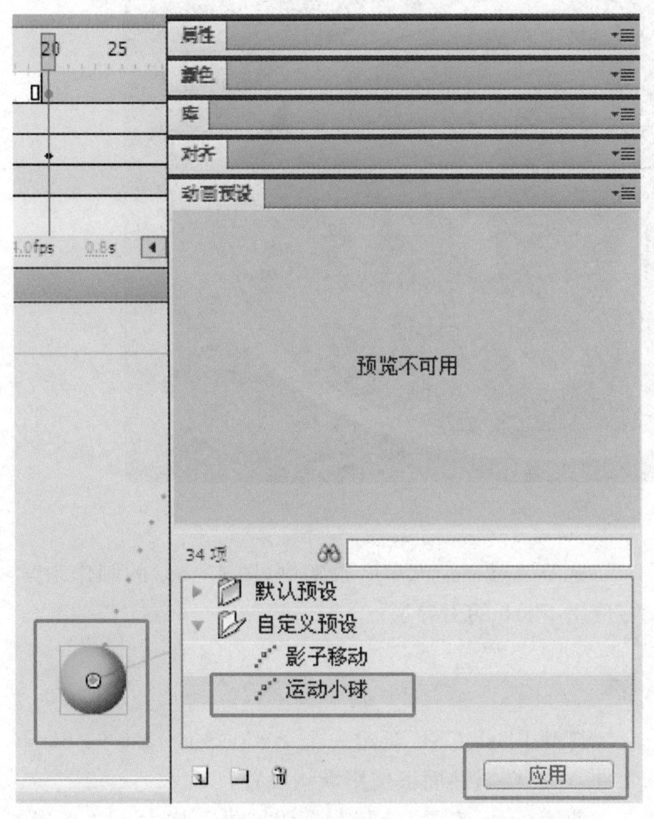

图 4－53

新建图层 5，在第 20 帧处插入空白关键帧。然后从库中把阴影元件拖拉到舞台上，放在图层 4 的小球下面。选中阴影，在动画预设面板中选中“影子运动”，然后单击“应用”。这样把影子移动动画给予了图层 5 的阴影。并且图层 4 的帧延伸到了第 99 帧。

把图层 5 拉到图层 4 下面。最后选中背景层的第 99 帧，单击右键插入帧。使用〈Ctrl〉+〈Enter〉快捷键预览动画效果。然后使用〈Ctrl〉+〈S〉快捷键进行保存。

4.3 基于引导层的动画

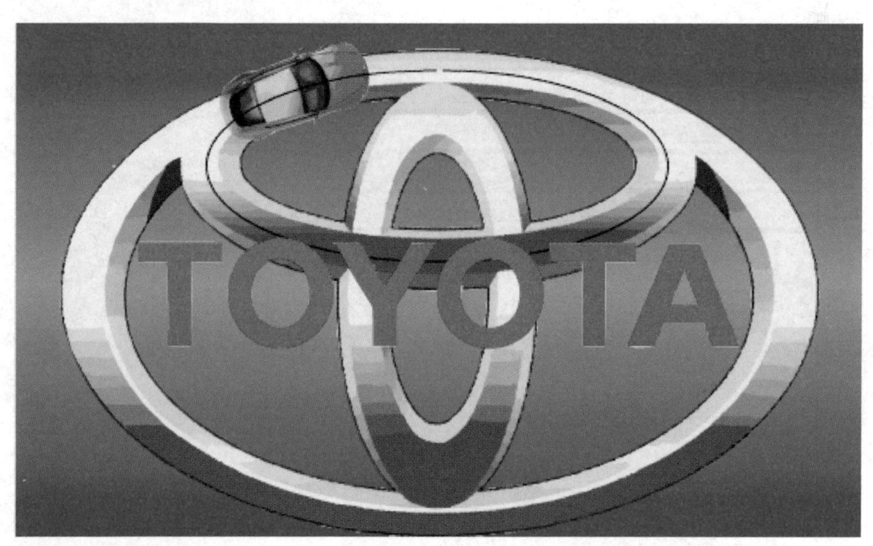

图 4-54

这节通过一个汽车广告实例(图 4-54)的制作来学习使用 Flash 的引导层。

01

打开 Flash CS4，新建一个 ActionScript2.0 的 Flash 文件，在文档属性面板使用默认设置。

使用“矩形工具”绘制一个跟场景一样大小的矩形。使用对齐工具中心对齐到场景中心。选中矩形，打开“颜色”面板，设置笔触颜色为无，“填充”为蓝色线性渐变，如图 4-55 所示。

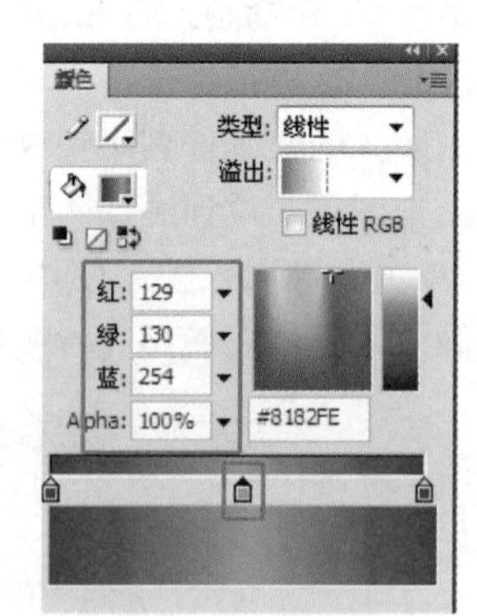

图 4-55

知 识 点 提 示

引导层动画

引导层动画是在以前版本的一种单纯依靠设置关键帧来移动对象的动画，有时仍然无法实现一些复杂的动画效果，有很多运动是弧线或不规则的，如月亮围绕地球旋转、汽车行驶等。在以前版本要做到这种效果就要用到“引导路径动画”。在 Flash CS4 中完全可以使用基于对象的动画补间完成。

将一个或多个层链接到一个运动引导层，使一个或多个对象沿同一条路径运动的动画形式被称为“引导路径动画”。这种动画可以使一个或多个元件完成曲线或不规则运动。在 Flash CS4 中制作这种动画要使用创建传统补间。

然后使用“渐变变形工具”把填充色调整为水平方向，如图 4－56 所示。

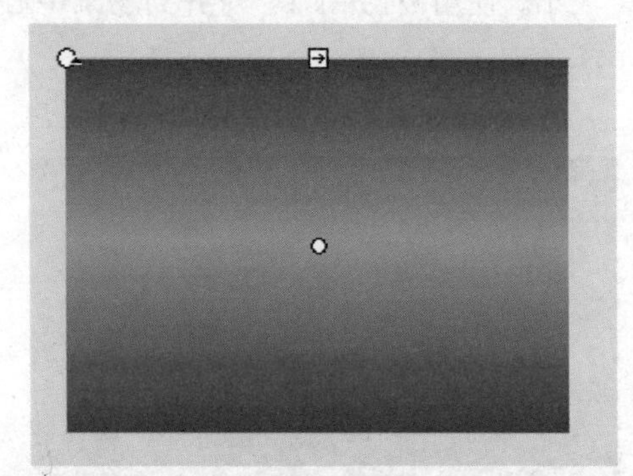

图 4－56

执行“文件”→“导入”→“导入到库”命令，在弹出的窗口中导入本书素材文件夹“第 4 章\pic\4－3”中的两张图片。

02

新建图层 2，从库中把“bz”图片拉到场景中。执行“修改”→“位图”→“转换位图为矢量图”命令，在弹出面板中设置颜色阈值为 50，最小区域为 5 像素，如图 4－57 所示。

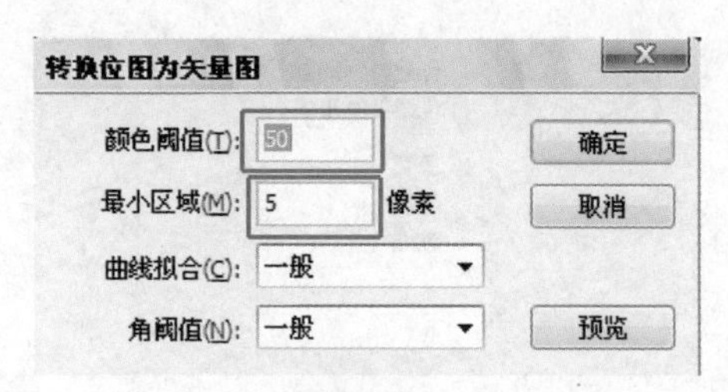

图 4－57

使用“选择工具”选择并删除白边部分，如图 4－58 所示。

图 4－58

制作引导路径动画的方法

1. 创建引导层和被引导层

一个最基本“引导路径动画”由两个图层组成，上面一层是“引导层”，它的图层图标为 ，下面一层是“被引导层”，图标 同普通图层一样。

在普通图层上单击时间轴面板的“添加引导层”按钮 ，该层的上面就会添加一个引导层 ，同时该普通层缩进成为“被引导层”，如下图所示。

2. 引导层和被引导层中的对象

引导层是用来指示元件运行路径的，所以引导层中的内容可以是用“钢笔”、“铅笔”、“直线”、“椭圆工具”、“矩形工具”或“画笔工具”等绘制出的线段。

而被引导层中的对象是跟着引导线走的，可以使用影片剪辑、图形元件、按钮、文字等，但不能应用形状。

由于引导线是一种运动轨迹，不难想象，“被引导”层中最常用的动画形式是动作补间动画，当播放动画时，一个或数个元件将沿着运动路径移动。

3. 向被引导层中添加元件

“引导动画”最基本的操作就是使一个运动动画“附着”在“引导线”上。所以操作时特别得注意“引导线”的两端，被引导的对象起始、终点的两个“中心点”一定要对准“引导线”的两个端头，如下图所示。

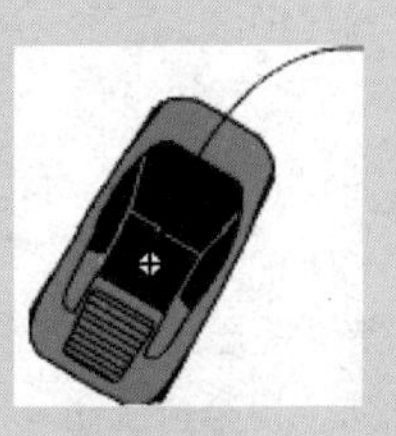

“元件”中心的十字星正好对着线段的端头，这一点非常重要，是引导层动画顺利运行的前提。

技 巧 提 示

引导层动画制作要点

（1）被引导层中的对象在被引导运动时，还可作更细致的设置，比如运动方向，选中“属性”面板上的“调整到路径”，对象的基线就会调整到运动路径。而如果选中“贴紧”，元件的注册点就会与运动路径对齐，如下图所示。

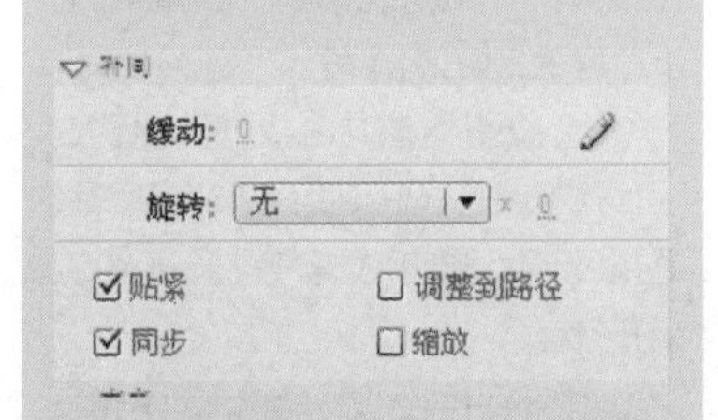

（2）引导层中的内容在播放时是看不见的，利用这一特点，可以单独定义一个不含“被引导层”的“引导层”，该引导层中可以放置一些文字说明、元件位置参考等，此时，引导层的图标为 。

（3）在做引导路径动画时，单击工具栏上的“贴紧至对象”功能按钮 ，可以使“对象附着于引导线”的操作更容易成功。

使用“选择工具”框选汽车标志，使用快捷键〈Ctrl〉+〈G〉把图形组合。然后使用“任意变形工具”缩放到跟场景差不多大小。使用“对齐工具”对齐到场景中心，如图4－59所示。

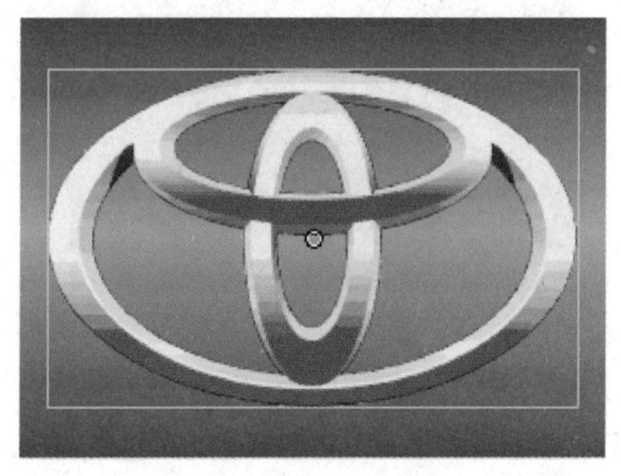

图4－59

使用“选择工具”框选 TOYOTA 文字，单击右键在弹出的快捷菜单中，选择“转换为元件”，如图4－60所示。

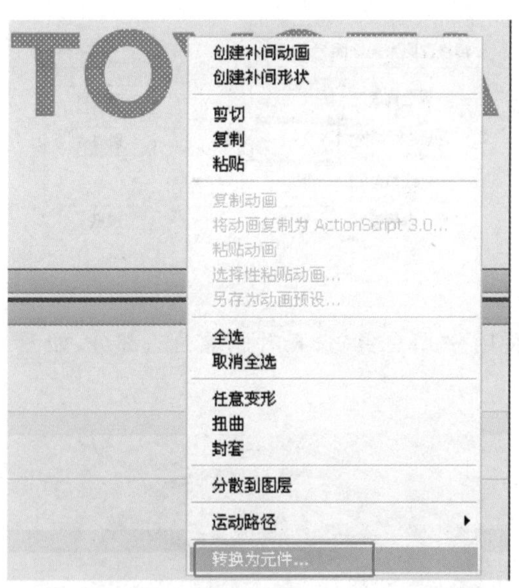

图4－60

设置元件名称为“bz”，类型为影片剪辑，如图4－61所示。

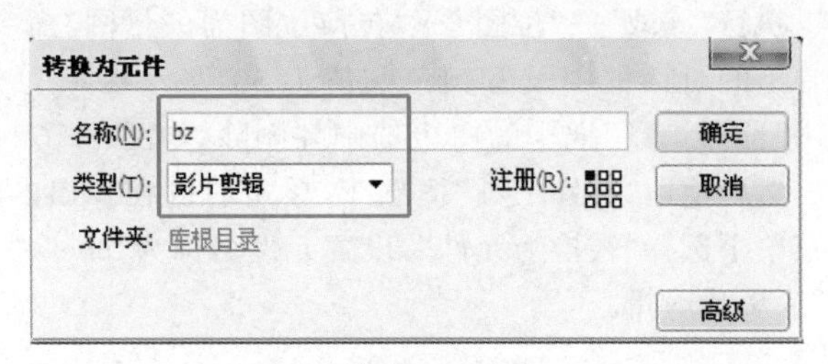

图 4－61

使用快捷键〈Ctrl〉+〈G〉把文字组合，然后使用“对齐工具”把文字对齐到中心，如图 4－62 所示。

图 4－62

在图层 2 中把 bz 影片剪辑删除掉。

03

新建图层 3，在图层 1、图层 2 的第 100 帧上单击右键在弹出的下拉菜单中选择“插入帧”，然后锁定图层 1、图层 2，如图 4－63 所示。

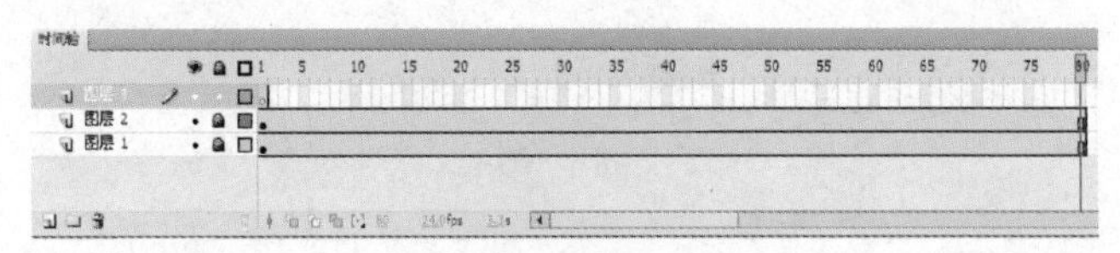

图 4－63

从库中把“che”图片拉到场景中。使用“任意变形工具”缩放车到如图 4－64 所示大小。

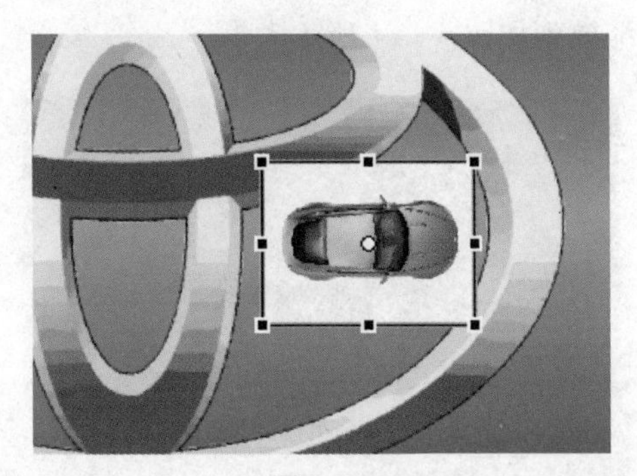

图 4－64

(4) 过于弯曲的引导线可能使引导动画失败，而平滑圆润的线段有利于引导动画成功制作。

(5) 被引导对象的中心对齐场景中的十字星，也有助于引导动画的成功。

(6) 向被引导层中放入元件时，在动画开始和结束的关键帧上，一定要让元件的注册点对准线段的开始和结束的端点，否则无法引导，如果元件为不规则图形，可以按下工具栏上的“任意变形工具”，调整注册点。

(7) 如果想解除引导，可以把被引导层拖离引导层，或在图层区的引导层上单击右键，在弹出的菜单上选择“属性”，在对话框中的“类型”选项选择“一般”作为图层类型，如下图所示。

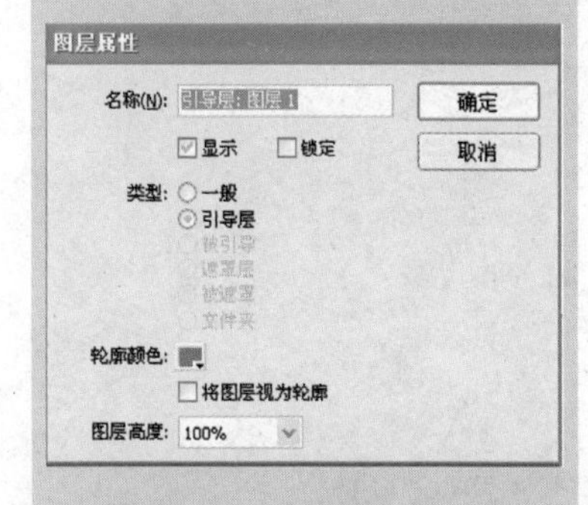

(8) 如果想让对象作圆周运动，可以在引导层画个圆形线条，再用橡皮擦去一小段，使圆形线段出现两个端点，再把对象的起始、终点分别对准端点即可。

(9) 引导线允许重叠，比如螺旋状引导线，但在重叠处的线段必须保持圆润，让 Flash 能辨认出线段走向，否则会使引导失败。

执行“修改”→“位图”→“转换位图为矢量图”命令，在弹出的对话框中设置颜色阈值为50，最小区域为5。使用“选择工具”把车的白边选中并删除，如图4-65所示。然后使用“选择工具”框选车，单击右键在弹出的快捷菜单中选择“转换为元件”，设置元件名称为“che”，“类型”为影片剪辑。

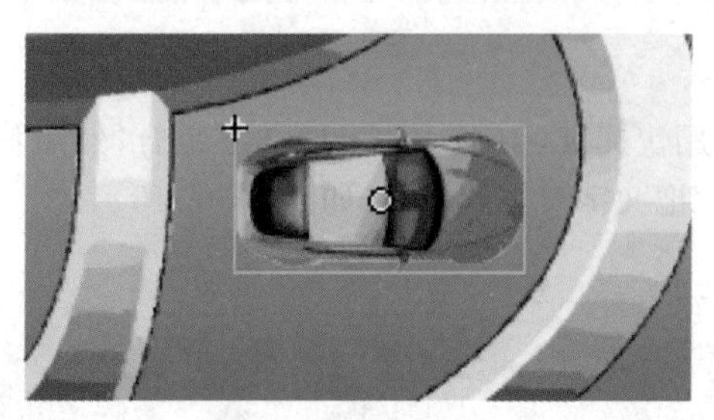

图4-65

在图层3第40帧单击右键在弹出的快捷菜单中选择“插入关键帧”。选中第1到第40帧中的任意一帧单击右键在弹出的快捷菜单中选择“创建传统补间”，如图4-66所示，制作一个传统补间动画。

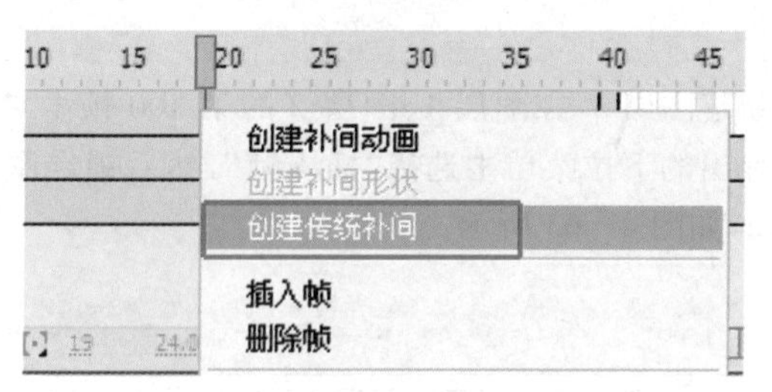

图4-66

04

新建图层4，使用“椭圆工具”，设置填充为无，笔触颜色为黑色，绘制一个椭圆。然后使用“任意变形工具”把椭圆缩放到如图4-67所示大小。

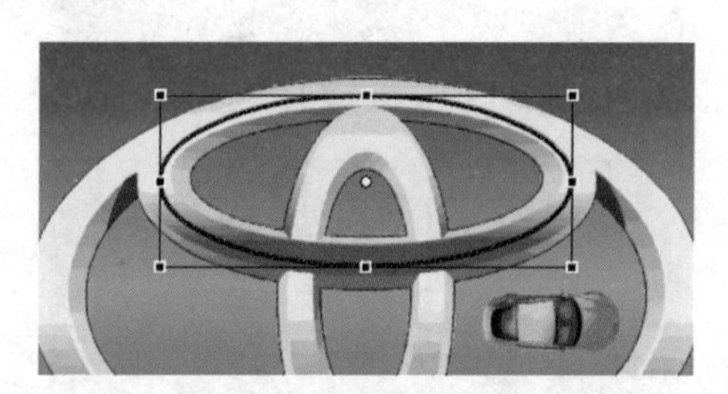

图4-67

使用快捷键〈Ctrl〉+〈B〉分离椭圆，再使用“选择工具”在椭圆顶部框选线的一小部分删除掉，使得这个椭圆不封闭，便于做引导层，如图 4－68 所示。

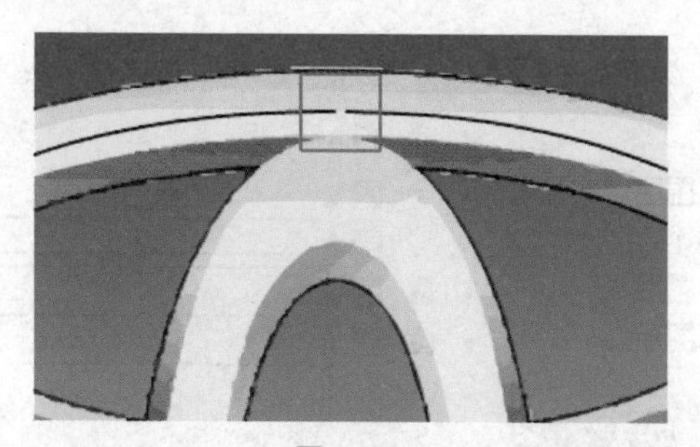

图 4－68

选择图层 4 单击右键在弹出的快捷菜单中选择“引导层”，如图 4－69 所示。

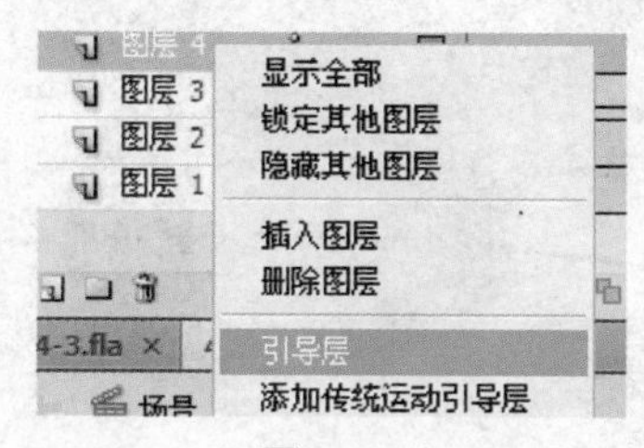

图 4－69

然后选择图层 3 拖拉到图层 4 上，如图 4－70 所示。

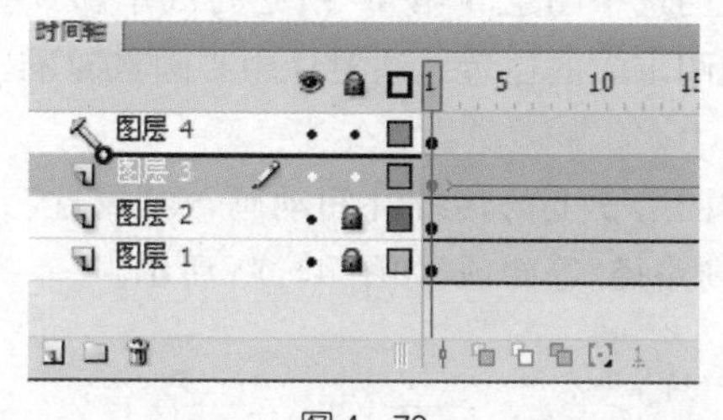

图 4－70

这样图层 4 就成了图层 3 的引导层，如图 4－71 所示。

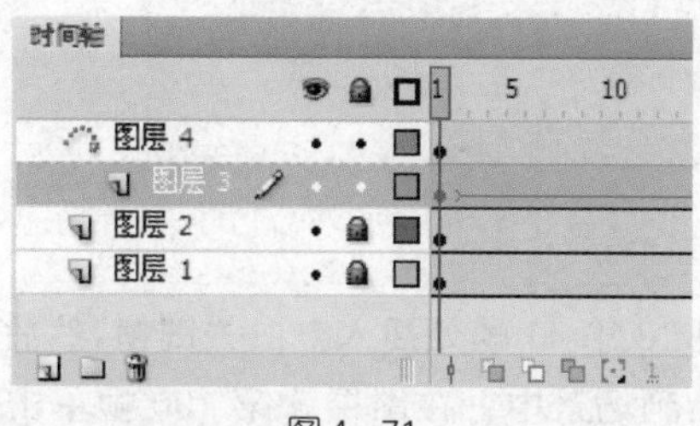

图 4－71

选中图层3第1帧处的汽车影片剪辑把它拖拉到椭圆起始端的位置。注意让中心圆点对准图层4椭圆起始端点上，如图4-72所示。

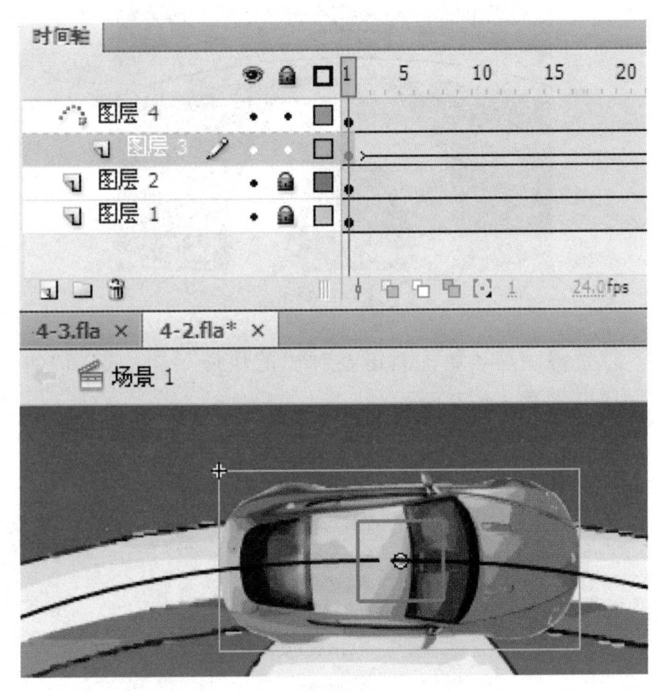

图4-72

同样的选中图层3第40帧处的汽车影片剪辑把它拖拉到椭圆末端的位置。注意让中心圆点对准图层4椭圆末端点上。

选中图层3上的传统补间动画，在“属性”面板中选中“调整到路径”等四项，如图4-73所示。

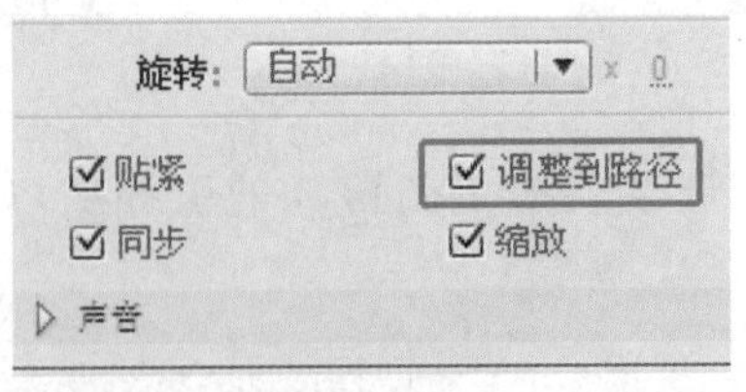

图4-73

05

在图层3第41帧处插入空白关键帧，然后从库中把che元件拉到场景中。在图层3第100帧单击右键在弹出的快捷菜单中选择“插入关键帧”。选中第 41 帧到第 100 帧中的任意一帧单击右键在弹出的快捷菜单中选择“创建传统补间”,制作一个传统补间动画。

在引导层图层 4 第 41 帧单击右键在弹出的快捷菜单中选择“插入空白关键帧”。选中“椭圆工具”设置填充为无,笔触颜色设为黑色。绘制一个椭圆。单击绘图纸外观轮廓,可以看到前面的椭圆轮廓。然后使用“任意变形工具”把椭圆缩放到如图 4－74 所示大小。注意要使顶部与前面椭圆重叠。

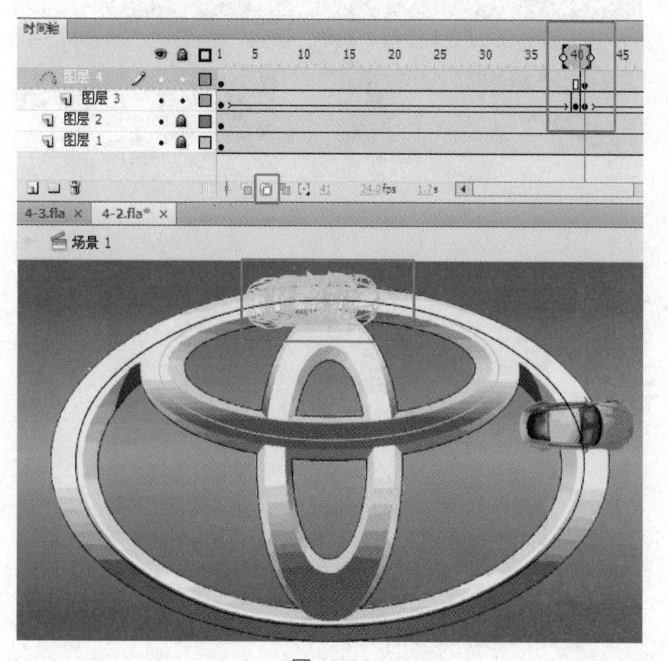

图 4－74

同样使用“橡皮擦工具”把椭圆顶部擦掉一点,便于做引导层。

选中图层 3 第 41 帧处的汽车影片剪辑把它拖拉到椭圆起始端的位置,让中心圆点对准图层 4 椭圆起始端点上。然后注意使用“部分选取工具”拖拉椭圆的端点到前面椭圆的末点位置,使得汽车在交接位置重合,如图 4－75 所示。

同样,选中图层 3 第 100 帧处的汽车影片剪辑把它拖拉到椭圆末端的位置,让中心圆点对到图层 4 椭圆末端点上,如图 4－76 所示。

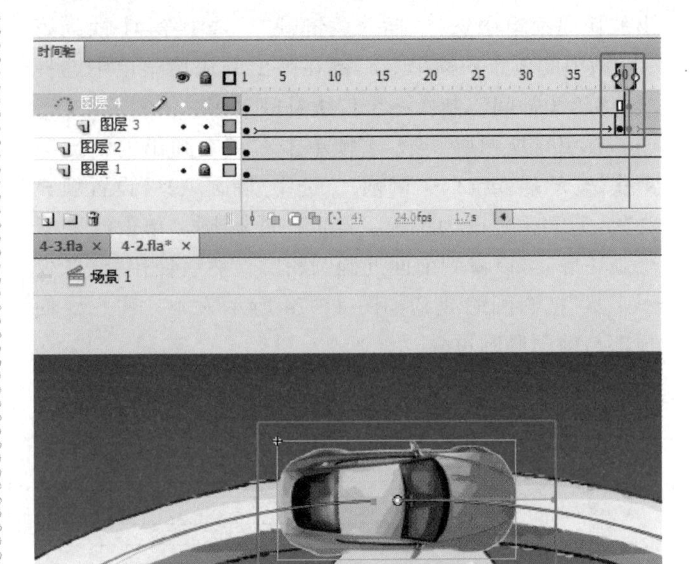

图 4－75

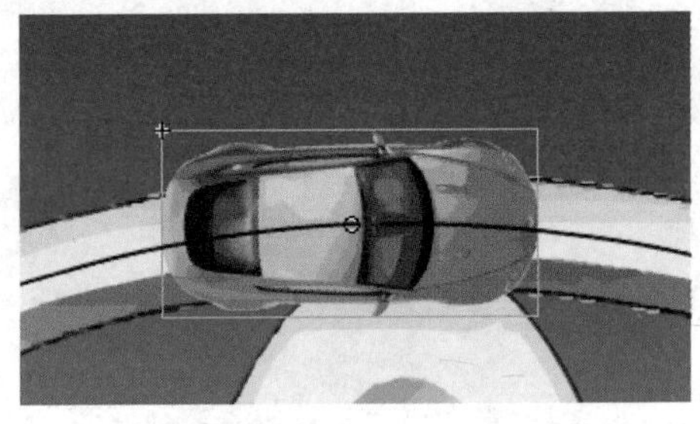

图 4－76

这样汽车沿着车标志运动的动画就做完了。

06

新建图层 5，从库中把 bz 影片剪辑拉到场景中。使用“任意变形工具”，将图形缩放到如图 4－77 所示大小，然后打开“对齐”面板将其对齐到场景中心。

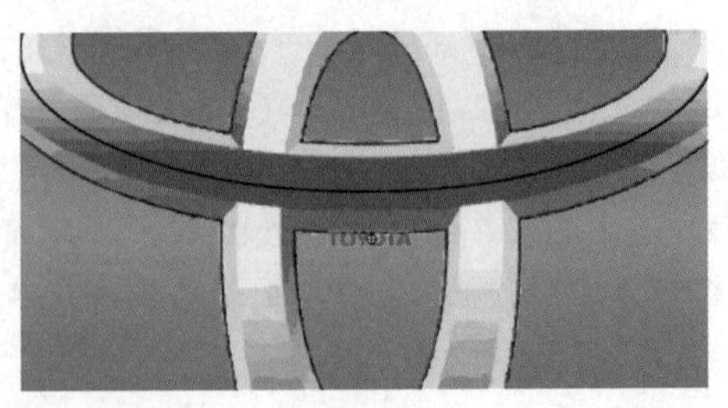

图 4－77

在图层 5 第 100 帧插入关键帧。

继续在图层 5 第 35 帧插入关键帧。然后使用“任意变形工具”把 bz 影片剪辑缩放到如图 4-78 所示的大小，可以按住〈Shift〉键从中心缩放。

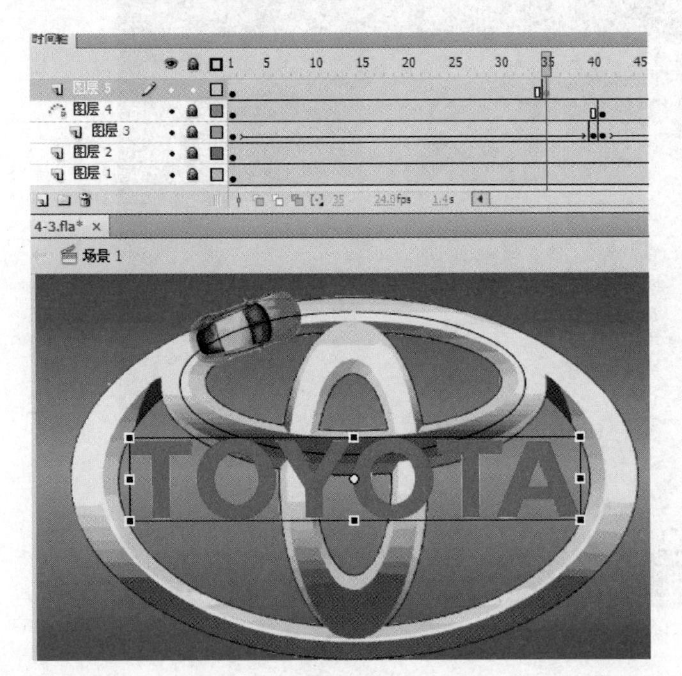

图 4-78

继续在图层 5 第 65 帧处插入关键帧。选中图层 5 的第 1 帧到第 35 帧中的任意一帧单击右键，在弹出的快捷菜单中选择“创建传统补间”。同样选中图层 5 的第 65 帧到第 100 帧中的任意一帧单击右键，在弹出的快捷菜单中选择“创建传统补间”。制作两段传统补间动画。

最后使用〈Ctrl〉+〈Enter〉快捷键预览动画效果。然后使用〈Ctrl〉+〈S〉快捷键进行保存。

4.4 基于遮罩层的动画

图4-79

> **知识点提示**
>
> **遮罩层**
>
> “遮罩”，顾名思义就是遮挡住下面的对象。“遮罩动画”是通过遮罩层来达到有选择地显示位于其下方的被遮罩层中的内容的目的，在一个遮罩动画中，遮罩层只有一个，被遮罩层可以有任意个。
>
> 在Flash动画中，遮罩层主要有两种用途，一种是用在整个场景或一个特定区域，使场景外的对象或特定区域外的对象不可见，另一种是用来遮罩住某一元件的一部分，从而实现一些特殊的效果。

打开位于光盘中文件夹“第4章\pic”，这里有13张图片文件，下面就来使用这些图片文件来制作一个图片展示动画效果(图4-79)。

01

打开Flash CS4。新建一个ActionScript 3.0的Flash文件，在文档属性面板设置文档大小为633像素×432像素。

执行“文件”→“导入”→“导入到库”命令，在弹出的窗口中导入本书素材文件夹“第4章\pic\4-4”中的13张图片文件，将它们导入到库中。

从库中把“a.jpeg”图片拖拉到舞台上，并使用对齐面板把图片对齐到舞台中心，与舞台重合，作为背景。在第120帧处插入帧。

02

锁定图层1，新建图层2。从库中把“4-3.jpeg”图片拖拉到舞台上，使用对齐面板将图片与舞台中心对齐。然后在图层 2 第 60 帧处插入帧，如图 4－80 所示。

图 4－80

锁定图层 2，新建图层 3。把“图片 1－1”拉到舞台上，中心对齐到舞台中心。选中“图片 1－1”单击右键在弹出菜单中选择“转换为元件”。弹出“转换为元件”对话框将元件取名为“1－1”，类型为影片剪辑，如图 4－81 所示。

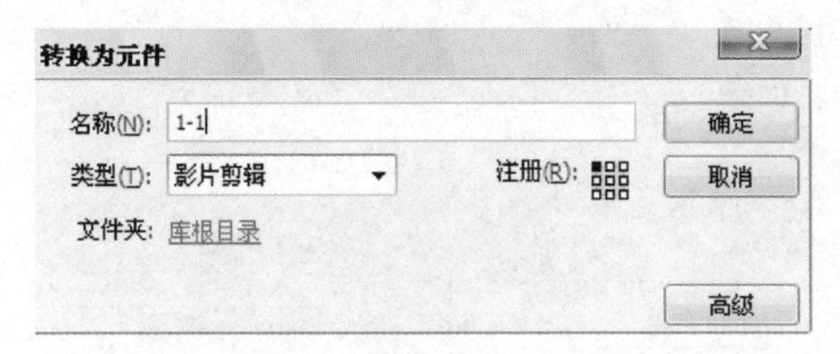

图 4－81

选中第 60 帧插入帧，然后选中第 1 帧到第 60 帧，单击右键在弹出的快捷菜单中选择“创建补间动画”，如图 4－82 所示。

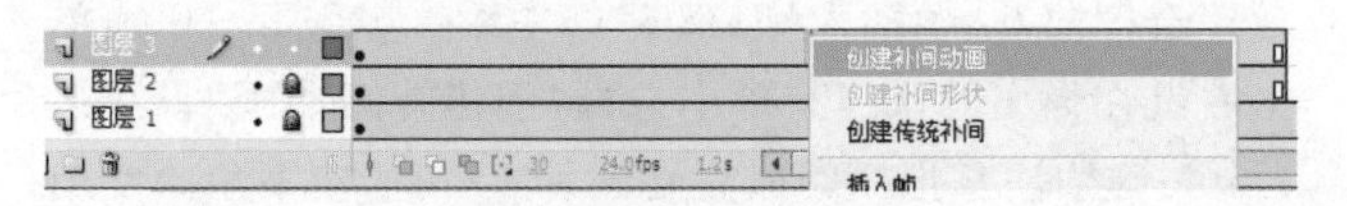

图 4－82

创建遮罩层动画

在 Flash 中没有一个专门的按钮来创建遮罩层，遮罩层其实是由普通图层转化的。只要在要某个图层上单击右键，在弹出菜单中选中“遮罩”，该图层就会生成遮罩层。层图标就会从普通层图标变为遮罩层图标，系统会自动把遮罩层下面的一层关联为被遮罩层。如果想关联更多层被遮罩，只要把这些层拖到被遮罩层下面就行了。如果要取消遮罩层，只要右键单击遮罩层把遮罩层的勾选取消就可以了。如果要编辑遮罩层与被遮罩层就要解除对遮罩层的锁定，可以单击“锁定”列，如下图所示。

技 巧 提 示

遮罩层动画制作要点

遮罩层动画制作要点如下：

（1）构成遮罩和被遮罩层的元素：遮罩层中的图形对象在播放时是看不到的，遮罩层中的内容可以是按钮、影片剪辑、图形、位图、文字等，但不能使用线条，如果一定要用线条，可以将线条转化为“填充”。

被遮罩层中的对象只能透过遮罩层中的对象被看到。在被遮罩层，可以使用按钮、影片剪辑、图形、位图、文字、线条。

(2) 遮罩中可以使用的动画形式:可以在遮罩层、被遮罩层中分别或同时使用形状补间动画、动画补间动画、引导线动画等动画手段,从而使遮罩动画变成一个可以施展无限想象力的创作空间。

(3) 遮罩层的基本原理:能够透过该图层中的对象看到被遮罩层中的对象及其属性(包括它们的变形效果),但是遮罩层中的对象中的许多属性如渐变色、透明度、颜色和线条样式等却是被忽略的。比如,通过遮罩层的渐变色不能实现被遮罩层的渐变色变化。

(4) 要在场景中显示遮罩效果,可以锁定遮罩层和被遮罩层。

(5) 不能用一个遮罩层试图遮蔽另一个遮罩层。

(6) 遮罩可以应用在 GIF 动画上。

(7) 在制作过程中,遮罩层经常挡住下层的元件,影响视线,无法编辑,可以按下遮罩层时间轴面板的显示图层轮廓按钮 ,使之变成 ,使遮罩层只显示边框形状。在这种情况下,还可以拖动边框调整遮罩图形的外形和位置。

(8) 在被遮罩层中不能放置动态文本。

选中图层 3 第 1 帧,单击动画编辑器打开面板。在“色彩效果”面板单击“+”按钮增加“Alpha”通道,并设置 Alpha 数量为 0%,如图 4-83 所示。

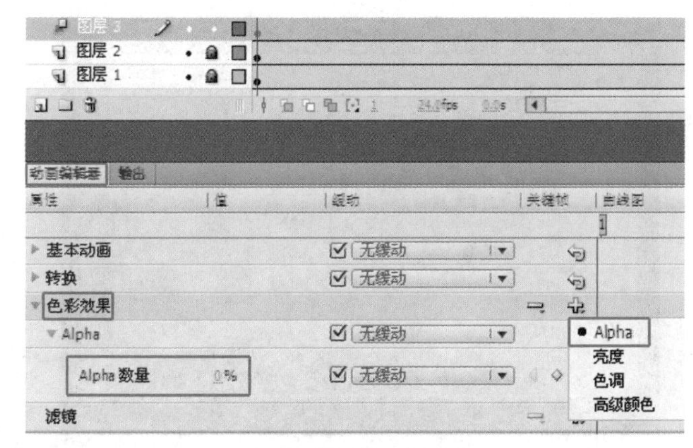

图 4-83

选择第 60 帧设置 Alpha 数量为 100%,生成一个属性关键帧,如图 4-84 所示。

图 4-84

锁定图层 3,新建图层 4。使用“椭圆工具”绘制一个如图 4-85 所示大小的椭圆。单击右键在弹出的快捷菜单中选择“转换为元件”,设置名称为“a”,“类型”为影片剪辑,如图 4-85 所示。

选择第 60 帧插入帧,然后选中第 1 帧到第 60 帧单击右键在弹出的快捷菜单中选择“创建补间动画”。在第 1 个关键帧注意把椭圆放置在图片 1-1 的左下角。使用“任意变形工具”把中心点移到左下角如图 4-86 所示位置。

图 4-85

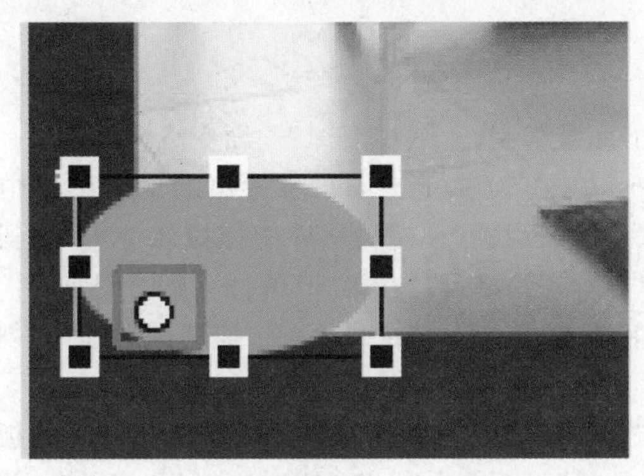

图 4-86

选中第 60 帧，使用“任意变形工具”。按住〈Shift〉键选中椭圆编辑框右上角点并放大到能盖住下面图片，如图 4-87 所示。

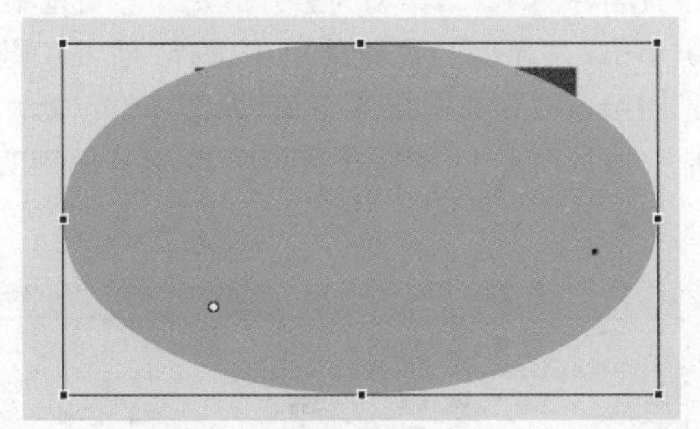

图 4-87

这样图层 4 就制作了一段椭圆从第 1 帧到第 60 帧放大的补间动画。然后选中图层 4 单击右键在弹出菜单中选中“遮罩层”，如图 4-88 所示。

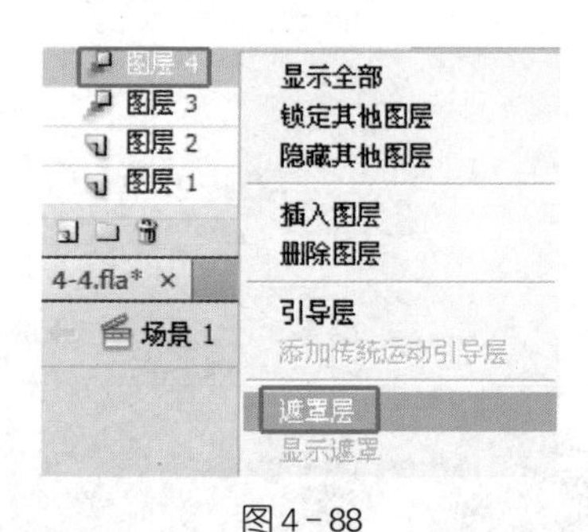

图 4 - 88

这样生成一段从“图片 4 - 3”随着椭圆扩展渐变成“图片 1 - 1”的效果。

03

下面继续制作“图片 1 - 1”逐渐变清晰的效果。新建图层 5。在第 60 帧单击右键在弹出的快捷菜单中选择“插入空白关键帧”。然后从库中拖拉元件 1 - 1 到舞台上，中心对齐到舞台。在第 80 帧插入帧，然后选中第 60 帧到第 80 帧单击右键在弹出的快捷菜单中选择“创建补间动画”。

选择图层 5 第 60 帧单击动画编辑器打开面板。在“色彩效果”面板单击“ + ”按钮增加“Alpha”通道，并设置 Alpha 数量为 100%。选择第 80 帧设置 Alpha 数量为 0%，生成一个从第 60 帧到第 80 帧“图片 1 - 1”逐渐消失的动画效果。

新建图层 6，在第 60 帧插入空白关键帧。从库中拖拉图片 1 - 2 放置在舞台上，中心对齐，并将其转换为元件。设置名称为 1 - 2，类型为影片剪辑。然后选中第 80 帧右键单击，在弹出的快捷菜单中选择“插入关键帧”。最后把图层 6 放置在图层 5 下面，如图 4 - 89 所示。这样生成一段从图片 1 - 1 渐变到图片 1 - 2 从模糊变清晰点的效果。

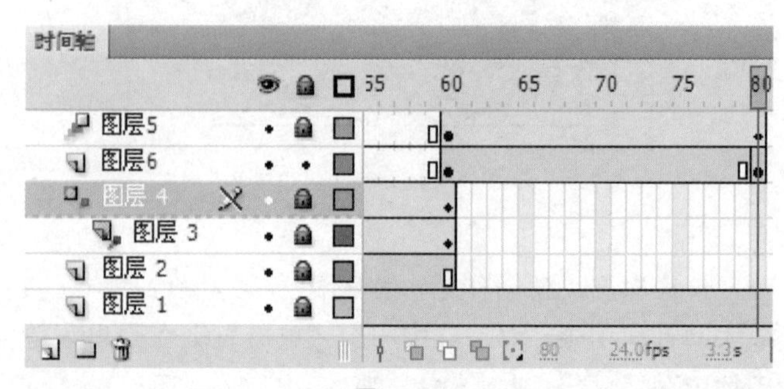

图 4 - 89

在图层 6 第 100 帧插入帧，然后选中第 80 帧到第 100 帧单击右键在弹出的快捷菜单中选择“创建补间动画”。

选择图层 6 第 80 帧单击动画编辑器打开面板。在“色彩效果”面板单击“+”按钮增加“Alpha”通道，并设置 Alpha 数量为 100%。选择第 100 帧设置 Alpha 数量为 0%，生成一个从第 80 帧到第 100 帧图片 1-2 逐渐消失的动画效果。

新建图层 7，在第 80 帧插入空白关键帧。从库中拖拉图片 1-3 放置在舞台上，中心对齐。并将其转换为元件，设置名称为 1-3，类型为影片剪辑。然后选中第 120 帧右键单击，在弹出的快捷菜单中选择“插入帧”。最后把图层 7 放置在图层 6 下面，如图 4-90 所示。这样生成一段从图片 1-2 渐变到图片 1-3 完全清晰的效果。

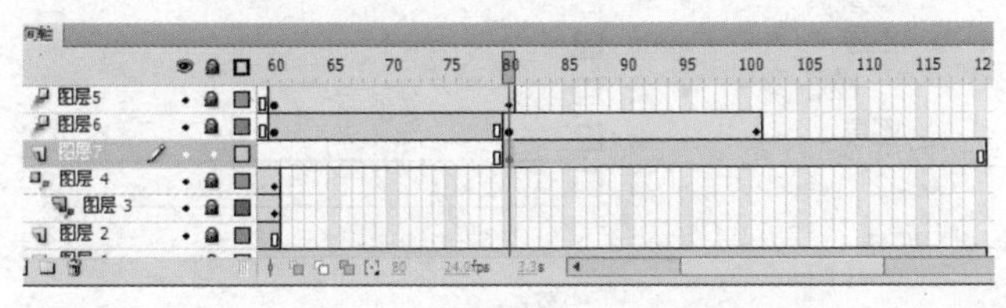

图 4-90

04

下面继续完成其他图片之间的变化过渡效果。在图层 7 的第 180 帧处插入帧。新建图层 8，在第 120 帧处插入空白关键帧并锁定图层 2，选择图层 8。把图片 2-1 拉到舞台上，中心对齐到舞台中心。选中图片 2-1，单击右键在弹出菜单中选择“转换为元件”，取名为 2-1，类型选择影片剪辑。这样重复步骤 2、步骤 3，完成从图片 1-3 到图片 2-1 的转换，图片从图 2-1 到图 2-3 变清晰过程；从图片 2-3 到图片 3-1 的转换，图片从图 3-1 到图 3-3 变清晰过程；从图片 3-3 到图片 4-1 的转换，图片从图 4-1 到图 4-3 变清晰过程。最后一共 480 帧。所以最后选择图层 1 在第 480 帧插入帧。最后图层面板如图 4-91 所示。

最后预览保存。效果如图 4-92 所示。

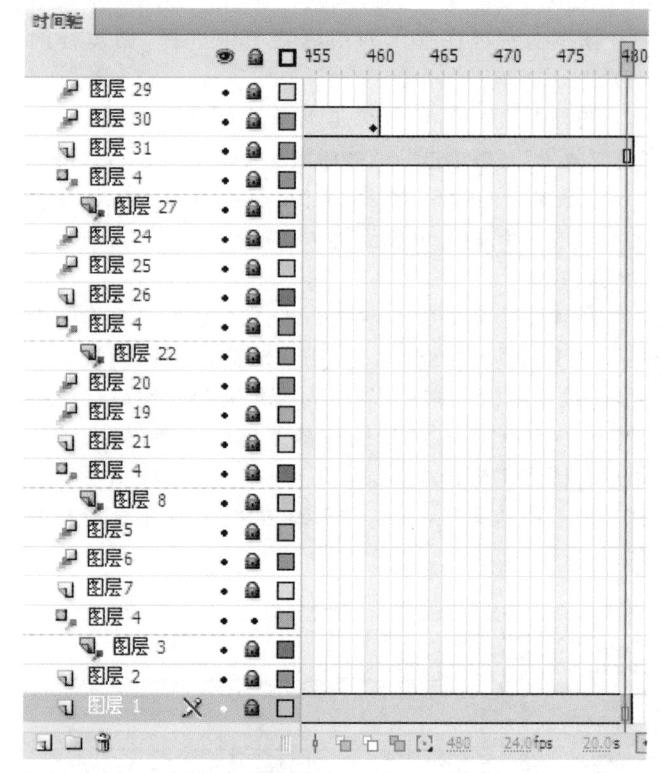

时间轴
455
460
465
470
475
480
图层 29
图层 30
图层 31
图层 4
图层 27
图层 24
图层 25
图层 26
图层 4
图层 22
图层 20
图层 19
图层 21
图层 4
图层 8
图层5
图层6
图层7
图层 4
图层 3
图层 2
图层 1
480
24.0fps
20.0s

图 4-91

图 4-92

本章小结

本章讲述的是 Flash CS4 的形状补间动画、动画补间动画、引导层动画、遮罩层动画的制作。通过本章的学习应该能够掌握这四种动画的特点，学会制作这四种基本动画，以及根据不同情况选择合适的动画来制作，而后者是制作动画的重点。

课后练习

1. 在制作传统补间时，在补间旁边的两个关键帧中必须是________，在制作补间形状时，在补间旁边的两个关键帧中必须是________，在制作补间动画时，在补间前面的一个关键帧中必须是________。
2. 形状补间动画中加入形状提示的作用是________________________。
3. 有两种特殊的层在动画播放时自身内容都不显示：一是________层，使动画对象沿着引导线来运动；二是________层，它里面的图形作为下层的显示区域。
4. 动画编辑器是专门对________使用的________。
5. Flash CS4 使用关键帧制作补间分为哪几种？它们有什么不同？
6. 动画补间可以用来改变属性做动画的属性关键帧的属性有哪些？
7. 简介创建遮罩层的方法。

复杂 Flash 动画

本章学习时间：16 课时

学习目标：掌握综合运用 Flash 各种动画的制作方法以及 Flash CS4 骨骼工具和 3D 工具的使用

教学重点：Flash 各种动画的综合运用，骨骼工具和 3D 工具的使用

教学难点：各种动画的搭配使用，骨骼工具的绑定技巧

讲授内容：引导层动画的使用技巧，文字和遮罩层的创作技巧，利用遮罩层巧妙地处理图片，骨骼工具及使用技巧，3D 工具及使用技巧

课程范例文件：第 5 章\fla\5－1. fla，第 5 章\fla\5－2. fla，第 5 章\fla\5－3. fla

本章课程总览

本章将讲解如何综合运用 Flash 的各种动画来制作广告动画，各种动画的使用技巧，以及 Flash CS4 新增“骨骼工具”和“3D 工具”的使用。这些是 Flash CS4 的难点部分，要灵活运用这些功具需要掌握各种动画的特点和不同点。“骨骼工具”和“3D 工具”也是 Flash CS4 的新特色，可以方便地制作以前难以制作的动画，因而需要掌握它们。

5.1 动画制作进阶实例

图5-1

本节通过一个完整的MSN纯动画广告实例来讲解前一章中提到的各种动画技巧的综合使用技巧。制作完成效果如图5-1所示。

01

打开Flash CS4，新建一个Action Script 3.0的Flash文件，在文档属性面板设置文档大小为300像素×250像素。

下面导入制作动画的素材。执行“文件”→“导入”→“导入到库”命令，在弹出的窗口中导入本书素材文件“第5章\pic\5-1.psd”。在弹出的对话框中选中带图片的层，单击“确定”，将图导入到库，如图5-2所示。

> **技巧提示**
>
> **引导层动画的使用技巧**
>
> **问题：**制作移动渐变动画的时候，使用了引导层。但是元件为什么没有按照引导线去运动，而是从开始帧的位置直接移动到结束帧的位置？
>
> **解决思路：**引导层的作用是限制元件的移动轨迹。为实现元件的运动，必须把元件运动的开始帧放到引导线的一端，结束帧放到引导线的另一端，这样引导线才可以根据自身的形状来限制元件的移动。上述问题经常会出现，其实原因很简单，就是在放置元件的过程中没有与引导线粘合，导致无法制作出效果。

注意：在实现引导线效果的时候，一定要注意元件与引导线的粘合问题。如果没有粘合，则元件就会按照开始帧和结束帧的位置直线运动。

提示：

(1) 可以单击工具栏里面的"缩放工具"来放大场景，这样就能更清楚地看到元件中的空圆心，对实现这个效果有极大的帮助。

(2) 运动引导线在动画发布的时候是看不到的，所以引导线的颜色可以随意设置，只要与场景中的主体颜色能区分开就可以了。

(3) 如果没有吸附感，可以单击工具栏中选项内的"贴紧至对象"。

当元件粘合在引导线上的时候，拖动元件就会有一些吸附的感觉，这就证明制作是正确的。

在做元件的引导线移动渐变动画的时候，"属性"面板中有一个"调整到路径"选项，可以试选择此选项看看效果怎么样。

提示：如果想限制一个元件的移动路线，引导线就是起到限制元件运动的作用。将元件粘合在引导线的开始端和结束端，也就是把元件的运动限制在引导线的形状里面。在引导线动画中还有一个设置，就是"调整到路径"。

相关问题

(1) 同一个运动引导层可否限制两个以上图层中元件的移动路线?

一个运动引导层是可以限制两个不同图层的元件移动路线的。因为运动引导层是制作参考工具，所以适用于不同的元件。但是需

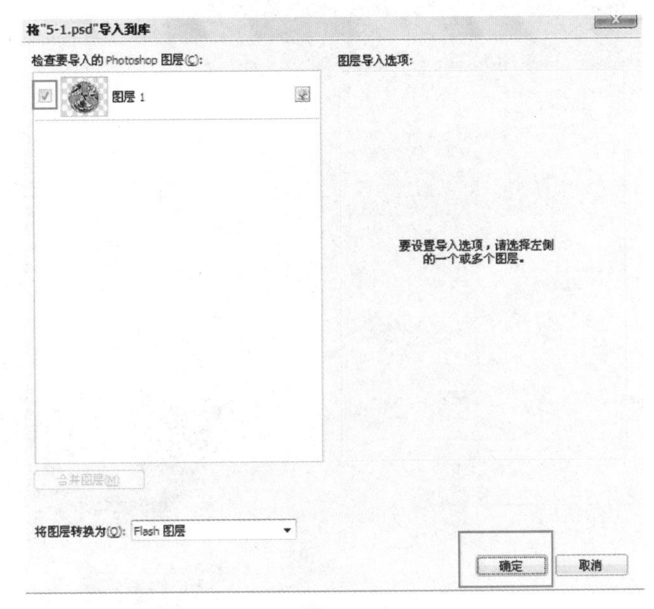

图5-2

继续把配套课件"第 5 章\pic"文件夹中的"5-2.psd"和"5-3.psd"图片导入到库。打开本书素材文件"第 5 章\fla\5-1.fla"。这个 Flash 文件库里面有个标志元件，是制作中要用到的 MSN 标志。在库中选中它并使用快捷键〈Ctrl〉+〈C〉进行复制，然后回到需要制作的 Flash 文件中使用快捷键〈Ctrl〉+〈V〉粘贴进来。这样库中有三张图片和一个标志元件，如图 5-3 所示。

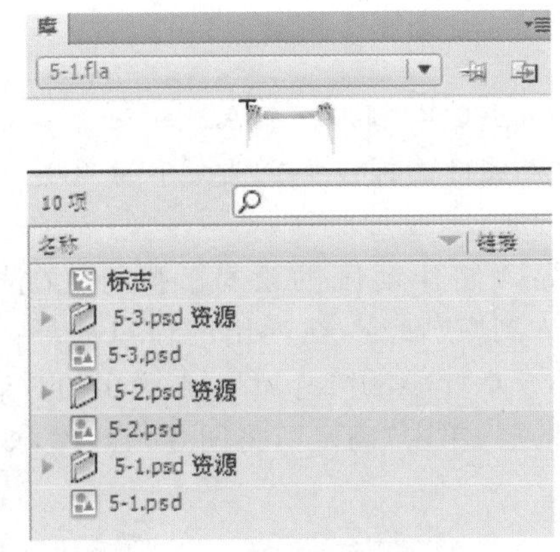

图5-3

完成后关闭"5-1 库文件.fla"文件。

02

下面创建制作动画所用到的元件。首先从库中把“5 - 2. psd”文件拉到舞台上，单击右键，在弹出的菜单中转换为元件，设置名称为手，类型为影片剪辑，如图 5 - 4 所示。

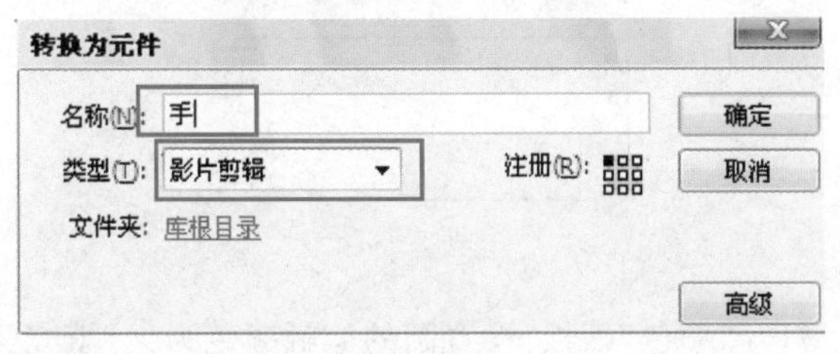

图5-4

从库中把“5 - 3. psd”文件拉到舞台上，单击右键在弹出的菜单中选择“转换为元件”，设置名称为碗，类型为影片剪辑。

执行“插入”→“新建元件”命令，弹出“创建新元件”对话框，设置名称为背景，类型为影片剪辑。在编辑状态下使用“矩形工具”绘制一个矩形，然后选择矩形打开“属性”面板，设置矩形的大小为 300 像素×250 像素，跟舞台一样大，如图 5 - 5 所示。

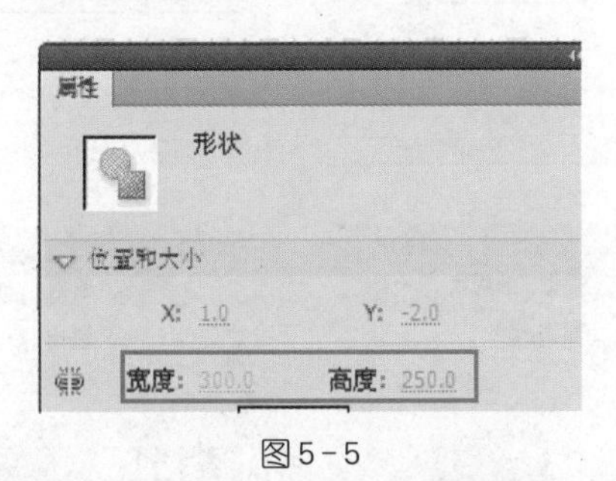

图5-5

打开“颜色”面板，设置矩形的笔触颜色为无，填充类型为放射状，渐变为从白到灰的渐变。白色十六进制值为＃FFFFFF，灰色为＃D4D4D4，“颜色”面板的设置如图 5 - 6 所示。

继续执行“插入”→“新建元件”命令，弹出“创建新元件”对话框，设置名称为面饼，类型为影片剪辑。在编辑状态下使用“椭圆工具”绘制一个圆，然后选择椭圆打开“属性”面板，设置圆的大小为 180×180。

要注意的是，这两个元件图层的状态要同属一个运动引导层，如下图所示，否则将无法实现效果。

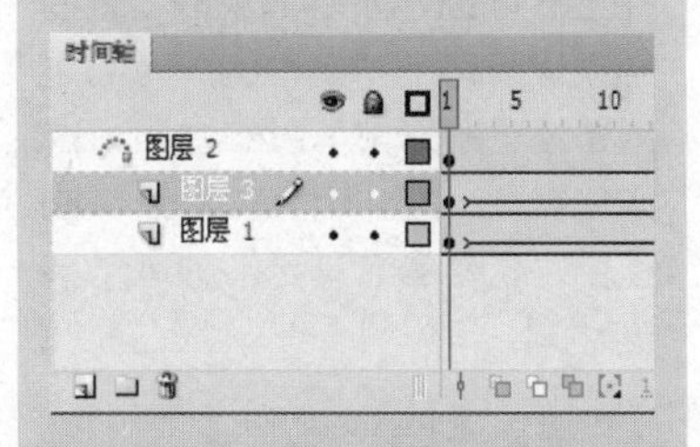

(2) 元件放到运动引导线的中间可以实现引导效果吗?

可以的，只要把元件粘合在引导线上，无论是在引导线的开始，结束还是中间部分，都可以实现这个效果。

(3) 利用 Flash 中的“钢笔工具”可以制作有效的引导线吗?

“钢笔工具”，也叫做“贝塞尔工具”(音译)是绘制路径的一种工具。利用“钢笔工具”所绘制的路径能起到引导线的作用，本例就是利用“钢笔工具”绘制的路径制作的引导线运动效果。

利用“钢笔工具”可以制作出有效的引导线，绘制出的路径与“铅笔工具”绘制出来的线条并没有区别。

(4) 封闭的路径可以制作引导线吗?

引导线一般都是半封闭的，那么完全封闭的路径可以起到引导线的作用吗?

元件的运动是按照开始点与结束点的最短的距离来选择运动的，也就是使用封闭的路径无法被有效地控制 Flash 自行选择的运动方向，也就是说闭合的引导线没有意义，把封闭路径擦出一个缺口就可以了。

（5）“笔刷工具”可否制作引导线?

“笔刷工具”与“铅笔工具”是完全不同的两种工具，绘制出来的结果是具有不同属性的。无论是线条还是图形都可以作为引导线来使用。但是利用“笔刷工具”制作引导线要考虑其元件的运动精确性。

知识点提示

遮罩层与被遮罩层的关系

了解遮罩层和被遮罩层的关系对于掌握遮罩动画是非常关键的。遮罩动画在Flash技术里面起到了重要作用，一些非常优秀的效果就是通过遮罩动画来实现的。例如“水面涟漪”效果就是通过遮罩完成的，效果非常逼真。下面就通过不同的制作方法来了解遮罩的原理，在实践中领会遮罩的奥妙。

操作提示

制作遮罩动画的具体步骤

（1）新建Flash文档，属性保持默认值。

（2）执行“文件”→“导入”→“导入到舞台”命令，导入一幅位图图片并调整到适当大小。

（3）更改图层1的名称为“背景”，并锁定。

（4）新建图层2并命名为“遮罩层”，在遮罩层的第1帧处使用“文本工具”键入“Flash CS4”，颜色设为黑色。使用快捷键〈Ctrl〉+〈B〉把文字分离两次而成为图形。

（5）右键单击“遮罩层”选择弹出菜单中的“遮罩层”命令，把这个普通图层转换为遮罩层，如

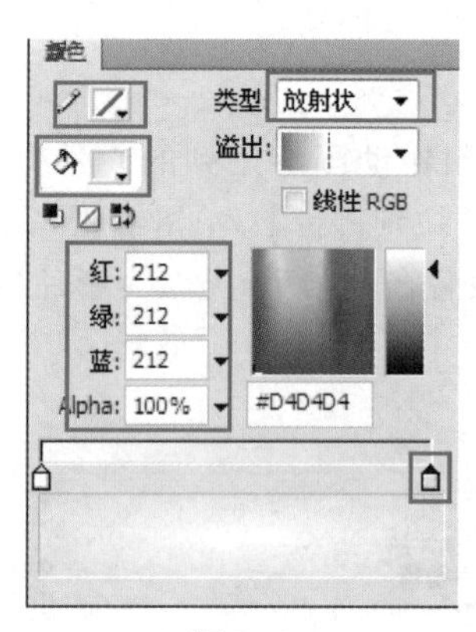

图5-6

打开“颜色”面板，设置圆的笔触颜色为无，填充类型为放射状，渐变为从白到灰的渐变。颜色设置如图5-7所示。

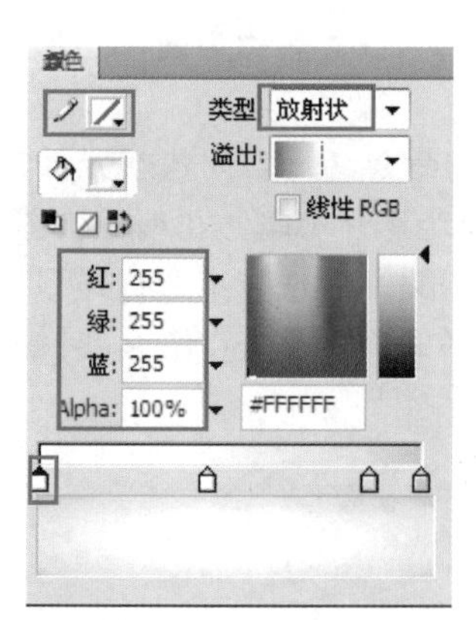

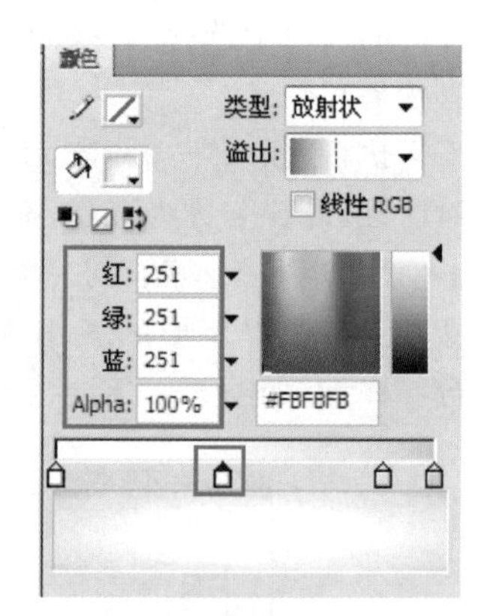

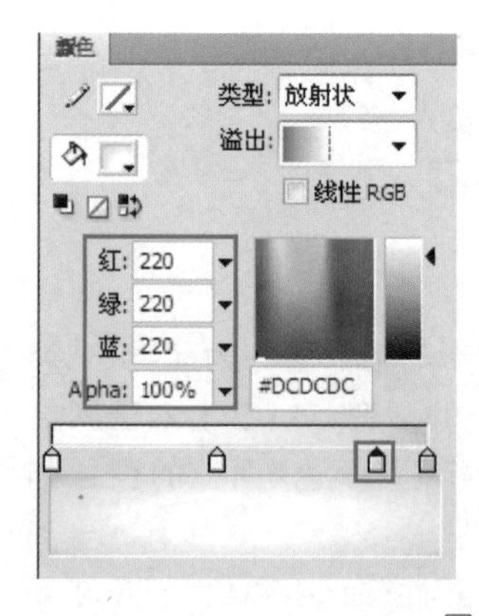

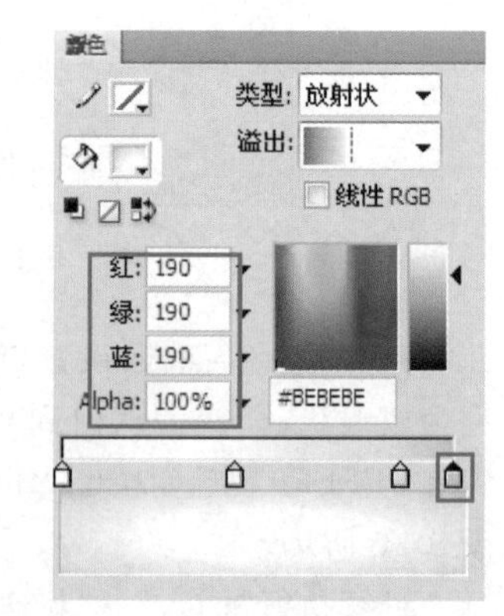

图5-7

效果如图5-8所示。

图5-8

把标志元件拉到舞台上，双击标志元件进入编辑状态。可以放大视窗(设置为400%)来观看。继续双击标志元件进入到组里面，选中蝴蝶图案。可以按住〈Shift〉键进行连选，如图5-9所示。

图5-9

然后单击右键在弹出的快捷菜单中选择“转换为元件”，在弹出的对话框中设置名称为蝴蝶，类型为影片剪辑。回到场景，执行“插入”→“新建元件”命令，弹出“创建新元件”对话框，设置名称为运动蝴蝶，类型为影片剪辑。在编辑状态下从库中把“蝴蝶”影片剪辑拉进来，使用〈Ctrl〉+〈B〉快捷键将它分离。再使用〈Shift〉键把左边翅膀连选中，并使用快捷键〈Ctrl〉+〈G〉将其组合，如图5-10所示。

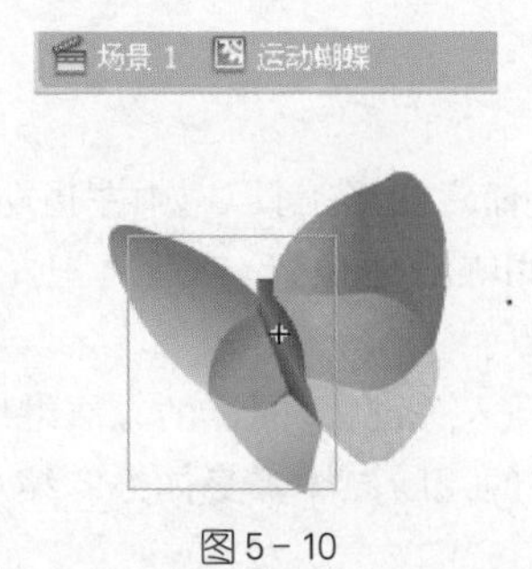

图5-10

下图所示。

注意：如果使用文字作遮罩层的话，尽量选用线条比较粗壮的字体，这样才能够更好的表现遮罩效果。此外在 Flash CS4 中，用文字做遮罩层一定要将文字分离成图形才有效果。

提示：区分遮罩层和被遮罩层的标准就是制作过程中想要显现的形状的图层就是遮罩层，例如在上例中想要显示的是“Flash CS4”的字形，所以就把这个图层确定为遮罩层。对于遮罩层的颜色对于最后的遮罩效果来说是没有作用的。

知识点提示

除了利用移动渐变动画来作遮罩效果以外，还可以利用形状渐变动画来制作遮罩效果。

要想理解遮罩的原理，就需要通过反复的实践。如果可以把上例中的遮罩层和被遮罩层换一下位置看看有什么效果？遮罩效果的实现最关键之处在于创作者要区分清楚遮罩层和被遮罩层的关系。通过简单遮罩效果的反复实践清楚这两者之间的关系，为以后的 Flash 创作打下坚实的基础。

提示：上例制作动态遮罩效果的时候把位图图片转换为图形元件的原因是此图片是经过缩小的，所以如果不转为元件的话，做移动渐变动画就会有错误，这也是在制作过程中应该注意到的，除了文档可以作遮罩效果以外，还可以利用图形来制作这个效果。

相关问题

（1）一个遮罩层可以遮罩两个或者更多的层吗？

这个问题的回答是肯定的，一个遮罩层是可以对两个或更多的图层进行遮罩的。

（2）可不可以把动画效果制作在遮罩层里面？

可以把移动动画效果制作在遮罩层里面的。

（3）可以用影片剪辑制作遮罩层吗？

影片剪辑的特点是独立与时间线运行，通过实践得知影片剪辑是可以制作遮罩层的。

操 作 技 巧

利用遮罩层巧妙地处理图片

问题

半透明的遮罩层遮罩图片以后可以实现半透明的遮罩效果吗？

遮罩层显示的是这个图层内的形状，对于这个形状里面的填充颜色它是不承认的，所以按照正常的制作思路是无法实现的。但是可以通过改变遮罩的另一个关键图层——被遮罩层的透明度来实现这个效果。

具体步骤

（1）新建 Flash CS4 文档，属性保持默认值。

（2）使用“文本工具”在舞台中键入“Flash 动画制作”，并使用快捷键〈Ctrl〉+〈B〉将其分离使之成为矢量图形。在“颜色”面板中，设置填充为线性渐变，左边黑色透明 100%。右边黑色透明 0%。如下图所示。

同样使用〈Shift〉键把右边翅膀连选中，并使用快捷键〈Ctrl〉+〈G〉将其组合，把中间身体也选中并使用快捷键〈Ctrl〉+〈G〉将其组合。选中右边翅膀，单击右键选择“排列”→“移至底层”，如图 5－11 所示。

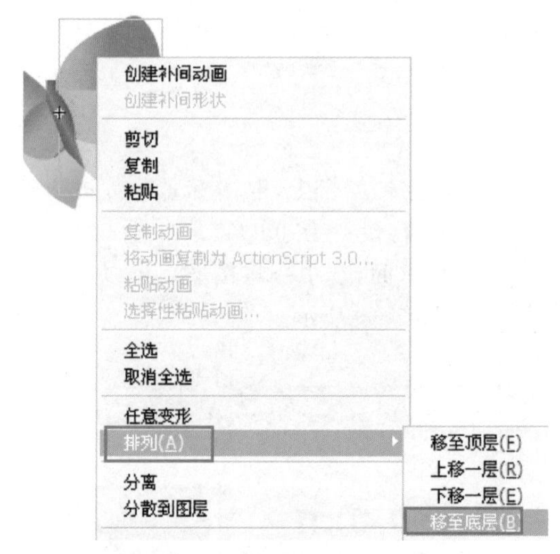

图 5－11

在图层 1 的第 5 帧处插入关键帧，使用“任意变形工具”选中右边翅膀，把中心点位置移动到左边蝴蝶身体位置，然后再把右边的变形框适当向左拉动一点，产生变形，如图 5－12 所示。

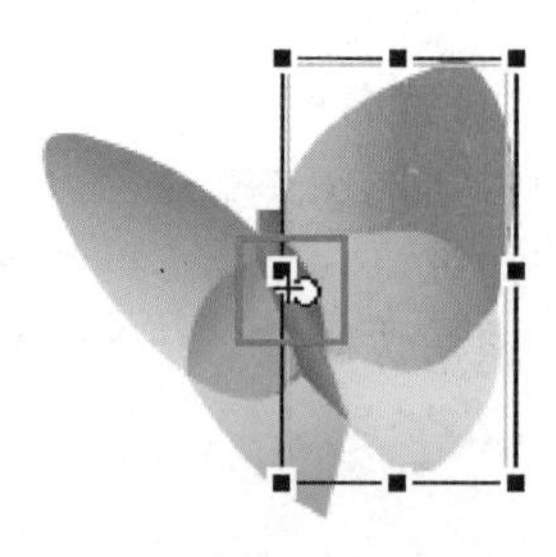

图 5－12

同样使用“任意变形工具”选中左边翅膀把中心点位置移动到右边蝴蝶身体位置，然后再把左边的变形框适当向右拉动一点。

在第 9 帧插入关键帧，同样的方法继续使用“任意变形工具”把蝴蝶的翅膀向蝴蝶身体方向缩小点，效果如图 5－13 所示。

图 5 - 13

选中第 5 帧，单击右键在弹出菜单中选择“复制帧”，如图 5 - 14 所示。

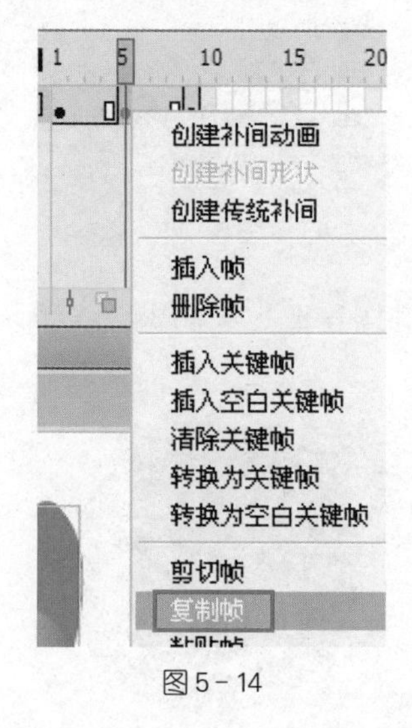

图 5 - 14

选择第 13 帧单击右键在弹出菜单中选择“粘贴帧”，把第 5 帧的蝴蝶复制给第 13 帧。然后选中第 16 帧单击右键选择“插入帧”。回到场景 1 完成运动蝴蝶元件的制作。

继续把标志元件拉到舞台上，双击进入标志元件的编辑状态。使用“文字工具”输入“中文网”，在“属性”面板中设置大小为 20，字体为黑体，颜色为蓝色。将文字“中文网”与标志组合，回到场景完成如图 5 - 15 所示。

图 5 - 15

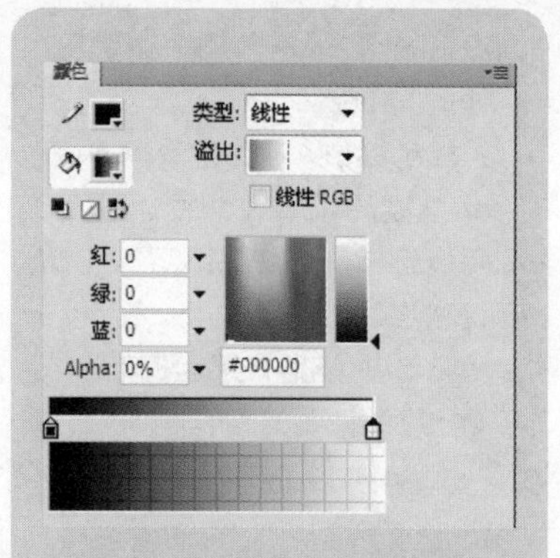

要制作出具有透明感的遮罩效果，需要变换思维方式，不改变遮罩层的文字，而是调整被遮罩层的透明度。看看能否得到想要的效果。

(1) 新建一个 Flash CS4 文档，属性保持默认值。

(2) 把图层 1 命名为“文字”，同样输入上述的文字，转化为图形元件。

(3) 新建图层 2 并命名为“透明渐变”。在这个图层里面绘制一个从左至右逐渐变的矩形，可以参考上面的步骤 。

(4) 在文字层创建遮罩效果，如下图所示。

注意：当遮罩层与被遮罩层不对应的时候，在场景中是看不到遮罩层的形状的。

提示：因为遮罩层显露的是被遮罩层的内容。所以才可以实现这个效果 。

试一试：上一例中制作的是一个逐渐显现的遮罩效果。试把被遮罩层的矩形元件反转过来，制作一个逐渐消失的遮罩效果。

分析：这种效果的实现用到的知识技巧其实和上一个问题的知

识没有区别，只是增加了透明度，原理是一样的。

提示：此例中的遮罩效果在Flash文字动画中经常可以看到，利用被遮罩层的速度、节奏的改变，在视觉上给人以冲击。从另一个角度来讲，这种效果也打破了文字渐显移动动画的局限性。

03

下面来制作动画。首先从库中把背景元件拉到图层1第1帧，使用对齐面板把背景元件对齐到场景中心。新建图层2，从库中把“5－1.psd”图片拉到场景中，同样使用对齐面板把它对齐到场景中心。

新建图层3，使用“文字工具”输入“白领门户全新改版”。在“属性”面板设置文字大小为20点，字体为黑体，颜色为深褐色，如图5－16所示。

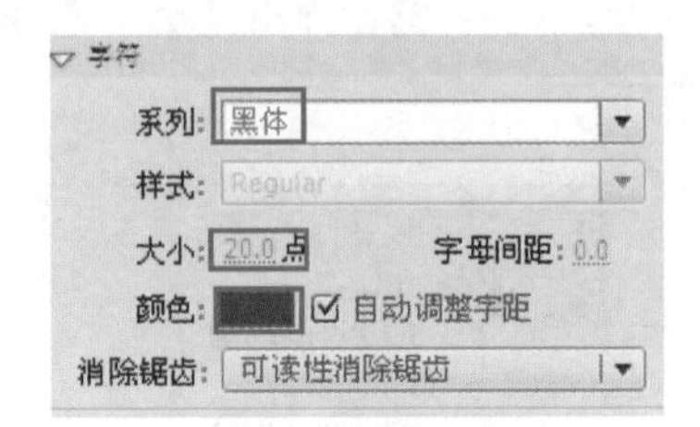

图5－16

把它放置在图片正下方如图5－17所示。

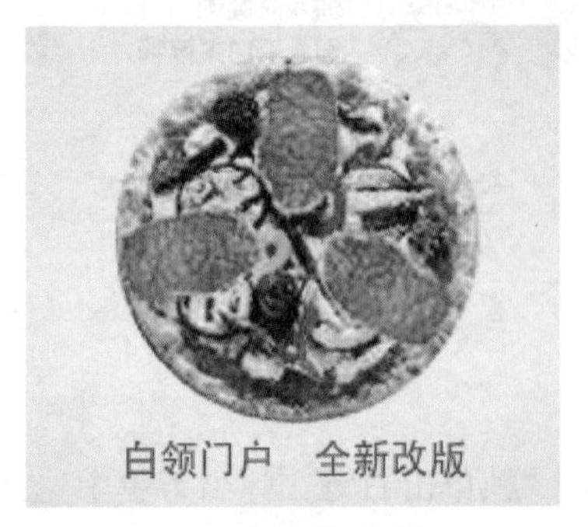

图5－17

在图层3第10帧插入帧。选中第1帧，单击右键，在弹出的快捷菜单中选择“创建补间动画”。然后选中第5帧，打开“动画编辑器”面板，在“转换”项中设置“缩放X”和“缩放Y”为130％，如图5－18所示。

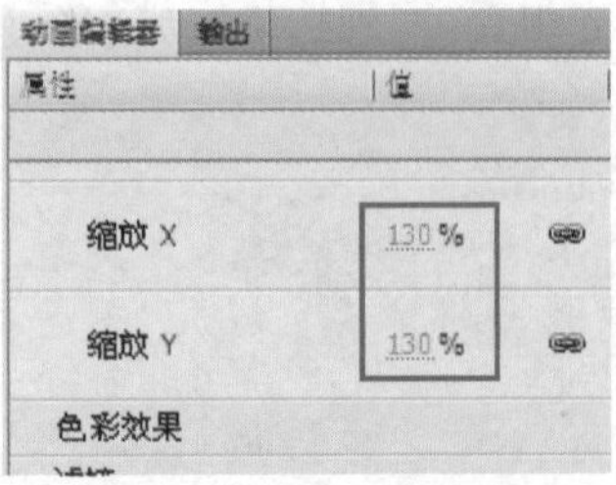

图5－18

选择第 10 帧在“转换”项中设置“缩放 X”和“缩放 Y”为 100%。分别在图层 3、图层 1 和图层 2 的第 15 帧处插入帧。时间轴如图 5－19 所示。

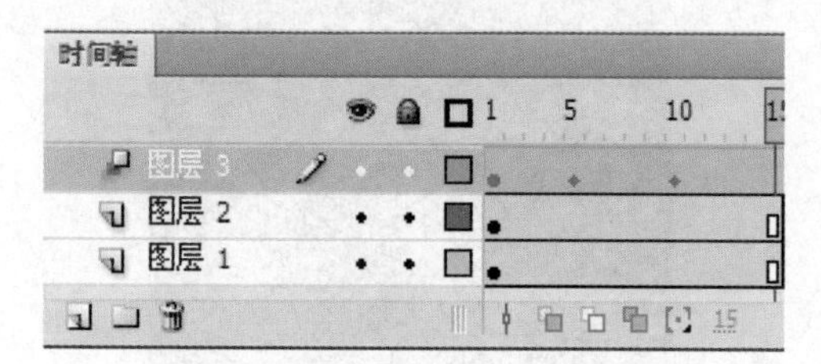

图 5－19

新建图层 4，在第 15 帧处插入空白关键帧，从库中把面饼元件拉到场景中，并使用“对齐”面板将元件对齐到舞台中心。分别在图层 4、图层 1 和图层 2 的第 45 帧处插入帧。

选中图层 4 第 15 帧，单击右键在弹出的快捷菜单中选择“创建补间动画”，选择图层 4 第 15 帧，打开动画编辑器。在“色彩效果”项中单击右边“＋”号选择“亮度”，并设置其值为－50%，如图 5－20 所示。

色彩效果
亮度
亮度 -50 %

图 5－20

选择图层 4 第 45 帧设置亮度值为 30%。

新建图层 5，在第 15 帧处插入空白关键帧，使用“矩形工具”绘制一个比面饼宽些的矩形放置在面饼下面，如图 5－21 所示。

图 5－21

在图层 5 第 45 帧也插入空白关键帧。使用“矩形工具”绘制一个比面饼宽的矩形盖在面饼上，如图 5－22 所示，留一部分未被遮盖。

图5-22

选择图层5第15帧到第45帧之间，单击鼠标右键，在弹出的菜单中选择“创建补间形状”。选择图层5，单击右键，在弹出菜单中选择“遮罩层”，如图5-23所示。

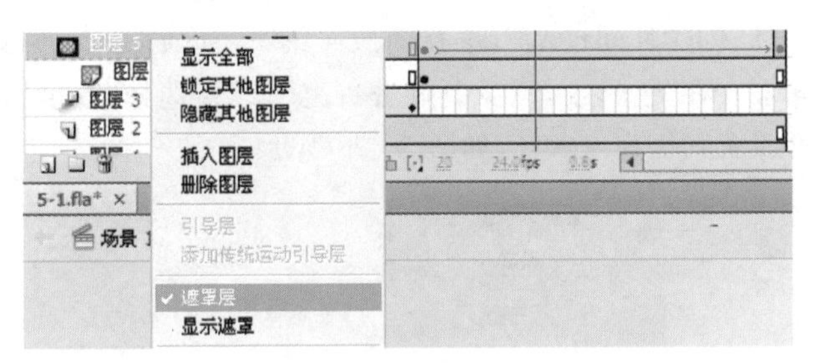

图5-23

新建图层6，在第15帧插入空白关键帧，从库中把手元件放置到如图5-24位置。

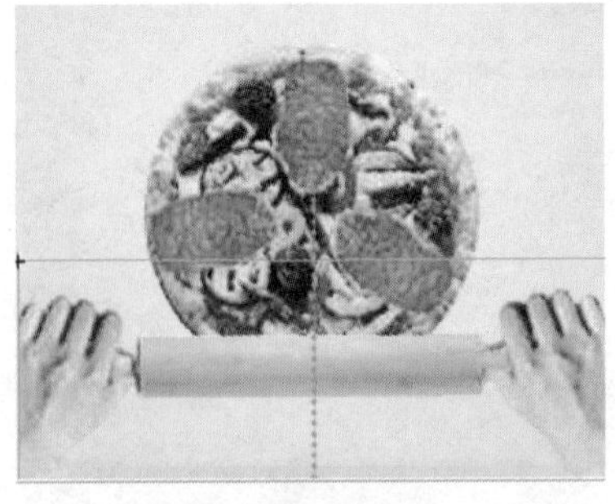
图5-24

选择第15帧，单击右键，在弹出的菜单中选择“创建补间动画”。选择第45帧，把手移动到面饼上面，如图5-25所示。

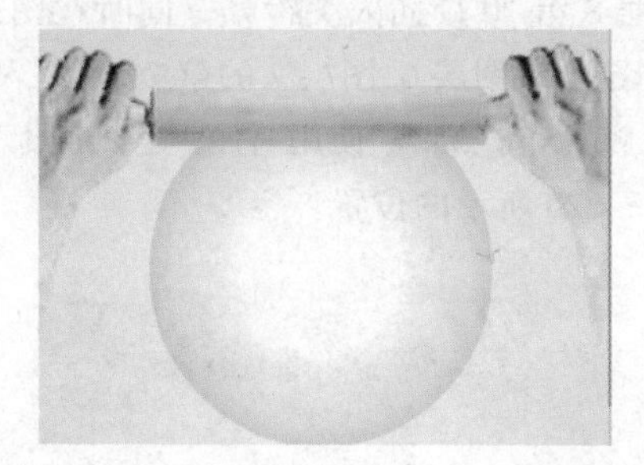

图5-25

继续选择图层6第15帧，打开“动画编辑器”面板。在“色彩效果”项中单击右边“+”号，选择“Alpha”并设置Alpha数量值为0%，如图5-26所示。

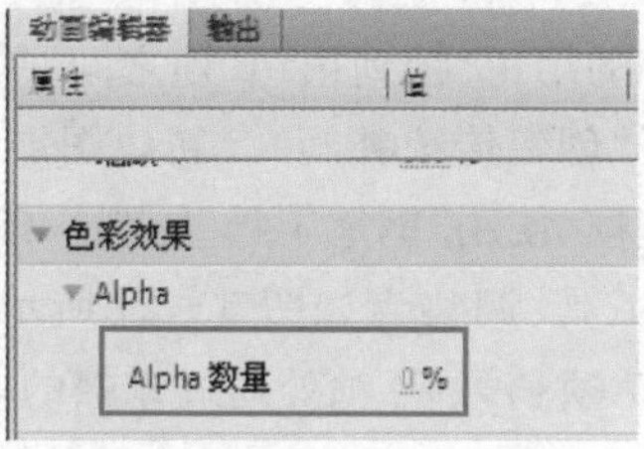

动画编辑器 输出
属性 值
色彩效果
Alpha
Alpha 数量 0 %

图5-26

选择图层6第24帧，设置Alpha数量值为100%。生成手从无到有的效果。

新建图层7，在第32帧处插入空白关键帧。使用“文字工具”输入“有限空间　无穷想象”。在“属性”面板设置文字大小为10，字体为黑体，颜色为深褐色，使用对齐面板将文字对齐到舞台中心。选中第32帧，单击右键，在弹出的快捷菜单中选择“创建补间动画”。然后选择第45帧打开“动画编辑器”面板。在“转换”面板中设置“缩放X”和“缩放Y”为200%。

新建图层8，在第17帧插入空白关键帧。从库中把运动蝴蝶元件拉到场景中如图5-27所示的位置。

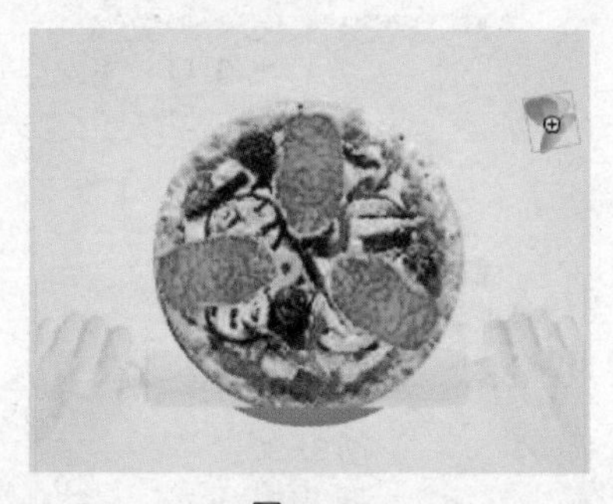

图5-27

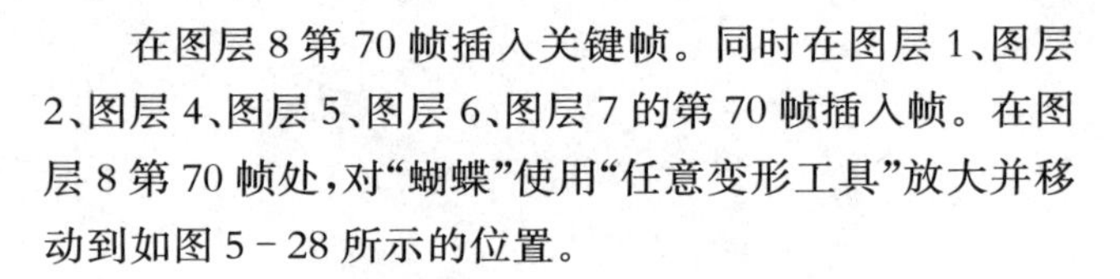

在图层 8 第 70 帧插入关键帧。同时在图层 1、图层 2、图层 4、图层 5、图层 6、图层 7 的第 70 帧插入帧。在图层 8 第 70 帧处，对“蝴蝶”使用“任意变形工具”放大并移动到如图 5 - 28 所示的位置。

图 5 - 28

在图层 8 的第 17 帧到第 70 帧之间，单击右键，在弹出菜单中选择“创建传统补间”。新建图层 9，在第 17 帧插入空白关键帧，使用“钢笔工具”绘制一条曲线，通过使用“部分选取工具”调整为如图 5 - 29 所示形状，注意保持曲线在第 17 帧和第 70 帧处通过蝴蝶的中心。

图 5 - 29

选中图层 9 单击右键，在弹出的快捷菜单中选择“引导层”。同时把图层 8 拉给图层 9，使得图层 9 成为图层 8 的引导层，如图 5 - 30 所示。

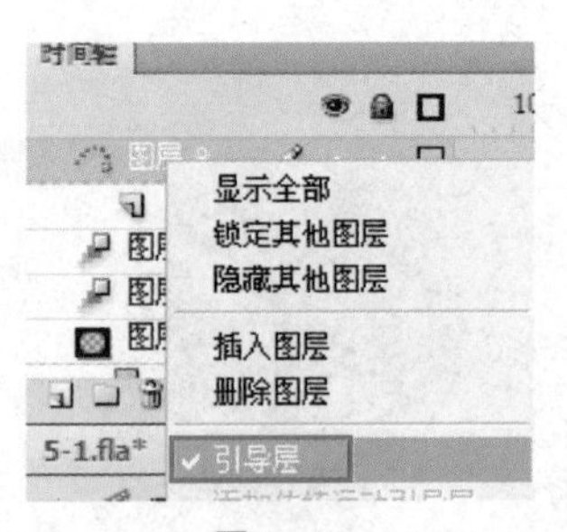

图 5 - 30

选中图层 8 的动画在“属性”面板的“补间”项中勾选“调整到路径”，如图 5－31 所示。这样蝴蝶就可以沿曲线飞行了。

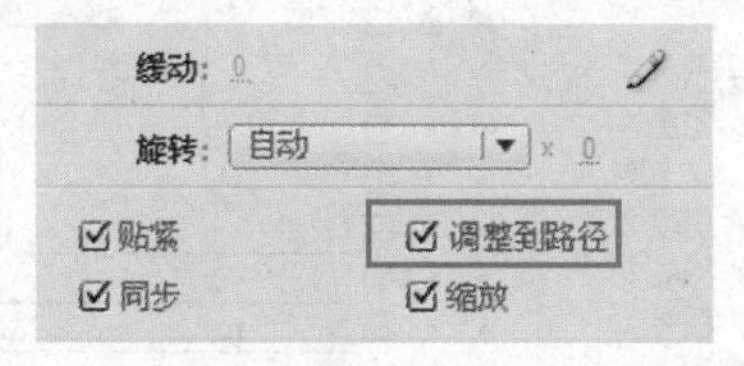

图 5－31

最后图层时间轴如图 5－32 所示。

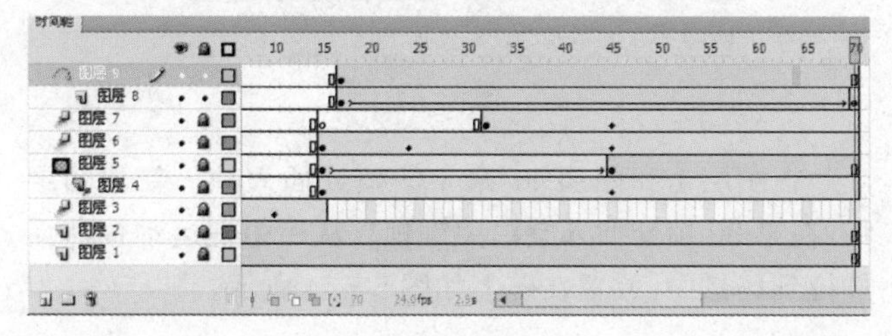

图 5－32

04

下面来制作第二段动画，在图层 1 和图层 6 第 80 帧插入帧。选择图层 6 第 80 帧打开“动画编辑器”面板，在“色彩效果”项中选择“Alpha”并设置其值为 0％。选择图层 6 第 70 帧并设置 Alpha 值为 100％。生成手消失的效果。

新建图层 10，在第 70 帧处插入空白关键帧。从库中把面饼元件拉到场景中，使用“对齐”面板将元件对齐到舞台中心。在第 70 帧，单击鼠标右键，在弹出的快捷菜单中选择“创建补间动画”。然后选择第 80 帧，打开“动画编辑器”面板，在“色彩效果”项中单击右边“＋”号，选择 Alpha 并设置其值为 0％。选择第 70 帧，设置 Alpha 值为 100％。生成面饼消失效果。把图层 10 拉到图层 6 下面。

新建图层 11，在第 75 帧处插入空白关键帧。从库中把碗元件拉到场景中，使用“对齐”面板将元件对齐到舞台中心并创建补间动画。在第 75 帧把碗元件垂直下拉一段距离。然后在第 80 帧把碗对齐到舞台中心。选择第 80 帧打开“动画编辑器”面板，在“色彩效果”项中单击右边“＋”号，选择 Alpha 并设置其值为 100％。选择第

75帧并设置 Alpha 值为0%，生成碗上升出现效果。时间轴如图5-33所示。

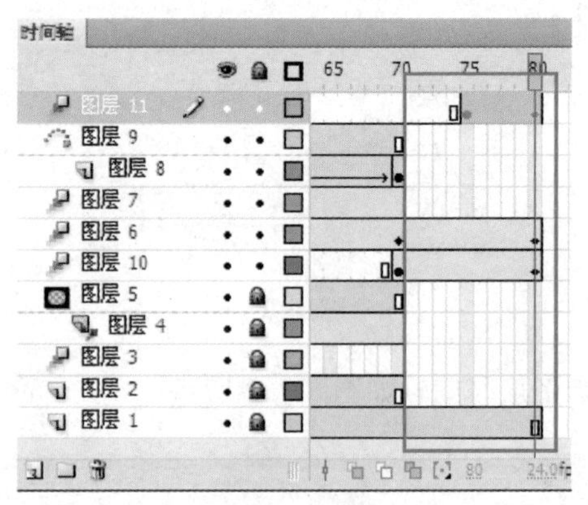

图5-33

在图层1和图层11第125帧处插入帧。新建图层12，在第80帧处插入空白关键帧。从库中把运动蝴蝶元件拉到场景中，放置在碗上如图5-34所示。

图5-34

在第80帧处，单击右键在弹出的快捷菜单中，选择"创建补间动画"。在第95帧处，移动并放大旋转蝴蝶到如图5-35所示位置。

图5-35

使用“选择工具”选择粉红色运动线路，把它拉成弧形，如图 5－36 所示。

图 5－36

在第 115 帧处向右移动一点蝴蝶，在第 125 帧把蝴蝶移动到边界外，适当用“选择工具”和“部分选取工具”调整下路线。最后时间轴和蝴蝶位置如图 5－37 所示。

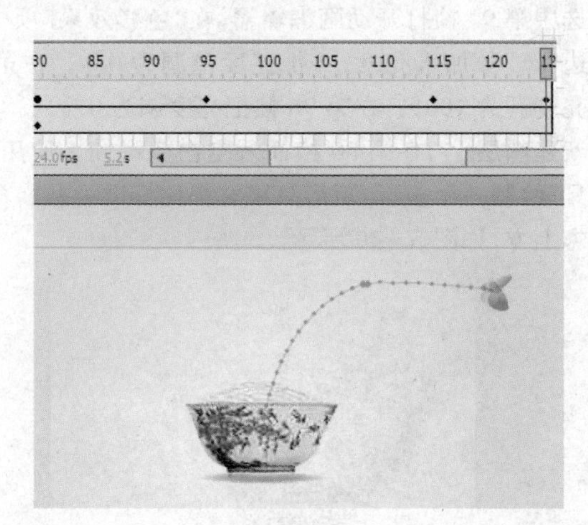

图 5－37

把图层 12 拉到图层 11 下面。同样的方法再新建三个图层制作三个蝴蝶从碗中飞出的效果。最后路线如图 5－38 所示。

图 5－38

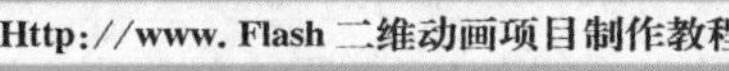

注意:为了让这些蝴蝶的飞行有时间次序,在时间轴上让后面的蝴蝶出现要比前面的晚。方法是在第 80 帧后面开始飞出比前面得晚结束。最后蝴蝶飞出边界为第 135 帧,给图层 1、图层 11 在第 135 帧处插入帧。时间轴如图 5－39 所示。

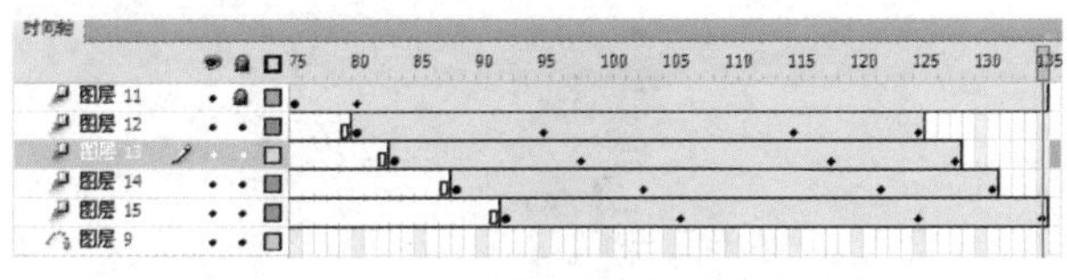

图 5－39

继续新建图层 16,在第 80 帧插入空白关键帧。从库中把标志元件拉到场景中放置在碗下方,创建补间动画。在第 90 帧把标志垂直往上提高,生成上升动画。

选中第 90 帧打开动画编辑器,在“色彩效果”项中单击右边“＋”号加入亮度,并把亮度值调为 0%。在第 94 帧把亮度调为 100%,在第 96 帧把亮度调为 0%。

新建图层 17,在第 80 帧插入空白关键帧。使用“矩形工具”绘制一个矩形,矩形高跟宽都比标准大些。放置在标志上方,如图 5－40 所示。

图 5－40

选中图层 17,单击右键,在弹出的快捷菜单中选择“遮罩层”,完成标志从地上钻出来的动画。

最后预览保存文件。这个 MSN 中文网的广告动画就完成了。

5.2 利用骨骼工具来制作小人动画

图5-41

下面通过一个跳舞的小人实例来讲解 Flash CS4 版本中的新功能:"骨骼工具"和反向运动。实例效果如图 5-41 所示。

01

打开 Flash CS4,新建一个 ActionScript 3.0 的 Flash 文件,在文档属性面板设置文档大小为 800 像素×800 像素,其他参数不变。

下面使用 Flash 绘图工具来绘制做动作的小人。具体绘制过程不作讲解,可以使用其他矢量软件做好的素材导进来。为了制作动画小人,必须要把小人的各个部分分开绘制,做成单独的元件。做骨骼动画时再叠放在一起。注意绘制的各部分应该大小一致。如果不一致,后面做动画要到场景中使用"缩放工具"调整大小。

知 识 点 提 示

骨骼工具

"骨骼工具"是 Flash CS4 新增加的功能,方便制作人物角色动画。以前没有骨骼工具时制作这方面动画都是使用 MOHO 这样一个类似于 Flash 的矢量动画工具来制作。

通过骨骼之间的关节结构可以对一个对象或彼此相关的一组对象进行动画处理,这也就是所谓的反向运动(IK)。使用"骨骼工具",可以使元件实例和形状对象按复杂而自然的方式移动,从而减轻了设计工作量。通过反向运动可以更加轻松地创建人物动画，如胳膊、腿和面部表情。

可以对单个的元件实例或单个形状的内部添加骨骼。在一个骨骼移动时，与启动运动的骨骼相连的其他骨骼也会移动。使用反向运动进行动画处理时，只需指定对象的开始位置和结束位置即可。通过反向运动，可以更加轻松地创建自然的运动。

下图是一个已经附加 IK 骨骼的元件小人。

骨骼链称为骨架。在父子层次结构中，骨架中的骨骼彼此相连。骨架可以是线性的或分支的。源于同一骨骼的骨架分支称为同级。骨骼之间的连接点称为关节。

在 Flash 中可以按两种方式使用 IK。第一种方式是通过添加将每个实例与其他实例连接在一起的骨骼，用关节连接一系列的元件实例。骨骼允许元件实例链一起移动。例如，有一组影片剪辑，其中的每个影片剪辑都表示人体的不同部分。通过将躯干、上臂、下臂和手链接在一起，就能创建一个可以逼真地移动的胳膊。可以创建一个分支骨架以包括两个胳膊、两条腿和头。

使用 IK 的第二种方式是向形状对象的内部添加骨架。可以在

这里人物的头没动作，我把头和上身连在一起绘制。使用绘图工具绘制的头和上身如图，注意与手臂和下身连接的地方绘制一个半圆弧形过度。注意图中红色框的地方。完成后转换成影片剪辑，取名为“上身”。如图 5－42 所示。

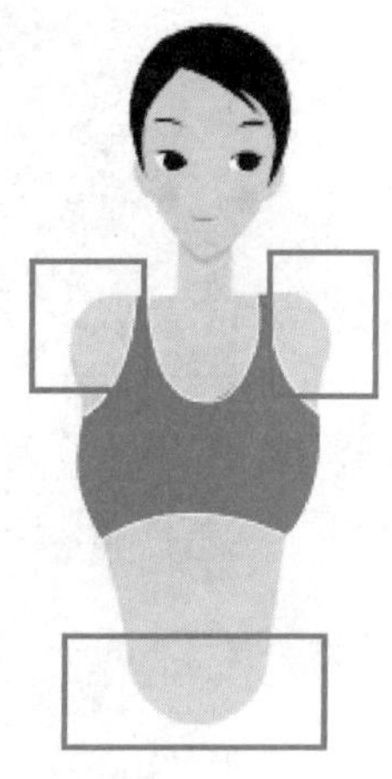

图5－42

绘制的下身如图，注意与大腿和上身连接的地方绘制一个半圆弧形过度。完成后转换成影片剪辑，取名为“下身”，如图 5－43 所示。

图5－43

手的绘制分 3 个影片剪辑，分别是手臂、前手、手。形状分别如图所示，注意与其他部分连接的地方一定要是半圆弧形，以方便做动画，如图 5－44 所示。

图5－44

腿的绘制也分 3 个影片剪辑，分别是大腿、小腿、脚，形状分别如图 5－45 所示。

图 5－45

最后一共是 9 个影片剪辑，如图 5－46 所示。

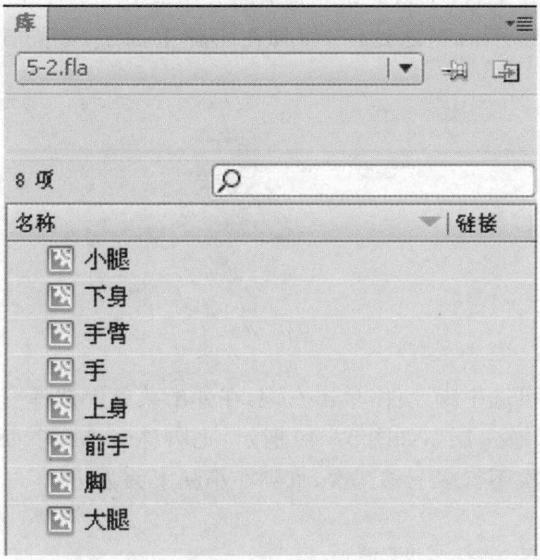

库
5-2.fla
8 项
名称 链接
小腿
下身
手臂
手
上身
前手
脚
大腿

图 5－46

02

下面把人的运动做成一个影片剪辑。方便后期调用。先使用“插入”→“新建元件”弹出元件面板，取名为动作 0，类型为影片剪辑。在编辑状态下把这些影片剪辑摆放成人形。在图层 1 第 1 帧从库中把这些影片剪辑摆放到如图位置，如图 5－47 所示。

合并绘制模式或对象绘制模式中创建形状。通过骨骼，可以移动形状的各个部分并对其进行动画处理，而无需绘制形状的不同版本或创建补间形状。例如，可能向简单的蛇图形添加骨骼，以使蛇逼真地移动和弯曲。

在向元件实例或形状添加骨骼时，Flash 会将实例或形状以及关联的骨架移动到时间轴中的新图层。此新图层称为姿势图层。每个姿势图层只能包含一个骨架及其关联的实例或形状。

Flash 包括两个用于处理 IK 的工具。使用“骨骼工具”可以向元件实例和形状添加骨骼。使用“绑定工具”可以调整形状对象的各个骨骼和控制点之间的关系。

可以在时间轴中对骨架及其关联的元件或形状进行动画处理。通过在不同帧中为骨架定义不同的姿势，在时间轴中进行动画处理。

注意“骨骼工具”一定要在使用 ActionScript 3.0 版本的 Flash 文件中才能使用。

技 巧 提 示

骨骼工具操作技巧

添加骨骼

添加骨骼分为为元件添加骨骼和为形状添加骨骼。

(1) 按照与在向其添加骨骼之前所需的近似配置，在舞台上排列元件实例。在添加骨骼后可以编辑其相对位置，但是此步骤稍后可以节省时间。在添加骨骼之前，元件实例可以在不同的图层上。添加骨骼时，Flash将它们移动到新图层。

(2) 从工具栏中选择“骨骼工具”。使用“骨骼工具”，单击将作为骨架的根部或头部的元件实例，然后拖动到单独的元件实例，以将其链接到根实例。在拖动时，将显示骨骼，释放鼠标后，在两个元件实例之间将显示实心的骨骼。每个骨骼都具有头部、圆端和尾部(尖端)。

(3) 从一个实例拖动到另一个实例以创建骨骼时，单击要将骨骼附加到实例的特定点上的第一个实例。经过要附加骨骼的第二个实例的特定点释放鼠标。也可以稍后编辑这些附加点。每个元件实例只能有一个附加点。骨架中的第一个骨骼是根骨骼。它显示为一个圆围绕骨骼头部。

默认情况下，Flash将每个元件实例的变形点移动到由每个骨骼连接构成的连接位置。对于根骨骼，变形点移动到骨骼头部。对于分支中的最后一个骨骼，变形点移动到骨骼的尾部。

(4) 如果要添加其他骨骼，需要从第一个骨骼的尾部拖动到要添加到骨架的下一个元件实例。

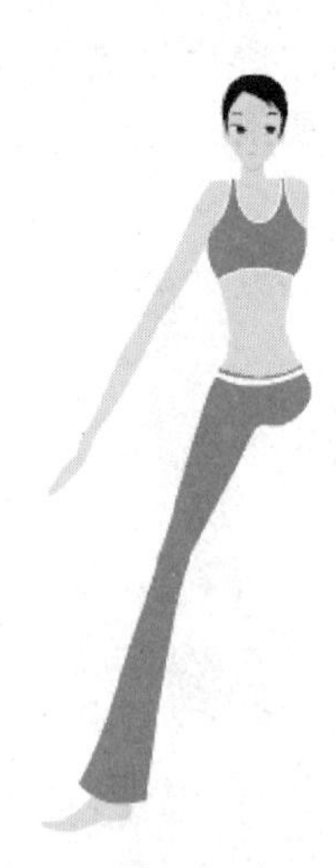

图5-47

注意各部分的层叠顺序。其中脚应该在小腿下面，大腿在下身下面，头在上身下面。如果出现顺序错了，就会出现不恰当之处，比如脚在小腿上面了，如图5-48所示。

图5-48

可选中脚元件，单击右键，在弹出菜单中选择“排列”→“下移一层”，如图5-49所示，把脚移到小腿下面。如果一次不行多下移几次，直到在小腿下面为止。

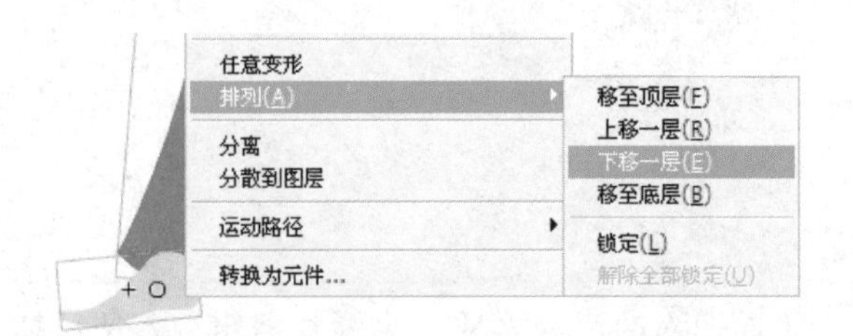

图5-49

放置各部分的时候需要注意的是每两部分的半圆弧形叠放在一起，就像上面脚跟小腿的位置一样。当然不一定一次就调整到位，这样的话可以在后面增加骨骼后再调整。

现在的人只有左手跟左腿，右手跟右腿也使用一样的元件。通过执行“窗口”→“变形”命令，弹出变形面板，来对右手和右腿进行调整，把左右变形值由100改为-100就可以了，如图5-50所示。

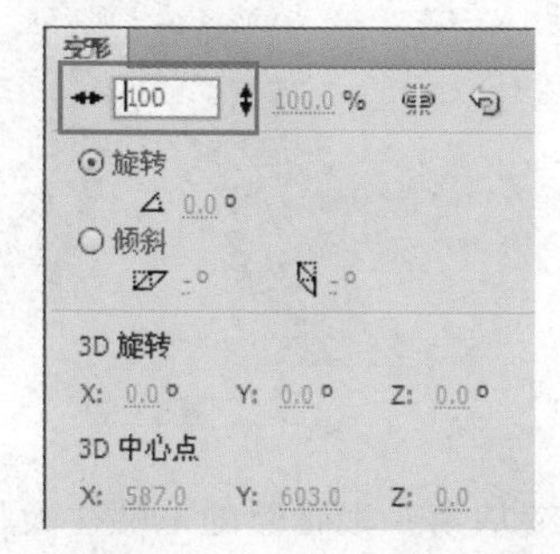

图5-50

最后摆放好的人如图5-51所示。

图5-51

03

下面要用骨骼把这些影片剪辑连接起来。这里要说明下Flash CS4的骨骼工具还不够完善。骨骼连接多了做动作会出现错位现象。所以使用骨骼工具做动画尽量不要是骨骼的分叉连接超过2根。这里对于人的骨骼连接，把上身和手用一个骨架连接，下身和腿用另外一个骨架连接。一共两个骨架，避免产生错位现象。

先制作下身的骨骼，以下身为中心，也就是起始点。选择工具栏的骨骼工具，从人的下身中心往左腿和下身的连接位置拉出第一根骨骼，如图5-52所示。

指针在经过现有骨骼的头部或尾部时会发生改变。为便于将新骨骼的尾部拖到所需的特定位置，可以执行“视图”→“贴紧”→“贴紧至对象”命令来贴紧对象。

按照要创建的父子关系的顺序，将对象与骨骼链接在一起。例如，如果要向表示胳膊的一系列影片剪辑添加骨骼，先绘制从肩部到肘部的第一个骨骼、然后是从肘部到手腕的第二个骨骼以及从手腕到手部的第三个骨骼。

在向实例添加骨骼时，Flash将每个实例移动到时间轴中的新图层。新图层称为姿势图层。与给定骨架关联的所有骨骼和元件实例都驻留在姿势图层中。每个姿势图层只能包含一个骨架。Flash向时间轴中现有的图层之间添加新的姿势图层，以保持舞台上对象的以前堆叠顺序。

(5) 如果要创建分支骨架，单击希望分支从该处开始的现有骨骼的头部，然后进行拖动以创建新分支的第一个骨骼。

创建IK骨架后，可以在骨架中拖动骨骼或元件实例以重新定位实例。拖动骨骼会移动其关联的实例，但不允许它相对于其骨骼旋转。拖动实例允许它移动以及相对于其骨骼旋转。拖动分支中间的实例可导致父级骨骼通过连接旋转而相连。子级骨骼在移动时没有连接旋转。

创建骨架且其所有的关联元件实例都移动到姿势图层后，仍可以将新实例从其他图层添加到骨架。在将新骨骼拖动到新实例后，Flash会将该实例移动到骨架的姿势图层。

提示：为形状添加骨骼的方法

跟元件类似。对于形状，可以向单个形状的内部添加多个骨骼，这不同于元件实例(每个实例只能具有一个骨骼)。还可以向在“对象绘制”模式下创建的形状添加骨骼。

向单个形状或一组形状添加骨骼。在任何情况下，在添加第一个骨骼之前必须选择所有形状。在将骨骼添加到所选内容后，Flash将所有的形状和骨骼转换为IK形状对象，并将该对象移动到新的姿势图层。

在某个形状转换为IK形状后，它无法再与IK形状外的其他形状合并。

编辑骨骼

创建骨骼后，可以使用多种方法编辑它们。可以重新定位骨骼及其关联的对象，在对象内移动骨骼，更改骨骼的长度，删除骨骼，以及编辑包含骨骼的对象。

若要移动元件实例内骨骼连接、头部或尾部的位置，则需执行“窗口”→“变形”命令移动实例的变形点位置。骨骼也将随变形点改变长度。

若要移动单个元件实例而不移动任何其他链接的实例，则需按住〈Alt〉键拖动该实例，或者使用“任意变形工具”拖动它。连接到实例的骨骼将变长或变短，以适应实例的新位置。

若要将某个骨骼与其子级骨骼一起旋转而不移动父级骨骼，则需按住〈Shift〉键并拖动该骨骼。

若要将某IK形状移动到舞台上的新位置，则需选中该形状在“属性”面板的“位置和大小”项更改其X和Y参数。

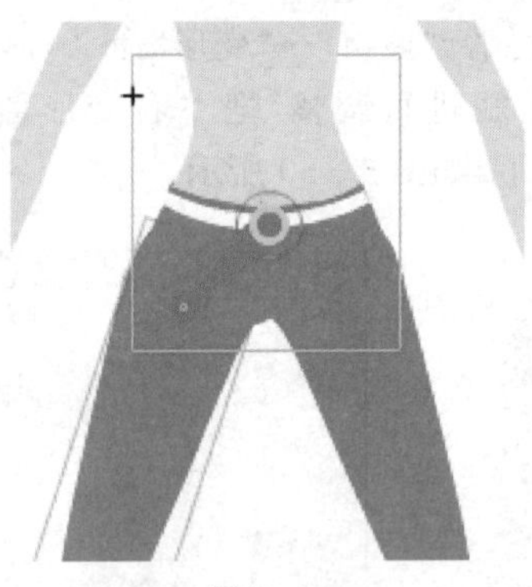

图5-52

继续从第一根骨骼的末端往大腿与小腿的连接位置拉出第二根骨骼，如图5-53所示。

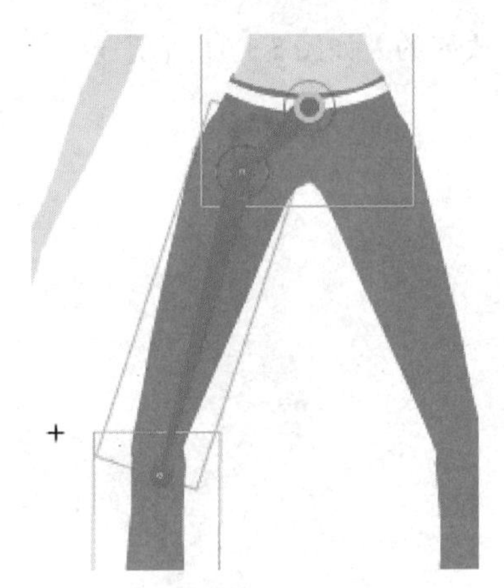

图5-53

接下来从第2根骨骼的末端往小腿与脚的连接位置拉出第三根骨骼，如图5-54所示。

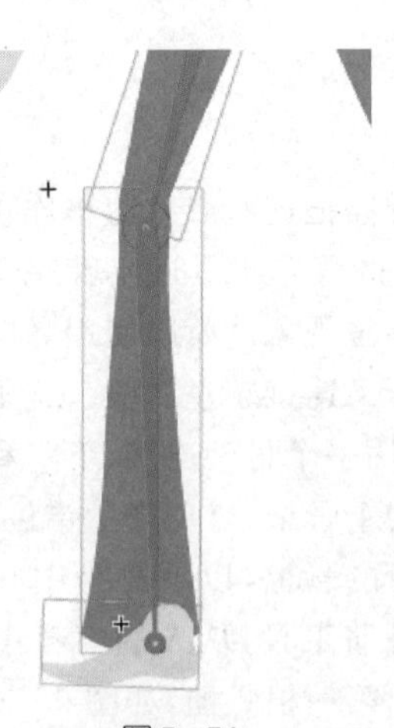

图5-54

继续增加右腿的骨骼。这里是从第一根骨骼的起点往右腿拉出骨骼。同样骨骼的连接位置是每 2 部分的连接位置。最后下身的骨骼如图 5－55 所示。

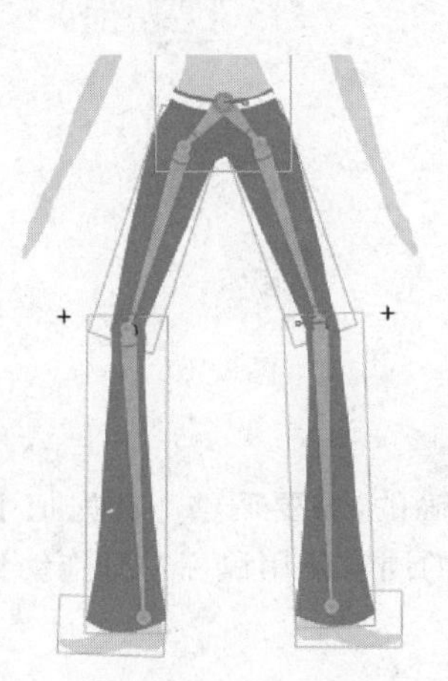

图 5－55

用同样的方法制作上身和手的骨骼，这里第一根骨骼的起点是上身的头和上身连接位置，然后往 2 边连接 2 只手的骨骼。最后的骨骼如图 5－56 所示。

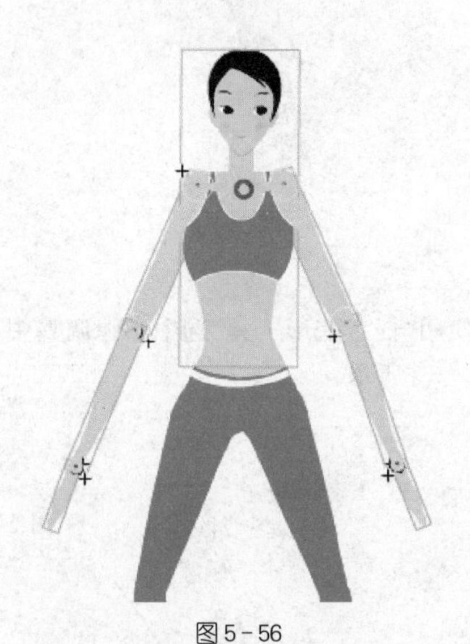

图 5－56

骨骼增加完后，需要测试每根骨骼是否能正确的影响元件的运动。可以拖动每个骨骼，看人物的动作是否合理。比如弯曲小腿的时候得出形状如图 5－57 所示。

若要删除单个骨骼及其所有子级，则需单击该骨骼并按〈Delete〉键。若要从某个 IK 形状或元件骨架中删除所有骨骼，则需选择该形状或该骨架中的任何元件实例，然后执行“修改”→“分离”命令，就把所有骨骼全部删除了。

调整 IK 运动约束

要创建 IK 骨架的更多逼真运动，可以控制特定骨骼的运动自由度。例如，可以约束作为胳膊一部分的两个骨骼，使得肘部无法按错误的方向弯曲。

默认情况下，创建骨骼时会为每个 IK 骨骼分配固定的长度。骨骼可以围绕与父级骨骼的连接旋转以及沿 X 和 Y 轴平移，但是它们无法以要求更改其父级骨骼长度的方式移动。可以启用、禁用和约束骨骼的旋转及其沿 X 或 Y 轴的运动。默认情况下，启用骨骼旋转，而禁用 X 和 Y 轴运动。启用 X 或 Y 轴运动时，骨骼可以无限度地沿 X 或 Y 轴移动，而且父级骨骼的长度将随之改变以适应运动。也可以限制骨骼的运动速度，在骨骼中创建粗细效果。选定一个或多个骨骼时，可以在属性面板中设置这些属性，如下图所示。

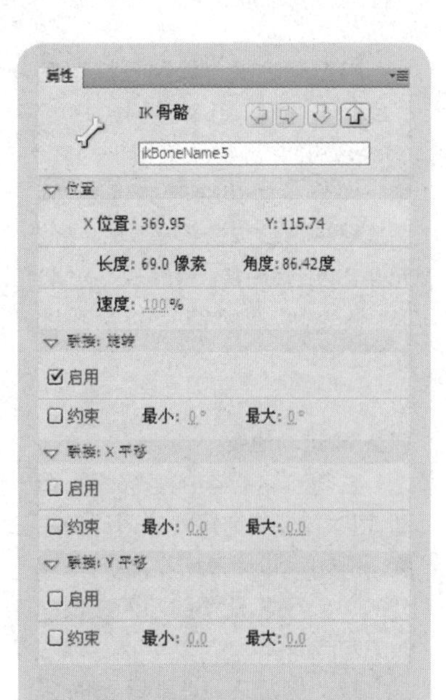

绑定骨骼到形状点

对形状进行了IK的绑定后，可能会发现，在移动骨架时形状的笔触并不按令人满意的方式扭曲。默认情况下，形状的控制点连接到离它们最近的骨骼。

使用“绑定工具”，可以编辑单个骨骼和形状控制点之间的连接。这样，就可以控制在每个骨骼移动时笔触扭曲的方式以获得更满意的结果。可以将多个控制点绑定到一个骨骼，以及将多个骨骼绑定到一个控制点。使用“绑定工具”单击控制点或骨骼，将显示骨骼和控制点之间的连接。然后可以按各种方式更改连接。

使用“绑定工具”单击该骨骼。已连接的点以黄色加亮显示，而选定的骨骼以红色加亮显示，仅连接到一个骨骼的控制点显示为方形，连接到多个骨骼的控制点显示为三角形，如下图所示。

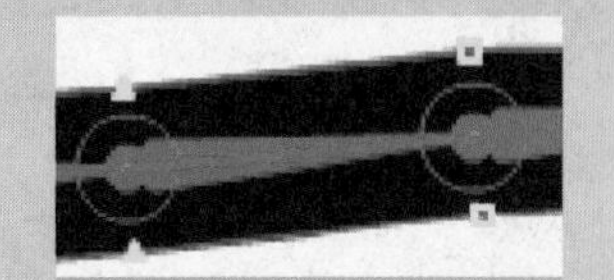

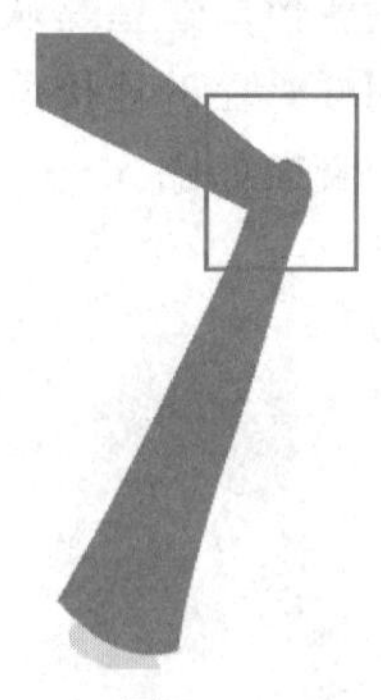

图5－57

这是不正确的，需要调整。首先把小腿和脚选中。按住〈Shift〉键的同时使用鼠标左键拖动到合适位置，如图5－58所示。

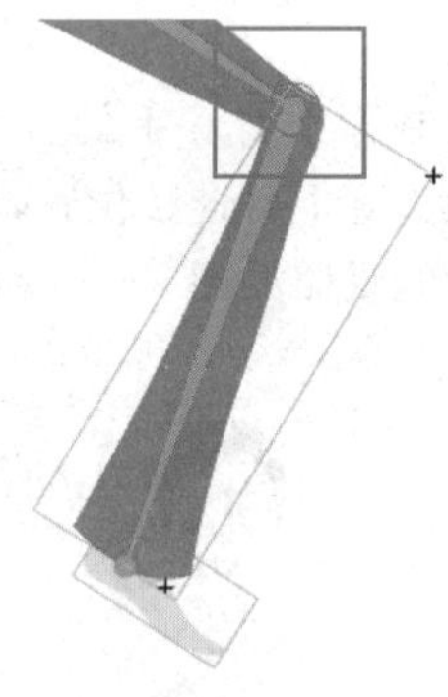

图5－58

然后使用“任意变形工具”选中小腿调整中心点的位置，如图5－59所示。

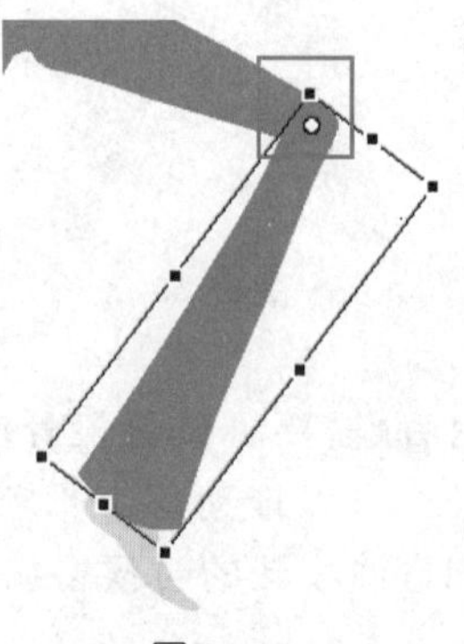

图5－59

其实就是大腿跟小腿的骨骼连接点的位置。把这个点的位置调整到合适位置，使得对腿拉直弯曲没有问题为止，如图 5 - 60 所示。

图5－60

每个关节处都要经过这样的调整。保证人物运动起来不会出现不正确的变形。这点需要细心地操作。完成后时间轴上生成一个骨架图层，如图 5 - 61 所示。

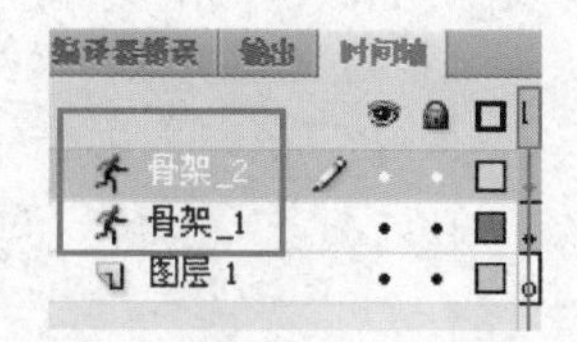

图5－61

04

下面设置 IK 的运动约束。选中下身的骨骼，在属性面板中的三个运动项目都勾选“约束”，将它的运动全部禁用。这是为了防止人物飘动，动画需要哪方面的运动时再启用，如图 5 - 62 所示。

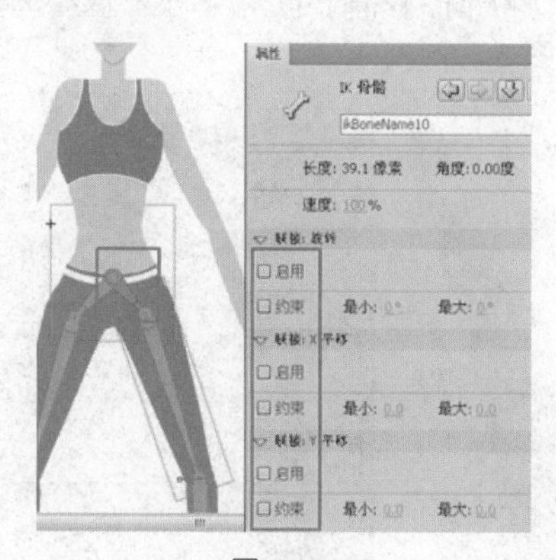

图5－62

这个骨骼的运动禁用后，跟它连在一起的两个骨骼一样被禁用了。

若要向选定的骨骼添加控制点，可以按住〈Shift〉键或〈Ctrl〉键单击未加亮显示的控制点，也可以通过按住〈Shift〉键或〈Ctrl〉键拖动来选择要添加到选定骨骼的多个控制点。

若要从骨骼中删除控制点，可以按住〈Ctrl〉键单击以黄色加亮显示的控制点，也可以通过按住〈Ctrl〉键拖动来删除选定骨骼中的多个控制点。

反过来使用“绑定工具”单击控制点，已连接的骨骼以黄色加亮显示，而选定的控制点以红色加亮显示。

若要向选定的控制点添加其他骨骼，可以按住〈Shift〉键单击骨骼，若要从选定的控制点中删除骨骼，可以按住〈Ctrl〉键单击以黄色加亮显示的骨骼。

在时间轴中对骨架进行动画制作

IK 骨架存在于时间轴中的姿势图层上。若要在时间轴中对骨架进行动画处理，可以通过右键单击姿势图层中的帧再选择“插入姿势”来插入姿势。使用“选择工具”更改骨架的位置，Flash 将在姿势之间的帧中自动内插骨骼的位置。可以随时在姿势帧中重新定位骨架或添加新的姿势帧。另外将骨架转换为影片剪辑或图形元件以实现其他补间效果。

使用姿势向 IK 骨架添加动画时，可以调整帧中围绕每个姿势的动画的速度。通过调整速度，可以创建更为逼真的运动。控制姿势帧附近运动的加速度称为缓动。

例如，在移动胳膊时，在运动开始和结束时胳膊会加速和减速。通过在时间轴中向 IK 姿势图层添加缓动，可以在每个姿势帧前后使骨架加速或减速。

向姿势图层中的帧添加缓动的方法如下：

单击姿势图层中两个姿势帧之间的帧。在"属性"面板中，从"缓动"项中选择缓动类型，如下图所示。

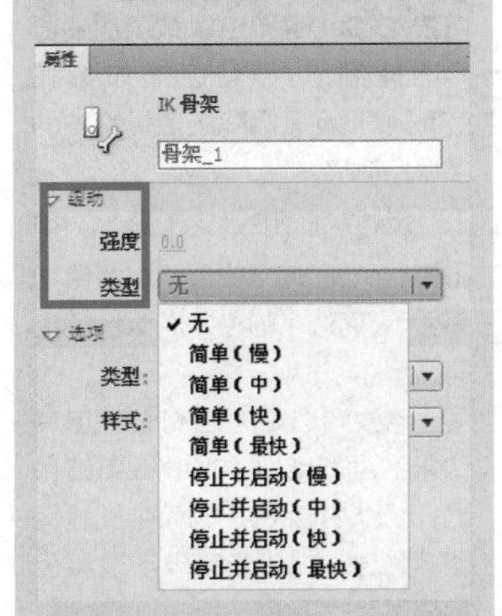

可用的缓动包括四个"简单"缓动和四个"停止并启动"缓动。"简单"缓动将降低紧邻上一个姿势帧之后的帧中运动的加速度或紧邻下一个姿势帧之前的帧中运动的加速度。缓动的"强度"属性可控制哪些帧将进行缓动以及缓动的影响程度。

"停止并启动"缓动减缓紧邻之前姿势帧后面的帧以及紧邻图层中下一个姿势帧之前的帧中的运动。

这两种类型的缓动都具有"慢"、"中"、"快"和"最快"形式。"慢"形式的效果最不明显，而"最快"形式的效果最明显。

在"属性"面板中，为强度输入一个值。默认强度是0，即表示无缓动。最大值是100，它表示对下一个姿势帧之前的帧应用最明显的缓动效果。最小值是-100，它表示对上一个姿势帧之后的帧应用最明显的缓动效果。

选中上身连接肩膀的骨骼，将它的运动全部禁用，以防止肩膀的位置发现变形，如图5-63所示。

图5-63

选中右脚骨骼，设置它的旋转约束最小为0°，最大为180°，如图5-64所示。

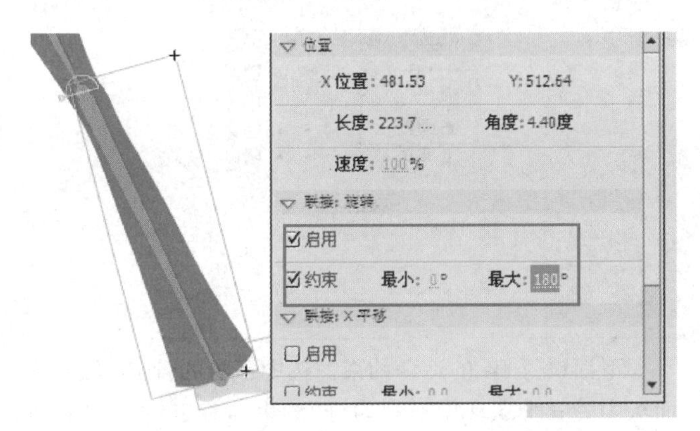

图5-64

选中左脚骨骼，设置它的旋转约束最小为-180°，最大为0°，如图5-65所示。

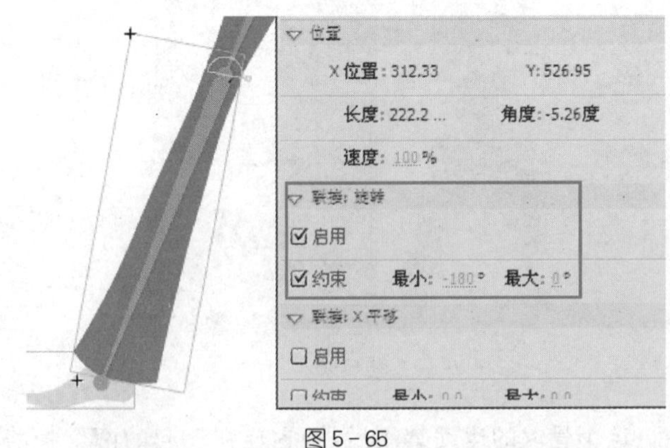

图5-65

05

下面使用这个绑定了骨骼 IK 的小人制作一段舞蹈动画。在骨架图层上第 70 帧处插入帧，回到第 1 帧处把小人调到站立姿势，如图 5－66 所示。

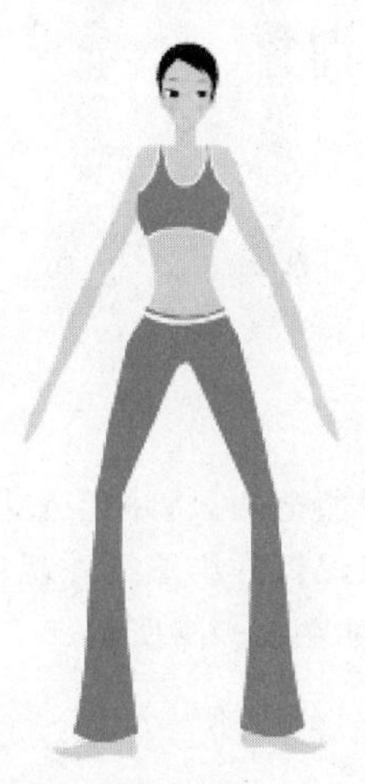

图 5－66

然后在两个骨骼图层的第 40 帧处右键选择插入姿势。这样保证前后 2 帧的动作位置一样，如图 5－67 所示。

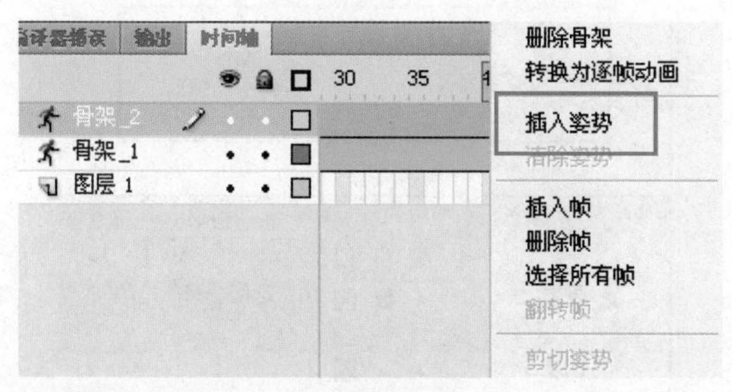

图 5－67

然后在两个骨骼第 10 帧处右键选择插入姿势，通过调节两个骨骼把小人调成微蹲姿势，首先选中所有跟下身骨骼相连的影片剪辑，按住〈Alt〉键用鼠标把它们往下移动一段距离。注意这时候选中骨骼是不能移动的，因为已经固定了，如图 5－68 所示。

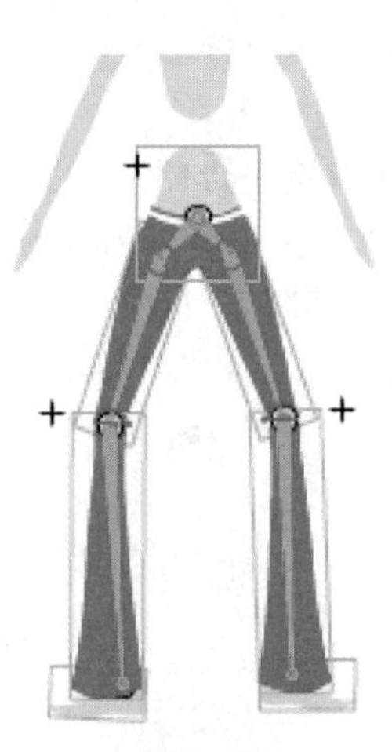

图5-68

然后再选中骨骼把两只脚的位置调整到跟第一帧接近的位置。这时可以打开绘图纸外观轮廓查看前面帧的脚的位置来调整，如图5-69所示。

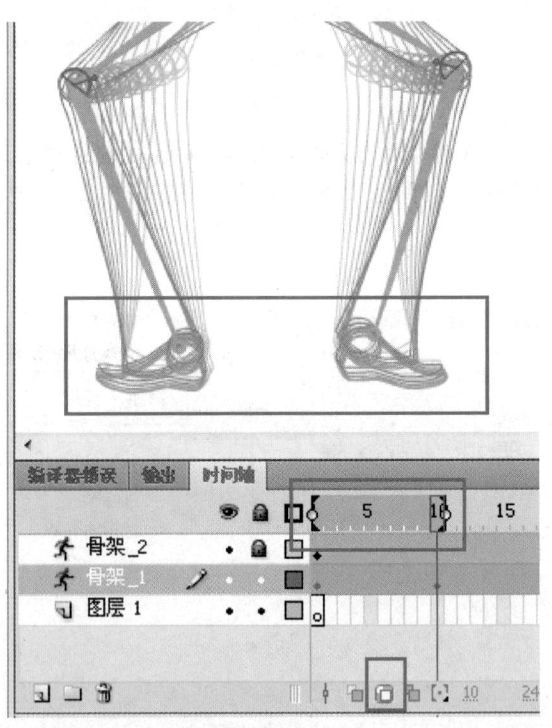

图5-69

同样的做法把上身骨骼调整成微下蹲姿势，最后调整效果，如图5-70所示。

图 5-70

按上面的调整方法在两个骨骼图层第 20 帧把小人调成下蹲到最低位置姿势，如图 5-71 所示。

图 5-71

在第 30 帧插入姿势，把小人调成和第 10 帧差不多的姿势，同样要保持脚的位置不动，身子动。

我们用鼠标点击左上角的场景 1 回到场景。完成"动作 0"影片剪辑的制作。

06

下面搭配下背景完成效果。

从库中把"动作 0"影片剪辑放到图层 1 上。在图层

1上新建图层2。把图层2放置在图层1下面。选中图层2第一帧,使用"文件"→"导入"→"导入到舞台",选择本书素材文件"第5章\pic\bj.jpg"。然后使用对齐工具把背景图片对齐到场景中心。把图层1的人影片剪辑使用任意变形工具缩放到合适大小放置在场景右下位置,如图5-72所示。

图5-72

新建图层3,并把图层3放置在图层1和图层1之间,从库中把"动作0"影片剪辑放到图层3第一帧上。使用任意变形工具缩放到合适大小放置人的脚下位置做阴影,如图5-73所示。

图5-73

选中该影片剪辑，在“属性”面板的色彩效果中设置样式为高级，设置红、绿、蓝通道值为 0，Alpha 通道值为 50，如图 5－74 所示。

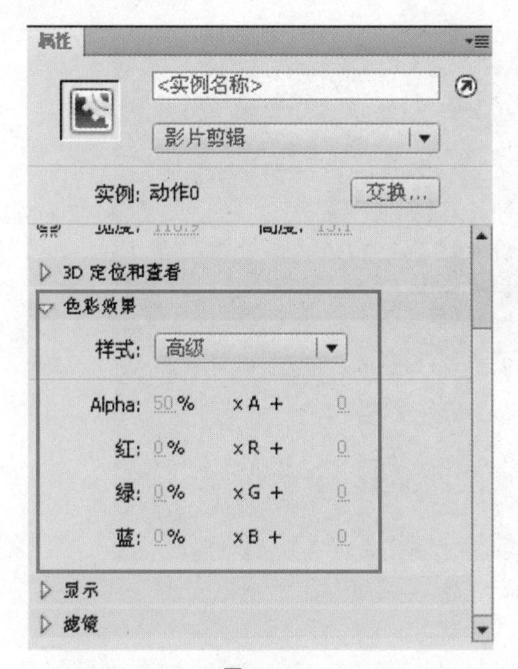

图 5－74

调整后阴影效果如图 5－75 所示。

图 5－75

最后预览保存文件。

5.3 利用3D工具来创建动画

图5-76

知识点提示

3D工具

Flash CS4可以通过在舞台的3D空间中移动和旋转影片剪辑来创建3D效果。Flash CS4通过在每个影片剪辑实例的属性中增加Z轴来表示3D空间。通过使用“3D平移工具”和“3D旋转工具”沿着影片剪辑实例的Z轴移动和旋转影片剪辑实例，可以向影片剪辑实例中添加3D透视效果。将平移或旋转应用于影片剪辑后，Flash会将其视为一个3D影片剪辑，每当选择该影片剪辑时就会显示一个重叠在其上面的彩轴指示符，如下图所示。

下面通过一个LOGO的动画片头实例来讲解Flash CS4版本中的新功能:“3D工具”。制作效果如图5-76所示。

01

打开Flash CS4，新建一个ActionScript 3.0的Flash文件，在文档“属性”面板设置文档大小为550像素×400像素，背景颜色为蓝色，如图5-77所示。

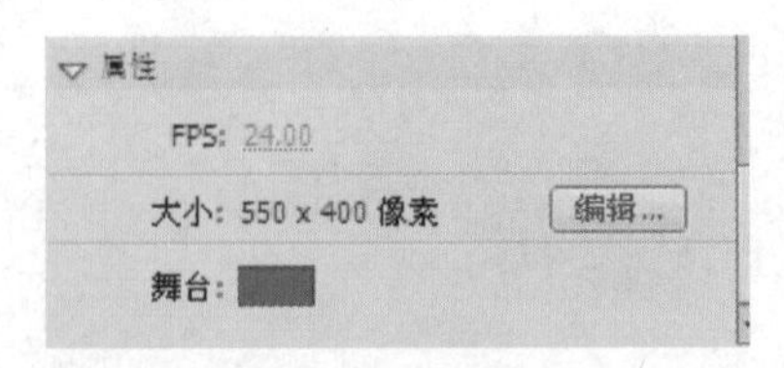

图5-77

执行“文件”→“导入”→“导入到库”命令，在弹出的窗口中选择本书素材文件“第5章\pic\5-3.jpg”，将图导入到库，如图5-78所示。

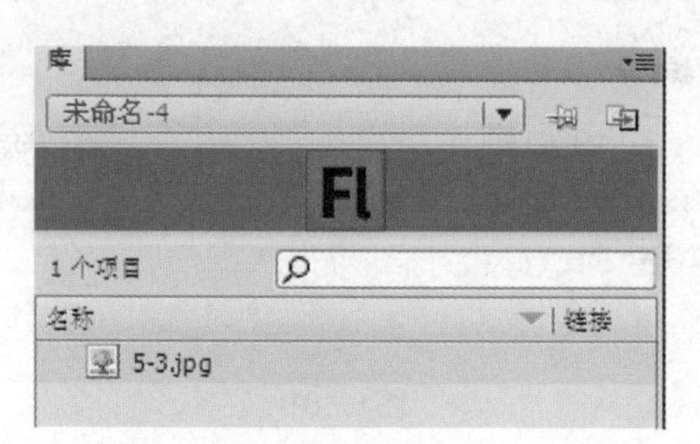

图 5-78

02

下面创建元件。执行“插入”→“新建元件”命令，在弹出的窗口中设置“名称”为“标志”，“类型”为影片剪辑，如图 5-79 所示。

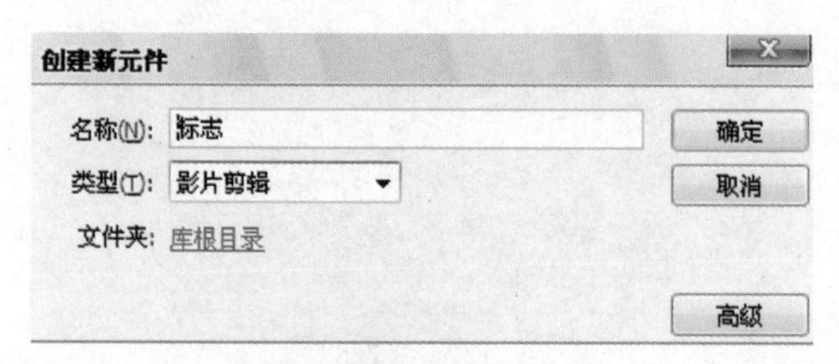

图 5-79

进入到影片剪辑编辑状态，从库中把图片“5-3.jpg”拉到舞台中。执行“窗口”→“对齐”命令，调出“对齐”面板。选中图片，打开“对齐”面板，单击如图 5-80 所示的按钮，把图片中心对齐到舞台中心。

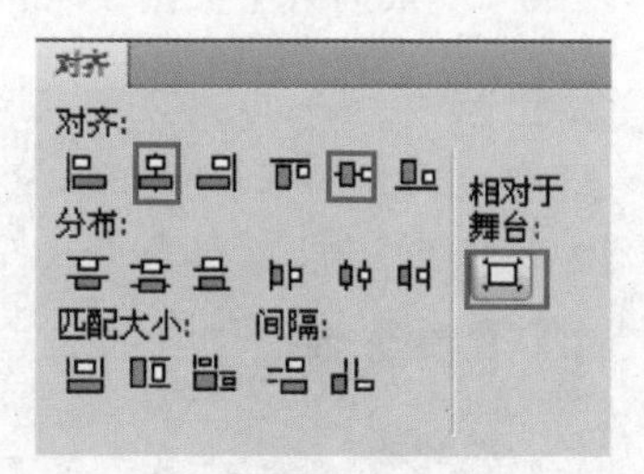

图 5-80

回到场景 1，标志元件创建好了。继续创建元件，执行“插入”→“新建元件”命令，在弹出的窗口中设置“名称”为“立体标志”，“类型”为影片剪辑，如图 5-81 所示。

使用“3D 平移工具”或“属性”面板沿 Z 轴移动该对象可以使对象看起来离观察者更近或更远。使用“3D 旋转工具”绕对象的 Z 轴旋转影片剪辑可以使对象看起来与观察者之间形成某一角度。通过组合使用这些工具，就可以创建逼真的透视效果。

“3D 平移工具”和“3D 旋转工具”有全局 3D 坐标模式和局部 3D 坐标模式。全局 3D 坐标即为舞台的默认坐标，全局变形和平移是相对于舞台的。局部 3D 坐标即为影片剪辑本身坐标的，局部变形和平移是相对于影片剪辑本身的。例如，如果影片剪辑包含多个嵌套的影片剪辑，则嵌套的影片剪辑的局部 3D 变形坐标是父级影片剪辑的本身坐标，X、Y、Z 轴向都是与影片剪辑垂直或水平的。下图是在全局 3D 坐标中旋转的影片剪辑。

下图是在局部 3D 坐标中旋转的影片剪辑。

"3D平移工具"和"3D旋转工具"的默认模式是全局。要在局部模式中使用3D工具，可单击工具面板的"3D旋转工具"按钮后单击下方的"全局转换"按钮，如下图所示。

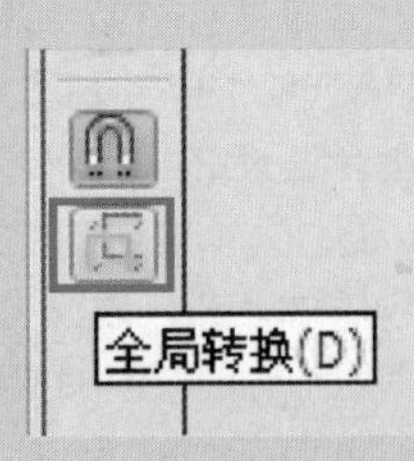

提示：在为影片剪辑实例添加3D变形后，不能在"在当前位置编辑"模式下编辑该实例的父影片剪辑元件。

如果舞台上有多个3D对象，则可以通过调整FLA文件的"透视角度"和"消失点"属性将特定的3D效果添加到所有对象(这些对象作为一组)。"透视角度"属性具有缩放舞台视图的效果。"消失点"属性具有在舞台上平移3D对象的效果。这些设置只影响应用3D变形或平移的影片剪辑的外观。

在Flash的"3D工具"中，只能控制一个视点，或者称为摄像头。Flash文件的摄像头视图与舞台视图相同。每个Flash文件只有一个"透视角度"和"消失点"设置。

提示：使用Flash的3D功能，Flash文件的发布设置必须设置为Flash Player 10和ActionScript 3.0。不能对遮罩层上的对象使用"3D工具"，包含3D对象的图层也不能用作遮罩层。

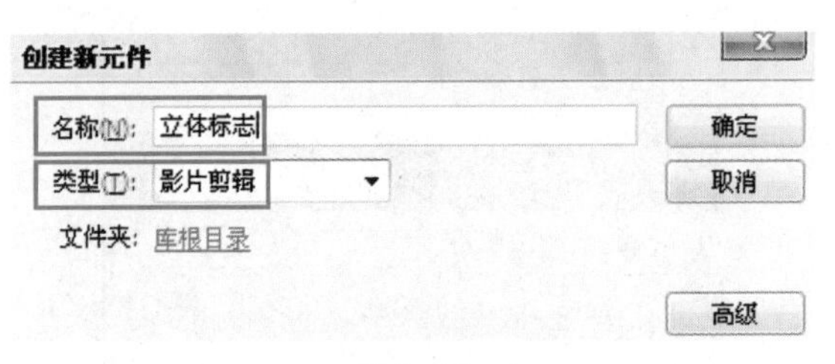

图5-81

在"立体标志"影片剪辑编辑状态下将标志元件拖入舞台中，注意到标志元件大小是100像素×100像素。打开属性面板，在"3D定位和查看"项中设置参数："X:0　Y:0　Z:-50"，其他参数不变，如图5-82所示。

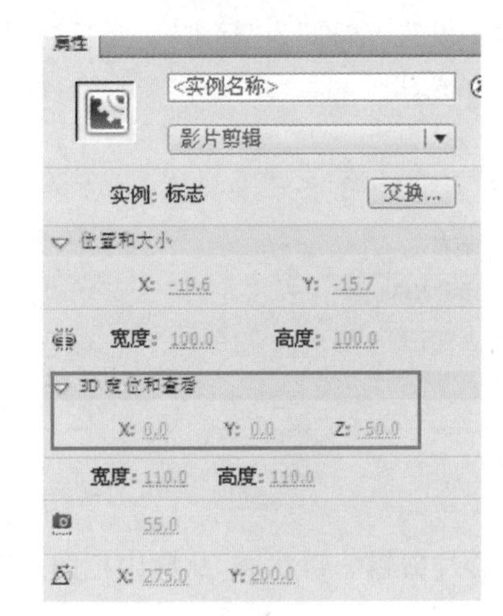

图5-82

再从库中拖入标志元件，设置其3D定位参数为"X:0　Y:0　Z:50"，完成后效果如图5-83所示。

图5-83

这样就把正方体的正面和背面的图放好了，下面放侧面的图。从库中再拖入标志元件。这张图将放到左边侧面，那么容易得出它的 X 坐标应该是 -50，所以 3D 定位参数是"X：-50，Y：0，Z：0"。然后用"3D 旋转工具"将图片绕 Y 轴逆时针旋转 90°。不难理解，图片放上去时是平面摆放的，绕 Y 轴转 90°后自然就转到侧面了，且正好与上两张图片对接。

操作时注意使用"3D 旋转工具"放置在标志元件上时一定要确保旋转中心点在元件中心，不在的话可以双击元件把旋转中心调到元件中心。另外旋转时先把鼠标放置在 Y 轴上，然后向圆上方按住鼠标拉到 1/4 圆的位置，如图 5-84 所示。这样就是在 Y 轴上旋转了 90°。效果上能看到图片的两边分别跟前面两个元件的边重合。

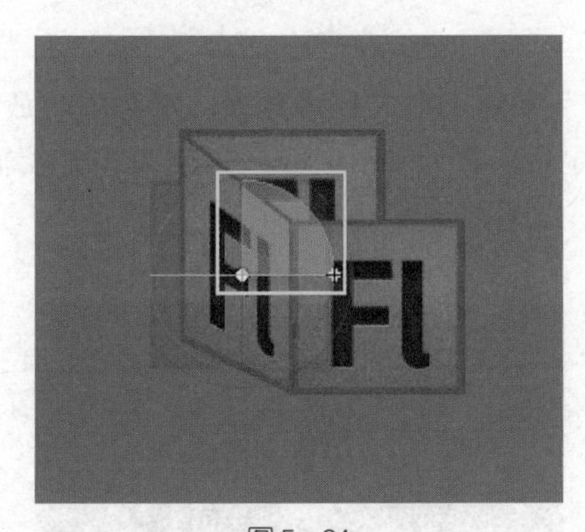

图 5-84

继续从库中拖入标志元件。这张图将放到右边侧面，所以 3D 定位参数是"X：50，Y：0，Z：0"。然后用"3D 旋转工具"将图片绕 Y 轴顺时针转 90°，右侧图片就放好了。效果如图 5-85 所示。

图 5-85

使用"3D 工具"

1. 使用"3D 平移工具"在舞台中移动对象

可以使用"3D 平移工具"在 3D 空间中移动影片剪辑实例。在使用该工具选择影片剪辑后，影片剪辑的 X、Y 和 Z 三个轴将显示在舞台上对象的顶部。X 轴为红色、Y 轴为绿色，而 Z 轴为蓝色。

"3D 平移工具"的默认模式是全局。可在使用"3D 平移工具"进行拖动的同时按〈D〉键临时从全局模式切换到局部模式。

注意：如果更改了 3D 影片剪辑的 Z 轴位置，则该影片剪辑在显示时也会改变其 X 和 Y 位置。这是因为，Z 轴上的移动是沿着从 3D 消失点（在 3D 元件实例属性面板中设置）辐射到舞台边缘的不可见透视线执行的。

2. 移动 3D 空间中的单个影片剪辑

（1）在工具栏中选中"3D 平移工具"，通过选中工具栏的下方的"全局转换"按钮将该工具设置为局部或全局模式。

（2）选择一个影片剪辑。将指针移动到 X、Y 或 Z 轴控件上进行拖动来移动对象，指针在经过任一控件时将发生变化。

X 和 Y 轴控件是每个轴上的箭头。按控件箭头的方向拖动其中一个控件可沿所选轴移动对象。Z 轴控件是影片剪辑中间的黑点。上下拖动 Z 轴控件可在 Z 轴上移动对象。

(3) 可以使用“属性”面板移动对象，在“属性”面板的“3D 定位和视图”项中输入 X、Y 或 Z 的值。在 Z 轴上移动对象时，对象的外观尺寸将发生变化。外观尺寸在“属性”面板中显示为属性面板的“3D 位置和视图”项中的“宽度”和“高度”值，这些值是只读的，如下图所示。

属性
<实例名称>
影片剪辑
实例：元件 1　交换...
位置和大小
3D 定位和查看
X: 80.3　Y: 124.4　Z: -1.2
宽度: 169.0　高度: 40.0
55.0
X: 275.0　Y: 200.0
重置

3. 在 3D 空间中移动多个选中影片剪辑

在选择多个影片剪辑时，可以使用“3D 平移工具” 移动其中一个选定对象，其他对象将以相同的方式移动。

如果要在全局 3D 模式中以相同方式移动组中的每个对象，可以先将“3D 平移工具”设置为全局模式，然后用轴控件拖动其中一个对象。按住〈Shift〉键并双击其中一个选中对象可将轴控件移动到该对象。

如果要在局部 3D 模式中以相同方式移动组中的每个对象，可以将“3D 平移工具”设置为局部模式，然后用轴控件拖动其中一个对象。按住〈Shift〉键并双击其中一个选中对象可将轴控件移动到该对象。

继续从库中再拖入标志元件。这张图将放到底面，因此 Y 坐标为 100，3D 定位参数为“X：0，Y：50，Z：0”，绕 X 轴顺时针旋转 90°。效果如图 5－86 所示。

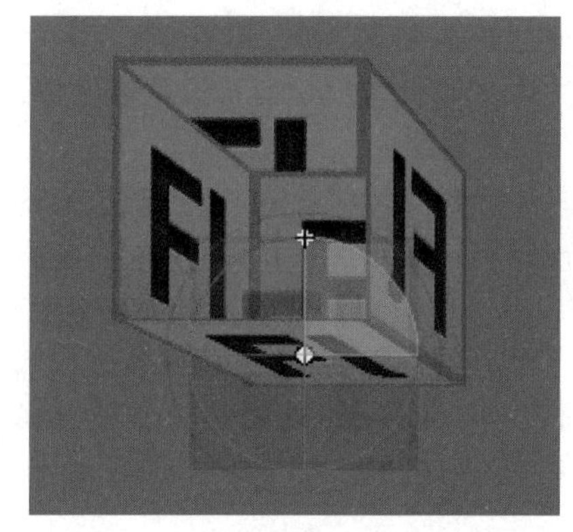

图 5－86

继续从库中再拖入标志元件。这张图将放到顶面，因而 3D 定位参数为“X：0，Y：－50，Z：0”，绕 X 轴顺时针旋转 90°。效果如图 5－87 所示。

图 5－87

这样正方体就做好了，完成后的图应该是每两条边都重合在一起。回到场景 1，完成立体标志元件的制作。

下面再创建一个文字元件。执行“插入”→“新建元件”命令，在弹出的对话框中设置名称为“文字”，类型为影片剪辑。在“文字”影片剪辑编辑状态下使用“文字工具”输入“Flash CS4”。选中“文字”在属性面板设置文字大小为 40，颜色为白色，选择一个粗体文字字体，如图 5－88 所示。

图 5－88

然后使用“对齐”面板把文字对齐到舞台中心。回到场景 1，完成文字元件的制作。

03

下面利用这些元件来制作动画效果。从库中把立体标志元件拉到舞台中。使用“对齐”面板把元件对齐到舞台中心，然后拉到舞台正上方，如图 5－89 所示。

图 5－89

在图层 1 第 30 帧插入帧，然后在第 1 帧到第 30 帧之间单击右键在弹出的菜单中选择“创建补间动画”。在第 30 帧使用“3D 平移工具”选中元件，在“属性”面板把元件的 3D 定位 Y 值设为 200，其他不变，如图 5－90 所示。

3D 定位和查看
X: 275.0 Y: 200.0 Z: 0.0
宽度: 110.0 高度: 111.0
55.0
X: 275.0 Y: 200.0

图 5－90

得到立体元件从上面掉下的动画效果。继续增加变化。在第 90 帧处插入帧。打开“动画编辑器”面板在“基本动画”项中设置“旋转 X”为 360°，“旋转 Y”为 360°，“旋

通过双击 Z 轴控件，也可以将轴控件移动到多个所选对象的中间。按住〈Shift〉键并双击其中一个选中对象可将轴控件移动到该对象。

4. 在 3D 空间中旋转对象

使用“3D 旋转工具”可以在 3D 空间中旋转影片剪辑实例。3D 旋转控件出现在舞台上的选定对象之上，X 控件为红色、Y 控件为绿色、Z 控件为蓝色。使用橙色的自由旋转控件可同时绕 X 和 Y 轴旋转。

使用“3D 旋转工具”的方法跟平移 3D 工具一样，不过 3D 旋转有个中心点位置。

可拖动中心点相对于影片剪辑重新定位旋转控件中心点位置。可在按住〈Shift〉键的同时进行拖动使对象沿着 45° 增量约束中心点的移动。

移动旋转中心点可以控制旋转对于对象及其外观的影响。双击中心点可将其移回所选影片剪辑的中心。

所选对象的旋转控件中心点的位置在“变形”面板中显示为“3D 中心点”属性。可以在“变形”面板中修改中心点的位置。

如果在 3D 空间中旋转多个选中对象需要重新定位 3D 旋转控件中心点，可以根据需要执行以下操作：

(1) 如果要将中心点移动到任意位置,可以拖动中心点到需要的位置。

(2) 如果要将中心点移动到一个选定的影片剪辑的中心,可以按住〈Shift〉键并双击该影片剪辑。

(3) 如果要将中心点移动到选中影片剪辑组的中心,可以双击该中心点。

通过更改3D旋转中心点的位置可以控制旋转对于对象的影响。所选对象的旋转控件中心点的位置在“变形”面板中显示为“3D中心点”。可以在“变形”面板中修改中心点的位置。

5. 调整透视角度

透视角度属性控制3D影片剪辑视图在舞台上的外观视角。

增大或减小透视角度将影响3D影片剪辑的外观尺寸及其相对于舞台边缘的位置。增大透视角度可使3D对象看起来更接近观察者,减小透视角度属性可使3D对象看起来更远。此效果与通过镜头更改视角的照相机镜头缩放类似。

透视角度属性会影响应用了3D平移或旋转的所有影片剪辑。透视角度不会影响其他影片剪辑。默认透视角度为55°视角,类似于普通照相机的镜头,视角值的范围为1°到180°。

在“属性”面板中查看或设置透视角度,必须在舞台上选择一个3D影片剪辑。然后打开“属性”面板,在“属性”面板中单击“照相机”图标,调整透视角度,如下图所示。

转Z”为45°,如图5-91所示。

图5-91

注意:这时预览动画发现元件从掉下来就开始转,于是选中第30帧,打开“动画编辑器”面板,把旋转值全部设为0°,如图5-92所示。

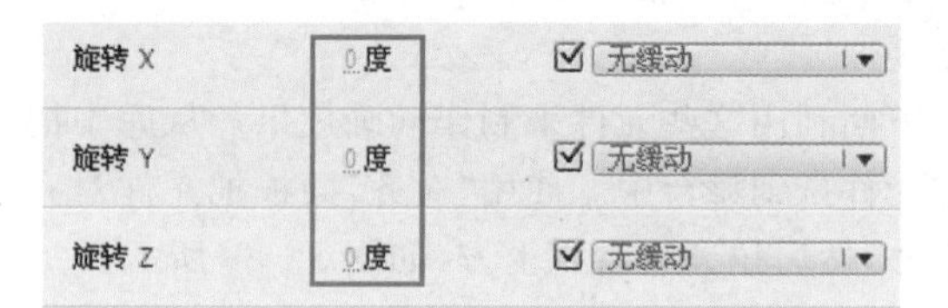

图5-92

回到第90帧,选中元件,在“属性”面板在“色彩效果”项中选择“样式”为“Alpha”并设置其值为50%,如图5-93所示,使得元件有半透明效果。

图5-93

在第150帧处插入帧,并打开“动画编辑器”面板,设置旋转X为-90°,旋转Y为0°,旋转Z为0°,使得立体标志旋转到正位。并选中元件在“属性”面板把Alpha值设置100%。完成立体标志元件的旋转制作。

04

下面制作文字的动画。新建图层2,在图层2第150帧处插入空白关键帧。从库中把文字元件拖拉到舞台上，使用“3D 平移工具”选中它，设置它的 3D 定位 z 值为 1 000，如图 5－94 所示。

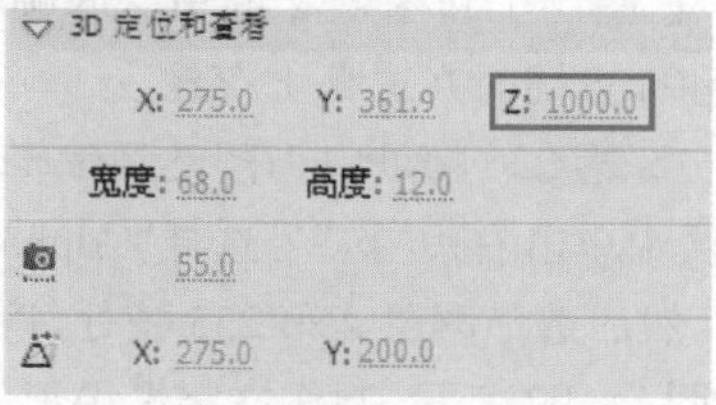

图 5－94

然后使用“3D 平移工具”把文字移动到立体标志正下面，如图 5－95 所示，也可以直接调节 3D 定位的 X、Y 值来控制。

图 5－95

在图层 1 和图层 2 的第 200 帧都插入帧。选中图层 2 第 150 帧到第 200 帧之间单击右键在弹出的菜单中选择“创建补间动画”。在第 200 帧处选中文字元件在“属性”面板设置它的 3D 定位 Z 值为 0。这时文字的位置往下偏了。使用“3D 平移工具”把文字移动到立体标志正下面，如图 5－96 所示。

图 5－96

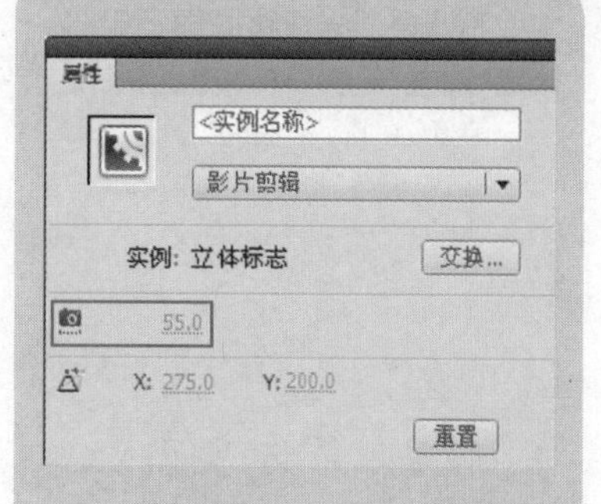

对透视角度所作的更改在舞台上立即可看见。透视角度在更改舞台大小时自动更改，以便 3D 对象的外观不会发生改变。

6. 调整消失点

消失点即灭点。消失点属性控制舞台上 3D 影片剪辑的 Z 轴方向。舞台上所有 3D 影片剪辑的 Z 轴都朝着消失点后退。通过重新定位消失点，可以更改沿 Z 轴平移对象时对象的移动方向。通过调整消失点的位置，可以精确控制舞台上 3D 对象的外观和动画。

消失点是一个文档属性，它会影响应用了 Z 轴平移或旋转的所有影片剪辑。消失点的默认位置是舞台中心。

要在“属性”面板中查看或设置消失点，必须在舞台上选择一个 3D 影片剪辑，才能看到对消失点进行的更改。然后打开“属性”面板，在“属性”面板中“透视角”下方就是消失点的位置数值。输入一个新值后，指示消失点位置的辅助线显示在舞台上，如下图所示。

若要将消失点移回舞台中心，单击“属性”面板中的“重置”按钮。

这样就制作了文字由远到近的变化。下面增加翻滚效果。选中第 200 帧，打开“动画编辑器”面板，设置旋转 X 值为 720。在图层 1 和图层 2 的第 255 帧处插入关键帧。使文字和标志同时在屏幕上存在。

选择图层 2 第 230 帧处，打开“动画编辑器”面板，在“色彩效果”项中单击右边“+”号选择“Alpha”，设置其数量为 100%。然后选择图层 2 第 255 帧处，设置 Alpha 数值为 0%，如图 5 - 97 所示，制作文字慢慢消失效果。

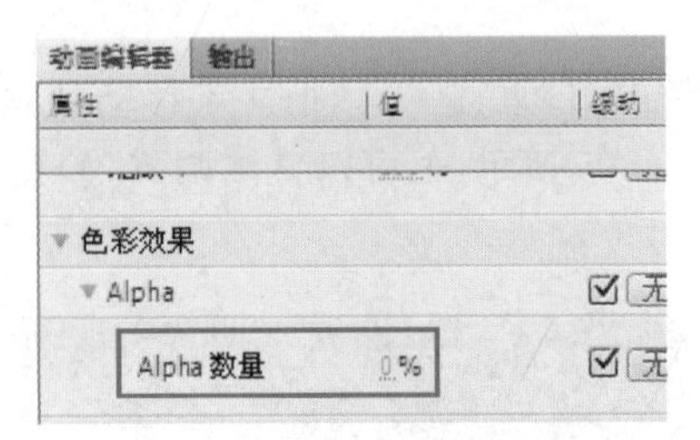

图 5 - 97

选中图层 1 第 255 帧处，打开“动画编辑器”面板，在“基本动画”项中设置“旋转 X”为 - 90°，“旋转 Y”为 180°，“旋转 Z”为 0°，生成属性帧。选中图层 1 第 230 帧处设置旋转 X 为 - 90°，旋转 Y 为 0°，旋转 Z 为 0°，以控制标志在第 230 帧之前不动。

继续选中图层 1 第 255 帧处，打开“动画编辑器”面板，在“色彩效果”项设置 Alpha 数量为 0%。选择第 230 帧，设置 Alpha 值为 0%。制作立体标志旋转消失效果。

还可以为文字增加些变化效果，大家可以去试着增加。最后保存，预览效果。

本章小结

本章讲述的是 Flash 中各种动画的综合使用，以及 Flash CS4 新增的"骨骼工具"和"3D 工具"的使用。通过本章学习应掌握各种动画的使用技巧，综合使用这些动画来制作各种复杂动画。会使用"骨骼工具"来制作角色动画，使用"3D 工具"来制作 Flash 空间的 3D 动画。这是使用 Flash 制作动画的难点，要制作复杂的动画必须完全掌握它们的应用特点及细节。

课后练习

1. 反向运动(IK)是________，Flash 包括两个用于处理 IK 的工具。使用________工具可以向________和________添加骨骼，使用________工具可以调整形状对象的各个骨骼和控制点之间的关系。
2. 要创建 IK 骨架的更多逼真运动，可以控制特定骨骼的________。可以在属性面板中设置________、________、________的约束属性。
3. Flash CS4 的 3D 工具包括________和________工具，有________模式和________模式。
4. ________属性控制 3D 影片剪辑视图在舞台上的外观视角，________属性控制舞台上 3D 影片剪辑的 Z 轴方向。
5. Flash 中引导层的引导线可以用什么工具制作？
6. 遮罩层与被遮罩层是什么关系？

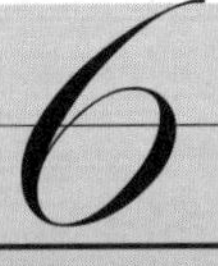

交互设计和 ActionScript

本章学习时间：20 课时

学习目标：掌握 ActionScript 脚本语言基础以及使用 ActionScript 脚本来控制影片剪辑、载入外部文件、制作影片的预载动画和制作拖拽效果的方法

教学重点：ActionScript 脚本语言在交互设计中的应用

教学难点：ActionScript 脚本语言基本语法的理解和使用

讲授内容：常用的交互操作，交互设计的重要性，ActionScript，良好的编程习惯，常用函数，动态文本和载入外部文本的方法，预载动画，本地模拟真实的 LOADING 动画效果

课程范例文件：第 6 章\fla\6－1. fla，第 6 章\fla\6－2. fla，第 6 章\fla\6－3. fla，第 6 章\fla\6－4. fla，第 6 章\fla\6－5\6－5. fla，第 6 章\fla\6－6. fla，第 6 章\fla\6－7. fla

本章课程总览

本章是 Flash 学习的 ActionScript 脚本语言部分，将讲解运用 Flash 的 ActionScript 语言来进行 Flash 交互动画设计制作的方法，ActionScript 语言的基本语法，以及使用 ActionScript 语言来控制影片剪辑，加载外部文件，制作影片的预载动画和制作拖拽动画效果的方法。ActionScript 语言在制作 Flash 交互动画时必须用到，因而一定要掌握基础的 ActionScript 语言，并能够使用 ActionScript 进行交互设计应用。

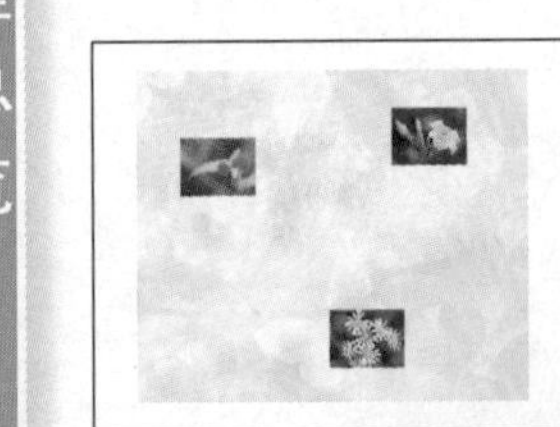

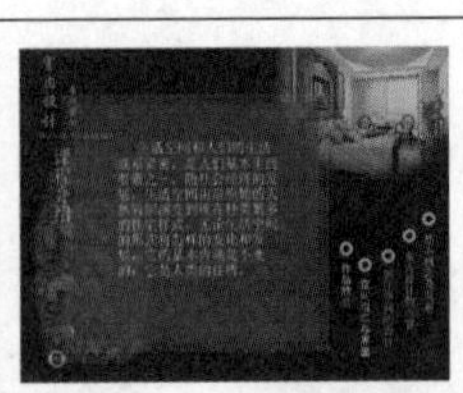

6.1 Flash 中的交互设计概述

图6-1

交互技术是Flash最为突出的性能之一。通过Flash的交互设计能实现人和Flash动画的互动，比如通过按钮来控制声音、影片的播放，通过鼠标键盘的操作来玩Flash游戏。在Flash中交互设计是借助ActionScript语言来实现的。

这里利用“行为”面板的交互操作设置来制作一个控制动画变化的实例，效果如图6-1所示。

01

准备图片制作元件。

新建一个Flash CS4 ActionScript 2.0影片文档，设置文档大小为550像素×550像素，其他默认。选择“文件”→“导入”→“导入到库”，在弹出菜单中把本书素材文件夹“第6章\pic\6-1”里的四张图片导入到库。

使用快捷键〈Ctrl〉+〈F8〉新建元件，分别命名为“1”、“2”、“3”，再依次从库中“1.jpg”、“2.jpg”和“3.jpg”拖动到相对应的元件中，制作成影片剪辑，如图6-2所示。

> **知识点提示**
>
> **常用的交互操作**
>
> 交互操作是指由外界产生动作。包括按下、移入、移出、释放等使用鼠标键盘的动作。常用的交互操作可以在“行为”面板中找到。在“行为”面板的“事件”下拉菜单中就是常用的交互操作。如下图所述。

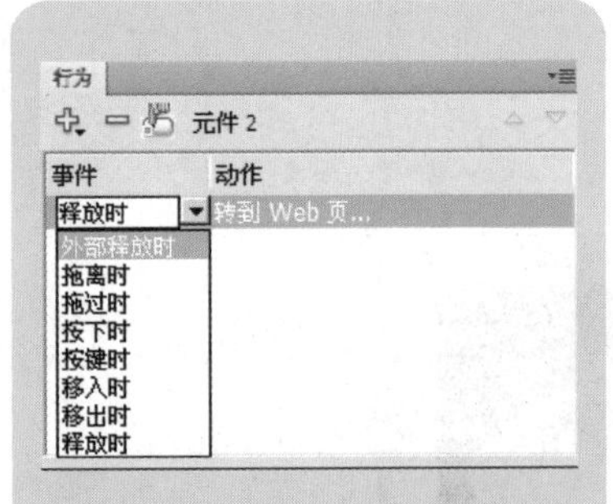

其中各项交互操作意义如下：

外部释放时指当按住鼠标左键移动到对象外面然后放开左键时。

拖离时指当按住鼠标左键移动到对象外面时。

拖过时指当按住鼠标左键移动到对象后，再移出对象，然后又在移回到对象上时。

按下时指当用鼠标按下要发生动作的对象时。

按键时指当按下键盘上某个键时。

移入时指当用鼠标移动到过要发生的对象时。

移出时指当用鼠标移出过要发生的对象时。

注意：在“行为”面板中增加行为其实就是在“动作”面板中输入了 ActionScript 代码。

交互设计的重要性

所谓交互设计，是指设计师对产品与它的使用者之间的互动机制进行分析、预测、定义、规划、描述和探索的过程。简单说，即设计和定义使用者如何使用一产品达到其目标，完成某一任务的过程。特别地，对计算机工业产品的交互设计被称之为“人机交互(Human-Computer Interaction)设计”。Flash 交互设计就是一种人机交互设计，使用 Flash 交互操作让人们通过 Flash 影片来实现人与 Flash 影片

图 6－2

继续使用快捷键〈Ctrl〉＋〈F8〉新建元件，取名为“a1”，类型为影片剪辑，从库中把影片剪辑 1 拖入到“a1”中制作一段 20 帧的动画，其中第 1 到第 10 帧是图片放大动画，第 11 到第 20 帧是图片缩小的动画。注意：缩小到原图的 10％大小，如图 6－3 所示。

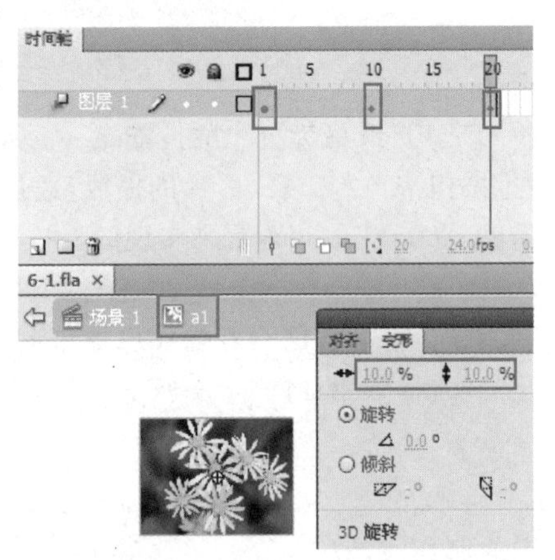

图 6－3

同样的方法新建出“a2”、“a3”影片剪辑，里面分别放置元件 2、元件 3。

02

制作动画。通过应用前面的知识来制作如下动画。制作完成的动画一共 100 帧，图层 1 上面放置的是“bj. jpg”图片，放在最下层。图层 2、3 和图层 4、5 和图层 6、7 分别是影片剪辑“a1”、“a2”、“a3”沿着一个圆的运动引导层动画。注

意他们的引导层的圆大小一样，开口处相隔 120°。三个影片剪辑运动方向要一致。得到效果如图 6－4 所示。

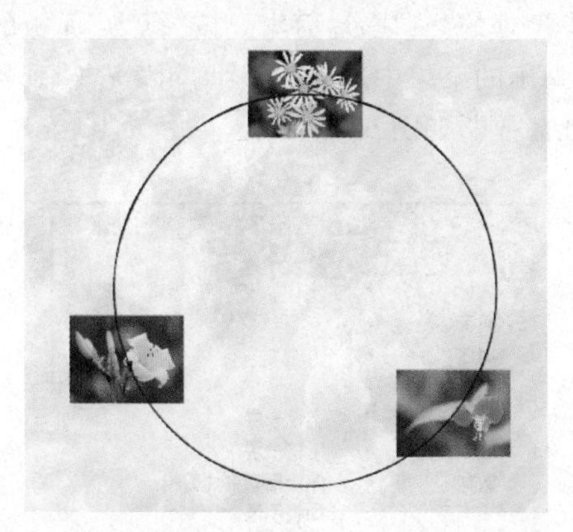

图6-4

时间轴如图 6－5 所示。

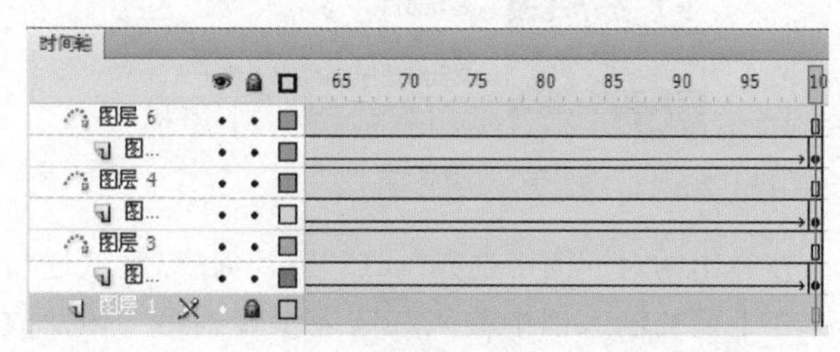

图6-5

03

使用行为面板加入交互操作。

首先来为“a1”、“a2”、“a3”这三个影片剪辑加入简单的代码“stop ();”，该代码表示停止播放。首先双击“a1”影片剪辑进入编辑状态，新建图层 2，在图层 2 第 10 帧处插入空白关键帧。然后按〈F9〉键打开“动作”面板，分别选中图层 2 第 1 帧和第 10 帧，在“动作”面板中输入“stop ();”，如图 6－6 所示。

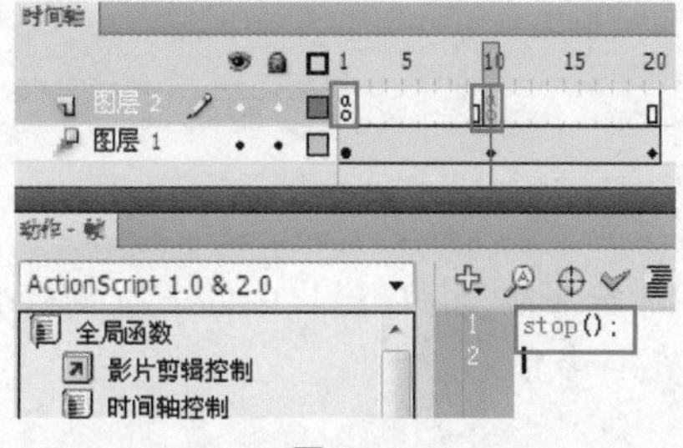

图6-6

内容的互动。

交互设计在 Flash 制作中越来越重要。没有交互性的动画只能从头播放到尾，单纯的没有交互设计的 Flash 动画越来越少。需要通过 Flash 的交互设计来进行控制动画的播放和人机互动。Flash 游戏中没有交互操作玩家就不可能进行游戏。由于 Flash 交互性强的特点，很多企业用 Flash 进行企业产品的展示，没有交互设计就不能生动活泼地展现公司的产品和项目。近年来，以互联网为主的交互媒体以矩阵式飞速的增长，Flash 越来越凸显出其作为互联网以及交互媒体工业体系中的主要标准的地位。也有越来越多的交互媒体人意识到这一点，各种网页页面需要交互设计来吸引和方便更多的人来浏览。在过去公司展示企业，都是以平面的宣传册来展示自己的企业。随着网络的快速发展，采用多媒体的方式展示自己的企业，对于企业来讲更为重要，它不仅方便、快速、准确，而且对于企业的发展带来经济效益，Flash 企业演示也离不开交互设计。

“尖端的交互设计＋高超的 AS 编程技巧＋良好的美工＋优秀的创意”的结合可以打造出许许多多令人瞠目结舌的作品，如绚丽的特效，趣味性极强的游戏，功能强大的网络应用程序。

ActionScript

ActionScript 是一套相对完整的语言，通过它能够编写出非常完善的交互系统。在这里主要讲解 ActionScript2.0。

学习编程首先要有兴趣，不怕困难，有兴趣就不怕学不会。大家都是从一开始连语句的顺序都搞不清的阶段开始学的，就连学会了之后还是有些语法搞不清的，不过这不影响对编程的兴趣和热爱。只要想学，多看书，多操作，多请教，就肯定能学会。

所谓师傅领进门，修行在个人。看再多的书，听再多的人讲，不理解不操作肯定不行，理解是很重要的。万事开头难，当然要精通，还要多加练习、多操作。很多事总要通过努力才能实现，收获时才会带来更大的惊喜并且在过程中也感到无比的充实。

学习编写 Flash 动作脚本并不需要对 ActionScript 有完全的了解，使用者的需求才是真正的目标。有了设计创意之后要做的就是为此选择恰当的动作、属性、函数或方法。学习 ActionScript 的最佳方法是创建脚本。可以在动作面板的帮助下建立简单脚本。一旦熟悉了在电影中添加诸如“play”和“stop”这样的基础动作之后，就可以开始学习更多有关 ActionScript 的知识。要使用 ActionScript 的强大功能，最重要的是了解 ActionScript 语言的工作原理：ActionScript 语言的基础概念、元素以及用来组织信息和创建交互影片的规则等。

同样也为“a2”、“a3”增加“stop ();”代码。

使用快捷键〈Shift〉+〈F3〉调出“行为”面板，选中场景中第 1 帧处的“a1”影片剪辑。按“行为”面板的“加号”按钮，在弹出的菜单中选择“影片剪辑”→“转到帧或标签并在该处播放”，如图 6－7 所示。

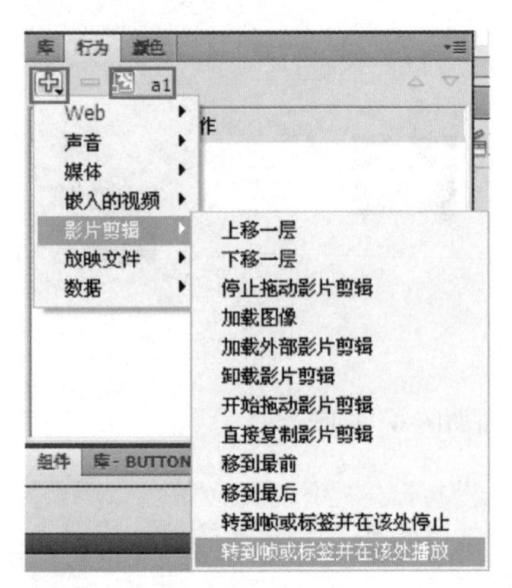

图 6－7

在弹出的对话框中选择“(a1)”影片剪辑，默认选“相对”，在下面的输入框中输入“2”，表示转到第 2 帧播放，如图 6－8 所示。

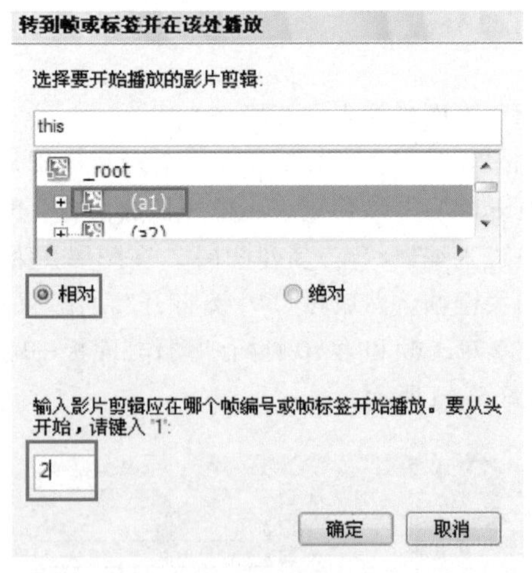

图 6－8

单击“确定”，在“事件”窗口中的下拉菜单中选择“移入时”，如图 6－9 所示。

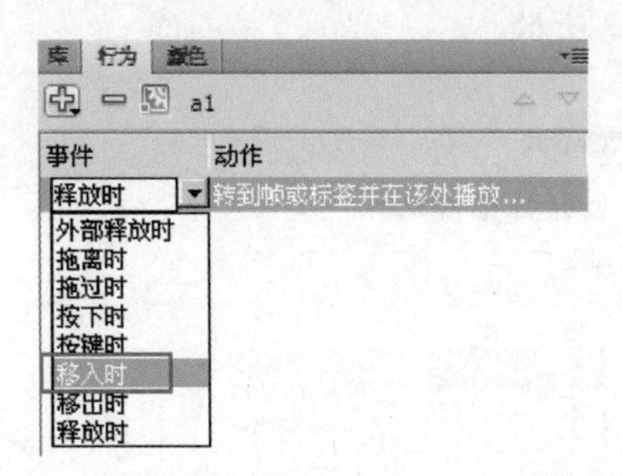

图6-9

使用同样的方法再增加一个转到帧或标签并在该处播放行为。设置为转到第11帧播放，“事件”选为“移出时”，如图6-10所示。

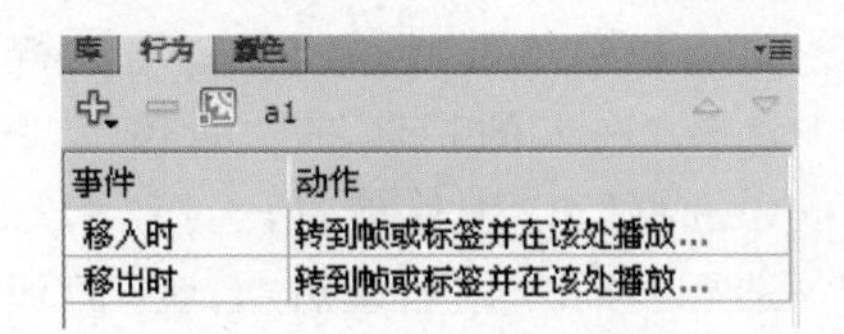

图6-10

使用快捷键〈Ctrl〉+〈Enter〉测试一下结果，发现当鼠标移到“a1”影片剪辑时，图片会放大，移出时会缩小到原来大小。下面继续使用“行为”面板加入当鼠标移到“a1”影片剪辑时，动画停止，移出后动画继续播放的效果。

继续在原来“行为”面板中单击“加号”按钮增加“行为”，在弹出的菜单中选择“嵌入的视频”→“暂停”，如图6-11所示。

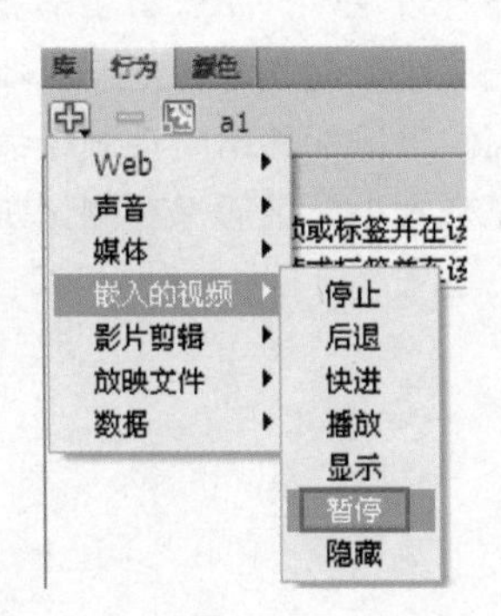

图6-11

在弹出的对话框中选择“a1”影片剪辑，选择“相对”，如图 6－12 所示。

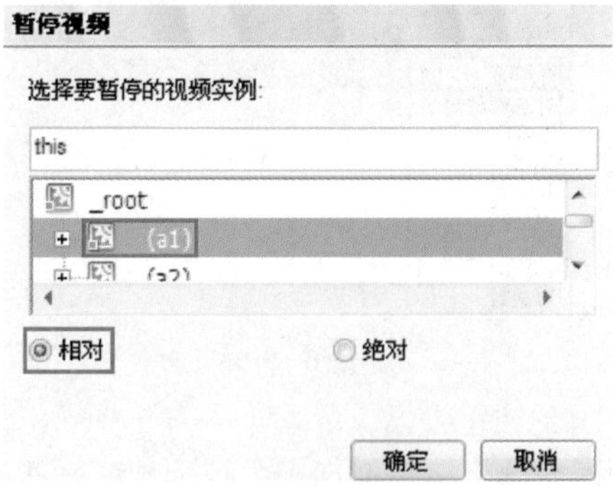

暂停视频
选择要暂停的视频实例:
this
_root
(a1)
(a2)
相对
绝对
确定
取消

图 6－12

然后在“事件”中选择“移入时”。同样的方法继续在原来“行为”面板中单击“加号”按钮增加行为，在弹出的菜单中选择“嵌入的视频”→“暂停”。然后在弹出的对话框中选择“a1”影片剪辑，选择“相对”。然后在“事件”中选择“移出时”。最后“行为”面板如图 6－13 所示。

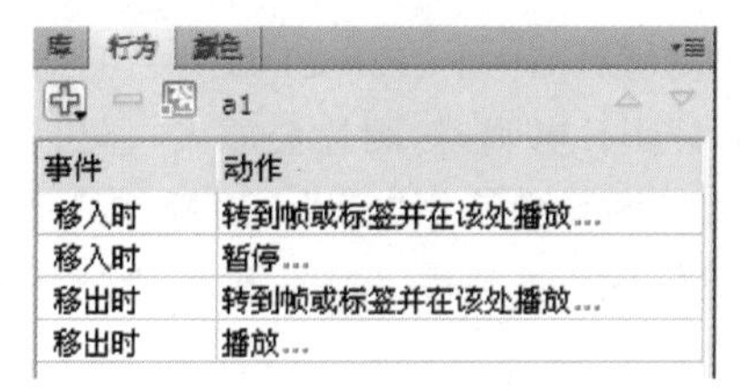

图 6－13

这样就完成了对“a1”影片剪辑的设置。然后按前面的方法分别为“a2”和“a3”影片剪辑增加相同的行为。这样当鼠标移到这三个影片剪辑上时，动画停止播放并且该影片剪辑放大。当鼠标移出时动画继续播放并且该影片剪辑缩小到原来大小。最后保存测试是否达到效果。

6.2 ActionScript 概述

图6-14

Flash ActionScript 编程的目的就是更好地与用户进行交互。使用简单 ActionScript 编程可以实现场景的跳转、与 HTML 网页的链接、动态装载 SWF 文件等。高级的 ActionScript 编程可以实现复杂的交互游戏，根据用户的操作响应不同的电影，与后台数据库及各种程序进行交流，如 ASP、SQL Server。庞大的数据库系统及各种程序与 Flash 内置的编程语句的结合可以制作出很多人机交互的网页、游戏及在线商务系统等。

Flash 包含多个 ActionScript 版本，以满足各类开发人员和回放硬件的需要。

ActionScript 3.0 的执行速度极快，与其他 ActionScript 版本相比，此版本要求开发人员对面向对象的编程概念有更深入的了解。ActionScript 3.0 完全符合 ECMAScript 规范，提供了更出色的 XML 处理、一个改进的事件模型以及一个用于处理屏幕元素的改进的体系结构。使用 ActionScript 3.0 的 FLA 文件不能包含 ActionScript 的早期版本。ActionScript 2.0 比 ActionScript 3.0 更容易学习，尽管 Flash Player 运行编译后的 ActionScript 2.0 代码比运行编译后的 ActionScript 3.0 代码的速度慢，但 ActionScript 2.0 对于许多计算量不大的项目仍然十分有用，例如，更面向设计的内容。ActionScript 2.0 也基于 ECMAScript 规范，但并不完全遵循该规范。这里主要来学习 ActionScript 2.0。

这节通过制作一个简单的换色游戏来理解下 ActionScript 的一些基本语法规则和熟悉“动作”面板以及脚本助手的应用。该游戏通过控制鼠标单击颜色按钮，吸取所点的颜色，然后再用鼠标单击图中某一区域，此区域就会填充相应的颜色。如果感觉选取的颜色不合适，可以单击“清除”按钮，清除图片颜色。游戏效果如图 6-14 所示。

知识点提示

首先来了解书写 ActionScript 代码的方式，也就是添加 ActionScript 代码的对象（以下简称 AS）。

1. 在帧中添加

写在关键帧上面的 ActionScript，

当时间轴上的指针走到这个关键帧的时候，写在这个帧上面的AS就被触发执行了。常见的例子有在影片结尾的帧写上"stop ();"等。操作方法就是单击选中关键帧，然后打开"动作"面板在里面输入代码。

2. 在按钮中添加

不同于帧上面的ActionScript，按钮上面的AS是要有触发条件的。要把AS写在按钮上，操作方法是点选目标按钮，然后打开AS面板。

3. 在影片剪辑中添加

在影片剪辑中添加AS跟在按钮上添加一样。

ActionScript基本语法

ActionScript的语法是Action Script编程的重要基础，对语法有了充分的了解能在编程中游刃有余，不至于出现一些莫名其妙的错误。ActionScript的语法相对于其他的一些专业程序语言来说较为简单，下面就其中重要的ActionScript术语内容进行介绍。

1. 点语法

如果有编程的经历，可能对"."不会陌生，它指向了一对象的某一个属性或方法，在Flash中同样也沿用了这种使用惯例，只不过在这里它的具体对象在大多数情况下是Flash中MC，也就是说这个点指向了每个MC所拥有的属性的方法。相当于汉语中的"的"。

例如，有一个影片剪辑(MC)的实例名称(Instance Name)是desk，_x和_y表示这个MC在主场景中的X坐标和Y坐标。可以

01

制作按钮元件。打开Flash CS4新建一个ActionScript 2.0的Flash文件，保持文档默认的"属性"面板设置。

首先制作要用到的按钮元件，把本书素材文件"第6章\pic\6-2\CLICK.WAV"导入到库，将这个音效加在每个按钮按下的关键帧中。

制作"开始游戏"按钮，注意在图层2的"指针经过"和"按下"处插入关键帧，再在关键帧处插入CLICK.WAV音效，图层1在关键帧处绘制"开始游戏"文字。效果如图6-15所示。

图6-15

制作清除按钮，使用快捷键〈Ctrl〉+〈F8〉新建元件，命名为"清除"，类型为按钮。在图层1的前三个关键帧上绘制"清除"字样，在图层2的四个关键帧上绘制圆角矩形，图层3的"按下"帧处插入关键帧，再插入CLICK.WAV音效，如图6-16所示。

制作颜色按钮，用于选取颜色。使用快捷键〈Ctrl〉+〈F8〉新建元件，设置名称为"颜色1"，类型为按钮。在图层1制作外边框，在图层2绘制一个蓝色的圆，在图层3"弹起"帧绘制一个填充为白色透明渐变的圆，在"按下"帧把这个圆缩小一点。在图层4"按下"帧加入CLICK.WAV音效，如图6-17所示。在这里制作好一个颜色按钮以后，用同样的方法再制作七个不同颜色的按钮，只要把图层2的圆颜色换成其他颜色就行，依次命名为"颜色2"到"颜色8"。这八个颜色按钮这里分别设置成黑、白、红、蓝、绿、青、黄、紫。

图 6-16

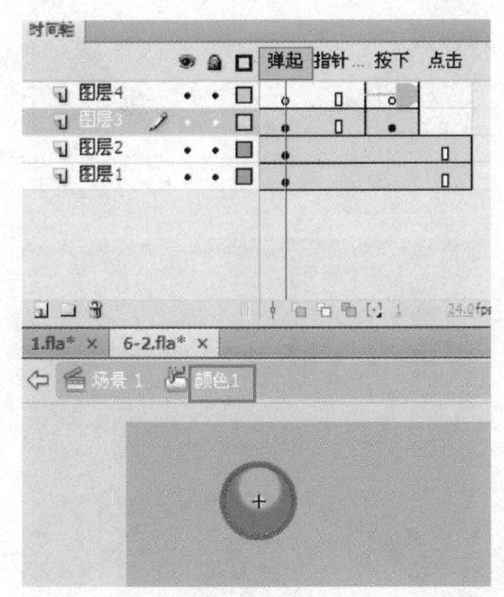

图 6-17

02

制作影片剪辑元件。使用快捷键〈Ctrl〉+〈F8〉新建元件，命名为“柯南”，类型为影片剪辑。在图层 1 绘制一个土黄色的圆，图层 2 绘制一个白色比前面的圆稍小的圆，把这两个圆中心对齐，然后把白色的圆转换成影片剪辑，命名为“背景”，如图 6-18 所示。

在新建图层 3，在这个图层上绘制柯南的轮廓和皮肤等不进行变色的内容，如图 6-19 所示。

用如下语句得到它的 X 位置和 Y 位置。其中“desk. _x”就是 desk 的 X 坐标。

```
trace (desk. _x);
trace (desk. _y);
```

注意：trace 语句的功能是将后面括号中的参数值转变为字符串变量后，发送到 Flash 的输出窗口中。这个语句多用于跟踪一些重要的数据，以便可以随时掌握变量的变化情况。

这样，就可以在输出窗口中得到这个 MC 的位置了，也就是说 desk. _x、desk. _y 就指明了 desk 这个 MC 在主场景中的 X 位置和 Y 位置。

再来看这个例子，假设有一个 MC 中定义了一个变量 height，那么可以通过如下的代码访问 height 这个变量并对它赋值。

```
cup. height = 100;
```

如果这个叫 cup 的 MC 是放在一个叫 tools 的 MC 中，那么，可以使用如下的代码对 cup 的 height 变量进行访问。

```
Tools. cup. height = 100;
```

对于方法(Method)的调用也是一样的，下面的代码调用了 cup 这个 MC 的一个内置函数 play。

```
cup. play (    );
```

这里有两个特殊的表达方式，一个是“_ root.”，另一个是“_parent.”。

“_root.”表示主场景的绝对路径，也就是说“_root. play (   )”表示开始播放主场景。

“_root. count”表示在主场景中的变量 count。

“_parent.”表示父场景，也就是上一级的 MC 中写入“_parent. stop (   )”，表示停止播放这个 MC 的上一级。

2. 斜杠语法

在 Flash 的早期版本中，"/"被用来表示路径，通常与":"搭配用来表示一个 MC 的属性和方法。Flash CS4 仍然支持这种表达，但是它已经不是标准的语法了，但这些代码完全可以用"."来表达，而且"."更符合习惯，也更科学。所以建议用户在今后的编程中尽量少用或不用"/"表达方式。例如："myMovieClip/childMovieClip:myVariable"可以替换为如下代码：

"myMovieClip.childMovieClip.myVariable"。

3. 常数

常数是属性始终不变的量。"true"、"false"是表示语句的是、否。常数 BACKSPACE、ENTER、SPACE、TAB 等是 Key 对象的属性，指代键盘的按键。如下句表示当"b1"组件被选中时，"b1"的名字为汽车，"true"表示是。

```
if (b1.getSelected(true))
{b1.setLabel("汽车");}
```

4. 变量(Variables)

变量是存储了任意数据类型值的标识符。变量可以创建、修改和更新。变量中存储的值可以被脚本检索使用。在以下的示例中，等号左边的是变量标识符，右边的则赋予变量的值。

```
x=5;
name="Lolo";
c=new Color(mcinstanceName);
```

5. 关键字(Keywords)

ActionScript 保留一些单词，专用于与本语言之中。例如 var

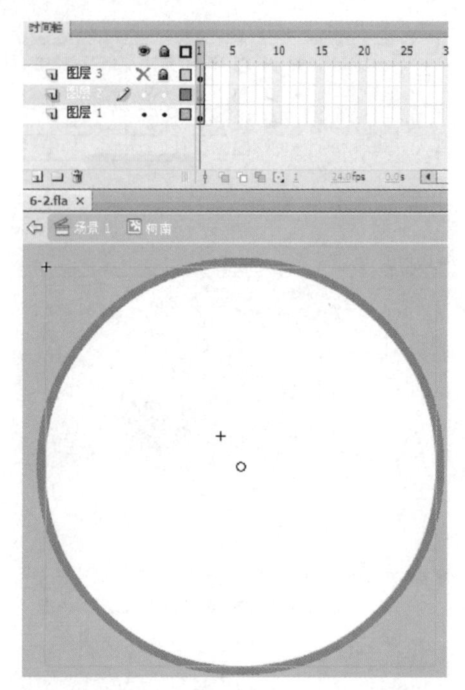

图 6-18

图 6-19

然后在图层 3 下新增多层，在每层上分别绘制柯南的头发、上衣、中衣、内衣、裤子、鞋子、衣领、徽章色块，并全部转换为影片剪辑。命名依次为“头发”、“上衣”、“中衣”、“内衣”、“裤子”、“鞋子”、“衣领”、“徽章”，效果如图 6－20 所示。

图 6－20

03

放置元件。接下来开始制作场景。导入本书素材文件“第 6 章\pic\6－2\bj. jpg”，并把该图片放置在场景图层 1 的第 1 帧，使用“对齐”面板居中对齐。新建图层 2，在图层 2 第 1 帧用“文字工具”输入“柯南填色游戏”淡红色静态文本，使用快捷键〈Ctrl〉＋〈B〉分离两次后使用“墨水瓶工具”为字加上白色边框。新建图层 3，在图层 3 第 1 帧从库中把“开始游戏”按钮放置“柯南填色游戏”文字正下方。效果如图 6－21 所示。

在图层 3 第 2 帧和第 3 帧插入空白关键帧，然后在第 3 帧从库中把八个颜色按钮和“清除”按钮排放到场景中。新建图层 4，在图层 4 第 3 帧插入空白关键帧，从库中把“kenan”影片剪辑放置到场景中。然后在图层 1 第 3 帧处插入帧。在第 3 帧处最后效果如图 6－22 所示。

就是一个关键字，它可以用来定义本地变量。因此，不能用这些关键字作为变量、函数或标签的名字。下表列出了 ActionScript 中所有的关键字：

break、continue、delete、else、for、function、if、in、new、return、this、type、of、var、void、while、with。

注意：这些关键字都是小写形式，不能写成大写形式。

6. 括号与分号

在 Flash 中，很多语法法规都沿用了 C 语言的规范，很典型的就是“{}”语法。在 Flash 和 C 语言中，都是用“{}”把程序分成一块一块的模块，可以把括号中的代码看作一句表达。而“()”则多用来放置参数，如果括号里面是空的就表示没有任何参数传递。

ActionScript 语句用分号“;”结束，但如果省略语句结尾的分号，Flash 仍然可以成功地编译你的脚本。例如，前面的语句用分号结束：

```
trace (desk. _x);
trace (desk. _y);
```

也可以不写分号：

```
trace (desk. _x)
trace (desk. _y)
```

7. 大小写

Flash 除了保留关键字以外，对大小写是不严格区分的。例如：

```
car. speed = 100;
Car. speed = 100;
```

这两个语句表达一样的效果，在 Flash 的程序执行中都是一样的过程。但是尽管 Flash 本身并不区分它们，建议读者养成良好的编程习惯，在同一个程序中使用同一种大小写规则，这样将增加程序的可读性，并且为以后的扩充带来方便。

注意：在Flash中保留字要区分大小写，例如：

var i = 12;

VAR i = 12;

这两个语句是不一样的，其中下面一句是错误语法，Flash在执行的时候会报错并且停止。

8. 注释

在"动作"面板中，使用注释可以向脚本中添加说明。注释有助于理解你关注的内容，如果是团队合作或向其他人提供范例，注释还有助于向其他开发人员提供信息。当选择该动作时，字符"//"会插入到脚本中。例如：

```
on (press){
//该MC跳转到第11帧处播放
this.gotoAndPlay ("11");
}
```

9. 动作(Actions)

动作是指导Flash电影在播放时执行某些操作的语句。例如，"gotoAndStop"动作就可以将播放头转换到指定的帧或帧标记。动作也可以被称作statement（语句）。

10. 参数(Parameters)

参数是允许将值传递给函数的占位符。例如，以下语句中的函数welcome()就使用了两个参数"firstName"和"hobby"来接收值。

```
function welcome (firstName, hobby)
{welcomeText = "Heelo," + firstName + "I see you enjoy" + hobby;}
```

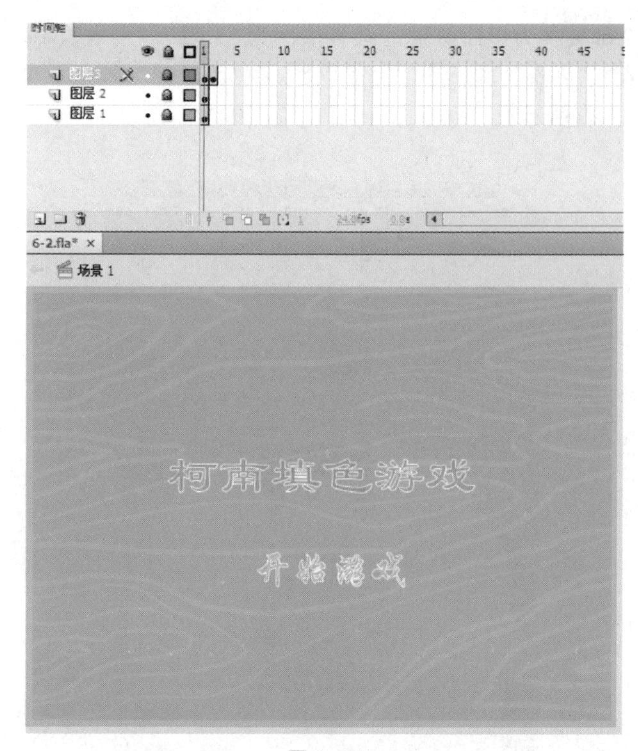

图6-21

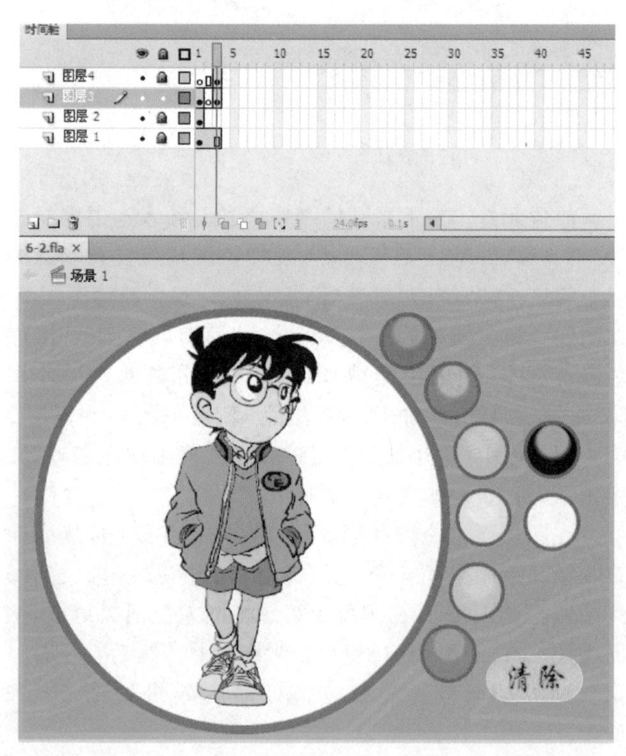

图6-22

04

接下来为动画增加代码来实现游戏效果。首先要让动画在第一帧处停止播放。新建图层 5,这个图层专门用来输入代码。选中图层 5 第 1 帧,按〈F9〉键或者选择“窗口”→“动作”调出“动作”面板。打开脚本助手,选择动作工具箱中“全局函数”→“时间轴控制”→“stop”,双击“stop”。这样它会直接输入“stop ();”到脚本窗口中,在“脚本助手”面板中会示意该函数是停止播放影片,如图 6-23 所示。

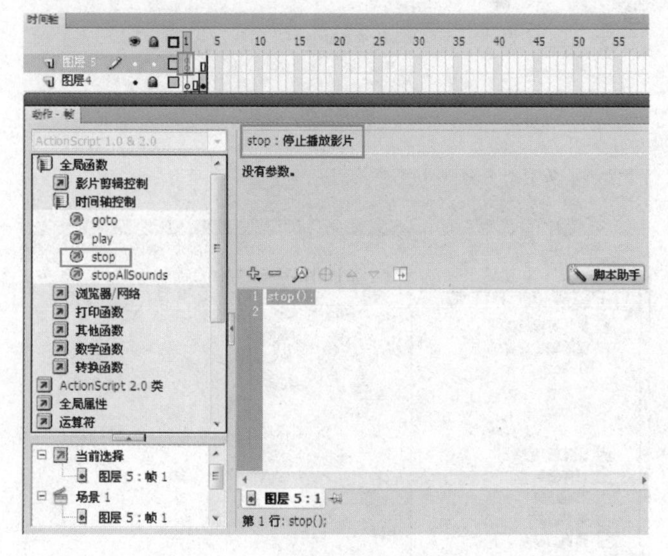

图6-23

上面是在时间轴的帧上输入代码。若要“开始游戏”按钮实现按下它就播放动画的效果,应在这个按钮上添加代码。选中“开始游戏”按钮,双击“动作”面板的动作工具箱中的“全局函数”→“时间轴控制”→“gotoAndPlay”。在脚本窗口中输入:“on (press) {gotoAndPlay(1);}”这段代码。选中脚本窗口中的“gotoAndPlay(1);”代码在脚本助手面板中的“帧”处输入“2”,如图 6-24 所示,表示转到当前场景的第 2 帧播放。

选中脚本窗口中的“on (release)”代码,在“脚本助手”面板中选择“事件”为“按”。这时“on (release)”会变成“on (press)”,表示当按下这个按钮时,如图 6-25 所示。

11. 数据类型(Data types)

数据类型是可以执行的一组值和操作。ActionScript 的数据类型包括:字符串、数值、逻辑值、对象和影片剪辑。

12. 事件(Events)

事件是在影片播放过程中发生的动作。例如,动画播放时、当播放头到达某一帧时单击按钮或影片剪辑时或按压键盘上的按钮时,都会产生不同的操作事件。

13. 运算符

可以从一个或多个值中计算获得新值。例如,+运算符将两个数值相加就可以获得一个新值。

14. 表达式(Expressions)

表达式是可以产生值的语句。例如,2+2 就是一个表达式。

15. 类(Classed)

类是各种数据类型。可以创建“类”并定义对象的新类型。要定义对象的类,需创建构造器函数。

16. 构造器(Constructors)

构造器是用来定义“类”的属性和方法的函数。以下代码通过创建 Circle 构造器函数生成了一个新的 Circle 类。

```
function Circle (x, y, radius){
this. x=x;
this. y=y;
this. radius=radius; }
```

17. 标识符(Identifiers)

标识符是用来指示变量、属性、对象、函数或方法的名称。标识符的首字母必须是字符、下划线或美元符号。后续字符可以是字符、数字。如_root、_parent。

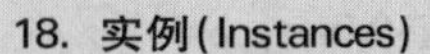

18. 实例(Instances)

实例是属于某些 class(类)的对象。每个类的实例都包含该类的所有属性和方法。例如,所有影片剪辑实例都包含 MovieClip 类的属性(透明度属性、可见性属性)和方法(例如 gotoAndPlay、getURL 等)。每个实例都需要定义自己的实例名称。

19. 实例名称(Instance names)

实例名称是定义的唯一的名称。可以在脚本中作为目标被指定。比如定义一个 MC 为 an,以后脚本中 an 就指这个 MC。

20. 函数(Functions)

函数是可以重复使用和传递参数的代码段,可以返回一个值。例如,getProperty 函数就可以使用影片剪辑的实例名称和属性名称,返回属性值。getVersion 函数可以返回当前播放电影的 Flash 播放器的版本。

21. 事件句柄(Event Handlers)

事件句柄是可以管理诸如 mouseDown 和 load 事件的特殊动作。例如,onMouseEvent 和 onClipEvent 就是事件句柄。

22. 对象(Objects)

对象是属性的集合。每个对象都有自己的名称和值。对象允许用户访问某些类型的信息。例如,ActionScript 的预定义对象 Date 就提供了系统时钟方面的信息。

23. 方法(Methods)

方法是指定给对象的函数。在函数被指定给对象之后,该函数就可以被称为是该对象的方法。

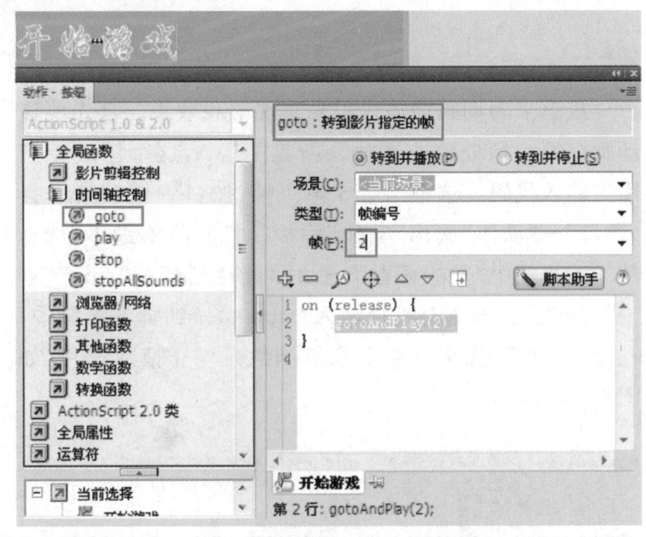

图 6-24

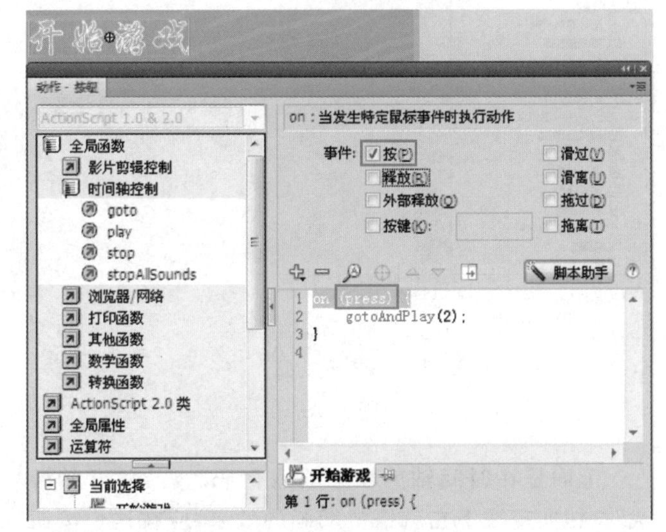

图 6-25

这样就得到当按下“开始游戏”按钮时动画会转到当前场景的第 2 帧播放。在该段代码中“on (press){}”是个函数,其中“press”是个事件也是该函数的属性参数。“gotoAndPlay(2)”是个动作语句,“2”是它的参数。

下面需要动画播放到第 3 帧时停止。所以同样的在图层 5 第 3 帧处插入空白关键帧,然后选中图层 5 第 3 帧双击“动作”面板的动作工具箱中的“全局函数”→“时间轴控制”→“stop”,为第 3 帧添加一个“stop ();”代码让动画停止播放。如图 6-26 所示。

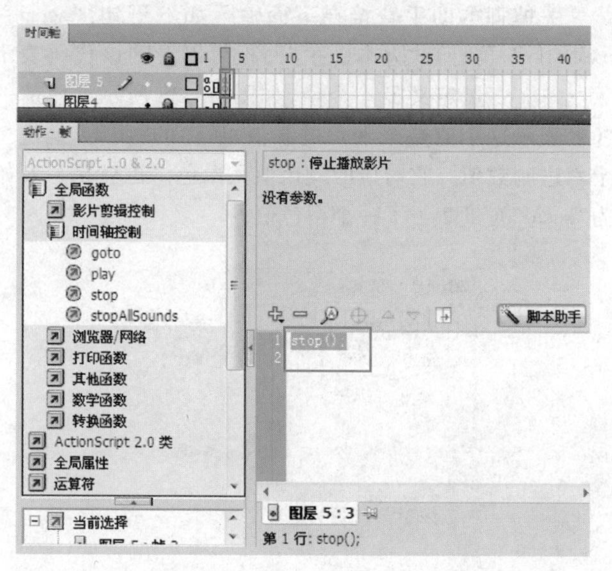

图 6 - 26

使用快捷键〈Ctrl〉+〈Enter〉测试效果。下面继续添加代码实现变色的效果。

05

为颜色按钮添加代码。选中图层 5 第 1 帧，双击“动作”面板的动作工具箱中的“语句”→“变量”→“var”。然后在“脚本助手”面板中的“变量”处输入“secai”。得到代码：“var secai;”，如图 6 - 27 所示。这里使用关键字“var”来定义了一个变量“secai”。

图 6 - 27

24. Properties(属性)

属性是定义对象的 attributer（属性）。例如，所有影片剪辑对象都具有_visible（可见性）属性，通过该属性可以决定影片剪辑是否显示。

25. Target paths(目标路径)

目标路径是 Flash 电影中影片剪辑名称、变量和对象的垂直分层结构地址。主时间轴的名称是“_root”。影片剪辑的“属性检查器”中可以命名影片剪辑的实例。

用户可以通过目标路径使动作指向影片剪辑，也可以使用目标路径获取或设置变量的值。例如，以下示例语句就是影片剪辑“an”内部的变量“volume”的路径：_root. an. volume。

ActionScript 编辑器的使用

1. 动作面板概述

ActionScript 编辑器也就是“动作”面板，可以直接将 AS 输入到“动作”面板中来创建脚本。“动作”面板由三个窗格构成：动作工具箱（按类别对 ActionScript 元素进行分组）、脚本导航器（可以快速地在 Flash 文档中的脚本间导航）和“脚本”窗格（可以在其中键入 AS 代码）。如下图所示。

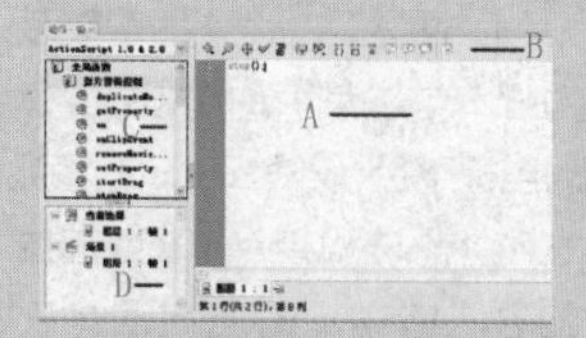

A：“脚本”窗格。
B：面板菜单。
C：动作工具箱。
D：脚本导航器。

选择“窗口”→“动作”，或按

〈F9〉显示“动作”面板。要使用动作工具箱将AS代码元素插入到“脚本”窗格中，可以在场景中双击该元素，或直接将它拖动到“脚本”窗格中。动作工具箱将项目分类，并且还提供按字母顺序排列的索引。使用脚本窗格只要直接在其中输入代码。

当单击脚本导航器中的某一项目时与该项目关联的脚本将显示在“脚本”窗格中，并且播放头将移到时间轴上的相应位置。

2. “动作”面板和“脚本”窗口中的工具

使用“动作”面板和“脚本”窗口的工具栏可以访问代码帮助功能，这些功能有助于简化在ActionScript中进行的编码工作。根据正在使用的是“动作”面板还是“脚本”窗口，工具会有所不同。脚本工具如下图所示。

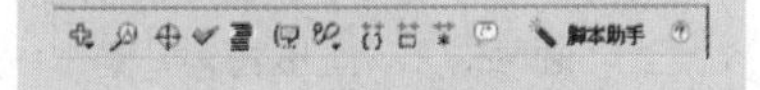

这些工具从左到右依次为：

(1) 将新项目添加到脚本中：显示语言元素，这些元素也显示在动作工具箱中。选择要添加到脚本中的项目。

(2) 查找：查找并替换脚本中的文本。

(3) 插入目标路径：帮助使用者为脚本中的某个动作设置绝对或相对目标路径(仅限“动作”面板)。

(4) 语法检查：检查当前脚本中的语法错误。语法错误列在输出面板中。

(5) 自动套用格式：设置脚本的格式以实现正确的编码语法和良好的可读性。在“首选参数”对话框中设置自动套用格式首选参数，从“编辑”菜单或通过“动作”

关掉脚本助手直接在下面输入如下语句：“secai = 0xffffff;”，再打开“脚本助手”面板可以看到该代码表示为“secai”变量定义了一个值，如图6-28所示。该值的“0x”表示这个值是个十六进制值，后面的“ffffff”是这个十六进制数值。它对应的颜色值是白色。也就是一开始为“secai”变量赋予了一个白色值。

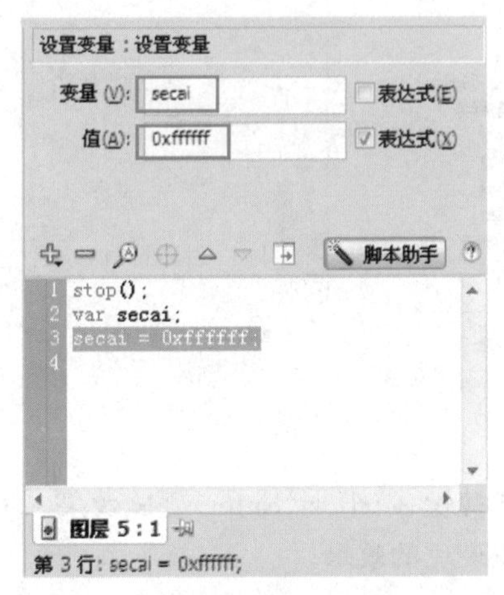

图6-28

选中图层3第3帧的蓝色按钮，双击“动作”面板的动作工具箱中的“全局函数”→“影片剪辑控制”→“on”。然后在“脚本助手”面板中选择“事件”为“按”，得到代码：“on (press){ }”。然后在{ }中输入代码：“secai = 0x0000ff;”。表示当按下蓝色按钮时，定义变量“secai”的值为蓝色，如图6-29所示。其中“0x0000ff”是蓝色的十六进制值。

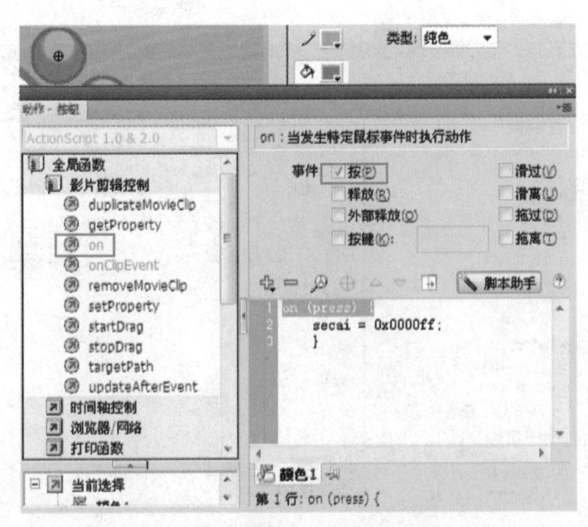

图6-29

选中其他按钮输入跟蓝色按钮上一样的代码，注意定义变量“secai”的值为对应的按钮颜色值。这个数值可以在“颜色”面板中找到，比如红色对应的值为“# FF0000”，在代码里面只要把“# ”用“0x”代替就可以了，如图 6－30 所示。

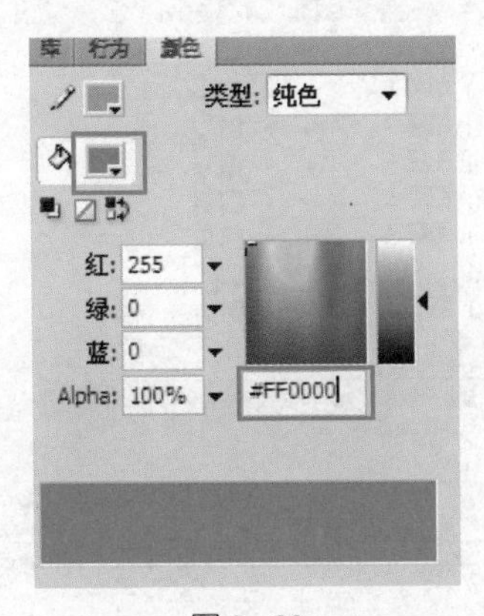

图 6－30

06

为换色的“柯南”影片剪辑添加代码。首先选中图层 4 第 3 帧的“柯南”影片剪辑，在“属性”面板的实例名称处命名为“kenan”。这样做是定义了“kenan”影片剪辑的实例名称方便后面代码调用该影片剪辑，如图 6－31 所示。

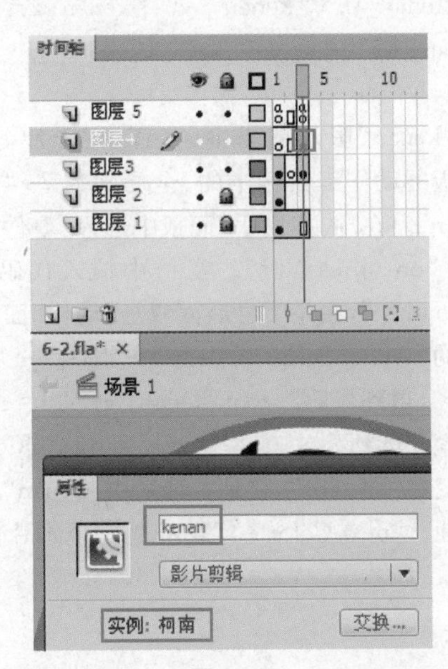

图 6－31

面板菜单可访问此对话框。

（6）显示代码提示：如果已经关闭了自动代码提示，可使用“显示代码提示”来显示正在处理的代码行的代码提示。

（7）调试选项：（仅限“动作”面板）设置和删除断点，以便在调试时可以逐行执行脚本中的每一行。只能对 ActionScript 文件使用调试选项。

（8）折叠成对大括号：对出现在当前包含插入点的成对大括号或小括号间的代码进行折叠。

（9）折叠所选：折叠当前所选的代码块。

（10）展开全部：展开当前脚本中所有折叠的代码。

（11）应用块注释：将注释标记添加到所选代码块的开头和结尾。

（12）脚本助手：在“脚本助手”模式中，将显示一个用户界面，用于输入创建脚本所需的元素（仅限“动作”面板）。

（13）帮助：显示“脚本”窗格中所选 ActionScript 元素的参考信息。例如，如果单击 import 语句，再单击“帮助”，“帮助”面板中将显示 import 的参考信息。

（14）面板菜单：包含适用于动作面板的命令和首选参数。例如，可以设置行号和自动换行，访问 ActionScript 首选参数以及导入或导出脚本。

3. ActionScript 2.0 脚本助手

对于使用 ActionScript 的新手，或者那些希望无须学习 AS 语言及其语法就能添加简单交互性的人，使用“动作”面板中的脚本助手有助于向 FLA 文件添加 AS。脚本助手可帮助新手避免可能出现的语法和逻辑错误。但要使用脚本助手必须熟悉 ActionScript，知道创建脚本时要使用什么方法、函数和变量。

脚本助手允许通过选择动作工具箱中的项目来构建脚本。单击某个项目一次，面板右上方会显示该项目的描述。双击某个项目，该项目就会被添加到“动作”面板的“脚本”窗格中。在“脚本助手”模式下，可以添加、删除或者更改“脚本”窗格中语句的顺序；在“脚本”窗格上方的框中输入动作的参数；查找和替换文本；以及查看脚本行号。还可以固定脚本（即在单击对象或帧以外的地方时保持“脚本”窗格中的脚本）。

注意：要将 ActionScript 3.0 动作添加到 Flash 文档，必须将其附加到帧。若要将 ActionScript 2.0 动作添加到 Flash 文档，可以附加到按钮或者影片剪辑，或者附加到时间轴上的帧。

启动脚本助手模式

启动脚本助手模式的方法为先选择“窗口”→“动作”，然后在“动作”面板中，单击“脚本助手”，得到如下窗口：

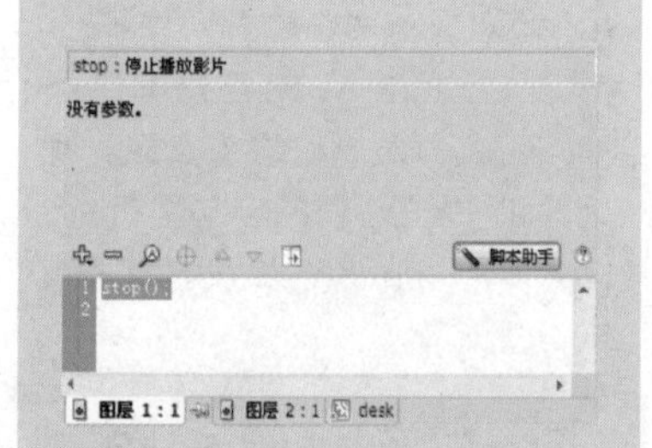

在“脚本助手”模式中，“动作”面板会发生如下变化：

（1）在“脚本助手”模式下，“添加”按钮（“加号”按钮）的功能有所变化。选择动作工具箱或“添加”菜单中的某个项目时，该项目

双击“kenan”影片剪辑进入到该影片剪辑编辑面板，为需要变色的子影片剪辑输入实例名称。选中图层 2 的“背景”影片剪辑在“属性”面板的实例名称处取名为“bj”，如图 6－32 所示。

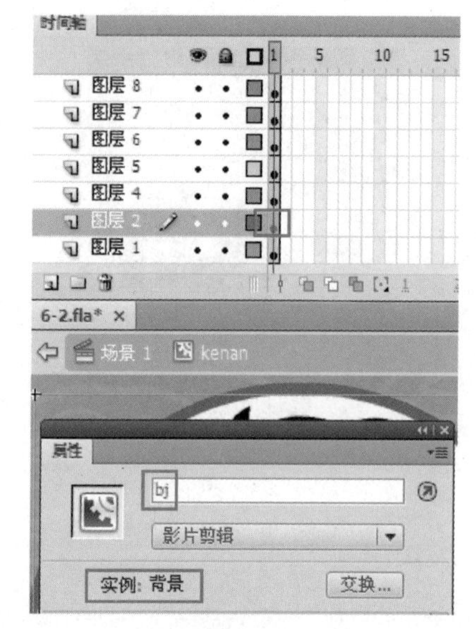

图 6－32

接着分别把“kenan”影片剪辑中的头发、上衣、中衣、内衣、裤子、鞋子、衣领、徽章影片剪辑的实例名称取名为：“kenan_tf”、“kenan_sy”、“kenan_zy”、“kenan_ny”、“kenan_kz”、“kenan_xz”、“kenan_yl”、“kenan_hz”。

选中“kenan”影片剪辑中的“背景”影片剪辑，双击“动作”面板的动作工具箱中的“全局函数”→“影片剪辑控制”→“on”。在“脚本助手”面板中选择“事件”为“按”，得到代码：“on (press){}”。在{}中输入代码：“_root. kenan. bjColor = ”，在“ = ”号后面双击“动作”面板的动作工具箱中的“ActionScript 2.0 类”→“影片”→“color”→“new color”，得到代码“_root. kenan. bjColor = new Color ()”，如图 6－33 所示。其中“_root. kenan. bjColor”表示定义一个变量“bjColor”，它是主场景中“kenan”影片剪辑的一个属性。“new Color ()”表示是一个影片剪辑颜色类属性。

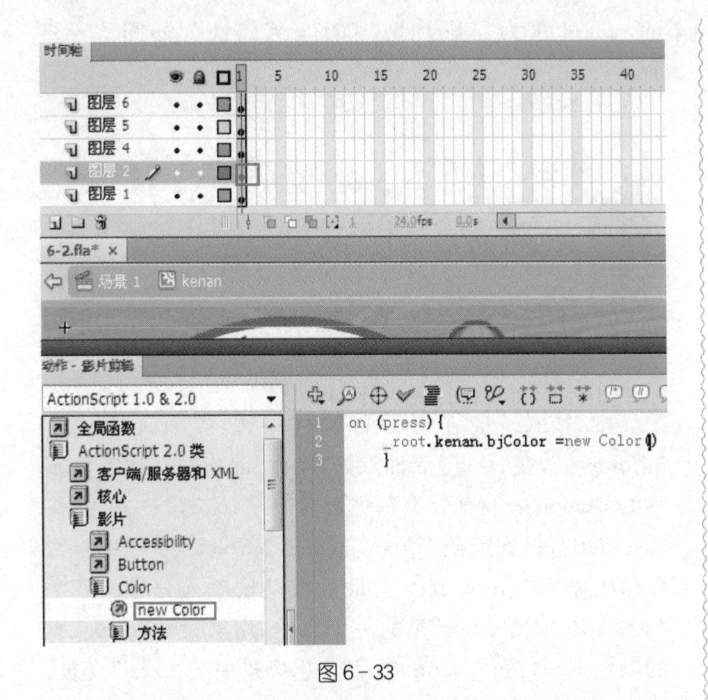

图 6-33

在()中单击面板菜单中的“插入目标路径”按钮，在弹出的对话框中选择“bj”影片剪辑，选中“绝对”，如图 6-34 所示。

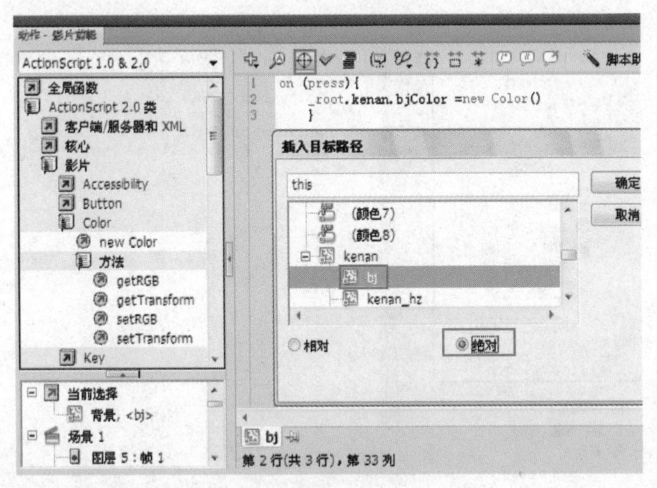

图 6-34

得到“new Color (this)”代码。其中的“this”表示这个颜色属性是给选中的“bj”影片剪辑的，也可以把“this”改为“_root. kenan. bj”，含义是相同的。最后在结尾加上分号。按下〈Enter〉键在下一行单击面板菜单中的“应用行注释”按钮来注释下该段代码。在“//”后面输入“定义

将添加到当前所选文本块的后面。

(2) 使用“删除”按钮(“减号”按钮)可以删除“脚本”窗格中当前所选的项目。

(3) 使用向上箭头和向下箭头可以将“脚本”窗格中当前所选的项目在代码内向上方或向下方移动。

(4) “动作”面板中通常可见的“语法检查”、“自动套用格式”、“显示代码提示”和“调试选项”按钮和菜单项会禁用，因为这些按钮和菜单项不适用于“脚本助手”模式。

(5) 只有在框中键入文本时，才会启用“插入目标”按钮。单击“插入目标”会将生成的代码放入当前框。

注意：如果单击“脚本助手”时，动作面板包含 AS 代码，则 Flash 将编译该代码。如果代码出错，只有修正当前所选代码的错误后，才能使用脚本助手。“编译器错误”面板对错误进行了详细说明。

查看动作描述

单击动作工具箱中的某个类别，显示该类别中的动作，然后单击一个动作。在“脚本”窗格中选择一行代码。描述就会显示在“动作”面板顶部。

将动作添加到脚本窗格

方法一：单击动作工具箱中的一个类别可显示该类别中的动作，然后双击一个动作或将其拖到“脚本”窗格中。

方法二：单击“添加”按钮，然后从弹出菜单选择一个动作。

删除动作

只要在“脚本”窗格中选择一

个语句，单击“删除”按钮或按下〈Delete〉键。

在脚本窗格中上移或下移语句

只要在“脚本”窗格中选择一个语句，单击向上箭头或向下箭头。

使用参数

向“脚本”窗格添加动作，或在“脚本”窗格中选择语句。相关参数选项会显示在“脚本”窗格上方。然后在“脚本”窗格上方的框中输入值。

良好的编程习惯

良好的编程习惯对于编程能力的提高也是非常重要的。源代码的逻辑清晰，易读易懂是好程序的重要标准。下面是使用 ActionScript 编程和创建应用程序的时候需要遵循的一些规则，遵循了这些规则，程序代码将有更好的可读性，并如何能方便调试。

1. 遵循命名规则

一个应用程序的命名规划必须保持一致性和可读性。任何一个实体的主要功能或用途应能够根据命名明显的看出来。因为 ActionScript 是一个动态类型的语言，命名最好是包含有代表对象类型的后缀。一般而言，“名词_动词”和“形容词_名词”之类的语法是最常用的命名方式，如，

影片名字：my_movie. swf，

URL 实体：course_list_output，

组件或对象名称：chat_mc。

变量或属性：方法和变量的名称应该以小写字母开头，对象和对象的构造方法应该大写。命名变量的时候使用大小写混合的方式，

bjColor 变量为 bj 影片剪辑的颜色属性”，如图 6 - 35 所示。

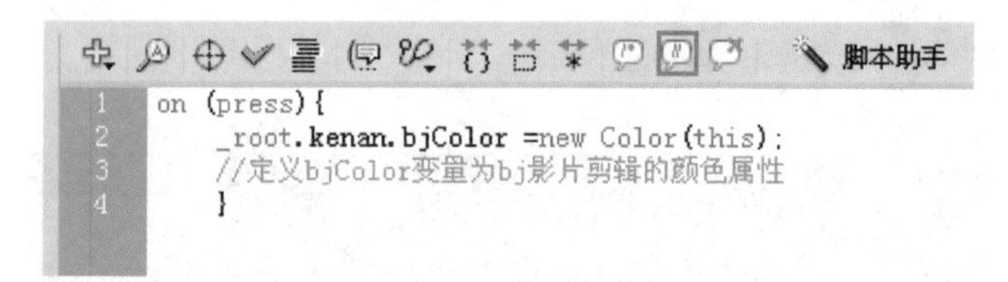

图 6 - 35

按〈Enter〉键在下一行同样输入：“_root. kenan. bjColor = ”，在“ = ”号后面双击“动作”面板的动作工具箱中的“ActionScript 2. 0 类”→“影片”→“color”→“方法”→“setRGB”，得到代码“_root. kenan. bjColor. setRGB()”。在()中输入“_root. secai”，最后在结尾输入分号。其中“setRGB()”是“color”类的一个方法，用来设置“color”类的颜色 RGB 值；“_root. secai”表示场景中的“secai”变量。所以这句代码的意思也用行注释表示在代码后面，设置“bjColor”变量的颜色 RGB 值为“secai”变量的值。最后代码如图 6 - 36 所示。

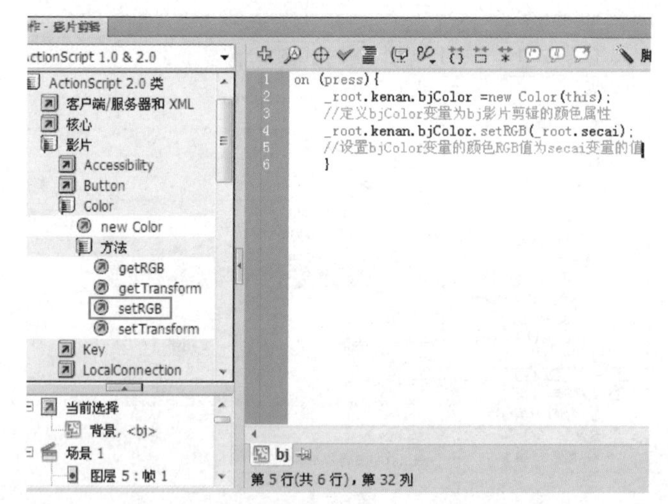

图 6 - 36

分别为“kenan”影片剪辑里的其他八个影片剪辑添加上同样的代码。这样单击颜色按钮时，会把该按钮颜色 RGB 值赋予“secai”变量。单击换色的影片剪辑时，“bjcolor”变量会把“secai”变量的 RGB 值赋予该影片剪

辑的颜色 RGB 值。这样就实现了变色效果。注意:如果开始时什么颜色按钮都没单击,默认的颜色是白色。这是由在图层 5 第 1 帧处的代码“secai = 0xffffff”来决定的。

07

为“清除”按钮添加代码实现清除改变了颜色的效果。现在,第 2 帧是空的没有内容的,只要让动画重新从第 2 帧开始播放到第 3 帧,动画就恢复到第 3 帧的初始状态起到清除改动的效果。只要在“清除”按钮上加上动作让动画跳转到第 2 帧播放即可。方法跟为“开始游戏”按钮添加代码一样。选中图层 3 第 3 帧的“清除”按钮为它在“动作”面板中添加如图 6 - 37 所示的代码:

```
on (press){
gotoAndPlay(2);
}
```

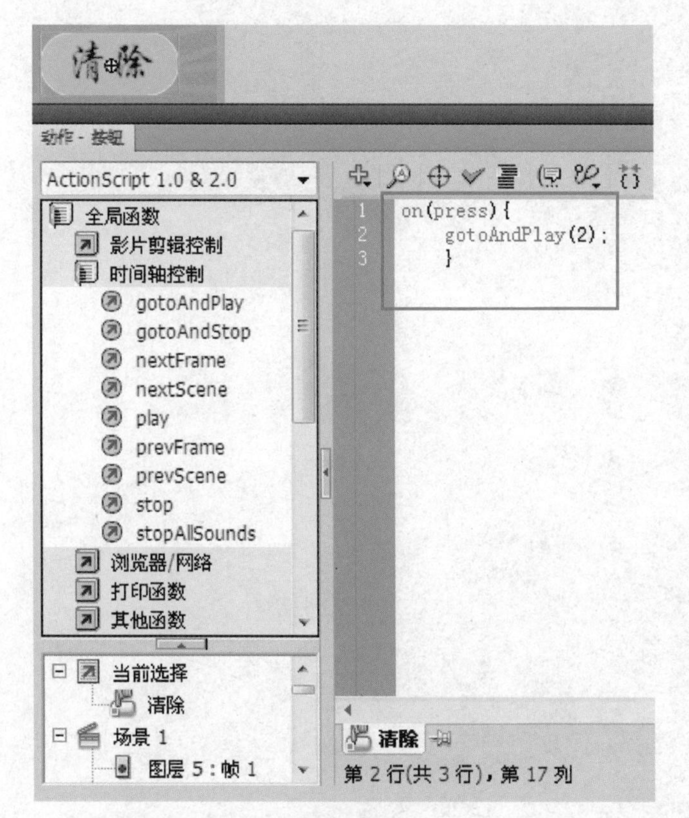

图 6 - 37

并且使用字母打头,还可以包含数字和下划线。

下面的一些命名是非法的:

_count = 5;//首字符不能使用下划线

5count = 0;//首字符不能使用数字

foo/bar = true;//包含非法字符“/”

另外,AS 使用的保留字不能用来命名变量。

注意:良好的命名规范还可以启用 Flash 的代码提示功能。

2. 添加注释

使用代码注释能够使得程序更清晰,也便于阅读。如:

```
on (press){
//该 MC 跳转到 11 帧处播放
this. gotoAndPlay("11");
}
```

3. 保持代码的整体性

无论什么情况,应该尽可能保证所有代码在同一个位置,这样使得代码更容易搜索和调试。在调试程序的时候很大的困难就是定位代码,如果大部分代码都集中在同一帧,问题就比较好解决了。通常,把代码都放在第一帧中,并且单独放在最顶层。如果在第一帧中集中了大量的代码,记得用注释标记区分在开头加上说明。

4. 初始化应用程序

记得一定要初始化应用程序,init 函数应用程序类的第一个初始化函数,如果使用面向对象的编程方式则应该在构造函数中进行初始化工作。该函数只是对应用程序中的变量和对象初始化,其他的调用可以通过事件驱动。

5. 使用局部变量

所有的局部变量使用关键字var来申明,这样可以避免被全局变量访问,更重要的是,可以保证变量不被覆盖和混淆程序逻辑。

6. 创建对象时使用原型添加方法和属性

当创建一个对象的时候,应当使用原型方式来添加对象的方法或属性,使得该方法或属性能够被所有该对象或子对象的实体所访问。这样能够确保内存中每个函数只有一份拷贝。作为一般的规则,不要在构造函数中定义方法。下面是一个正确的例子:

```
MyObject = function (){}
MyObject.prototype.name = "";
```

下面这段代码是不可取的:

```
MyObject = function (){
this.name = "";}
```

使用上面的方式在每个对象的实体被创建的时候都会实体重新复制每一个属性和方法,会加重系统的内存开销。

7. 规范命名方式获取代码提示功能

不需要定义类似_mc之类的命名来显示代码提示,但是需要使用ActionScript2.0的规范来书写代码,如:

```
var members: Array = new Array();
```

然后再输入members. Flash就会显示可用于Array对象的方法和属性的列表。关键是members:Array起的作用,其实在变量名称后面输入":"的时候会自动给出所有支持的对象的列表,但并不是意味着在使用面向对象编程的时候不需要注意命名规范了。

这样游戏就制作完成了,保存后使用快捷键〈Ctrl〉+〈Enter〉测试下看是否达到了换色效果。本例主要是让大家熟悉"动作"面板的使用及一些AS语法规则。在后面的实例中会接触更多的AS语法。

6.3 使用基本控制语句

图 6-38

下面通过控制一段 Flash 课件的使用来讲解基本控制语句的应用。打开位于光盘中文件夹"第 6 章\\fla"内的 FLA 文件"6-3 源文件. fla"，这是课件的文件，里面内容已经做好了，但是没有使用 ActionScript 脚本建立交互行为。下面使用 ActionScript 的基本控制语句来完成这段 Flash 课件，效果如图 6-38 所示。

01

使用快捷键〈Ctrl〉+〈Enter〉预览"6-3 源文件. fla"，发现这段课件是不停播放的，现要增加语句控制它的播放。单击"编辑场景"按钮可以看到该文件包含两个场景，如图 6-39 所示。

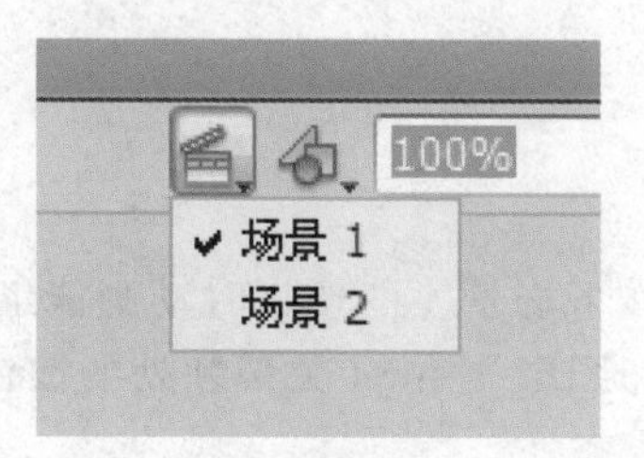

6-39

知 识 点 提 示

时间轴上的 Play( ), Stop ( ), GotoAndPlay( ), GotoAndStop ( ) 的使用

时间处理函数也就是指时间轴控制函数，主要来控制时间轴的播放、停止、跳转等动作。在 Flash 中时间轴控制函数有 stop ()、play ()、goto()和 stopAllSounds()。它们在"全局函数"下的"时间轴控制"类里，如下图所示。

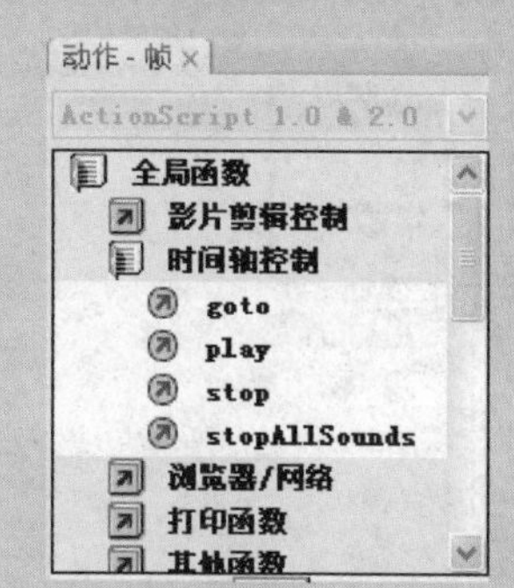

下面分别说明一下这几个函数。

1. stop ()

stop ()函数作用是停止影片播放。如果没有注明，影片开始后将播放时间轴的每一帧。可以通过这个动作按照特定的间隔停止影片，也可以借助按钮等来停止影片的播放。这个函数无任何参数。

它的使用方法是可以在关键帧处，也可以选择某个对象，然后在脚本面板中加入 stop ()。

2. play()

play()是一个播放命令，用于控制时间轴上指针的播放。运行后，开始在当前时间轴上连续显示场景中每一帧的内容。这个函数也无任何参数。一般可以和 stop ()、goto()搭配使用。

3. goto()

goto()是一个跳转动作。用来控制动画的跳帧。根据跳转后的执行命令可以分为 gotoAndStop ()和 gotoAndPlay()两种。

使用方法跟 stop ()和 play()一样。选择帧或对象后在动作工具箱里调出 goto 函数。它后面会自动加上 AndPlay()，打开脚本助手如下图所示。

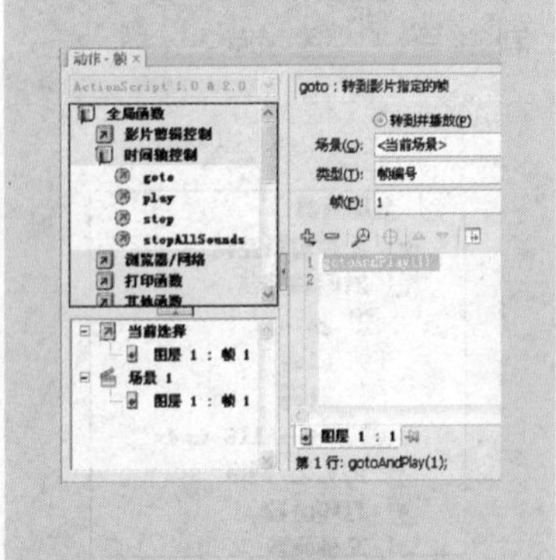

选择场景 1，新建图层 11，然后在图层 11 第 51 帧处，也就是场景 1 最后一帧处添加空白关键帧，如图 6－40 所示。

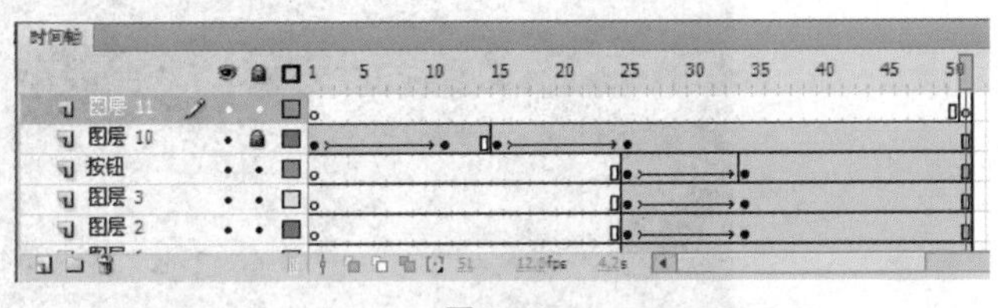

图 6－40

首先让场景 1 动画播放到最后一帧时停止播放。选中图层 11 的第 51 帧，按〈F9〉键弹出“动作”面板。在面板中选择“全局函数”→“时间轴控制”→“stop”或者直接输入“stop ()；”，如图 6－41 所示。

图 6－41

02

制作当按下场景 1 的按钮时动画能继续播放的效果。选中按钮图层的第 34 关键帧处的按钮 1，如图 6－42 所示。

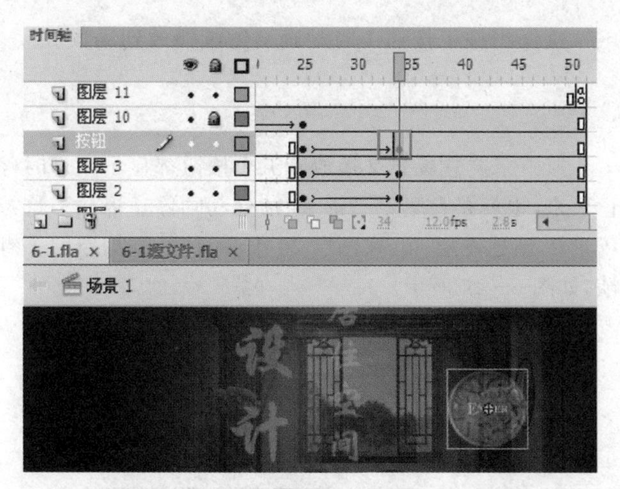

图6-42

打开“动作”面板，在面板中选择“全局函数”→“影片剪辑控制”→“on”，在()中选择按下动作“press”或者直接输入“on (press){};”，如图6-43所示。

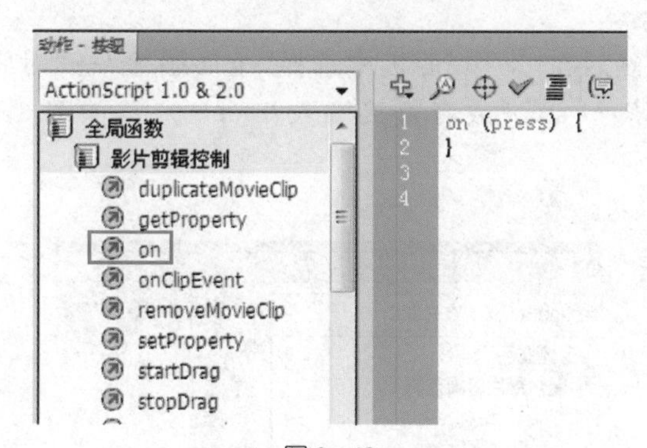

图6-43

在{}中选择“全局函数”→“时间轴控制”→“play”或者直接输入“play();”，如图6-44所示。

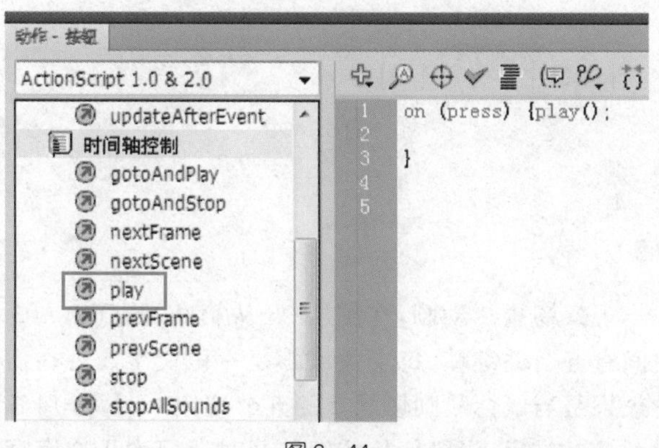

图6-44

下面来看看脚本助手上的参数。

转到并播放：当选择它时脚本就是gotoAndPlay()，表示转到哪帧并播放。

转到并停止：当选择它时脚本就是gotoAndStop ()，表示转到哪帧并停止。

场景：当一个Flash文档中有多个场景的时候。可以设置跳转到某一场景，有“当前场景”、“下一场景”、“前一场景”和“场景1(默认状态下)”四个选项。可以通过某一场景直接准确地设定要跳转的另一场景。

类型：可以选择目标帧在时间轴上的位置或名称。在类型下拉列表中有五个选项。

帧编号：目标帧在时间轴上的位置。

帧标签：目标帧的名称。

表达式：可以用表达式进行帧的定位，这样可以实现动态的帧跳转。

下一帧：跳转到下一帧。

上一帧：跳转到上一帧。

帧：这里输入的是帧位置或名称。跟前面类型要对应，否则会出错。比如类型里选择了帧编号，那么在帧里就只能输入这个帧的数字编号。当类型里选择了帧标签，在帧里就只能输入标签名称。

通常在设置goto()动作时，使用标签指定目的帧。这样比使用跳转到编号的帧效果要好，因为使用帧标签作为目的帧，当该帧在时间轴上改变了位置情况下还能正常运行。

利用goto()动作，可以控制影片跳转到指定的帧或场景上。当影片跳转到指定帧时，可以设定在此帧是进行播放还是停止播放。

gotoAndPlay/gotoAndStop 语句的参数：

(1) 场景：可选择一个场景作为 goto()动作的起点，一旦已设定一个场景，就可以在该场景中定义一个帧编号或标记(该场景参数不能用于符号)。

(2) 帧：跳转到时间轴上的第几帧。

例如：

gotoAndPlay("s1", 1);

//跳转到 s1 场景的第一帧，并从场景 s1 第一帧开始播放

相关语句：

① nextFrame()

//播放头跳至下一帧，并停止在下一帧。

② prevFrame()

//播放头跳至上一帧，并停止在上一帧。

使用按钮来控制动画的播放和停止

使用按钮来控制动画的播放和停止要用到按钮事件的处理函数是 on ()，它表示当对按钮触发什么事件时产生什么动作。这个动作可以在 on ()函数后面加上{}来输入。

on ()函数的输入方法：选中一个按钮可以直接在脚本窗口中输入 on ()，也可以在动作工具箱选择"全局函数"→"影片剪辑控制"→"on"，把它拖到脚本窗中。同时打开脚本助手，如下图所示。

这样当按下按钮 1 时动画会继续播放到场景 2。

03

接下来要让场景 2 播放到五个按钮都显示出来时停止下来，也就是在场景 2 第 84 帧处动画停止播放。选择场景 2，新建图层 26，在图层 26 第 84 帧处添加空白关键帧，如图 6-45 所示。

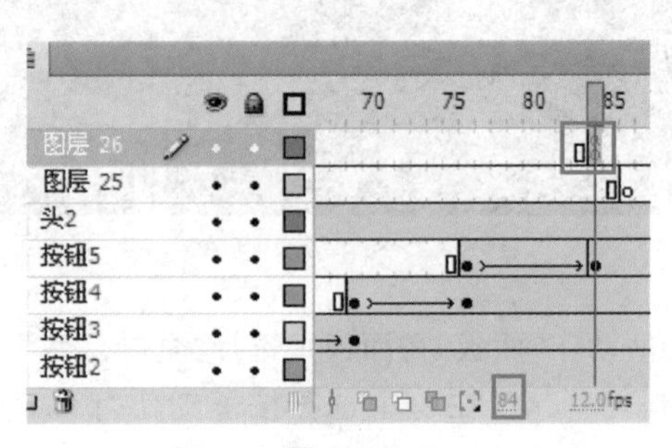

图 6-45

然后在"动作"面板中选择"全局函数"→"时间轴控制"→"stop"或者直接输入"stop ();"，如图 6-46 所示。

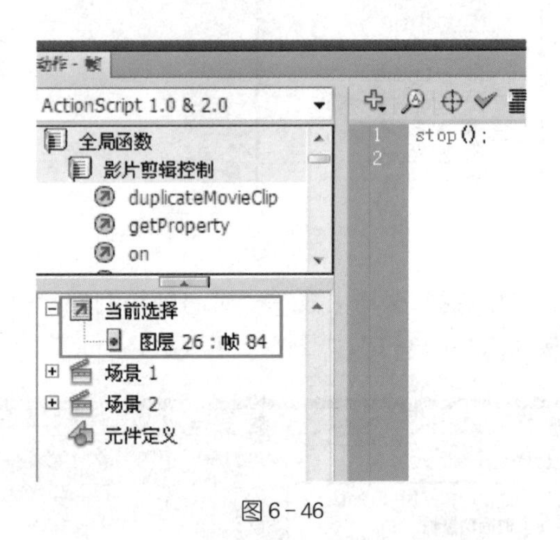

图 6-46

04

观察场景 2 动画，在图层 25 从第 90 帧到第 103 帧之间有五个关键帧，每个关键帧是一段文字。现在需要的效果是当鼠标放到场景 2 的五个按钮上时，分别显示出对应的文字；当鼠标从按钮移开时返回到无文字显示

状态。为了方便跳转先要为那些带文字的关键帧定义标签名。

为了让代码跟文字元件不重叠在一起，在图层 26 为图层 25 处文字对应的关键帧定义名称。先在图层 26 对应图层 25 的关键帧处插入空白关键帧，如图 6－47 所示。

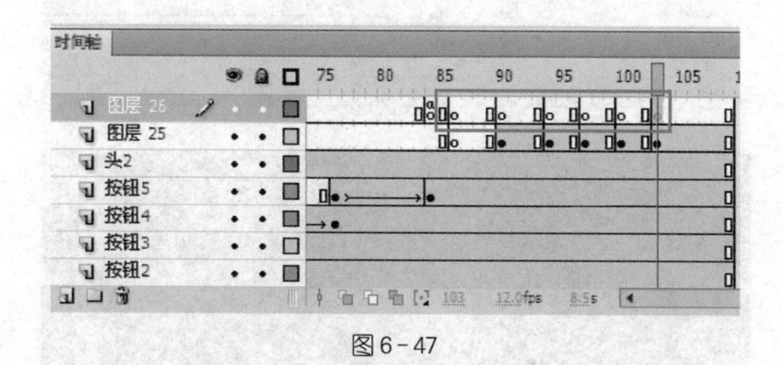

图 6－47

选中图层 26 第 86 帧空白关键帧，打开“属性”面板，在“标签”项“名称”中输入“k-out”，如图 6－48 所示。

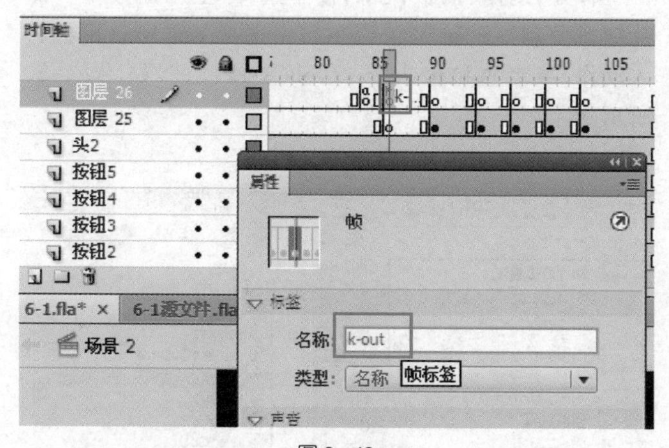

图 6－48

使用同样的方法，分别为图层 26 第 90 帧定义标签名“k1-in”，为第 94 帧定义标签名“k2-in”，为第 97 帧定义标签名“k3-in”，为第 100 帧定义标签名“k4-in”，为第 103 帧定义标签名“k5-in”。

05

选中按钮 1 图层第 55 关键帧处的“基本概念及发

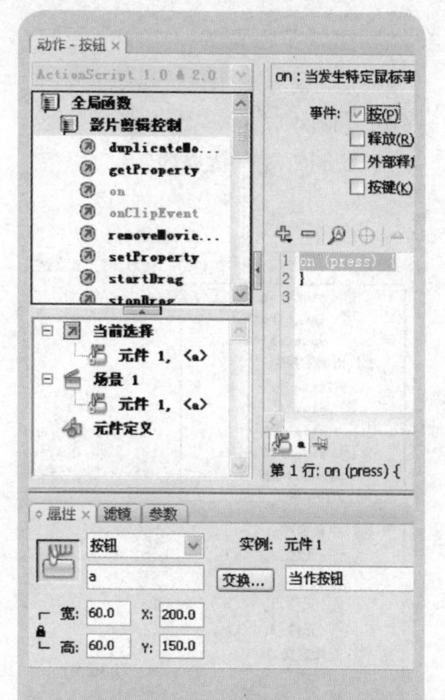

还可以在面板菜单中单击“加号”按钮在下拉的菜单中选择“全局函数”→“影片剪辑控制”→“on”，如下图所示。

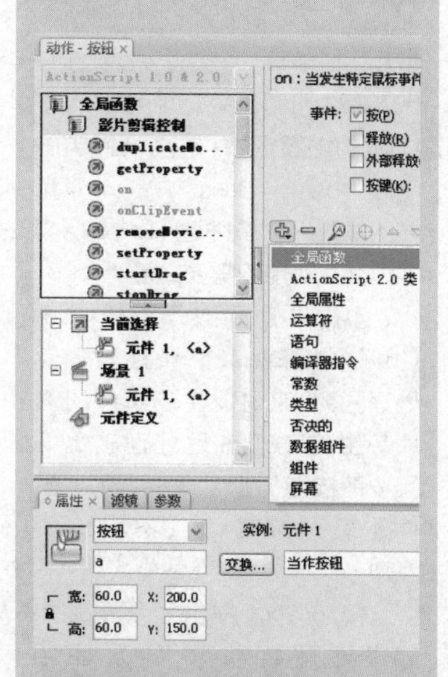

在脚本窗里面的 on ()函数，在()里面输入要发生的事件。包括“按”、“释放”、“外部释放”、“按键”、“滑过”等。输入的方法可以直接输入英文，也可以在脚本助手里面选择。选择输入“press”按下。

然后可以在后面的{}中加入要产生的行为。比如加入“stop ();”，如下图所示，那么就表示当按下这个按钮时影片停止播放。

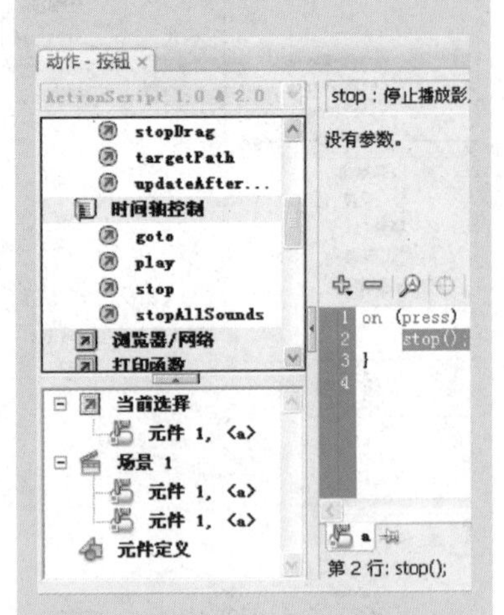

当加入“play();”那么就表示当按下这个按钮时影片开始播放。

事件处理函数

事件和时间处理函数都属于Flash的内置函数，是比较简单的函数。事件是Flash中一个非常重要的部分。它是创建FLA文档中实现交互功能的重要途径。

事件处理函数是指使用on()或onClipEvent()(统称为事件处理函数)来对发生的事件对影片产生的动作进行处理。比如当按下按钮时播放影片，使用事件处理函数就可以实现这个互动。

ActionScrip提供了不同的方式来处理事件：一种是使用MovieClip和Button对象的方法进行控制。例如。

bofang_btn. onRelease = function(){play();}

附加到放置“bofang_btn”按钮实例的时间轴上的。

展”按钮实例，如图6-49所示。

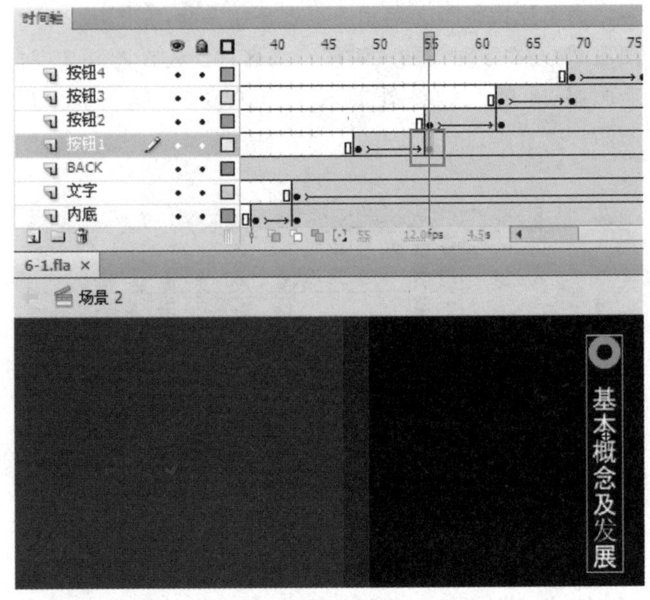

图6-49

打开“动作”面板，在面板中选择“全局函数”→“影片剪辑控制”→“on”，然后在()中选择rollOver(鼠标移入动作)或者直接输入“on (rollOver){};”，如图6-50所示。

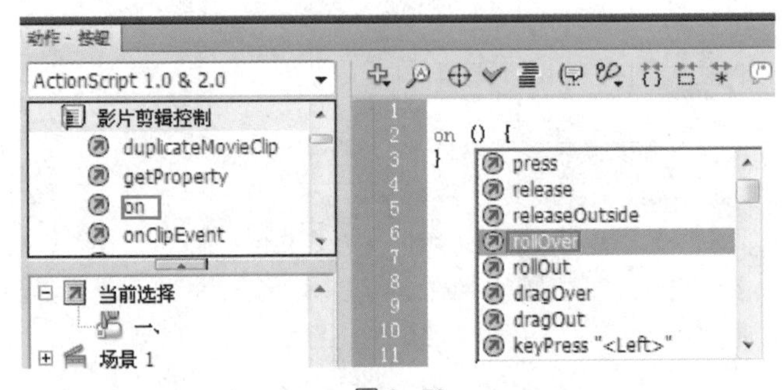

图6-50

然后在{}中选择“全局函数”→“时间轴控制”→“gotoAndStop或者直接输入“gotoAndStop ();”。然后在()中输入帧的标签名(“k1-in”)，注意一定要用英文状态的双引号包围标签名，如图6-51所示。

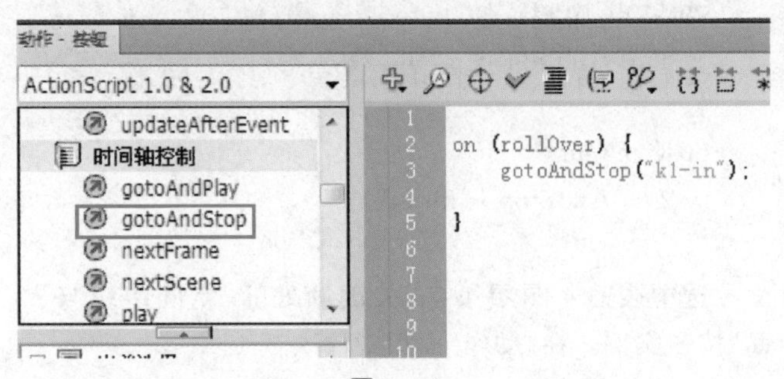

图 6 - 51

这样当鼠标移到按钮 1 上时动画会跳转到定义名称为"k1-in"的关键帧处并停止播放。下面继续增加代码使得当鼠标移出时跳到无文字状态也就是跳转到标签名为"k-out"的关键帧处。

继续在动作面板中选择"全局函数"→"影片剪辑控制"→"on",然后在{}中选择鼠标移入动作"rollOut"或者直接输入"on (rollOut){};"。然后在{}中选择"全局函数"→"时间轴控制"→"gotoAndStop"或者直接输入"gotoAndStop ();"。然后在()中输入帧的标签名("k-out"),如图 6 - 52 所示。

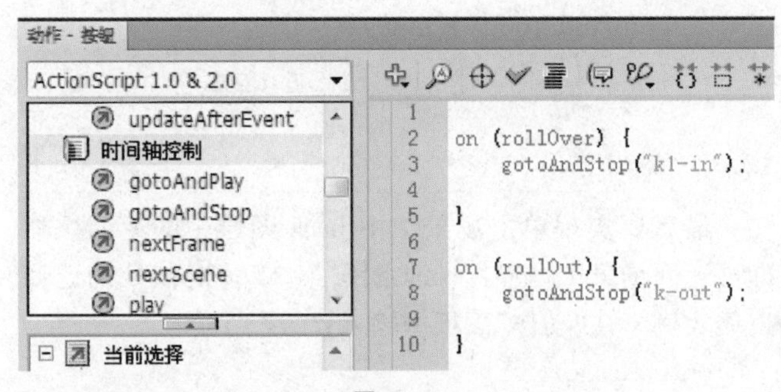

图 6 - 52

同样的做法选中按钮 2 图层第 62 关键帧处的"室内设计的内容"按钮实例。在"动作"面板中输入:

```
on (rollOver){
    gotoAndStop ("k2-in");
}
on (rollOut){
    gotoAndStop ("k-out");
}
```

选中按钮 3 图层第 69 关键帧处的"居中空间的设计"按钮实例。在"动作"面板中输入:

另一种是使用按钮的事件处理函数 on ()和 MC 的事件处理函数 on ()或 onClipEvent()(统称为事件处理函数)。例如采用 on (release){play();}直接附加到按钮实例上。

```
on (rollOver){
    gotoAndStop ("k3-in");
}
on (rollOut){
    gotoAndStop ("k-out");
}
```

选中按钮 4 图层第 76 关键帧处的“空间组织与界面”按钮实例。在“动作”面板中输入：

```
on (rollOver){
    gotoAndStop ("k4-in");
}
on (rollOut){
    gotoAndStop ("k-out");
}
```

选中按钮 5 图层第 84 关键帧处的“作品欣赏”按钮实例。在“动作”面板中输入：

```
on (rollOver){
    gotoAndStop ("k5-in");
}
on (rollOut){
    gotoAndStop ("k-out");
}
```

06

最后要实现单击场景 2 中 back 图层中的返回按钮即可返回场景 1。选中 back 图层第 22 关键帧处的返回按钮实例。在“动作”面板中输入：

```
on (release){
    gotoAndPlay("场景 1",1);
}
```

注意：“场景 1”中 1 表示场景 1 中的第 1 帧。当帧没有命名标签名只是数字时不需要在上面加双引号。

最后，保存预览观看是否达到了需要的交互效果。

6.4 控制影片剪辑

图6-53

Flash可以做出千变万化、多姿多彩的动画效果，其中很大一部分都是由控制电影剪辑(MC)的属性来达到的。本节通过制作一个通过按钮来控制墙上挂饰的变换、移动、缩放、旋转的交互动画来讲解如何控制影片剪辑。效果如图6-53所示。

01

打开Flash CS4新建一个ActionScript 2.0的Flash文件，在文档属性面板设置文档大小为900×779像素，如图6-54所示。

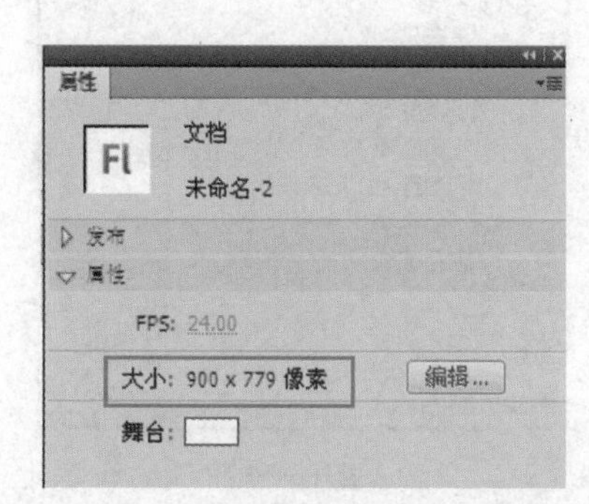

图6-54

知 识 点 提 示

关于影片剪辑的实例名称

Flash中的影片剪辑在影片中常见有两种名称。

(1) 影片剪辑在库中的名称，如下图所示。

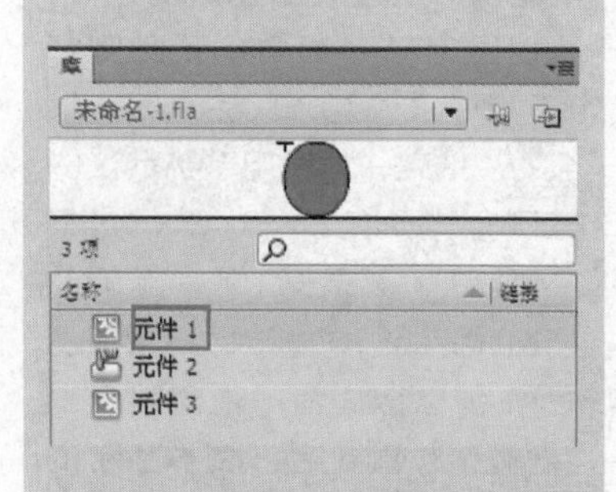

(2) 影片剪辑在场景中的名称，即通常所说的“实例名称”，没有命名的时候用灰色显示“<实例名称>”，如下图所示。

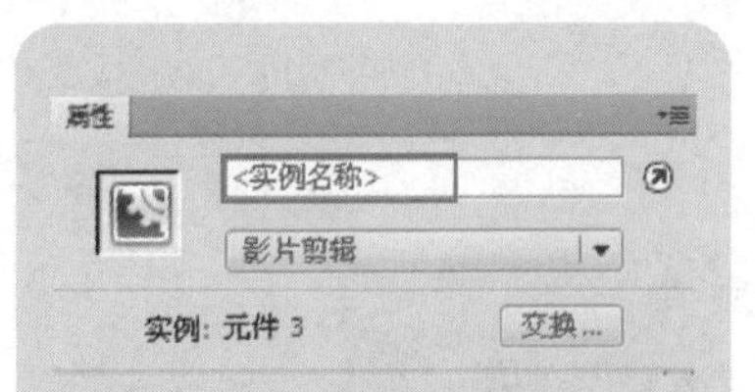

两个名称中，通常所说的影片剪辑的实例名就是第二个“实例名称”，常用 MC_name，mc_name 等来代替。可以在属性面板的实例名称处为该影片剪辑输入一个实例名。这个命名是给场景中的一个确定的 MC 对象(或按钮对象)命名，而只有这样命名后才能使用 ActionScript 脚本对该对象进行控制。注意：这个名称不是 MC 在库中的名称。例如，“mc_name._x=50;”的意思是一个实例名称为“mc_name”的影片剪辑(或按钮)的横坐标等于 50。而所谓的“mc_”不是命名的固有前缀，也可以写“abc._x=50;”。

而影片剪辑在库中的名称则只是库中的一个标志而已，它在代码中没有什么作用。

注意：实例名一般以字母开头，后面可以接数字，如 aa、a2 等，开头不能设置为数字。

如果一个影片剪辑实例，在开始的时候没有命名实例名称，而以后的某一帧命名了实例名称。那么影片剪辑将会从第一帧到影片结束一直使用系统默认的实例名称，形如：instanceXX，XX 是不重复的。如果一个影片剪辑从它出现的那一帧就被命名了实例名称，那么以后将一直使用这个实例名称，直到给它赋予了新的实例名称为止。

如果一个影片剪辑(实例名称是“MY_MC”)的实例出现在第 N 帧，而在第 N+1 帧这个影片剪辑

执行“文件”→“导入”→“导入到库”命令，在弹出的对话框中选择本书素材文件“第 6 章\pic\6-2.psd”。在弹出的“将‘6-2.psd’导入到库”对话框中全选所有图层，如图 6-55 所示。

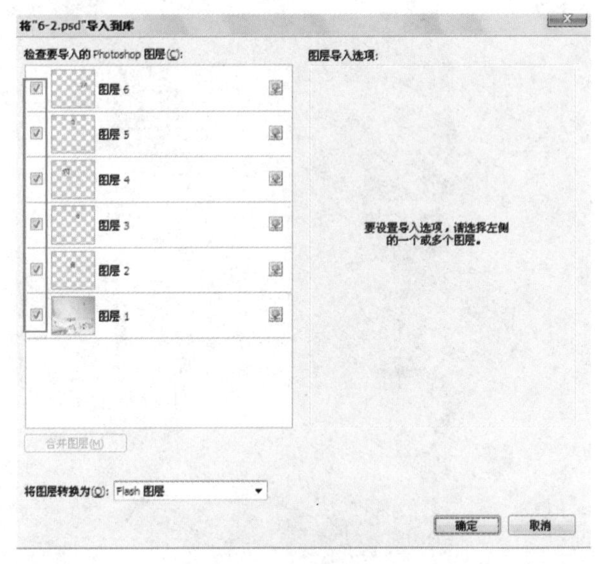

图 6-55

选中图层 1 第 1 帧，打开“库”面板，从库中把“6-4.psd 资源”文件夹中的“图层 1”拉到场景中(图 6-56)，并使用“对齐”面板把它对齐到场景中心，成为背景。

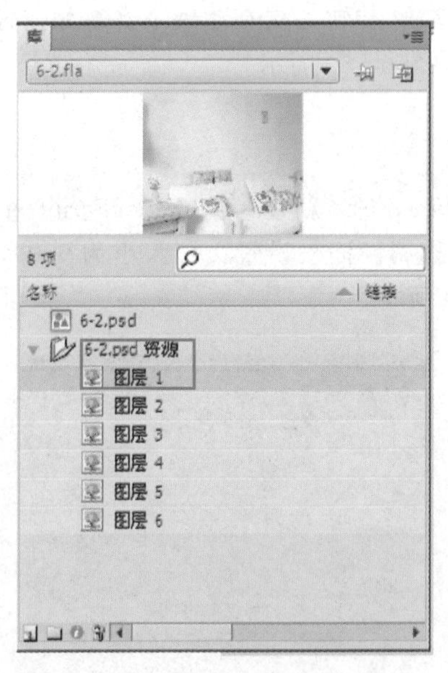

图 6-56

02

下面制作用来控制的影片剪辑。执行“插入”→“新建元件”，弹出“创建新元件”对话框，设置“名称”为“装饰挂件”，“类型”为影片剪辑，如图 6－57 所示。

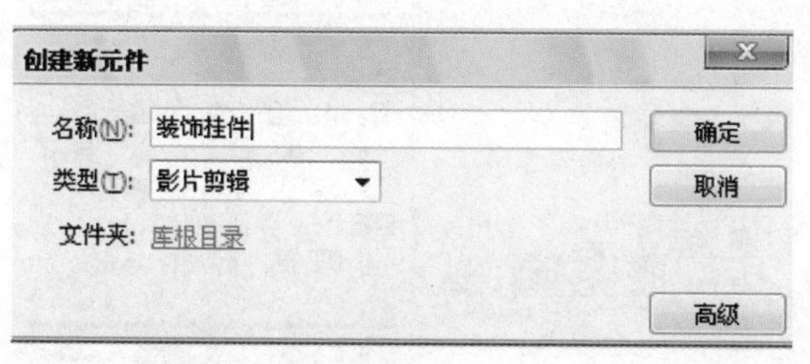

图 6－57

单击确定进入影片剪辑编辑状态，选中图层 1 第 1 帧。打开“库”面板，从库中把“6－4. psd 资源”文件夹中的图层 2 拉到场景中，并使用“对齐”面板把它对齐到影片剪辑中心，如图 6－58 所示。

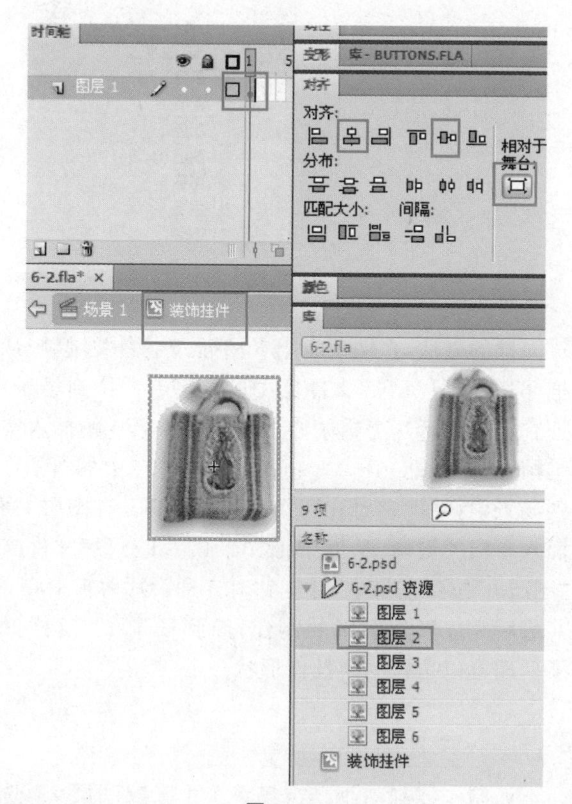

图 6－58

被复制了，或者又从库中拖出了相同的影片剪辑。而且这两个影片剪辑的实例名称都被命名为“MY_MC”，那么在设计时最先被拖进场景的，或者“被”复制的影片剪辑将成为真正的“MY_MC”实例。另外一个影片剪辑虽然“_name”也是“MY_MC”，但是对这条语句并不会有反应“MY_MC. _alpha = 50;”，因为它只对设计中首先出现的真正的“MY_MC”有效果。

对象和属性

1. 对象

对象是一种复杂的数据类型，是属性的集合，它包括零个或多个属性和方法。每个属性都有名称和值，就像变量一样，它附加在对象上，并且包含可以更改和检索的值。这些值可以是任何数据类型，包括：字符串、数字、布尔值、对象、电影剪辑或未定义。对象的属性也可以是对象，要指定对象和它们的属性，可以使用点“.”运算符。如，

```
Students. recorder. math = 88;
```

recorder 是对象 students 的属性，而 math 是对象 recorder 的属性，math 属性的数据类型是数字。

可以使用内置动作脚本对象访问和处理特定种类的信息。例如动作脚本 MovieClip 对象具有一些方法，可以使用这些方法控制舞台上的电影剪辑元件实例。此示例使用 play 和 nextFrame 方法。

```
mcInstanceName. play();
mc2InstanceName. nextFrame();
```

也可以创建自己的对象来组织影片中的信息，要使用动作脚本

向影片添加交互操作，需要许多不同的信息。例如，可能需要用户的姓名、球的速度、购物车中的项目名称、加载的帧的数量、用户的邮政编码或上次按下的键。创建对象可以将信息分组，简化脚本撰写过程，并且能重新使用脚本。

(1) 内置对象。用户可以使用内置 Flash 对象访问和处理特定种类的信息。大多数内置对象都具有方法(分配给对象的函数)，用户可以调用这些方法，以获得返回值或执行动作。例如 Sound 对象使用户可以控制影片中的声音元素。某些内置对象还具有属性，用户可以读取这些属性的值。例如 key 对象具有恒定的值，代表键盘上的按键。每个对象都有自己的特性和能力，从而使它们在影片中很有用。

内置 Flash 对象分为四类别：核心对象、影片对象、客户端/服务器对象和创作对象。

① 核心对象也是动作脚本所基于的 ECMA 规范中的核心对象。动作脚本的核心对象包括 Arguments、Array、Boolean、Date、Function、Math、Number、Object 和 String。

② 影片对象是动作脚本专用的。这些对象是 Accessibility、Button、Capabilities、Color、Key、Mouse、MovieClip、Selection、Sound、System、TextField 和 TextFormat。

③ 客户端/服务器对象是可以用来在客户端和服务器之间进行通信的动作脚本对象。这些对象是 LoadVars、XML 和 XMLSocket。

④ 创作对象用于自定义 Flash 创作应用程序。这些对象是 CustomActions 和 LivePreview。

在图层 1 第 2 帧插入空白关键帧，从库中把“6－4. psd 资源”文件夹中的图层 3 拉到场景中，同样使用“对齐”面板把它对齐到影片剪辑中心，如图 6－59 所示。

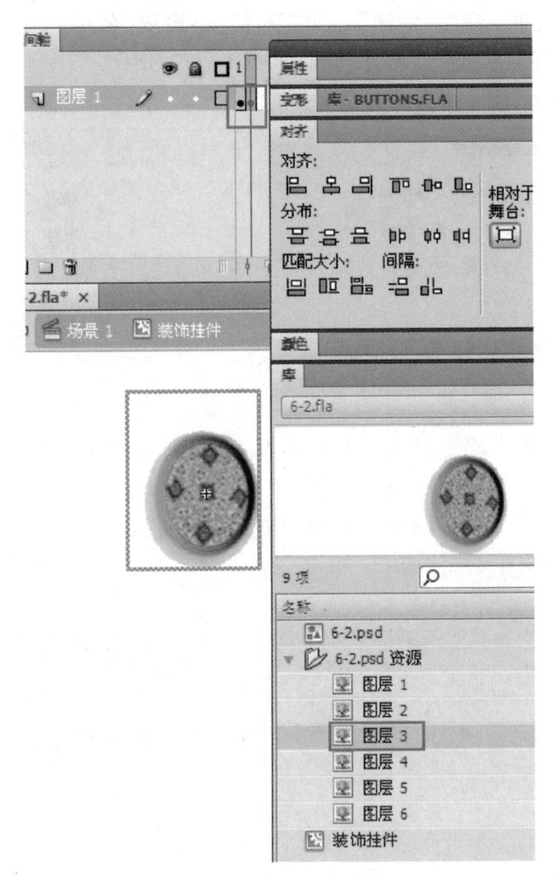

图 6－59

同样的做法，在图层 1 第 3 帧插入空白关键帧，从库中把“6－4. psd 资源”文件夹中的“图层 4”拉到场景中，并把它对齐到影片剪辑中心。在图层 1 第 4 帧插入空白关键帧，从库中把“6－4. psd 资源”文件夹中的“图层 5”拉到场景中，并把它对齐到影片剪辑中心。在图层 1 第 5 帧插入空白关键帧，从库中把“6－4. psd 资源”文件夹中的“图层 6”拉到场景中，并把它对齐到影片剪辑中心。

最后完成影片剪辑的制作，回到场景 1。这样做是为了后面可以选择变换挂件形状。

03

下面制作控制动画。在场景 1 中新建图层 2。选中图层 2 第 1 帧，从库中把“装饰挂件”影片剪辑拉到舞台上，放置在墙上位置，如图 6－60 所示。

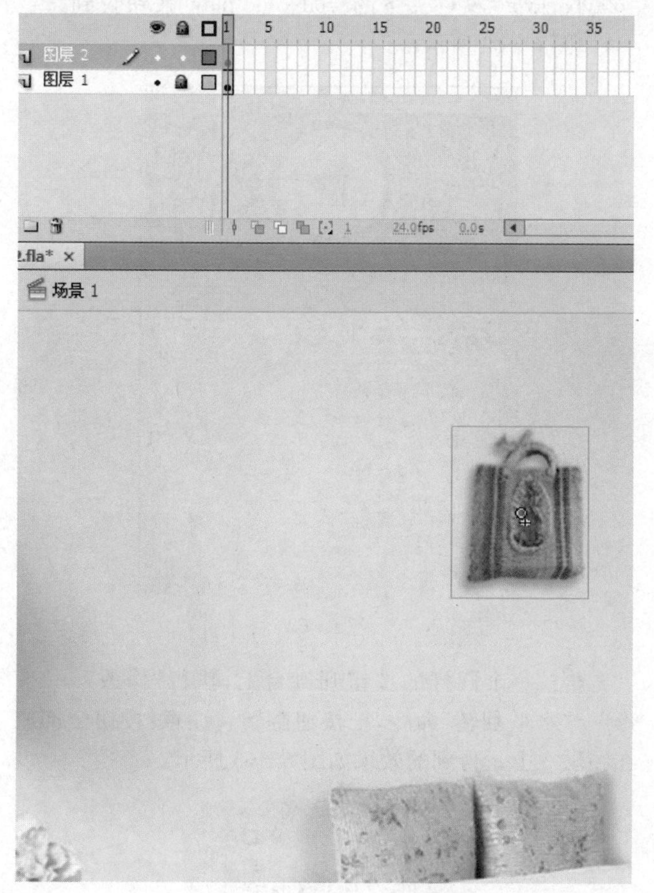

图 6－60

下面放置控制按钮。可以直接使用 Flash CS4 中公共库中自带的按钮。执行“窗口”→“公共库”→“按钮”，如图 6－61 所示，弹出“公共库”面板。

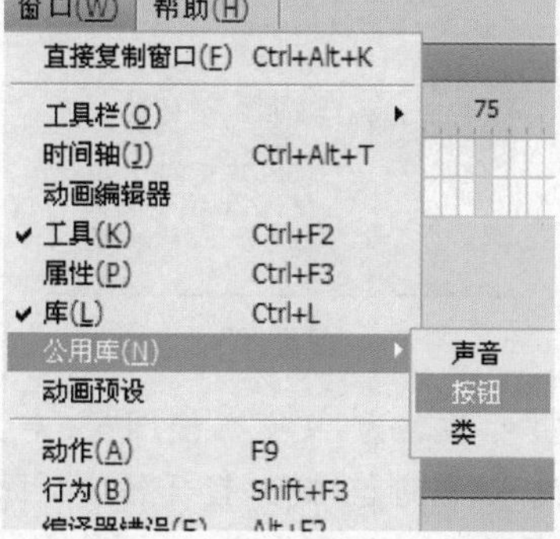

图 6－61

电影剪辑实例在动作脚本中以对象表示，它们在默认对象类是 MovieClip。用户可以调用内置电影剪辑方法，就像调用任何其他动作脚本对象方法一样。

一般在最简单的情况下，可以使用关键字 new 来创建一个对象，Flash CS4 的 27 个内置对象都可以直接使用 new 关键字来创建实例（不是每一个都有必要这样来创建），另外用“{}”符号也可以创建一个对象。

使用 new 关键字来创建对象，首先需要一个构造函数。构造函数是一种特殊的简单函数，它的目的是定义对象的方法和属性。在前面提到的众多预定对象中，它们的定义过程就是已经事先定义了构造函数。而 Flash 中内置的对象就是一些设置好的构造函数，使用时可以直接使用如下语句来对象化对象。

cDate = new Date();

可以将 Flash 中的对象化对象的过程理解成从库中拖拽一个 MC 到场景中，这个 MC 在元素库中是一个对象类，等拖拽到场景中后就变成了一个对象（这个对象是个实例）。它可以拖拽很多次，每拖拽一次就是创建一个对象，每个 MC 都具有一个唯一的对象名（实例名称）。但是，并不是所有类都要对象化才能使用，在 Flash 中有一些特殊的类可以直接使用，像 math，如下所示：

math. abs (－210);

使用点运算符“.”可以访问对象中的属性的值。对象名称在点的左边，而属性名称在点的右边。例如“myObject. name”中，myObject 是对象，而 name 是属性。

用户可在标准模式下向属性赋值，使用 setvariable 动作输入如下表达式：

myObject. name = "Allen";

(2) 创建自定义对象。除了可以使用 Flash 内置的对象以外，还可以根据需要自定义有特定要求的对象，并可以将自定义的对象实体化，也就是说同样可以像操作内置对象一样操作自定义的对象，这两种对象本质上没有区别。

要创建自定义对象，首先需要定义构造器函数。构造器函数的名称总是与它创建的对象类型的名称相同。可以使用构造器函数体中的关键字 this 来引用该构造器创建的对象，在调用构造器函数时，Flash 会将 this 作为隐藏参数进行传递。现在来巩固一下 new 关键字的用法。

New myfunction (arg1, arg2, …);

这里使用了一个构造函数"myfunction"，当这个函数被调用时，Flash 会自动传递一个参数 this，this 就会指向要创建的那个对象。当定义一个构造函数的时候，this 这个指针允许指向任何一个用这个构造函数创建的对象。

例如，

```
function Circle(radius){
this. radius = radius;
}
```

这里创建了一个 Circle 的构造函数，this 在这里就表示任何一个实体，也就是说，在每个实体中都会有 radius 这个属性。在定义好 Circle 的构造函数之后，就可以用 new 关键字来创建自己的实体了。如，

myCircle = new Circle (4);

新建图层 3，选中图层 3 第 1 帧，从公共库中把"playbackflat"文件夹下的"flat blue play"按钮拉到舞台上，如图 6-62 所示。

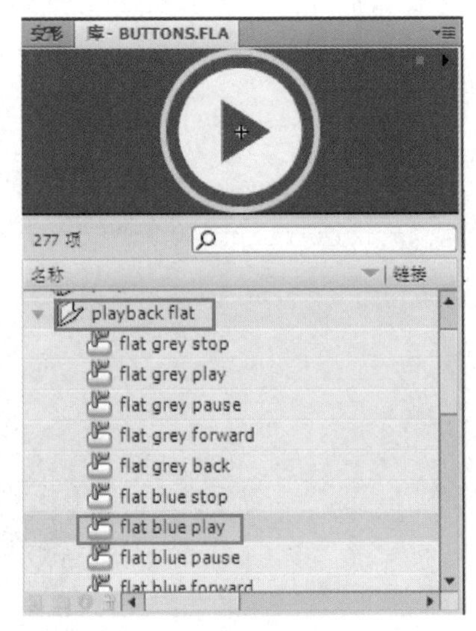

图 6-62

再拉一个同样的按钮到舞台上，执行"修改"→"变形"→"水平翻转"命令，把按钮翻转。注意：按钮全部放在图层 3 上。得到的效果如图 6-63 所示。

图 6-63

新建图层 4，改名为"文字"，使用"文本工具"在文字图层第 1 帧输入"选择挂饰"。打开"属性"面板设置为静态文本，大小为 30 点，系列为隶书，颜色为红色，如图 6-64 所示。

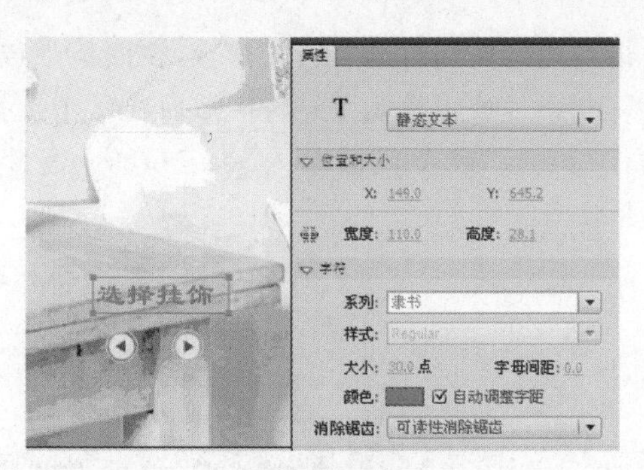

图 6-64

04

下面要用这两个按钮来控制更换挂件。预览下发现"装饰挂件"影片剪辑会不停变化，首先要它不变化。双击"装饰挂件"影片剪辑进入编辑状态。依次选中第 1 关键帧到第 5 关键帧，打开"动作"面板输入"stop ();"，让它停止播放，如图 6-65 所示。

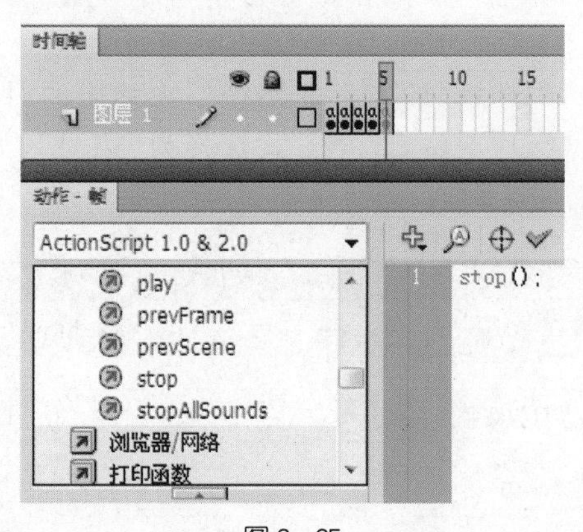

图 6-65

回到场景 1，选择"装饰挂件"影片剪辑，打开"属性"面板，在"实例名称"上命名为"gs"。如图 6-66 所示。

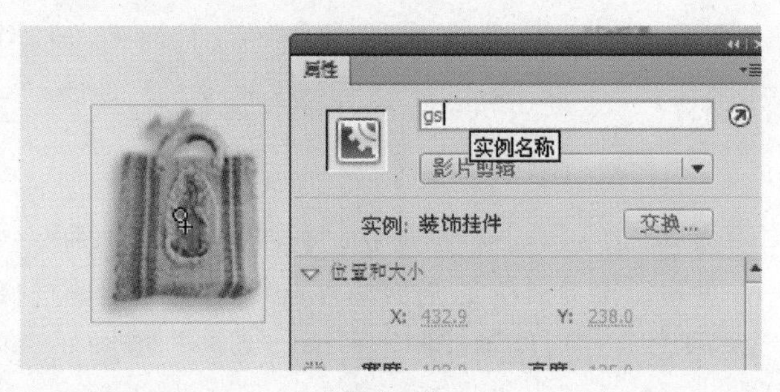

图 6-66

通过上面的语句就创建了一个 radius(半径)为 4 的 Circle 圆的实体 myCircle。

2. 属性

属性是定义对象的属性。例如，所有影片剪辑对象都具有_visible(可见性)属性，通过该属性可以决定影片剪辑是否显示。

影片剪辑对象的基本属性

在 Flash CS4 的"动作"面板中，属性被放在各个相应的类中。如果在编程时需要使用影片剪辑(MC)的属性，可以在"动作"面板的"ActionScript 2.0 类"→"影片"→"MovieClip"→"属性"类别里找到，如下图所示。

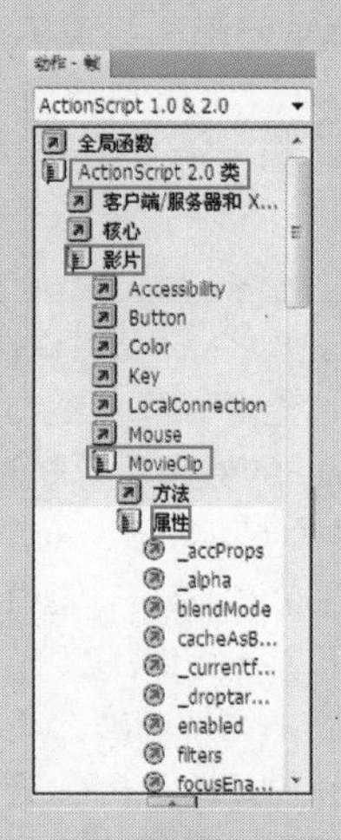

在 Flash CS4 中，MC 的属性有三十余种，在这里介绍部分常用的，最具代表性的属性。

_alpha：电影剪辑实例的透明度。有效值为 0(完全透明)到 100(完全不透明)，默认值为 100。可以通过对 MC 的_alpha 属性在 0～100 之间变化的控制，来制作出或明或暗或模糊的效果。

_rotation：电影剪辑的旋转角度(以度为单位)。从 0 到 180 的值表示顺时针旋转，从 0 到 －180 的值表示逆时针旋转。不属于上述范围的值将与 360 相加或相减以得到该范围内的值。

例如语句 my_mc._rotation＝450 与 my_mc._rotation＝90 相同。

_visible：确定电影剪辑的可见性，当 MC 的_visible 的值是“true”(或者为 1)时，MC 为可见；当 MC 的_visible 的值是 false(或者为 0)时，MC 为不可见。

_height：影片剪辑的高度(以像素为单位)。

_width：影片剪辑的宽度(以像素为单位)。

_xscale：影片剪辑的水平缩放比例。

_yscale：影片剪辑的垂直缩放比例。

当_xscale 和_yscale 的值在 0～100 之间时，是缩小影片剪辑为原影片剪辑的百分数；当_xscale 和_yscale 的值大于 100 时，是放大原影片剪辑；当_xscale 或_yscale 为负时，水平或垂直翻转原影片剪辑并进行缩放。

不要把影片剪辑的高度与垂直缩放比例混淆，也不要把影片剪辑的宽度与水平缩放比例混为一谈，例如：

MC._width＝50；//表示把 MC 的宽设置为 50 像素。

MC._xscale＝50；//表示把 MC 的水平宽度设置为原来水平宽度的 50％。

_x：影片剪辑的 X 坐标(整数)。

_y：影片剪辑的 Y 坐标(整数)。

单击右边的按钮打开“动作”面板，在面板中选择“全局函数”→“影片剪辑控制”→“on”，然后在()中选择鼠标按下动作“press”或者直接输入“on (press){}；”，如图 6－67 所示。

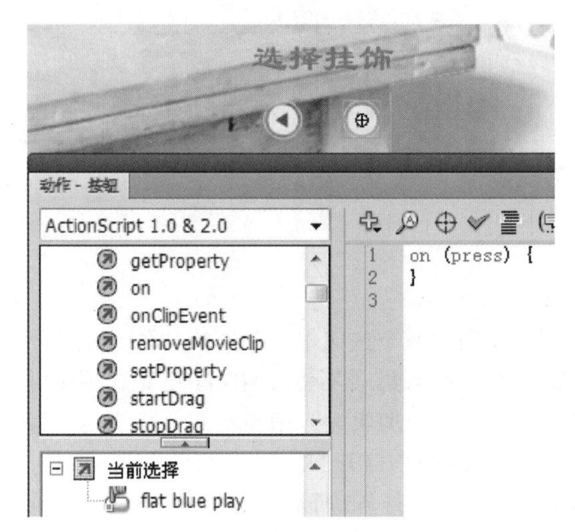

图 6－67

在{}中选择“插入目标路径”，在弹出的对话框中选择“gs”影片剪辑，路径方式选择为“绝对”，如图 6－68 所示。

图 6－68

得到“on (press){_root.gs}”代码，这表示找到“gs”影片剪辑。接下来在 gs 后面输入点号，在点号后面选择“全局函数”→“时间轴控制”→“nextFrame”，如图 6－69 所示。

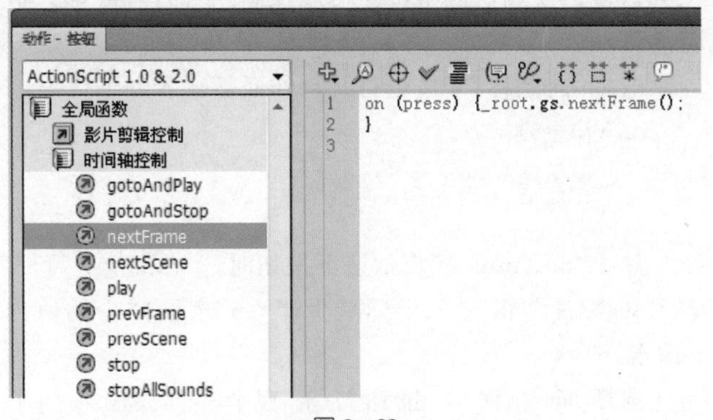

图 6 - 69

这表示当按下这个按钮时，会转到“gs”影片剪辑的下一帧。

下面选择左边的按钮打开“动作”面板，输入返回选择挂件的代码。同样的做法，选择左边的按钮在“动作”面板中输入：

```
on (press){
_root. gs. prevFrame();
}
```

这样这两个按钮可以来回选择不同的挂件图片。

05

下面制作用按钮控制挂件的移动。首先选择图层3，从库中拉出四个“flat blue play”按钮到舞台上，并通过“任意变形工具”把它们放到如图 6 - 70 所示位置。

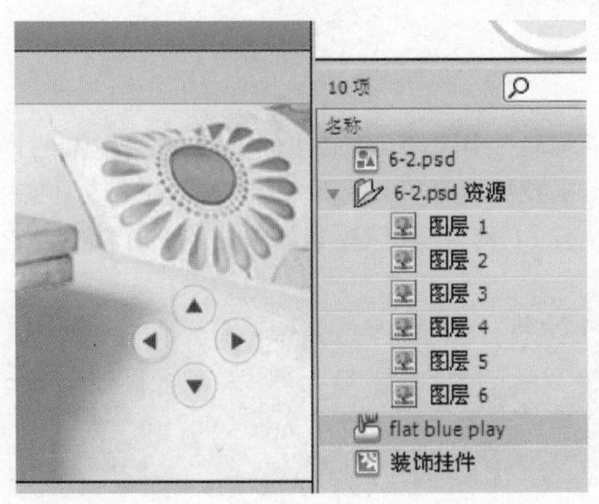

图 6 - 70

选择文字图层，使用“文本工具”在场景中输入“移动位置”，同样设置为静态文本，大小为 24，系列为隶书，颜

注意：如果影片剪辑在主时间轴中，则其坐标系统将舞台的左上角作为(0,0)，向右和向下逐渐增加。如果影片剪辑在其他影片剪辑的时间轴中，则以其中心位置为(0,0)，向右和向下为正，并逐渐增加；向左和向上为负，并逐渐减小。

影片剪辑的路径

前面不止一次谈到 MC 的路径，那么什么叫路径，怎么运用路径呢?

在 Flash 的场景中有个主时间轴，在场景里可以放置多个 MC，每个 MC 又有它自己的时间轴，每个 MC 又可以有多个子 MC……就像在国家(主时间轴)下有很多个省(MC)，每个省下又有许多个市(子 MC)……这样，在一个 Flash 的影片中，就会出现层层叠叠的 MC，如果要对其中一个 MC 进行操作，就说出 MC 的位置，也就是要说明 MC 的路径。

路径分绝对路径和相对路径，下面还是用一个实际例子来进行说明。

假设在场境里有两个 MC，一个 MC 的实例名为 mx，在 mx 下有个子 MC 名为 mx1，在 mx1 的下面还有一个孙 MC 名为 mx2。

另一个 MC 的实例名为 dm，在 dm 下有个子 MC 名为 dm1，在 dm1 下还有个孙 MC 名为 dm2。

1. 绝对路径

不论在哪个 MC 中进行操作，都是从主场景时间轴(用_root 表示)出发，到 MC，再到 MC 的子级 MC，再到 MC 的孙级 MC……一层一层地往下寻找。例如下面的操作：

对 mx2 使用 play()的命令操作，应使用以下这样的程序代码：

```
_root.mx.mx1.mx2.play();
```

对 dm1 使用 play()的命令操作，应使用以下这样的程序代码：

```
_root.dm.dm1.play();
```

对 mx 使用 play()的命令操作，应使用以下这样的程序代码：

```
_root.mx.play();
```

2. 相对路径

在一个 MC 内的父、子、孙关系中，有时候用相对路径比较简单，但是，用相对路径时，必须得清楚在哪一级的 MC 中，在对哪一级的 MC 进行操作。以上面的 mx 为例，使用的仍然是 play()命令。

在 mx1 中，对它本身进行操作的程序代码为：

```
this.play();
```

对 mx 进行操作，因为 mx 是它的上一级(父级)，所以程序代码为：

```
_parent.play();
```

对 mx2 的操作，因为 mx2 是它的子级，所以程序代码为：

```
this.mx2.play();
```

或者

```
mx2.play();
```

如果在 mx2 中对 mx 用相对路径操作就比较麻烦了，程序代码为：

```
_parent._parent.play()//mx 是 mx2 的父级的父级。
```

如果用相对路径在 mx 中或者 mx 内的 MC，对另一个 dm 内的 MC 进行操作，就十分麻烦了，不推荐这种方法。

从上面的例子知道，绝对路径比较好理解，并且用绝对路径可以不必考虑是在哪级的 MC 中进行操作的。直接从主场景时间轴(_root)出发，一层一层地往下找，如果对路径的理解不透，建议选用绝对路径。用相对路径就必须清楚

色为蓝色。使用这四个按钮可以控制“装饰挂件”影片剪辑的移动。

选择“向上移动”按钮打开动作面板输入如下代码：

```
on (press){
    _root.gs._y- =5;
}
```

其中“on (press)”表示按下按钮时，“_root.gs._y-”表示 gs 影片剪辑的 Y 坐标减少，“=5”表示减少的值为 5 像素。

选择“向下移动”按钮打开“动作”面板输入如下代码：

```
on (press){
    _root.gs._y+ =5;
}
```

选择“向左移动”按钮打开“动作”面板输入如下代码：

```
on (press){
    _root.gs._x- =5;
}
```

选择“向右移动”按钮打开“动作”面板输入如下代码：

```
on (press){
    _root.gs._x+ =5;
}
```

这样就用四个按钮实现了“装饰挂件”影片剪辑的上下左右移动。

06

继续制作用按钮控制挂件的缩放。首先选择图层 3，从库中拉出两个“flat blue play”按钮到舞台上，并通过“任意变形工具”把它们放到如图 6-71 所示位置。

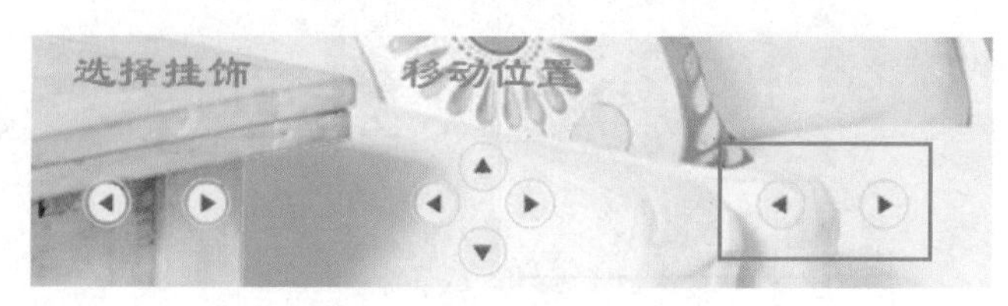

图 6-71

选择文字图层，使用“文本工具”在场景中按钮上面输入“缩放大小”，同样设置为静态文本，大小为 24，系

列为隶书，颜色为蓝色。使用这两个按钮可以控制“装饰挂件”影片剪辑的缩放。

选择“向左”按钮打开“动作”面板输入如下代码：

```
on (press){
    _root. gs. _xscale- =5;
}
on (press){
    _root. gs. _yscale- =5;
}
```

其中“on (press)”表示按下按钮时，“_root. gs. _yscale- =5”表示“gs”影片剪辑的 X 轴方向上缩小 5%，“_root. gs. _yscale- =5”表示“gs”影片剪辑的 Y 轴方向上缩小 5%。这样按下该按钮时影片剪辑在 X 和 Y 方向都缩小了 5%。

选择“向右”按钮打开“动作”面板输入如下代码：

```
on (press){
    _root. gs. _xscale+ =5;
}
on (press){
    _root. gs. _yscale+ =5;
}
```

表示按下该按钮时影片剪辑在 X 和 Y 方向都放大了 5%。

07

最后，制作用按钮控制挂件的旋转。同样选择图层 3，从库中拉出两个“flat blue play”按钮到舞台上，并通过“任意变形工具”把它们放到如图 6－72 所示位置。

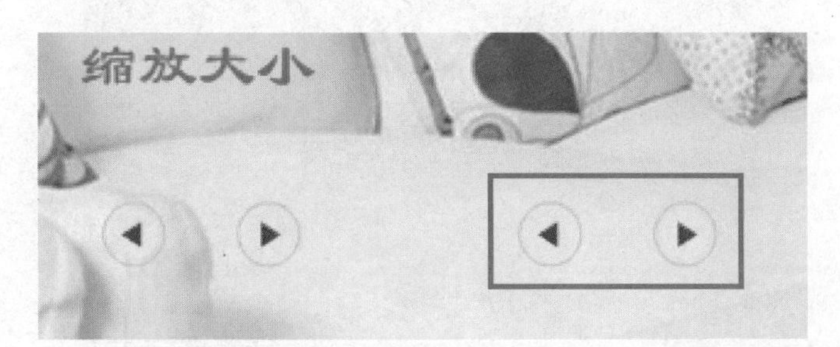

图 6－72

选择文字图层，使用“文本工具”在场景中按钮上面输入“旋转角度”，同样设置为静态文本，大小为 24，系列为隶书，颜色为红色。使用这两个按钮来控制“装饰挂

操作命令是在哪一级 MC 写的，是在对哪一级的 MC 进行操作，比较熟练后，在一个 MC 内用相对路径有时候比较简单。

3. 插入路径

在对电影剪辑 MC 进行编程操作时，还可以使用“插入目标路径”对话框来对 MC 的路径进行设置。在“动作”面板中，单击“插入目标路径”按钮，如下图所示。

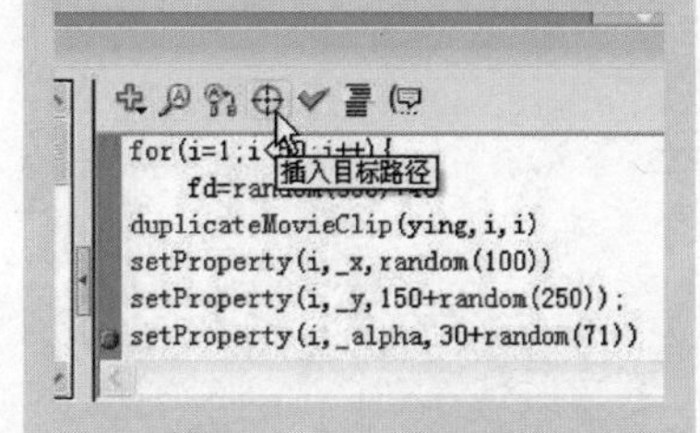

就可以打开“插入目标路径”对话框，如图所示。

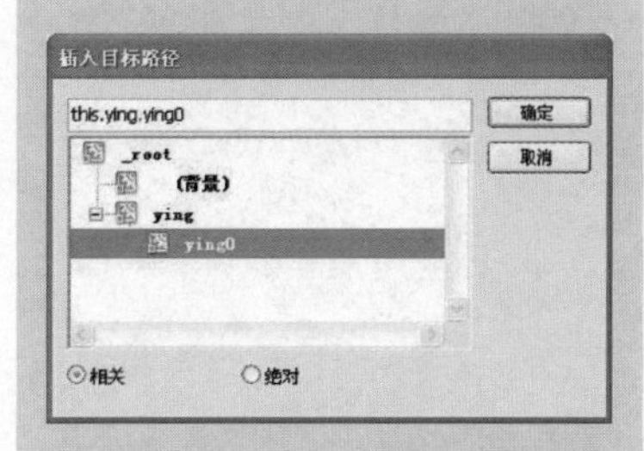

上图所示的是在对 MC 设置行为时经常会用到的对话框。其中可以看到经注册的 MC 实例，需要对哪个 MC 进行设置，就可以单击这个 MC，然后，选择下面的“相关”（相对路径）或者“绝对”（绝对路径）单选按钮，最后单击“确定”，那么这个 MC 的实例名和路径就会进入正在编辑的脚本中了。

另外，需要说明的是，对数据或者变量的某些操作，也需要路径的相关知识，也可以仿照对 MC 的操作。不过这时就不能用“插入目标路径”对话框了。

件”影片剪辑的旋转。

选择“向左”按钮打开“动作”面板输入如下代码：

```
on (press){
    _root. gs. _rotation - =5;
}
```

其中“_root. gs. _rotation - =5”表示“gs”影片剪辑沿逆时针方向旋转了5°。

选择向右按钮打开“动作”面板输入如下代码：

```
on (press){
    _root. gs. _rotation + =5;
}
```

表示按下该按钮时“gs”影片剪辑沿顺时针方向旋转了5°。

这样就完成了整个动画的制作，可以通过这些按钮来控制墙上影片剪辑的变换、移动、缩放、旋转。最后，时间轴如图6-73所示。

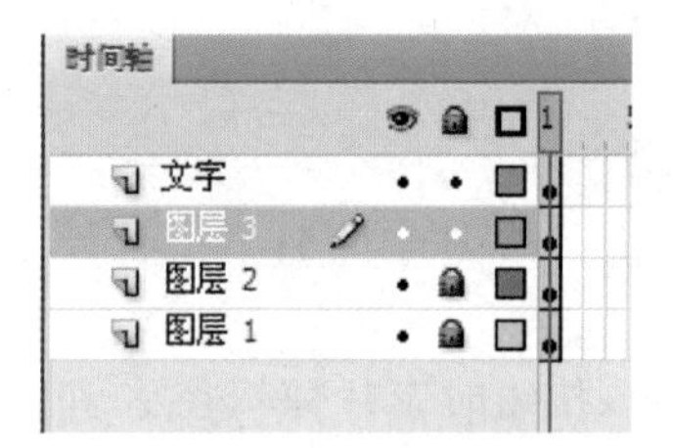

图6-73

按钮和影片剪辑、文字的摆放位置如图6-74所示。

保存并预览文件，看有没有达到交互效果。

图6-74

6.5 载入外部文件

图 6 - 75

Flash 可以使用脚本调用外部文件到动画中。下面通过制作一个简单的个人网页来讲解使用脚本语言调用外部文件的方法。完成后的效果如图 6 - 75 所示。

01

打开 Flash CS4 新建一个 ActionScript2.0 的 Flash 文件，在文档“属性”面板设置文档舞台为深蓝色，大小为 1 000×700 像素，如图 6 - 76 所示。

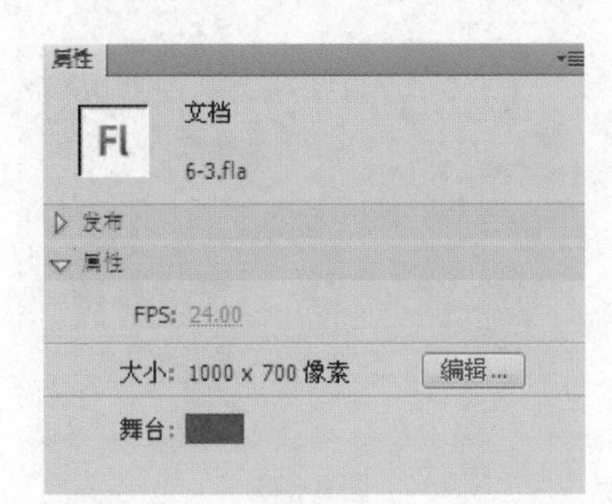

图 6 - 76

知识点提示

可以载入的文件类型

Flash 可以通过帧、按钮、影片剪辑来调用外部文件。

调用的外部文件包括：外部文本文件、外部程序文件、外部 SWF 文件、外部 JPG、GIF、PNG 格式图片文件、外部音乐文件、外部脚本文件、外部网页文件。

动态文本

动态文本就是可以动态更新的文本，如体育得分、股票报价等，它是根据情况动态改变的文本，常用在游戏和课件作品中，用来实时显示操作运行的状态。

动态文本在“属性”面板中“选项”项的变量后面填入名称以后，

就可以像对变量赋值一样,对这个动态文本进行动态的赋值。这个值可以是数字或者字符串。动态文本可以由脚本控制随时更换并显示其中的内容。

设置动态文本选项,动态文本属性面板如下图所示。

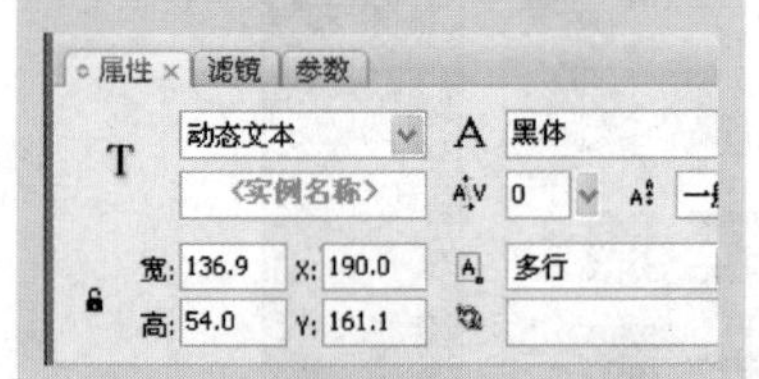

(1) 在一个现有动态文本字段中单击。

(2) 在"属性"面板中,确保弹出菜单中显示了"动态"。

(3) 输入文本字段的实例名。用来标注不同的文本名称,为以后的动作导用做准备。

(4) 指定文本的高度、宽度和位置。这个同静态文本。

(5) 选择字体和样式。这也同静态文本。

(6) 在"行为"栏中,指定下列选项之一:

单行:将文本显示为一行。

多行:将文本显示为多行。

多行不换行:将文本显示为多行,并且仅当最后一个字符是换行字符时,才换行。

(7) 若要允许用户选择动态文本,单击"可选"按钮 Ab。取消选中此选项将使用户无法选择动态文本。

(8) 若要用适当的 HTML 标签保留丰富文本格式(如字体和超链接),单击"将文本呈现为 HTML"按钮 <>。

(9) 若要为文本字段显示黑色边框和白色背景,单击"在文中

使用"矩形工具"在图层 1 第一帧处设置笔触为无,填充为浅蓝色如图 6-77 所示。绘制一个大小为 900 像素×600 像素的矩形,并使用"对齐"面板对齐到舞台中心。

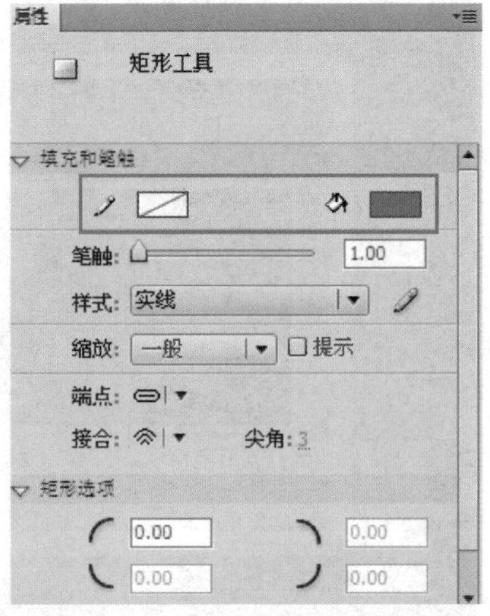

图 6-77

新建图层 2,在图层 2 第 1 帧处使用"矩形工具",设置笔触为无,填充为白色,圆角半径为 20,如图 6-78 所示。绘制一个大小为 750 像素×500 像素的矩形,并使用"对齐"面板对齐到舞台中心。

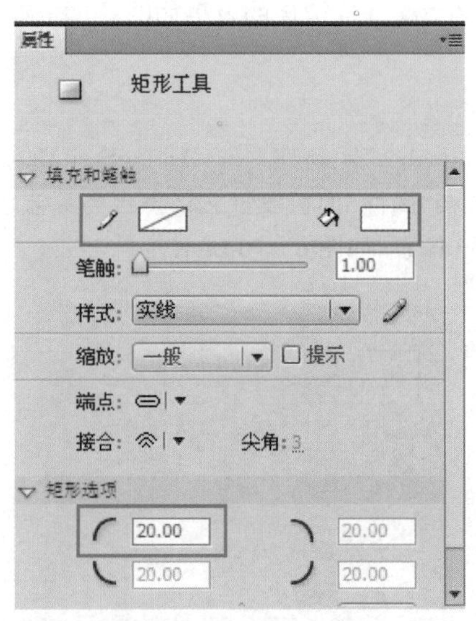

图 6-78

完成后的效果如图 6-79 所示。

图 6-79

02

下面把需要的按钮放置好位置。新建图层 3 命名为“按钮”。选中按钮图层 3 第 1 帧，选择“窗口”→“公共库”→“按钮”弹出“公共库”面板，从公共库中把“buttons bubble 2”文件夹下的“bubble 2 blue”按钮拉到舞台上，如图 6-80 所示。

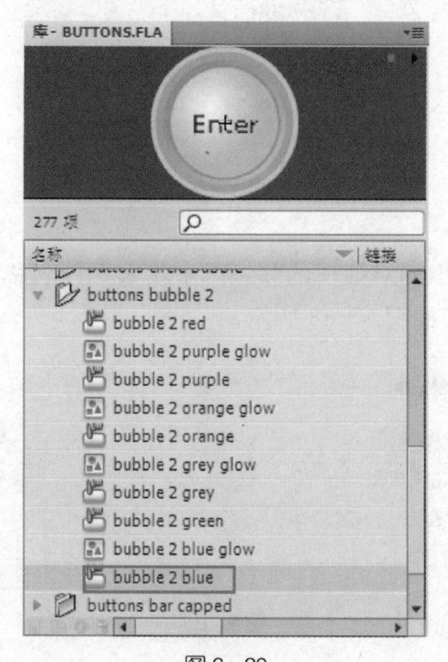

图 6-80

双击舞台上的按钮，进入编辑状态，选中“text”图层，解开锁，使用“文本工具”把按钮中间默认的文字“enter”改成“我的首页”，大小为 15，字体为隶书。位置放在中心适当调整字的大小，如图 6-81 所示。

周围显示边框”按钮 ▤ 。

（10）在“变量”框中，输入该文本字段的变量名称（可选）。仅当针对 Adobe 的 Macromedia Flash Player 5 或更早版本进行创作时，才使用此选项。

（11）单击“字符嵌入”，选择嵌入的字体轮廓选项：

当在 Flash 里使用一个动态文本时，字符的名称将存储在 Flash 里。当 Flash 应用程序在运行时，Flash 播放器会调用用户系统里相同或相似的字符名称。Flash 里的动态文本和静态文本的区别是，静态文本能自动将字符存放到 Flash 里，但动态文本仅仅是从用户系统里找到相似的字符。固定它是很简单的事情，选择动态文本，单击“属性”面板里的字符按钮，在弹出“字符嵌入”对话框，选择指定选项后单击“确定”就可以了。如下图所示。

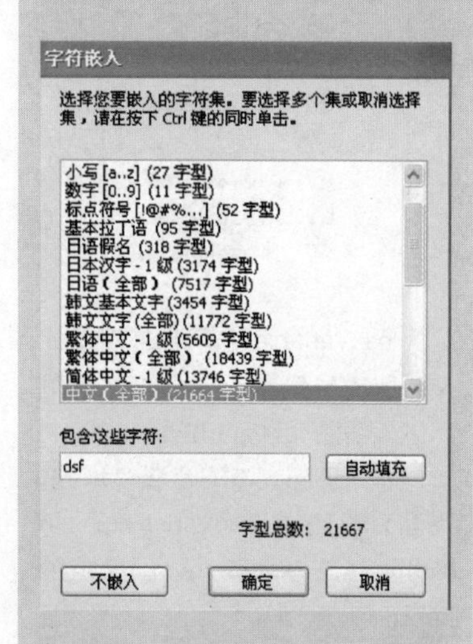

其中“不嵌入”是指不嵌入字体，单击“自动填充”以嵌入选定文本字段中的所有字符。

下面介绍下使动态文本可滚动的方法：

① 按住〈Shift〉键并双击动态

文本字段上的手柄。

② 使用"选择工具"，选择动态文本字段，然后选择"文本"→"可滚动"。

③ 用"选择工具"选择动态文本字段。右键单击动态文本字段，在弹出的快捷菜单中选择"可滚动"。

载入外部文档主要是利用 loadVariables( ) 或 loadVariablesNum()函数来载入外部文档。

loadVariables()函数在全局函数下的"浏览器/网络"中，如下图所示。

loadVariables()函数的作用是从外部加载变量。在函数()中输入载入路径、目标、方法。

载入外部文本的方法有几种，下面介绍使用 loadVariables( )函数和动态文本来载入外部文档的方法。

(1) 新建一个 Flash 文本文档，新建"动态文本框"，设置其变量名称为"txt"。

(2) 新建一个文本文档(文档名字为"a. txt")，文本文档里面写"txt=要显示的文字"。

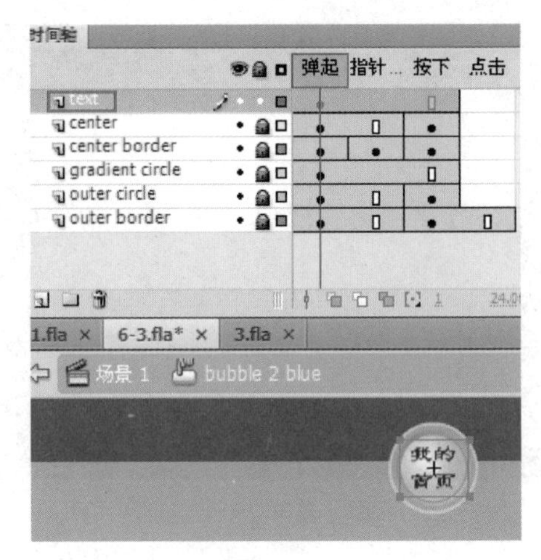

图 6-81

打开"库"面板，下面要复制出其他按钮来，选中库中的"bubble 2 blue"按钮，单击右键，在弹出的快捷菜单中选择"直接复制"，如图 6-82 所示。

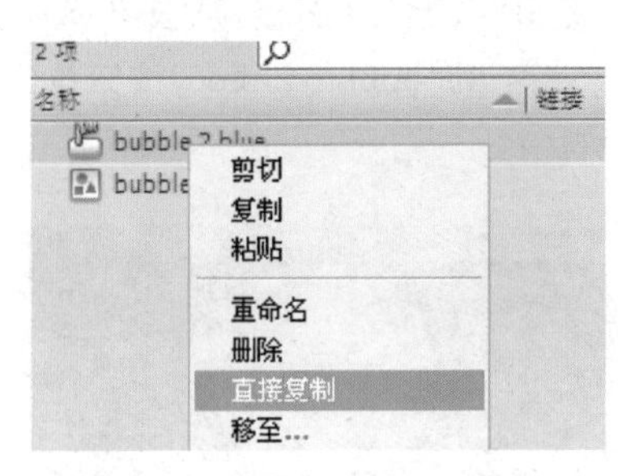

图 6-82

在弹出的对话框的"名称"中输入元件名称为"an1"，类型不变，如图 6-83 所示。

图 6-83

同样的做法再复制出两个按钮，分别命名为"an2"和"an3"。然后双击库中"an1"按钮，进入编辑状态，选中"text"图层，使用"文本工具"把按钮中间的文字"我的首页"改成"我的设计"。双击库中"an2"按钮，进入编辑状态，选中"text"图层，使用"文本工具"把按钮中间的文字

"我的首页"改成"我的影集"。双击库中"an3"按钮，进入编辑状态，选中"text"图层，使用"文本工具"把按纽中间的文字"我的首页"改成"友情链接"。

回到场景1，从库中把这三个按钮拉到场景中，并把这四个按钮都放置在按钮图层右上角上。位置如图6-84所示。

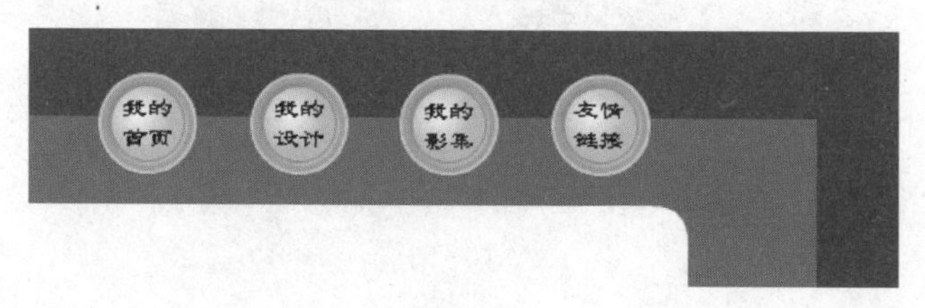

图6-84

03

下面制作加载动态文本效果。新建图层，命名为"动态文本"。在该图层使用"文本工具"，在"属性"面板中设置为动态文本，字体为宋体，大小为20点，颜色为黑色，在"段落"项中设置"格式"为"居中对齐"，"行为"为多行。绘制一个大小为700像素×450像素的动态文本框，如图6-85所示。

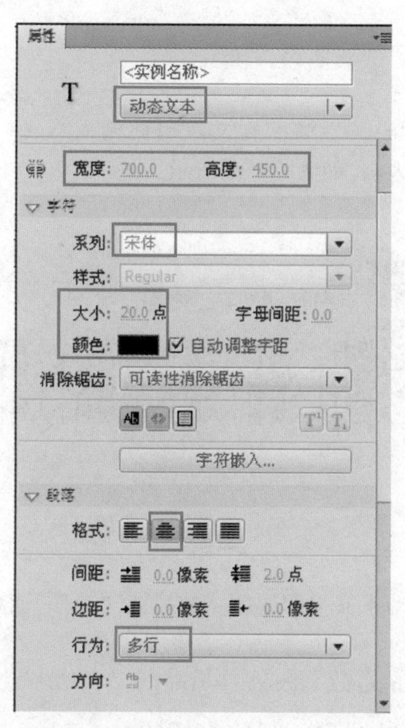

图6-85

(3) 写代码，代码如下：

```
System.useCodepage = true;
loadVariables("a.txt","_root")
```

其中"System.useCodepage = true;"的作用是加载的文本不会出乱码。("a.txt","_root")中"a.txt"是名称"_root"是指定或返回一个对根影片剪辑时间轴的引用，因为外部文档和源文件在同一目录下就不需要输入路径。

注意：一定要在动态文本所在的帧上面写代码，文本文档和Flash文档要放在同一目录下，如果不放，则要设置好路径。

如果要使用按钮来控制加载外部文本的方法如下：

(1) 新建一个Flash文本文档，新建"动态文本框"，设置其变量名称为"txt"。新建图层导入一按钮到场景中。

(2) 新建一个文本文档(文档名字为a.txt)，文本文档里面写"txt=要显示的文字"。

(3) 写代码：在动态文本所在的帧上输入防乱码的代码：

```
System.useCodepage = true;
```

在按钮上写代码：

```
on (release){
_root.loadVariables("a.txt");
}
```

其中"_root.loadVariables"表示在场景根时间轴下的变量。"a.txt"是加载的外部文本的名称。

提示：

(1) 外部文件格式是后缀名为".txt"的文本文档。

(2) 不管使用哪种方法，外部文本文档和Flash文档要放在同一目录下。如果不是，则要设置好路径。

(3) 函数中输入的外部文本

名称一定要带后缀名，并且用双引号。

卸载外部文本

直接将动态文本赋值为空就可以了。

```
on (release){
_root.txt ="";//清除动态文本框中的内容；
}
```

载入外部影片

如果要制作如电视中的画中画的效果，可以利用 loadMovie() 或 loadMovieNum ("url", level, [variable s]) 函数来载入另外的 swf 文件。

loadMovie ()函数也在全局函数下的浏览器/网络中。loadMovie ()函数的作用是从外部加载 SWF、JPG、GIF 或 PNG 格式文件。在函数()中输入载入路径、目标、方法。

使用 loadMovie()函数载入外部影片的方法：

(1) 新建一个 Flash 文档。

如果直接使用 loadMovie()函数把外部影片载入到场景中，那么影片放置的位置是以影片左上角对齐场景左上角来放置的。

如果要控制载入的外部影片放置的位置，需要先制作一个空影片剪辑，命名为 loadswf。

然后把这个 MC 拖入场景中，命名实例名为 load。可以看到在主场景中只是一个小圆点。这个小圆点将会成为载入的影片的左上角，所以要记下这个小圆点的 XY 坐标。这样就可以知道：将要载入的影片会出现在什么地方，如果不合适，就要把这个小圆点移动一下位置。假设坐标为(100,

使用“对齐”面板把这文本对齐到场景中心，并在“属性”面板的“选项”项中给文本的变量名输入“txt”，如图 6－86 所示。

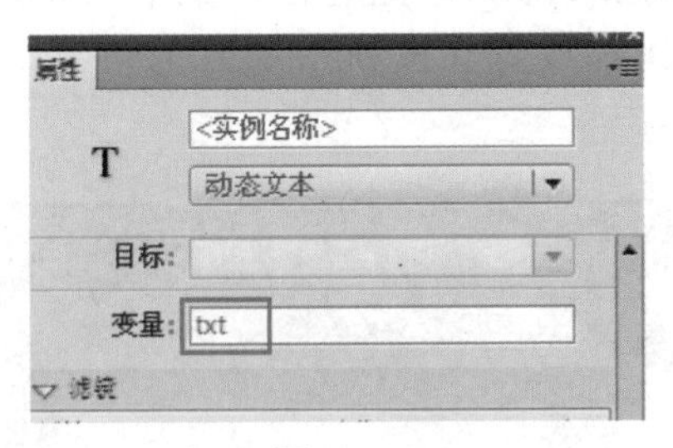

图 6－86

新建一个文件夹，把动画文件保存到该文件夹中。在该文件夹中新建一文本文件，命名为“a.txt”，如图 6－87 所示。

图 6－87

打开“a.txt”文件，在文本里面输入“txt＝”，后面输入需要的内容，如图 6－88 所示。

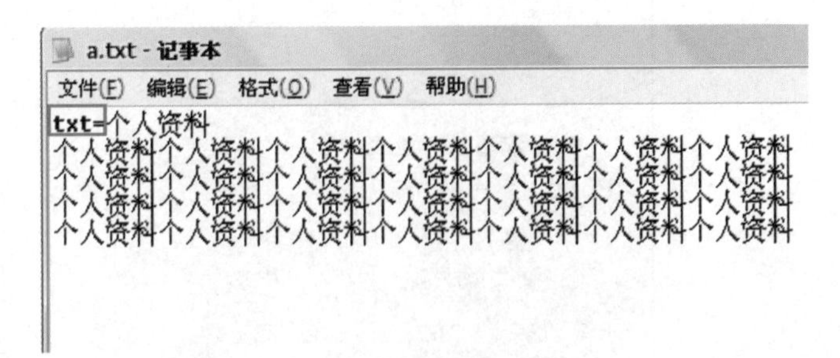

图 6－88

选中动态文本图层第一帧，打开“动作”面板，输入代码如下：

```
System.useCodepage = true;
loadVariables("a.txt","_root")
```

这样当打开动画时就直接载入了外部文字在首页上面。

04

下面制作使用按钮来载入外部图片和影片。先把配套光盘中的“第 6 章\\pic\6 - 5”文件夹下的“2. jpg”文件和“3. swf”文件复制到保存文件的文件夹中。注意:这两个文件的大小都是 700 像素×450 像素。

新建图层,命名为“mc”,把该图层放置到最上层。使用快捷键〈Ctrl〉+〈F8〉新建元件,设置名称为“定位”,类型为影片剪辑。因为这个影片剪辑是用来控制载入外部影片和图片位置的。

进入编辑状态,使用“矩形工具”设置笔触为无,绘制一个大小为 700 像素×450 像素的矩形,使用“对齐”面板把矩形左上角对齐到元件中心,如图 6 - 89 所示。

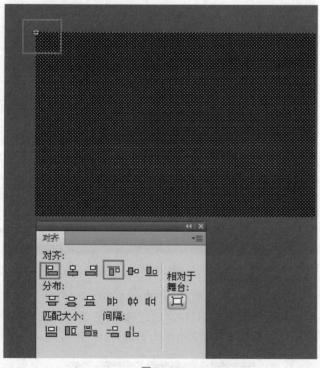

图 6 - 89

再单击矩形设置填充色,把颜色的 Alpha 值设为 0,如图 6 - 90 所示。这样这个影片剪辑是个完全透明的矩形。

100)。

(2) 在源文件同目录下放置要载入的 SWF 文件是“lx. swf”。

(3) 在主场景放上一个按钮,写入代码:

```
on (press){
loadMovie(" lx. swf", _ root. load);
}
```

表示当按下按钮后,就载入外来动画给主场景下名为 load 的 MC 实例。

如果要变化一下影片的大小,实际上是变化了 load 影片剪辑的大小。所以,可以再制一个按钮,写入代码:

```
on (release){
setProperty(" _ root. load", _ xscale, 10);
setProperty(" _ root. load", _ yscale, 10);
}
```

这是把这个 MC 缩小到百分之十。这里是设定 MC 的属性。setProperty()函数是用来设定影片剪辑属性的。_ xscale 是指原 MC 的宽,10 是百分比。

如果要移动 MC 的位置,可以再加一个按钮,写上代码:

```
on (release){
setProperty("_root. load",_x, 50);
setProperty("_root. load",_y, 50);
}
```

这是把 MC 从原来的坐标移动到 X、Y 都是 50 的位置上,也就是说,影片的左上角的位置是(50, 50)。

(4) 如果要卸载影片剪辑,需要用到 unloadMovie()函数。再制作一个按钮,写入代码:

```
on (release) {
    setProperty ("_root.load", _xscale,100);
    setProperty ("_root.load", _yscale, 100);
    setProperty ("_root.load", _x, 100);
    setProperty ("_root.load", _y, 100);
    unloadMovie ("_root.load");
    }
```

在卸载之前，先把 MC 的一切复原，然后再用 unloadMovie()函数卸载，不然的话，下一次再载入就不一样了。

（5）制作完毕后，保存为“loadmv.swf。”这个文件一定要与外部影片“lx.swf”放在同一个目录中。

载入外部图片

载入外部图片的方法跟上面载入外部影片一样。只要注意载入的图片后缀名为“.jpg”、“.gif”和“.png”。

链接到外部网页

链接到外部网页是利用 getURL()函数来实现的。getURL()函数也在全局函数下的“浏览器/网络”中。函数的作用是从外部加载页面。在函数()中输入载入路径、目标、方法。

使用 getURL()函数载入外部影片的方法：

（1）新建一个 Flash 文档。在主场景放上一个按钮。

（2）如果是要载入互联网上的页面，选择按钮写上代码：

```
on (press) {
    "http://www.sina.com.cn","_blank");
```

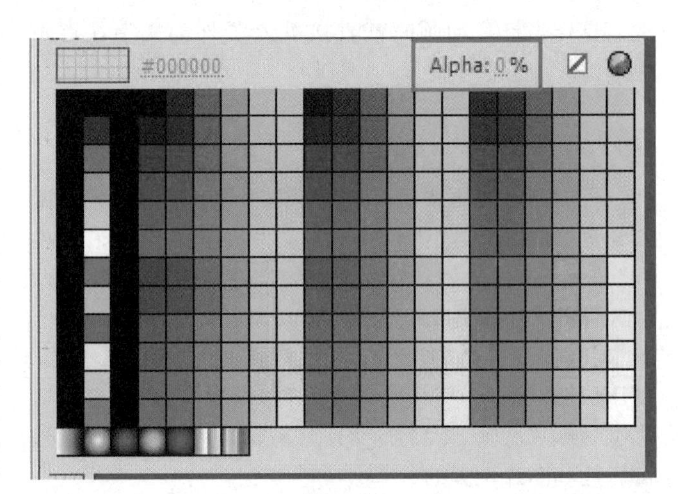

图 6-90

从库中把“定位”影片剪辑放置在“mc”图层第一帧上，并使用“对齐”面板将其对齐到场景中心，如图 6-91 所示。

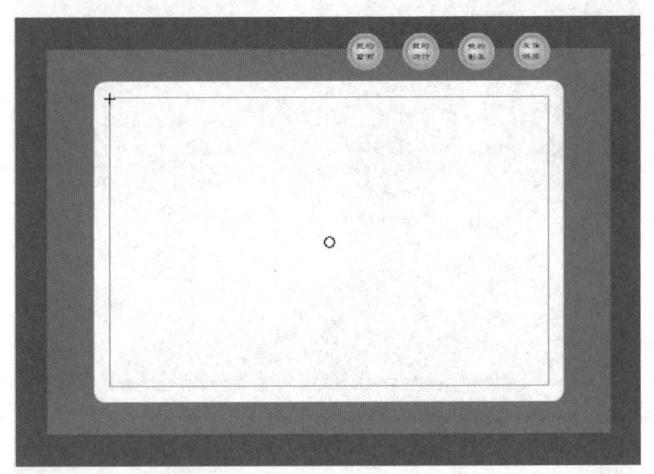

图 6-91

下面要使用“我的设计”按钮来调用外部的“2.jpg”图片。先选中“mc”图层的“定位”影片剪辑，在“属性”面板给它的实例名称命名为“c”，如图 6-92 所示。

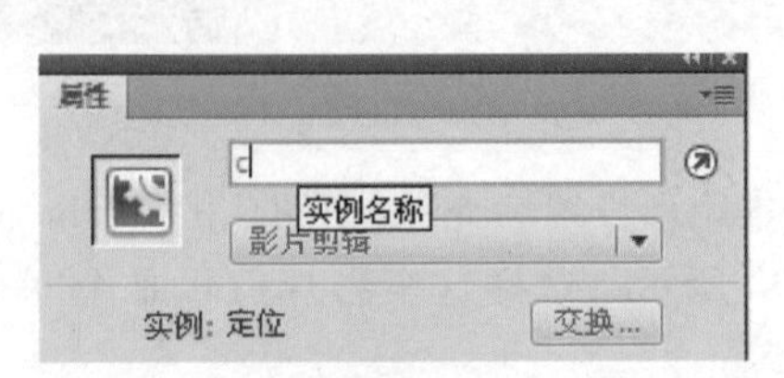

图 6-92

选中按钮图层的“我的设计”按钮在“动作”画板中输入代码:

```
on (release){
    _root. txt = "";
}
on (press) {
    loadMovie ("2. jpg",_root. c);
}
```

这样当按下“我的设计”按钮时候会清除掉动态文本框中的内容并加载“2. jpg”图片到“c”影片剪辑上面。

选中按钮图层的“我的影集”按钮输入代码:

```
on (release){
    _root. txt = "";
}
on (press) {
    loadMovie ("3. swf", _root. c);
}
```

这样当按下“我的影集”按钮时候会清除掉动态文本框中的内容并加载“3. swf”影片到“c”影片剪辑上面。

要使按下“我的首页”按钮时回到首页状态,需要卸载掉影片剪辑再加载动态文本。选中“我的首页”按钮,输入代码:

```
on (release) {
    unloadMovie ("_root. c");
}
on (release) {
    _root. loadVariables ("a. txt");
}
```

其中“on (release) {unloadMovie ("_root. c"); }”是卸载影片剪辑“c”。这样不管前面载入了图片还是影片都会卸载掉。“on (release) {_root. loadVariables ("a. txt");}”是加载“a. txt”动态文本到场景中。

05

下面使用“友情链接”按钮链接到外部网页。选中按钮图层的“友情链接”按钮输入代码:

```
on (press) {
getURL ("http://www. baidu. com","_blank");
}
```

其中"http://www. sina. com. cn"是转到的页面,"_blank"是页面打开的方法表示新开一个窗口弹出页面。常见的还有"_self"表示在本身窗口弹出页面。

(3) 如果是要载入外部的网页文件。在源文件同目录下放置要载入的网页文件,假设是“abc. html”。

选择按钮写上代码:

```
on (press) {
"abc. html","_blank");
```

表示当按下这个按钮时,会新开一个窗口打开 abc. html 页面。

这样当按下“友情链接”按钮时会新弹出一个网页链接到百度首页。其中“http://www. baidu. com”可以改输入为需要链接的页面。

保存预览下，看能否达到了要求。接下来，让动画打开时就让动画满屏居中显示，新建图层，命名为“as”。选中该图层第一帧，在“动作”面板中输入代码：

```
fscommand ("fullscreen", "true");
```

保存预览文件，这样当打开动画时就会全屏居中显示了。最后，时间轴如图 6 - 93 所示。保存动画文件夹内文件如图 6 - 94 所示。

图 6 - 93

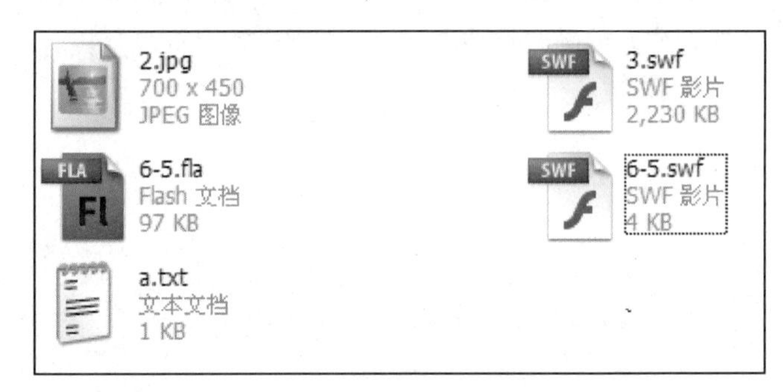

图 6 - 94

6.6 制作影片的预载动画

loading100% 

图6-95

Flash中的动画预载也就是人们常常提到的Loading，用Flash创作出来的动画作品如果是要发布到网上给观众欣赏，在网上观看动画作品时，由于作品的体积和网速限制，需要装载一段时间才能开始播放，如果没有一个预载的过程，只怕动画观看起来也不会很流畅。特别是在动画中加入了大量的声音和图像后，没有Loading将不会流畅地展现在观众眼前。如果没有下载动画的预载画面，页面一片空白没有任何提示，多数观赏者不会有足够的耐心面对空白的网页继续等待，因此需要在作品前面做一个动画预载的等待画面。动画预载的画面可以使观赏者了解等待作品需要的时间或下载进度等，有些作品的Loading还体现了作品的风格或内容简介，使观赏者能预先知道作品的特色，从而专心等待预载结束来欣赏作品。

下面通过学习MTV作品中的动画预载制作过程，来掌握一种简单实用预载画面的制作方法。完成效果如图6-95所示。本例采用的是增加一个动画预载的场景，它不会影响主动画的制作流程和进度。制作的过程比较简单，只显示预载进度条和百分比，通过按钮来控制动画的播放和返回。

01

增加动画预载的场景。

打开本书素材文件"第6章\pic\6-6\mtv.fla"，这是用来制作预载动画的MTV作品文件。执行"窗口"→

知识点提示

预载动画

Flash预载动画是通过一个函数来获取下载的动画帧数或大小、时间。然后与动画的总帧数或大小、时间来比较。当下载的动画帧数或大小、时间大于或等于动画的总帧数或大小、时间时，让动画跳过预载的片头播放动画，否则就一直播放预载片头。

而预载片头的制作变化效果跟下载的动画帧数或大小、时间大于或等于动画的总帧数或大小、时间的部分占总帧数的比例成正比。比如一个长方形下载条，让长方形的横向缩放值和比值的百分比值相同，这样长方形就会动态改变，呈现预载效果。

常见的预载动画形式

1. 预算下载动画的帧数制作预载动画

_framesloaded

_framesloaded 是电影剪辑的属性，用来获取电影剪辑中的已经下载的帧数，当然大多数的应用于电影剪辑的属性都可以应用于整部动画。此属性只能用来获取。

```
if (_root. mc. _frameslo-aded>100){
    _root. gotoAndPlay (1)
    }
```

此例子在普通模式下输入将变成：

```
if (getProperty ("_root. mc",_framesloaded)>100){
    gotoAndPlay (1)
    }
```

普通模式中对属性的获取将使用 getProperty ()函数，但此函数在新的语法中使用并非最佳，在以下的例子中将不再采用。此例中以获得电影剪辑已经下载的帧数大于 100 时，开始返回场景重新播放。这也是在网站制作中一个比较典型的例子，很多的电影剪辑因为体积问题，在“流”式播放过程中不会很流畅。而下例将是一个错误的例子。

```
_ root. mc. _ frameslo-aded = 100;
```

“其他面板”→“场景”命令，或者使用快捷键〈Shift〉+〈F2〉，打开“场景”面板，如图 6－96 所示。

图 6－96

在“场景”面板中，单击“添加场景”按钮，添加“场景 4”，这个“场景 4”就是用来制作动画预载的场景，如图 6－97 所示。

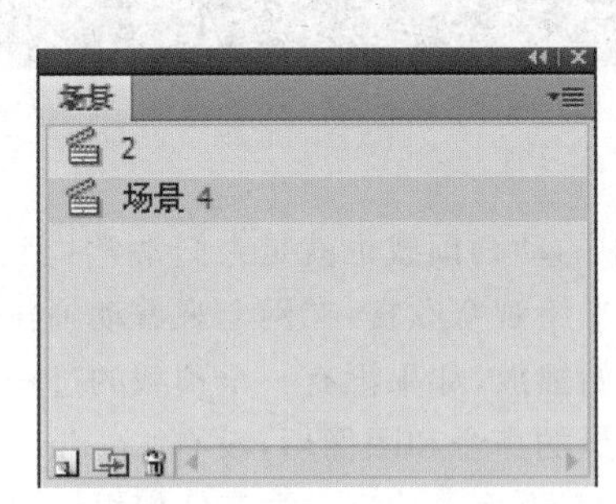

图 6－97

双击“场景 4”，将场景重新命名为“1”，用鼠标拖动“1”场景到场景“2”的上方，释放鼠标，使场景“1”位于场景“2”的上方，如图 6－98 所示。

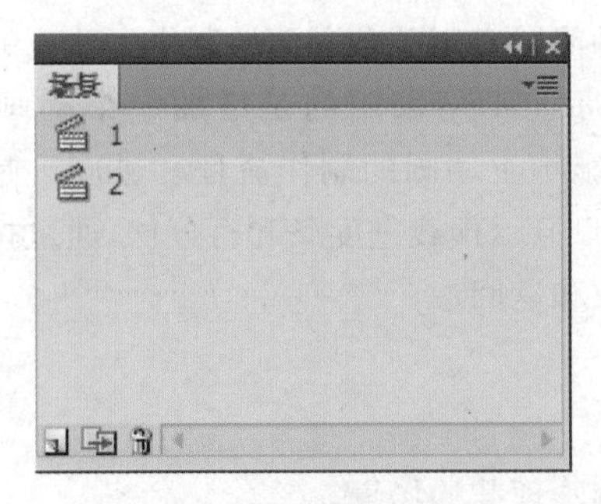

图 6－98

说明：动画是按照场景从上到下的先后顺序来播放的，首先要播放的是场景“1”的，所以要拖动它到最上面。

02

创建动画预载需要的图层。

添加完场景“1”后，切换到场景“1”的舞台上，新建四个图层并重新命名，如图6－99所示。

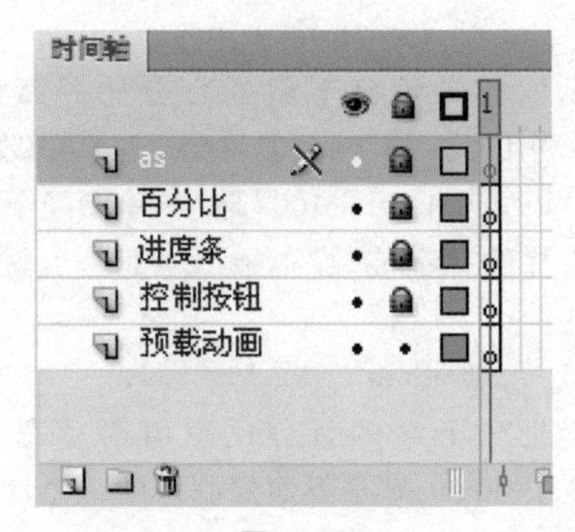

图6－99

03

添加控制层的动作脚本语句。

添加帧标签。选中“as”图层的第1帧，打开“属性”面板，在其中定义帧标签名称为“play”，如图6－100所示。

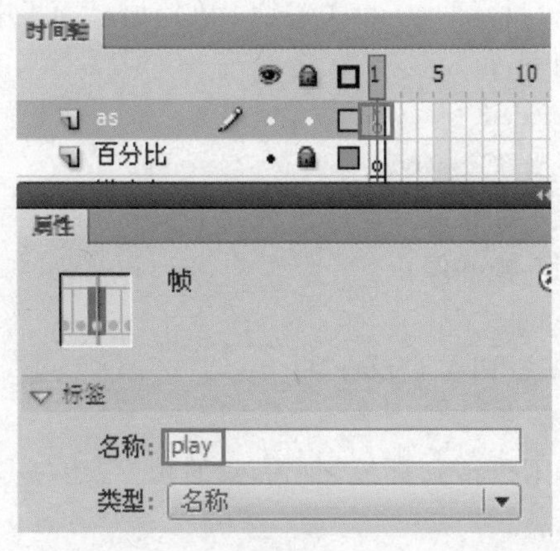

图6－100

添加第1帧的动作脚本语句。选中“as”图层的第1

```
_root.gotoandplay (1);
```

在编程中将不允许对_framesloaded属性进行赋值，如果想要当下载的帧数等于100时根目录开始回放的话，就按下例制作。

```
if (_root.mc._framesloaded=100){
    _root.gotoandplay (1);
    }
```

_totalframes

_totalframes属性是用来获取电影剪辑实体的总帧数，也可以用来获取动画的总帧数。在下例中会看到它的用法。

```
i=_root.mc._totalframes;
if (_root.cuttentframes=i);
_root.stop ();
}
```

程序中将电影剪辑实体的总帧数赋值赋予变量i，而当主场景的动画播放指针播放到与电影剪辑中的总帧数相同的数目时，动画停止播放。此属性同样为非赋值属性。

ifFramesloaded

ifFramesloaded函数也是用来获取已经下载的帧数的，与_framesloaded不同的是它用于一个简单的行为来描述已下载的帧数。而且此函数似乎是专为Loading设计，它位于否决的下动作指令集，指令名称为If Frames Is Loaded。以下实例将构成一个最为简单的Loading。

```
ifFrameLoaded (_totalframes){
  gotoAndPlay (3);
}else{
  gotoAndPlay (1);
}
```

将此程序加于影片的第2帧，可用于所有动画的预载技术。意思为当装入的帧数为总帧数时开始播放第 3 帧,如果不然,播放第 1 帧。在 Flash 5 以后开始使用更多的函数和属性,所以此函数不推荐使用。

2. 预算下载动画的字节数制作预载动画

getBytesLoaded ( )

getBytesLoaded ( )为获取电影剪辑实体的已下载字节数,如果是外部动画将返回动画的总字节数。getBytesLoaded 用于更加精确的 Loading 设计,因为它并不像_framesloaded 属性是获取影片的总帧数,而是以字节作为单位获取。如果说动画的最后一帧将是一个大型的图像或是声音角色的话,那么_framesloaded 所获得的百分比将不准确,getBytesLoaded 有效地弥补了此方面的不足。例如:

```
i=_root.getBytesTotal ();
if (_root.getBytesLoaded ( ) >=1000000){
n=_root.getBytesLoaded ();
if (n<=i/4){
_root.stop ();
trace("下载了 1M,还不到四分之一,动画太大,下载时间会很长,是否继续?")
}
}
```

此句中 trace ()函数会显示()中的内容。这句的意思是当动画下载到 1MB 时,比较是否已经下载了动画的四分之一,如果是,停止动画的播放,在调试窗口显示"下载了 1M……"等字符串,根据动画中的其他行为判断是否继续播放。此例的另一特点是,停止的地方如果有插入电影剪辑的话,电

帧,打开"动作"面板,输入动作脚本:

```
total = _root.getBytesTotal ();
```

//表示将影片总字节数赋值给 total 变量。其中利用"getBytesTotal ()"函数能获取影片的总字节数。

```
loaded = _root.getBytesLoaded ();
```

//表示将影片已经下载的字节数赋值给 loaded 变量。其中利用"getBytesLoaded ()"函数能获取影片已经下载的字节数。

```
load = int (loaded/total * 100);
```

//表示取整计算已下载的百分比并赋值给变量 load。其中利用"int ()"函数能将括号里面的数值四舍五入为整数,"loaded/total * 100"是"影片已经下载的字节数"除以"影片的总字节数"再乘以"100",也就是已经下载的百分比。

```
loadtxt = "loading" + load + "%";
```

//表示把已下载的百分比赋值给动态文本变量 loadtxt。其中"loadtxt"是下面要制作的一个动态文本框的变量名字,"="号后面是它将要显示的内容,""loading""是"字符串",将显示在动态文本的最前面,两个"+"在这里是"字符串连接符","load"是上条语句的变量名,它的值就是已经下载的百分比。

```
_root.进度条.gotoAndStop (load);
```

//表示进度条影片剪辑按百分比的值跳转到相应的帧上。其中"进度条"是下面要做的进度条的影片剪辑的实例名称。

添加第 6 帧的动作脚本语句。选中"as"图层的第 6 帧,按〈F6〉键,插入一个关键帧。在"动作"面板中输入动作脚本如下:

```
if (loaded == total) {
gotoAndStop(6);
```

//表示如果影片已经下载的字节数和总字节数相等就跳转到 6 帧并停止。

```
} else {
gotoAndPlay ("play");
}
```

//否则跳转到标签名"play"的帧上,也就是继续下载的意思。

注意:这里是"==",而不是"=",不要输错,否则就不能起到动画预载的作用了。

完成以上步骤后,可以先锁定"as"图层。

04

完成进度条的动画内容。

创建进度条影片剪辑元件。新建一个名为“进度条”的影片剪辑元件。在这个元件的编辑场景中，创建一个100帧的进度条动画，这是一个黑色矩形从左向右慢慢拉长形状补间动画，详见 Flash 源文件。元件的图层结构如图 6-101 所示。

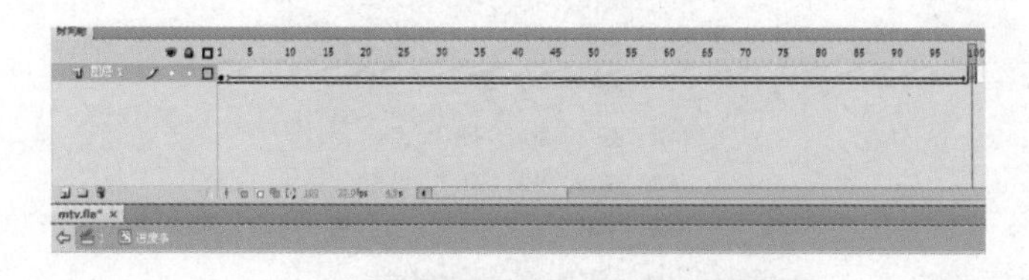

图 6-101

完成“进度条”图层的动画设置。切换到“1”的场景，选中“进度条”图层的第 1 帧，将“库”中的“进度条”元件拖放到舞台的合适位置，在“属性”面板中定义这个元件的实例名称为“进度条”。

选中“进度条”图层的第 6 帧，按〈F5〉键插入帧，延长图层中的帧，完成后锁定“进度条”图层，如图 6-102 所示。

图 6-102

05

创建显示百分比的动态文本和控制按钮。

创建动态文本。选中“百分比”图层的第 1 帧，用“文本工具”创建一个动态文本对象。选择这个动态文本对象，打开“属性”面板，在“变量”的文本框中输入“loadtxt”，相关参数设置如图 6-103 所示。

影剪辑将不会停止播放。也可以通过动态文本显示已经下载的文字数，假设在动画的主场景中有一个变量名为 text 的动态文本变量，那么例如：

```
_root. text = _root. getBytesLoaded ();
if (_root. getBytesLoaded () >= _root. getBytesTotal ()){
    gotoAndPlay (3);
}else{
    gotoAndPlay (1);
}
```

动态文本框会动态显示已经下载的字节数为观众服务。观众也会了解在动画的下载过程中动态的进度了。

getBytesTotal ()

getBytesTotal ()函数是用来获取动画或是电影剪辑的总字节数，当然可以通过对文件的大小来观察动画的总字节数，但对于网络上使用浏览器的观众来说，动态显示文件大小是很有必要的。还有，如果想观察动画中电影剪辑的体积就只有靠 getBytesTotal ()函数了。

```
If (_root. getBytesTotal () >= 1000000) {
    _root. stop ();
}
```

这个程序的意思是当动画的总字节超过 1M 时停止动画播放。

3. 预算下载动画的时间制作预载动画

getTimer ()

getTimer ()函数用来获取电影剪辑或是动画的已经播放时间数，此函数并不仅仅应用于 Loading 的制作，在今后的学习过程中还会接触到它。在 Flash 5 的对动画播放时间的控制上会有getTimer ()函数大显身手的舞台。但 getTimer ()函数获取的时间是以毫秒作为单位的，一般在程序制作过程中还会将它除以一千来取得秒，这样更加符合对于时间播放程序的显示。假设动画中有一个 text 的动态文本框变量。例：

```
text = getTimer ()/1000;
```

通过帧循环或是其他诸如 onClipEvent (enterframe)等行为的控制会动态地显示动画播放的时间过程。又例如：

```
text = getTimer ()/1000;
if (text> = 10) {
  gotoAndStop (3);
}else{
  gotoAndPlay (1);
}
```

假设此程序位于动画的主场景的第 2 帧。那么当开始播放 10 秒钟之后才会正式开始播放，不然只会在第 1 帧与第 2 帧之间循环。

本地模拟真实的 LOADING 动画效果

动画预载应在网络中应用，受网速限制，需要装载一段时间才能开始播放动画，而在本地测试的时候，动画预载会在瞬间加载完毕，效果很不明显。可以用模拟网络下载来观测动画预载的全过程。

执行“控制”→“测试影片”命令或按下快捷键〈Ctrl〉+〈Enter〉预览动画。然后在预览框中执行“视图”菜单中的“模拟下载”命令或再次按下快捷键〈Ctrl〉+〈Enter〉，如下图所示。

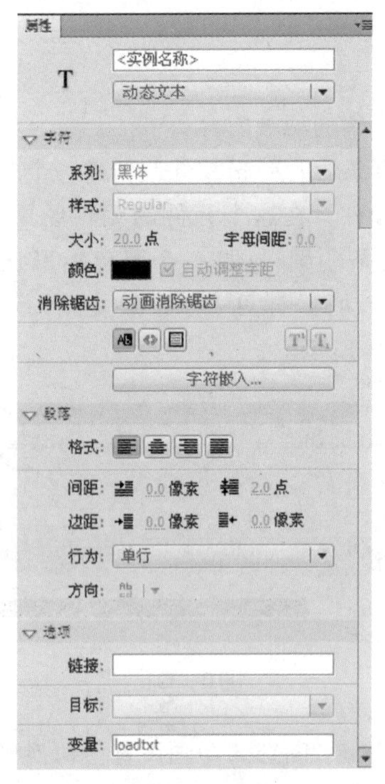

图 6 - 103

选中“百分比”图层的第 6 帧，按〈F5〉键插入帧，延长图层中的帧。

添加播放按钮。选中“控制按钮”图层的第 6 帧，按〈F6〉键插入一个关键帧。打开“公共库”面板，从中把“playback flat”文件夹下的“flat grey play”按钮元件，拖放到舞台的右下合适的位置上，如图 6 - 104 所示。

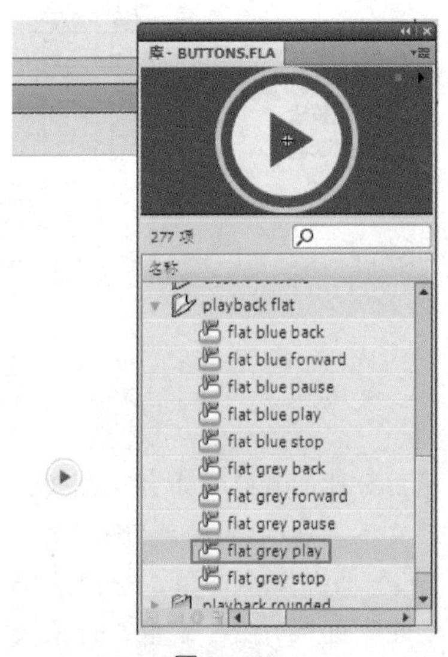

图 6 - 104

单击选中舞台上的“flat grey play”按钮元件，打开“动作”面板，输入动作脚本：

on (release) {//按下并释放按钮时，执行以下的语句

gotoAndPlay ("2", 1); //跳转到场景 1 的第 1 帧并开始播放

}

这里的“2”是 MTV 的主动画的场景名称，如果是多场景动画应该是最先播放的动画场景的名称，在添加“播放按钮”的动作语句时，根据作品中的实际场景名称填写。在动画结尾可以加上一个“返回按钮”，按钮的设置方法相同，只是跳转到相应的帧上即可。

这时的图层结构如图 6 - 105 所示。

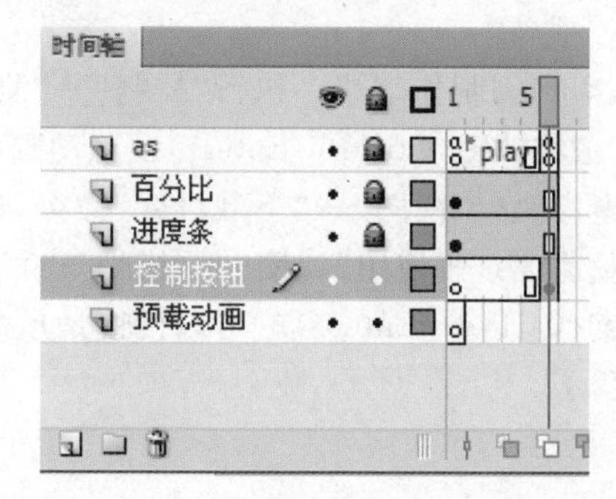

图 6 - 105

06

将预载动画画面加入到场景中。选中“加载动画”图层的第 1 帧，选择“文件”→“导入”→“导入到舞台”，在弹出的对话框中选择本书素材文件“第 6 章\pic\6 - 6\6 - 4. jpg”。把它放置到舞台合适位置，如图 6 - 106 所示。

图 6 - 106

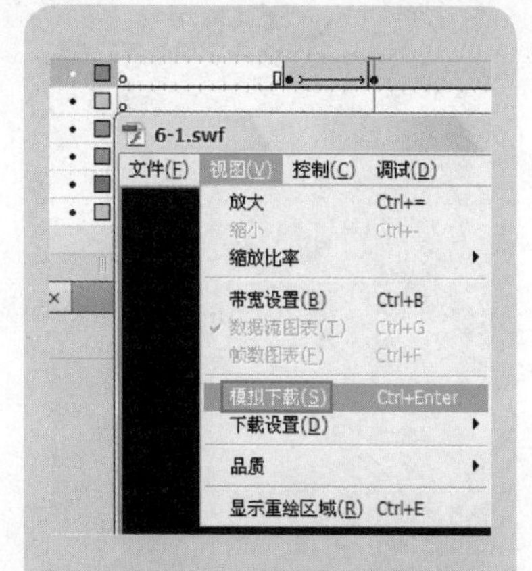

这样动画预览窗口就会模拟网络下载过程。模拟下载的网速可以在“视图”下拉菜单的“下载设置”中选择，如下图所示。

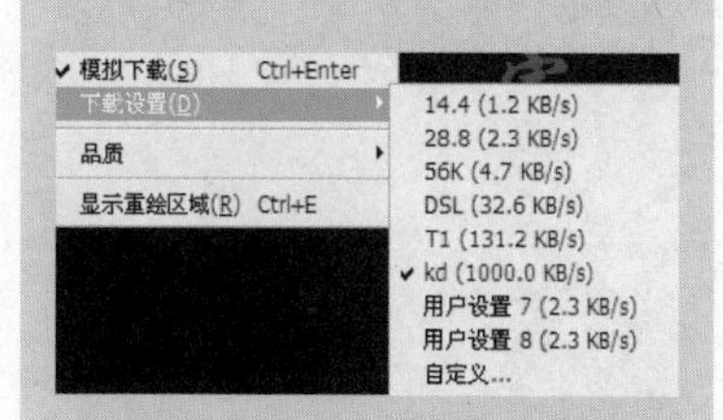

可以选择“自定义”来设置你需要的下载速度。注意：在下图框中输入下载速度。

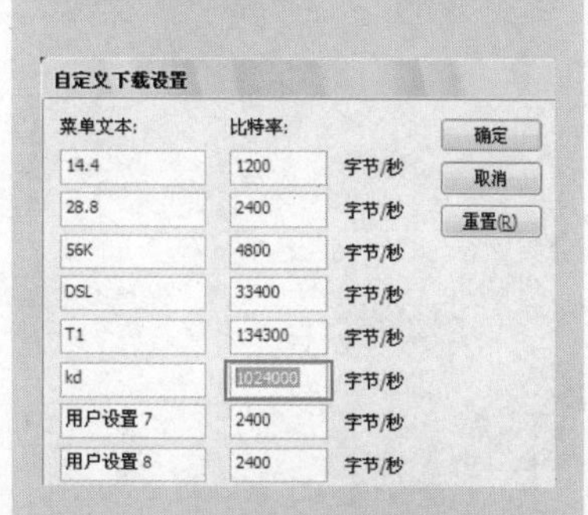

提示：当源文件所在的目录下有中文时，执行“视图”下拉菜单中的“模拟下载”命令时，Flash 会报错。所以当使用模拟下载时要把源文件放置到无中文的路径文件夹中预览。

统一动画预载和整体作品的风格。选中“预载动画”图层的第6帧，按〈F5〉键插入帧，延长图层中的帧。完成后的图层结构如图6－107所示。

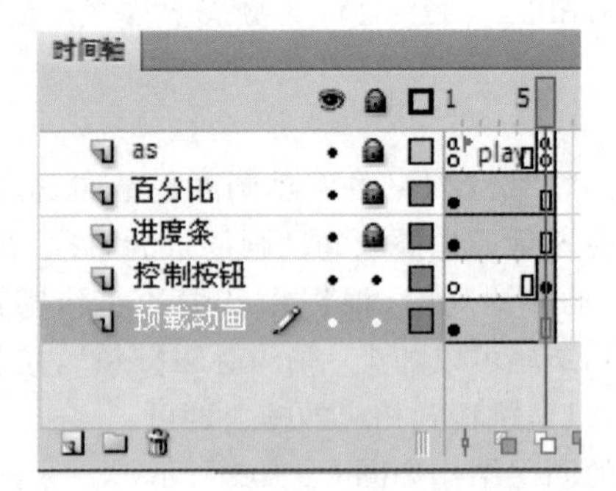

图6－107

至此，本实例制作完毕。执行“控制”→“测试影片”命令（或使用快捷键〈Ctrl〉+〈Enter〉）预览动画。然后在动画预览窗口执行“视图”→“下载设置”命令，选择一个模拟的下载速度。再使用“视图”→“模拟下载”命令（或使用快捷键〈Ctrl〉+〈Enter〉）就可以慢慢地欣赏动画预载的全过程了。

6.7 制作拖拽效果

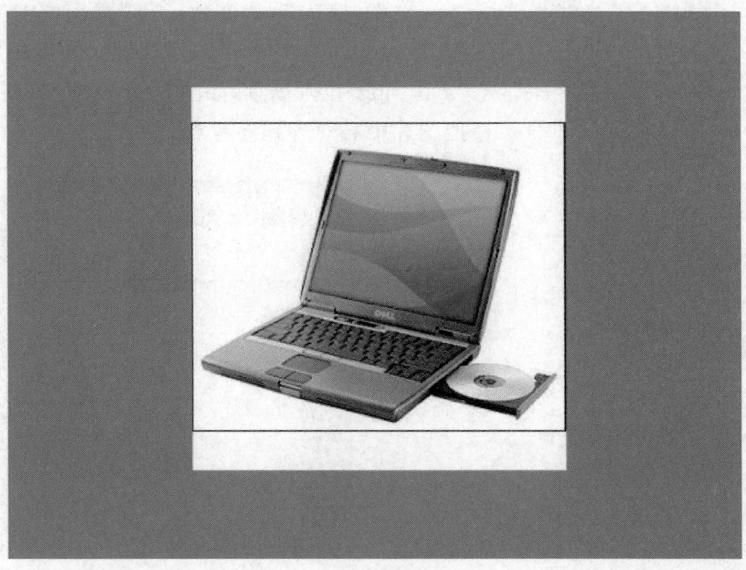

图6－108

在 Flash 动画中，鼠标突然变成一个美丽的动物图画，或者可以任意搬动动画中的物体，Flash 动画是怎么实现的呢？那就得用上两个成对出现的命令："startDrag ()"拖拽影片和"stopDrag ()"停止拖拽影片。

下面使用拖拽命令来制作一个简单的拼图游戏。效果如图 6－108 所示。

01

准备图片。

首先要找一张用来做拼图的图片，然后使用 Photoshop 或者 Fireworks 将其切割成块。打开本书素材文件"第 6 章\pic\6－7\6－7. jpg"，这就是要用到的图片。这里已经使用 Photoshop 把它切成了四部分："a_01. jpg"、"a_02. jpg"、"a_03. jpg"、"a_04. jpg"。

打开 Flash CS4 新建一个 ActionScript 2. 0 的 Flash 文件，大小不变，设置背景色为蓝色。选择"文件"→"导入"→"导入到库"把"a_01. jpg"、"a_02. jpg"、"a_03. jpg"、"a_04. jpg"这四张图片导入到库。

知识点提示

startDrag ( )和 stopDrag ( )

startDrag ()拖拽影片函数和 stopDrag ()停止拖拽影片函数是 Flash 中用来对影片剪辑进行拖拽的控制函数。

startDrag ( )命令的一般形式为

my Movie Clip. start Drag (lock, left, top, right, bottom)；和 startDrag (target, lock, left, top, right, bottom)；

myMovieClip 是要拖动影片的名字，lock 表示影片拖动时是否中心锁定在鼠标，其值有"true"或"false"，"true"表示锁定，"false"

表示不锁定。

left, top, right, bottom 这四个参数分别设置影片拖动的左、上、右、下的范围,注意是相对于影片剪辑父级坐标的值,这些值指定该影片剪辑被约束的矩形。这些参数是可选的。target 是要拖动的影片剪辑的目标路径。

如果是 myMovieClip. startDrag (),则是可以在整个屏幕范围内任意拖动。

stopDrag ()命令可以实现停止拖拽影片命令,这个命令没有参数。

提示:如果要拖动某一个影片,一般情况下,应当在这个影片内加一个按钮,再把上面的命令附加在这个按钮上。

例如,在场景中有一个影片,实例名为"mc",坐标为(250, 200),若想让它以(250, 200)为中心,高为 200,宽为 300 的矩形范围内被拖动,就应当在"mc"内放一个按钮,然后在按钮上加上下面的程序代码:

```
on (press) {
_ root. mc. startDrag ( true, 100, 100, 400, 300);//这里的坐标是指的场景内的坐标。
}
on (release) {
stopDrag ();//停止拖动这个影片。
}
```

常见的拖拽交互形式

(1) 鼠标跟随。就是移动鼠标时,让影片剪辑跟随鼠标移动。实现这个操作往往在鼠标移入交互动作中。如:

```
on (rollOver){
_root. mc. startDrag ()
}
```

02

制作用来拖拽的影片剪辑。

选择"插入"→"新建元件"弹出"创建新元件"对话框,取名为"1",类型为影片剪辑。在编辑状态下把图片"a_01. jpg"拉入场景,如图 6-109 所示,使用"对齐"面板把图片中心对齐到参考点。

图 6-109

同样的做法分别把另外三张图做成影片剪辑,命名为"2"、"3"、"4"。

03

制作用来判断位置的影片剪辑。

选择"插入"→"新建元件"弹出"创建新元件"对话框,取名为"b",类型为影片剪辑。在编辑状态下使用"矩形工具",设置笔触为无,填充颜色为灰色,绘制一个跟图片一样大小 140 像素×140 像素的矩形,如图 6-110 所示,使用"对齐"面板把图片中心对齐到参考点。

图 6-110

这个影片剪辑是用来对移动的图片定位用的。

04

放置好动画所用的影片剪辑。

在图层 1 第一帧从库中拉出四个“b”影片剪辑，并把它们边对边排成个正方形，如图 6－111 所示。

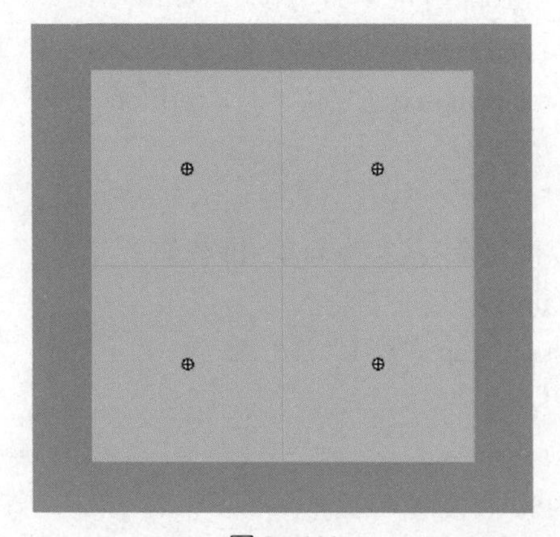

图 6－111

并分别为这四个影片剪辑的实例名称命名为“b1”、“b2”、“b3”、“b4”。新建图层 2，在图层 2 第一帧从库中把“1”、“2”、“3”、“4”这四个影片剪辑拖拉到场景中，位置随意放，分别为这四个影片剪辑的实例名称命名为“a1”、“a2”、“a3”、“a4”。

05

输入代码完成动画。

选中图层 2 上的实例名称为“a1”的影片剪辑，输入如下代码：

```
on (press) {
    startDrag ("/a1", true);
}
on (release) {
    stopDrag ();
    if (_droptarget = = "/b1") {
     setProperty ("/a1", _x, getProperty ("/b1", _x));
     setProperty ("/a1", _y, getProperty ("/b1", _y));
}
if (_droptarget = = "/b2") {
   setProperty ("/a1", _x, getProperty ("/b2", _x));
```

就是当鼠标移入时 mc 影片剪辑跟随移动。

(2) 在一定范围内拖动影片剪辑，设置影片剪辑只能在一定范围内拖动。如：

```
on (press) {
startDrag (_parent, false, 50, 50, 350, 550);
}
```

//当按下该按钮时可以在场景中，该影片剪辑中心左、上、右、下为 50、50、350、550 范围内移动。

(3) 拼图游戏。首先让图片影片剪辑被拖拽，然后判断图块所在位置，如果被拖拽的图块中心点进入某个判断位置的 MC 的范围内时，设置图块的坐标，使其吸附到相应的位置。对每个图块都这样设置就可以移动它们来拼图了。

(4) 翻页效果。也就是拖动书的页角来翻页的效果。这需要配合其他复杂的运算函数来实现。

可以使用鼠标的拖拽来实现更多的交互效果。

```
        setProperty ("/a1", _y, getProperty ("/b2", _y));
    }
    if (_droptarget = ="/b3") {
        setProperty ("/a1", _x, getProperty ("/b3", _x));
        setProperty ("/a1", _y, getProperty ("/b3", _y));
    }
    if (_droptarget = ="/b4") {
        setProperty ("/a1", _x, getProperty ("/b4", _x));
        setProperty ("/a1", _y, getProperty ("/b4", _y));
    }
}
```

看似很复杂,其实也简单,讲解如下。

```
on (press) {
  startDrag ("/a1", true);
}
on (release) {
  stopDrag ();
```

表示按下鼠标时拖动场景中的"a1"影片剪辑。放开时停止拖动。其中"/a1"是移动的目标路径,场景下的a1影片剪辑也可以输入为"_root.a1"。

"if (_droptarget = ="/b1")"这句中"_droptarget"的含义是如果一个电影剪辑是可被拖动的,并且当其被拖动至另一个电影剪辑的范围里时,该属性值就设定为另一个电影影片剪辑的属性。所以这句的意思是如果拖拽的影片剪辑中心位置在b1影片剪辑范围内时。

```
setProperty ("/a1", _x, getProperty ("/b1", _x));
setProperty ("/a1", _y, getProperty ("/b1", _y));
```

该语句中"setProperty ()"函数是赋予属性,"getProperty ()"函数是得到属性。所以意思是把"b1"影片剪辑中心X坐标值赋予"a1"影片剪辑的中心X坐标,把"b1"影片剪辑中心Y坐标值赋予"a1"影片剪辑的中心Y坐标。这样的话就是当把"a1"影片剪辑移动到"b1"影片剪辑上面放开它就会贴到"b1"影片剪辑位置上面。下面的代码意思就不用说了跟上面一样。这样就完成了一个影片剪辑的代码。

另外三个影片剪辑的代码输入只要把"a1"影片剪辑的实例名改为自身的实例名就可以了。全部输入后就完成了这个拖拽拼图动画。保存预览看是否达到了效果。还可以利用这个方法变换不同的图片把图片切多块制作复杂的拼图游戏。

本章小结

本章讲述的是 Flash 的 ActionScript 语言的基本应用。通过本章的学习应该掌握 ActionScript 语言的基本语法，能够使用 ActionScript 基本控制语句制作课件，控制影片剪辑，载入外部文本、影片等文件，制作影片的预载动画以及制作拖拽效果动画。ActionScript 脚本语言是 Flash 中很重要的一部分。要想 Flash 交互技术得到提高，就必须精通 ActionScript 脚本语言精通。

课后练习

1. Flash 中设置属性的命令是(　　)。
   A. Set Polity　　B. Polity　　C. Property　　D. Set Property
2. Flash ActionScript 中"while"语句的意义是(　　)。
   A. 卸载动画片段符号　　B. 声明局部变量
   C. 当…成立时　　D. 对…对象(Object)做
3. 预载动画中表示获取电影剪辑实体的已下载字节数，如果是外部动画将返回动画的总字节数的函数是(　　)。
   A. _framesloaded　　B. getBytesLoaded ()　　C. getBytesTotal ()　　D. gettimer ()
4. Flash ActionScript 编程的目的是________、ActionScriptc 脚本助手的作用是________。
5. aMovieClip. bMovieClip. height = 100 代码的意思是________。
6. Flash 的基本数据类型包括________和________。
7. Flash 影片剪辑的事件处理函数有________和________。时间轴控制函数有________、________、________和________。
8. 影片剪辑的属性中_alpha 表示________、_height 表示________、_width 表示________、_visible 表示________、_rotation 表示________、_xscale 表示________、_yscale 表示________。
9. Flash 行为的事件包含哪些？它们的意义是什么？
10. 什么是影片剪辑的路径、相对路径和绝对路径？
11. 使用影片剪辑行为中的加载图像和加载外部影片剪辑如何确定加载进来的图像或影片剪辑的位置。
12. 要设置一个实例名为 MC 的影片剪辑只能在它本身位置上下左右相隔 100 像素之内被拖拽，写出该 ActionScriptc 代码。

7 使用 Flash 中的组件

本课学习时间： 10 课时

学习目标： 掌握使用 Flash 的音频和视频组件以及使用插件转换视频格式的方法，了解其他组件的参数

教学重点： Flash 音频和视频组件的应用，Adobe Media Encoder 转换视频

教学难点： 各种组件的参数及组件的综合应用

讲授内容： 音频组件，FLV 视频控制界面相关参数设置，Flash 自带的转换程序，Adobe Media Encoder 基本的参数设定，视频的设定，其他组件及使用形式

课程范例文件： 第 7 章\fla\7 - 1 . fla，第 7 章\fla\7 - 2. fla，第 7 章\fla\7 - 3. fla

本章课程总览

本章讲解 Flash CS4 的组件和插件，运用 Flash CS4 的音频和视频组件来加载外部 MP3 和 FLV 文件以及使用 Adobe Media Encoder 插件来转换各种视频格式的方法，同时了解其他组件的参数意义。音频和视频都是制作动画可能用到的元素，而其他组件也是制作交互动画的重要元素，需要能够应用这些组件来进行动画制作。

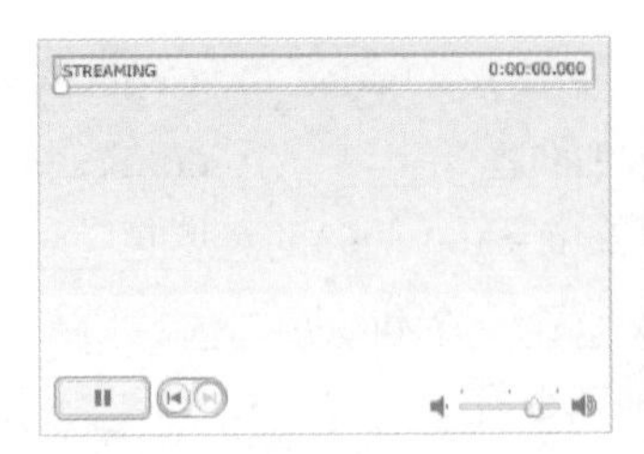

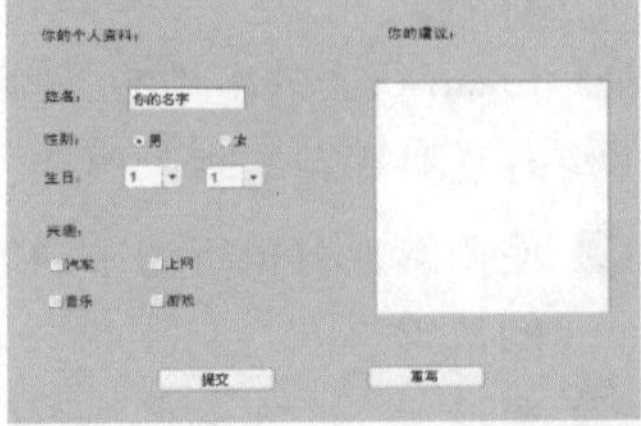

7.1 组件面板中的音频控制

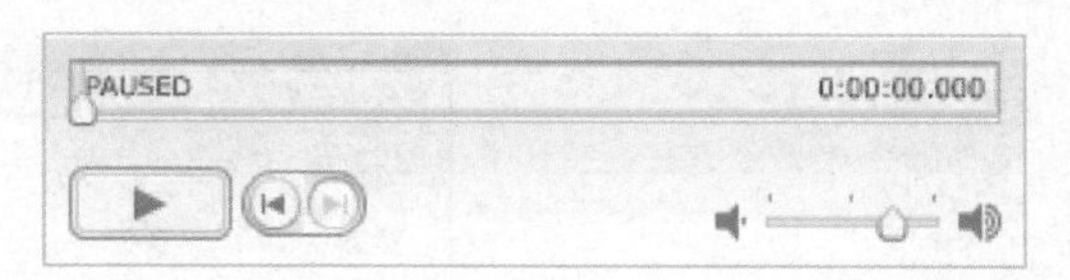

图7-1

Flash CS4 Professional 音频控制组件是 Flash 用来加载播放外部 MP3 的最方便快捷的控制工具。下面通过一个使用 media 组件控制播放 MP3 的实例来讲解如何使用音频组件，如图 7-1 所示。

01

MediaDisplay 组件和 MediaController 组件组合应用。

新建一个 Flash CS4 ActionScript 2.0 影片文档，使用快捷键〈Ctrl〉+〈F7〉打开组件面板，从组件面板中把 MediaDisplay 组件拉到场景中，它是一个透明的框，如图 7-2 所示。

图7-2

选中该组件，其实就是个 SWF 文件，单击属性面板中的"组件检查器面板"按钮，如图 7-3 所示。

图7-3

知 识 点 提 示

Flash CS4 音频控制组件在组件面板的"Media"下面，如下图所示。

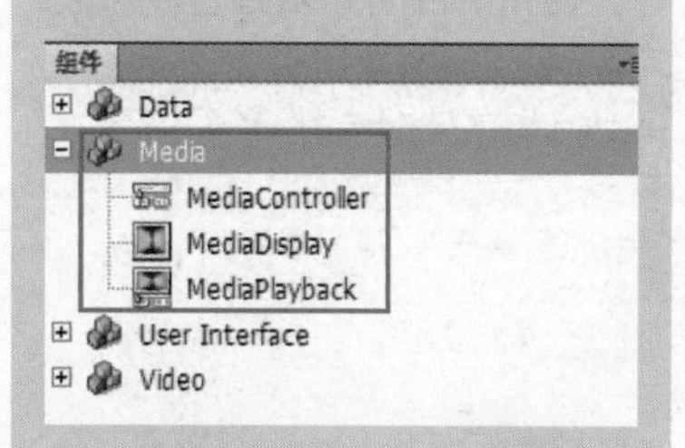

Flash CS4 音频控制组件由三个组件构成：MediaDisplay、MediaController 和 MediaPlayback。在 Flash 文档添加音频或视频，只要将 MediaDisplay 组件拖到舞台并在组件检查器中对它进行配置即可。除了可以在"组件检查器"面板中设置参数外，还可以添加触发其他动作的提示点。回放过程中，不会显示 MediaDisplay 组件，只显示视频剪辑。

MediaController 组件提供可让用户与流媒体交互的用户界面控件。控制器具有"播放"、"暂停"和"后退到开始处"按钮以及一个音量控件。它还包括播放条，可显示已载入的媒体和已播放的媒体量，也可以向前或向后拖动播放条上的播放头滑块，以便快速移动到视频的不同部分。

使用“行为”或 ActionScript，可以轻松地将此组件链接到“MediaDisplay”组件，以显示视频流并提供控制面板。

通过“MediaPlayback”组件将视频和控制器添加到 Flash 文档，是最轻松快捷的方式。“MediaPlayback”组件将“MediaDisplay”和“MediaController”组件组合成一个单一的集成组件。“MediaDisplay”和“MediaController”组件实例自动相互链接以便进行回放控制。

播放音频组件

当音频组件设置好后，预览时可以使用播放按钮来控制 MP3 的播放，如下图所示。

暂停音频组件

音频组件设置好后，预览时可以使用暂停按钮来停止 MP3 的播放，暂停按钮和播放按钮其实是同一个按钮，如下图所示。

音频组件音量的控制

音频组件设置好后，预览时可以使用音量控制滑块来控制 MP3 播放声音的大小，向左移动式声音变小，向右移动式声音变大，如下图所示。

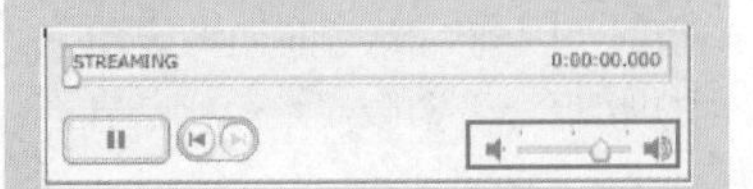

弹出“组件检查器”面板，选择 MP3，在 URL 路径栏下输入要加载 MP3 的完整路径，也可以是网上的 MP3 路径。选中“Automatically Play”自动播放按钮，如图 7 - 4 所示。

图 7 - 4

使用快捷键〈Ctrl〉+〈Enter〉预览发现现在可以播放音乐了，但不能控制。下面加入控制面板。从“组件”面板中把“MediaController”组件拉到场景中。在“属性”面板中为该组件实例名称命名为“a”，选中该组件，单击“组件检查器面板”按钮弹出组件检查器面板，设置“ActivePlayControl”为“play”，这样播放器开始出现的是播放按钮。“controllerPolicy”为“on”这是让控制器一直显示出来，如图 7 - 5 所示。

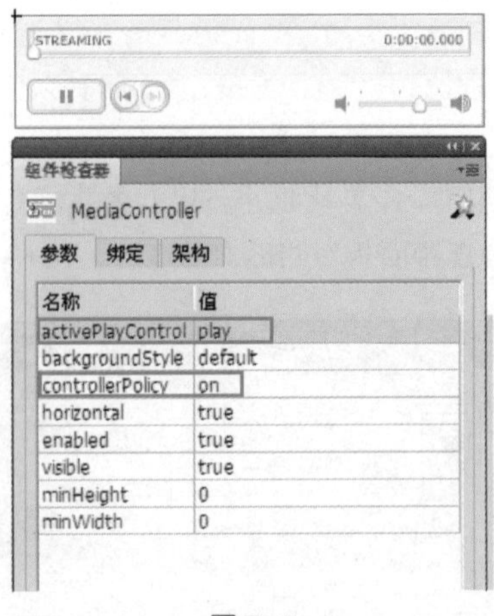

图 7 - 5

下面要让“MediaDisplay”组件受到“MediaController”组件的控制。选中“MediaDisplay”组件使用快捷键〈Shift〉+〈F3〉打开“行为”面板，单击“行为”面板中的“加号”按钮选择“媒体”→“关联控制器”，如图 7－6 所示。

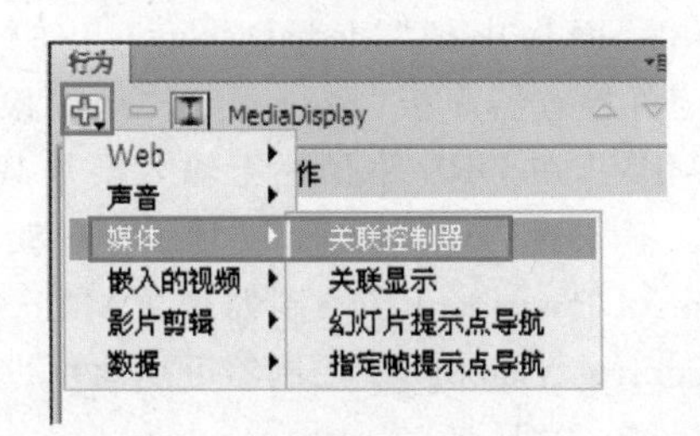

图7－6

在弹出的对话框中选中“a”控制组件，路径为“绝对”，如图 7－7 所示。

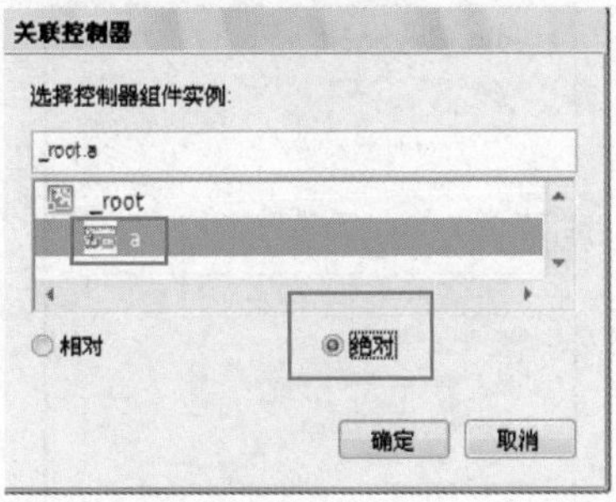

关联控制器
选择控制器组件实例:
_root.a
_root
a
相对
绝对
确定
取消

图7－7

预览发现开始就播放音乐了。把音乐设为开始不播放。打开“MediaDisplay”组件的“组件检查器”面板，取消“Automatically Play”(自动播放)选项，如图 7－8 所示。

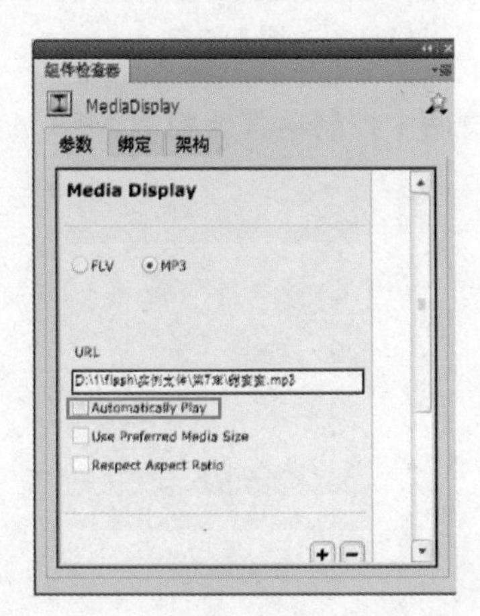

图7－8

完成设置再预览动画,就是正常的控制状态了。

02

应用MediaPlayback组件。

从“组件”面板中把“MediaDisplay”组件拉到场景中,单击“组件检查器面板”按钮,打开“组件检查器”面板,选择“MP3”,在URL路径栏下输入要加载MP3的完整路径。不勾选“Automatically Play”(自动播放)按钮,在“Control Placement”(控制器位置)项选择“Top”(顶部),“Control Visibility”(控制器可视性)项选择“On”(可见),如图7-9所示。

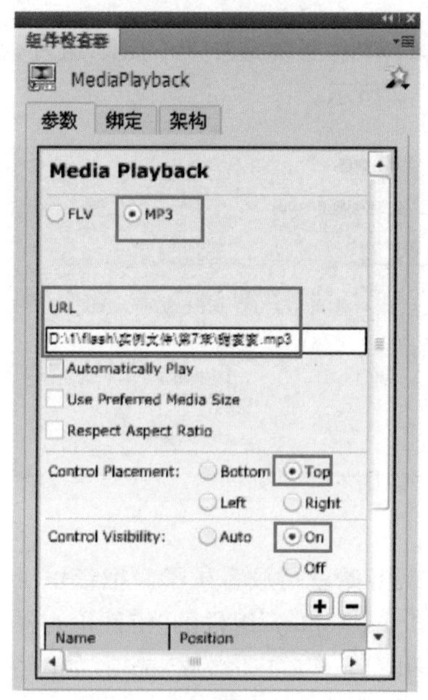

图7-9

预览下这两个控制器都能控制MP3的播放。最后保存。

7.2 组件面板中的 FLV 视频播放器

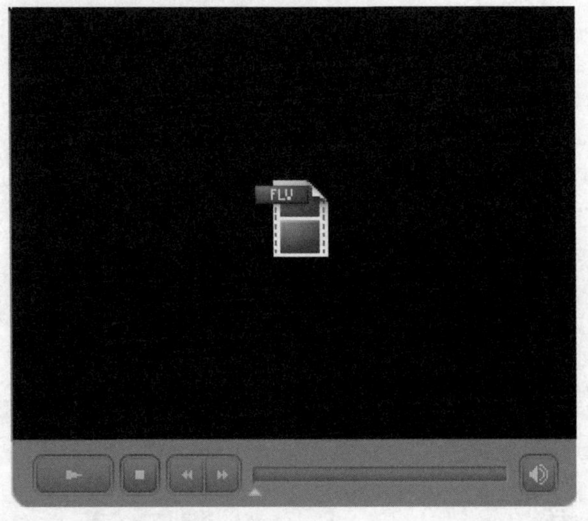
图 7-10

“FLVPlayback”组件就是“组件”面板中的 FLV 视频播放器，通过“FLVPlayback”组件可以将视频播放器包括在 Flash 应用程序中，以便播放通过 HTTP 渐进式下载的视频“FLV 或 F4V”文件，或者播放来自 Flash Media Server 或 Flash Video Streaming Service 的 FLV 文件流。

下面通过使用“FLVPlayback”组件控制 FLV 文件的播放来学习“FLVPlayback”组件的应用，效果如图 7-10 所示。

01

把 FLVPlayback 组件放置到场景。

新建一个 Flash CS4 影片文档，使用快捷键〈Ctrl〉+〈F7〉打开“组件”面板，从“组件”面板中把“FLV-Playback”组件拉到场景中，如图 7-11 所示。

图 7-11

知识点提示

FLV 视频控制界面相关参数设置

“FLVPlayback”组件在“组件”面板的 Video 组件里面，如下图所示。

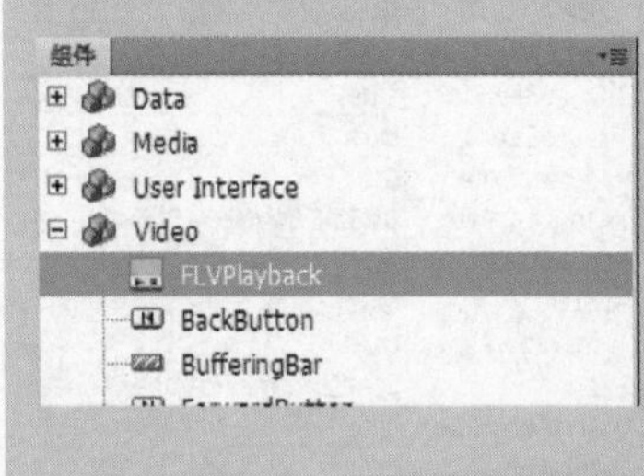

“FLVPlayback”组件具有下列功能：

（1）提供一组预制的外观，以自定义回放控件和用户界面的外观。

（2）使高级用户可以创建自己的自定义外观。

(3) 提供提示点，以将视频与Flash应用程序中的动画、文本和图形同步。

(4) 提供对自定义内容的实时预览。

(5) 保持合理的SWF文件大小以便于下载。

"FLVPlayback"组件是用于查看视频的显示区域。"FLVPlayback"组件包含FLV自定义用户界面控件，这是一组控制按钮，用于播放、停止、暂停和回放视频。

将"FLVPlayback"组件拉到场景中，在"属性"面板单击"组件检查面板"按钮就可以弹出"组件检查器"面板，如下图所示。

"组件检查器"面板如下图所示。

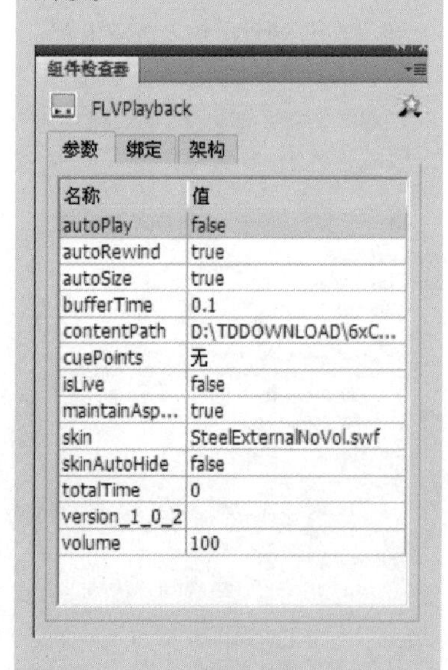

其中各参数含义如下：

选中场景中的该组件，在组件的"属性"面板上设置实例名称为"myvideo"，通过实例名称可以在Actionscript中引用它。

02

更换外观皮肤。

现在"FLVPlayback"组件已经在场景中了，应当使用一种皮肤使它符合整个项格风格的需要。

选中的场景中的"FLVPlayback"组件，单击"属性"面板中的"组件检查器面板"按钮，打开"组件检查器"面板，然后选择"参数"选项卡，再选择"skin"项，单击右侧的"放大镜"按钮如图7-12所示。

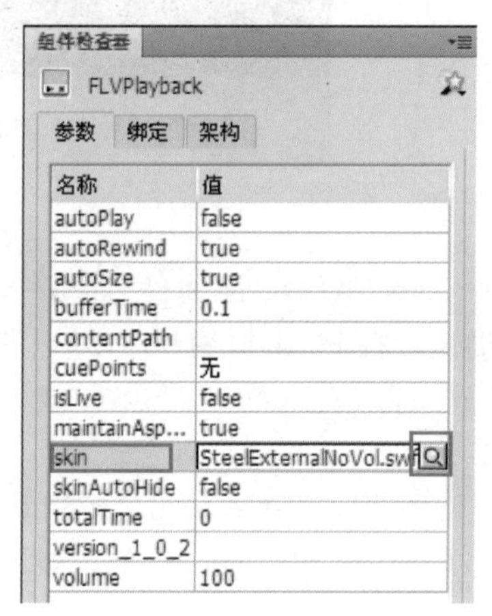

图7-12

单击了"放大镜"按钮后，将弹出一个选择皮肤的向导窗口，在窗口中选择所需的皮肤，然后单击"确定"按钮即可，如图7-13所示。

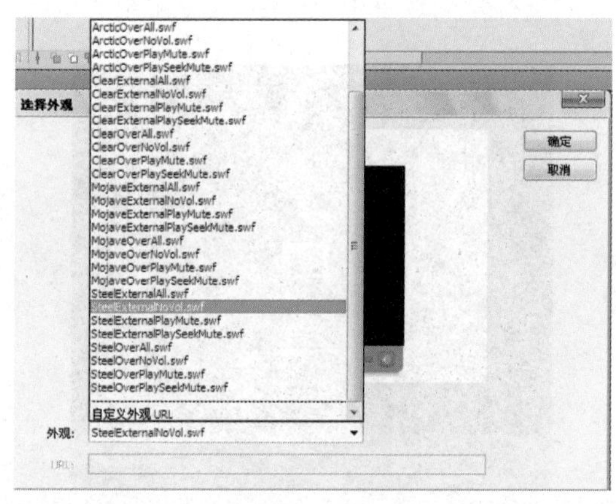

图7-13

这里有很多皮肤可以供选择，可以根据它们的各自外观和功能，来选择适合自己的播放器。选择一种皮肤后，这个皮肤的名字会显示在“属性”面板参数栏的“skin”右侧，那么选中的这个皮肤将会从 Flash 的“Configuration/Skins”目录复制到该文件所保存的目录下，可以打开保存文件的位置查看，会发现多了一个 SWF 文件，此文件就是选择了皮肤后的结果。

03

指定要播放的视频。

现需播放本书素材文件“第 7 章\mv\“mj. flv”，选中组件，在组件检查器面板的参数中有一项名为“contentPath”，单击右侧的“放大镜”按钮弹出“内容路径”对话框，可以在上面输入 FLV 文件位置，也可以单击右边的“文件夹”按钮来选择 FLV 的路径，如图 7－14 所示。

图 7－14

输入完路径后，单击“确定”，那么这个路径就成为了“contentPath”的属性值，测试影片时就会发现载入的 FLV 文件已经能在组件中自动的播放了。也可以在“contentPath”中直接输入网址：“http://www.helpexample s. com/Flash/video/water. flv”测试影片，这样就通过网址载入了远程视频。

autoPlay：用于确定如何播放 FLV 或 F4V 的布尔值。如果设为“true”，则视频在加载后立即播放。如果设为“false”，则在加载第一帧后暂停。默认值为“true”。

autoRewind：用于确定视频是否自动后退的布尔值。如果设为“true”，则当播放头到达末尾或用户单击停止按钮时，“FLVPlayback”组件自动将视频后退到开始处。如果设为“false”，则该组件不自动后退视频。默认值为“true”。

autoSize：可以选择值，如果设为“true”，则在运行时将组件的大小调整为使用源视频尺寸。默认值为“false”。

bufferTime：开始回放前要缓冲的秒数。默认值是 0。

contentPath：用于指定 FLV、F4V 的 URL，或指定用于描述如何播放视频的 XML 文件的 URL。双击该参数的“值”单元格可以弹出“内容路径”对话框。默认值为空字符串。如果没有指定 contentPath 参数值，当 Flash 执行 FLVPlayback 实例时，不会播放任何视频。

isLive：可以选择值，如果设为“true”，则指定从 FMS 实时传送视频文件流。默认值为“false”。

cuePoints：用于指定视频的提示点。使用提示点可以将视频中特定的位置与 Flash 动画、图形或文本同步。默认值为空字符串。

maintainAspectRatio：可以选择值，如果设为“true”，会调整“FLVPlayback”组件中视频播放器的大小，以保持源视频的高宽比；源视频仍将被缩放，但不调整 FLVPlayback 组件本身的大小。autoSize 参数优先于此参数。默认值为“true”。

skin：用于打开“选择外观”对话框并可以选择组件的外观。默认值为“无”。如果选择“无”，则FLVPlayback实例将不包含用户用来播放、停止、后退视频的控制元素，也无法执行与这些控件相关联的其他操作。如果autoPlay参数设置为“true”，则会自动播放视频。

totalTime：源视频中的总秒数，默认值是0。如果使用渐进式下载，Flash会在此值设置为大于0的值时使用此数字。否则，Flash将尝试使用原数据中的时间。

volume：一个介于0～100之间的数字，表示要设置的音量与最大音量相比所占的百分比。

04

其他设置。

在“组件检查器”面板的参数中设置“autoPlay”的值为“false”，让影片开始不播放。设置“autoSize”值为“true”，使得运行时组件的大小调整为使用源视频尺寸，其他设置保持默认，如图7－15所示。

图7－15

最后预览测试保存文件，看是否达到了播放要求。

7.3 转化 FLV 格式视频

Adobe Media Encoder CS4 可以把各种格式常见的视频转换为 FLV 或 F4V 格式，以便插入 Flash，或在网页上播放。下面通过使用 Adobe Media Encoder CS4 将一个 MOV 格式文件转换为 FLV 格式文件的实例来讲解转化 FLV 格式视频的方法。

01

首先确保电脑安装了 QuickTime Player，转换 MOV 格式文件需要 QuickTime 的支持。

打开 Adobe Media Encoder，选择“文件”→“添加...”，如图 7-16 所示。

图 7-16

在弹出的窗口中找到要添加的 MOV 格式文件，比如本书素材文件“第 7 章\mv\freestyle. mov”，如图 7-17 所示。

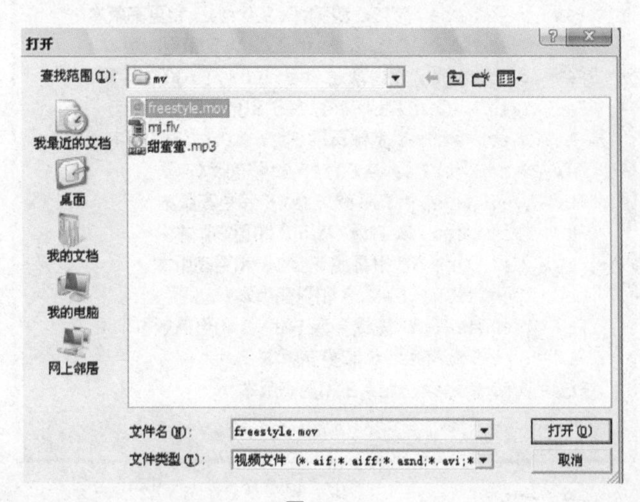

图 7-17

知识点提示

Flash 自带的转换程序

Flash CS4 Professional 自带了一个 Adobe Media Encoder 插件，可以单独打开这个软件。它可以将各种常见格式的视频文件转换成高品质的 H. 264 视频（MP4、3GP）或 Flash 媒体（FLV、F4V）文件，包含 MPEG、XDCAM EX 等附加文件格式导入插件。

很多手机支持的视频播放格式是 MP4、3GP、FLV，用 Adobe Media Encoder 可以轻松地将视频添加到手机，根据不同需要，选择转换格式后，还可以选择各种规格、大小、质量进行选择设置。

Adobe Media Encoder 基本的参数设定

打开 Adobe Media Encoder，界面如下图所示。

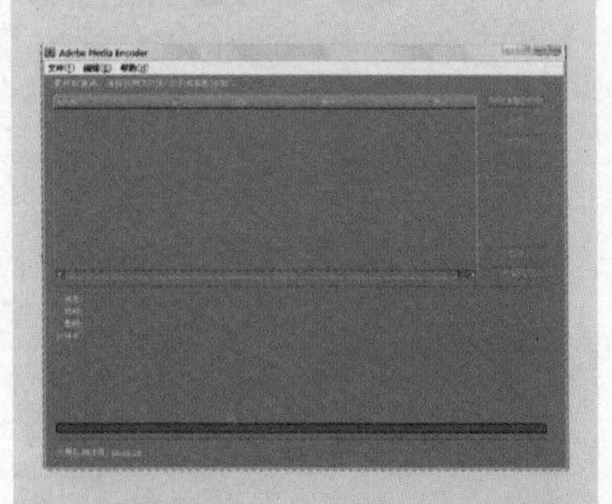

选择“文件”→“添加”可以将需要转换的视频载入到 Adobe Media Encoder。然后在格式栏下

拉选择转换的格式为 FLVIF4V 或者 H.264 格式，如下图所示。

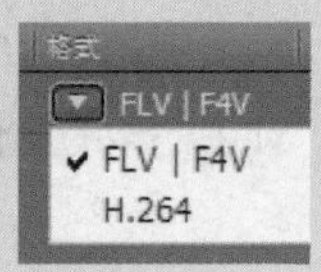

在输出文件栏下可以设置将转换出来的文件放在那里，如下图所示。

单击预设栏下的格式设置可以打开“导出设置”对话框，如下图所示。

“导出设置”对话框右边是基本设置，预设栏中可以选择导出的文件版本，如下图所示。下面介绍基本设置参数。

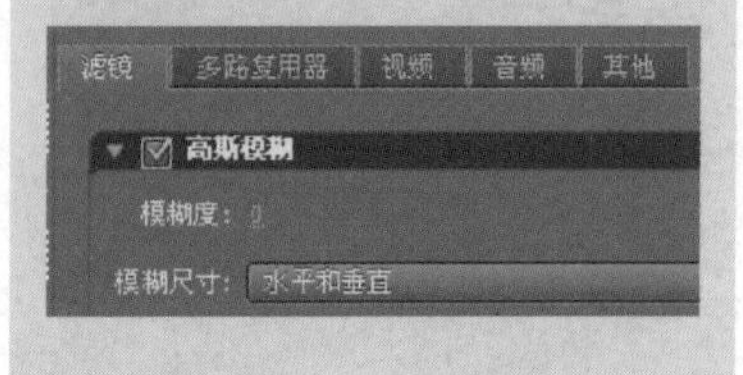

单击“打开”，这样就把该文件导入到了 Adobe Media Encoder 中。在源名称栏下面有刚导入文件的文件名，在格式栏下拉选择转换的格式为“FLV | F4V”，如图 7 - 18 所示。

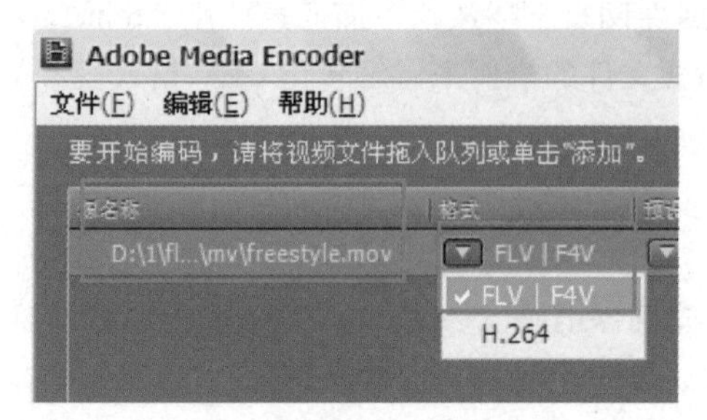

图 7 - 18

02

在预设栏下拉菜单中选择“编辑导出设置”，如图 7 - 19 所示。

图 7 - 19

在“导出设置”对话框的“预设”中下拉选择 Flash 7 和更高版本。如图，这有利于只装了低版本 Flash 播放器的用户来观看，如图 7－20 所示。

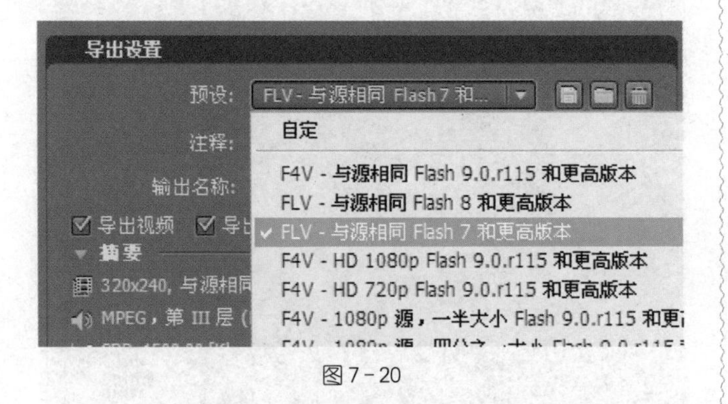

图 7－20

在“多路复用器”项中选择“FLV”格式，如图 7－21 所示。

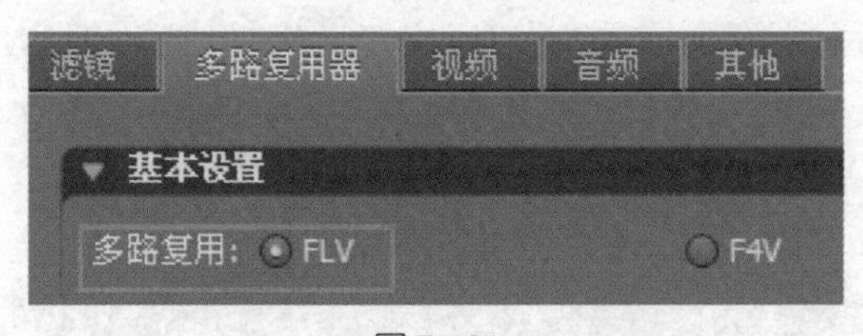

图 7－21

在“视频”项中选中“调整视频大小”，设置“帧宽度”和“帧高度”都为 250，如图 7－22 所示。

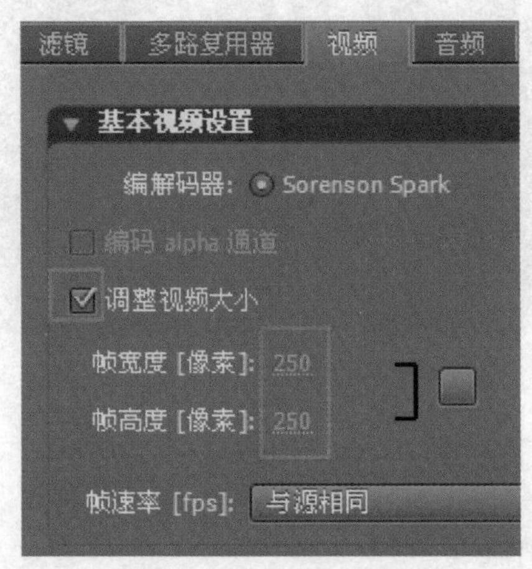

图 7－22

“滤镜”项的高斯模糊

“高斯模糊”效果将柔化图像并消除噪声。Adobe Media Encoder 将“高斯模糊”效果作为编码前任务来应用。此步骤将最大限度地降低编码器编码时产生的噪声。所带来的好处是编码速度更快，输出文件更小，图像质量更好，而且动作的显示通常会得到改善。可以指定模糊的方向。选择“输出”项可预览此效果的结果。

模糊度：控制模糊程度。数值越大，模糊程度越高。拖动热文本或输入数值以指定模糊程度。

模糊尺寸：控制模糊的方向。可从菜单中选择“水平和垂直”、“水平”或“垂直”。

“多路复用器”项

可选择 FLV 或者 F4V 格式。

“视频”项

编解码器：指定用于对视频进行编码的编解码器。可用的编解码器取决于选择的格式。

帧速率：指定输出文件的帧速率，以 fps 为单位。部分编解码器支持一组特定的帧速率。提高帧速率可使动作更流畅（取决于源剪辑、项目或序列的帧速率），但会占用更多的磁盘空间。

比特率设置：仅可用于 QuickTime 格式。选择此选项可使输出文件的比特率保持固定值。比特率是指定编码文件播放时的每秒兆位数。

设置关键帧距离：选择此选项并输入帧数，编解码器在导出视频时将在此数量的帧后创建一个关键帧。

“音频”项

可以设置输出声道和比特率。

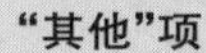

“其他”项

可以将导出文件上载到已为文件共享分配了存储空间的文件传输协议(FTP)服务器。

视频大小的设定

视频大小的设置在“视频”项下的基本视频设置中的“调整视频大小”项,如下图所示。

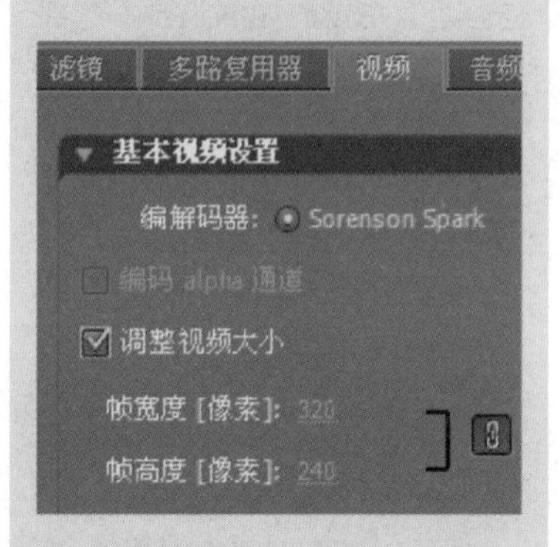

勾选该选项可以通过设置帧宽度和帧高度旁边的数值来设置输出视频的宽度和高度。

视频时间长短的设定

“导出设置”对话框的预览图像下面的时间条可以用来设定需要输出的时间段,如下图所示。

黄色时间条上面的白色滑块是预览该位置视频图像用的,下面的两个滑块是控制我们输出视频的前后两个位置。左上的数值可以确定该点的时刻。

视频尺寸的剪切

“导出设置”对话框的预览图像上面的一排是用来剪切视频尺寸的,如下图所示。

这样使得整个画面上下多出黑边,可以从输出图中预览效果,如图 7-23 所示。

图 7-23

回到原图,单击“裁剪”按钮 。设置顶部和底部数值为 20。这样可得到电影宽屏的效果,如图 7-24 所示。

图 7-24

单击“输出名称”右边的路径,在弹出的对话框中选择输出视频保存的位置和名称,然后单击“保存”按钮,如图7-25 所示。

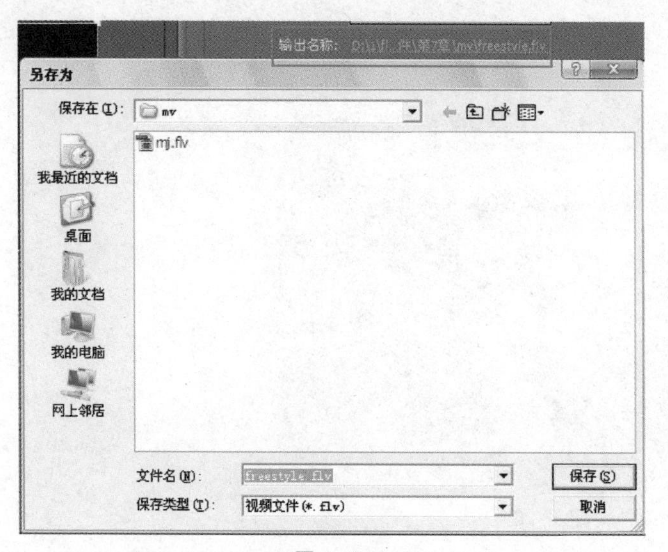

图 7 - 25

单击“确定”按钮，完成设置。单击“开始队列”按钮进行视频转换，如图 7 - 26 所示。

图 7 - 26

然后 Adobe Media Encoder 会进行转换过程，在界面下面会用黄条显示转换的进度，还会显示所用时间和剩余时间，如图 7 - 27 所示。

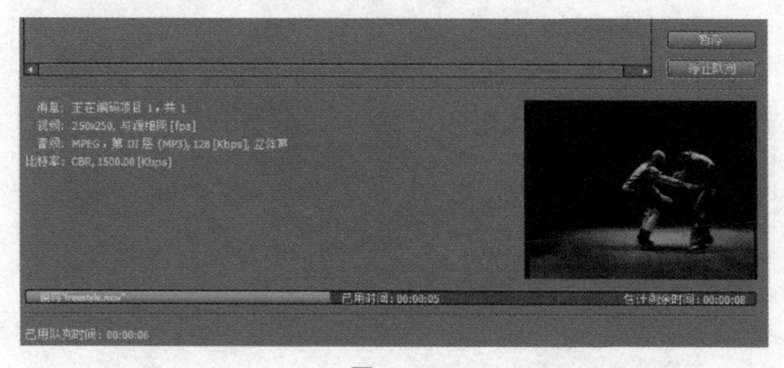

图 7 - 27

转换完成后就可以到保存输出的文件夹中找到转换出的 FLV 文件了。

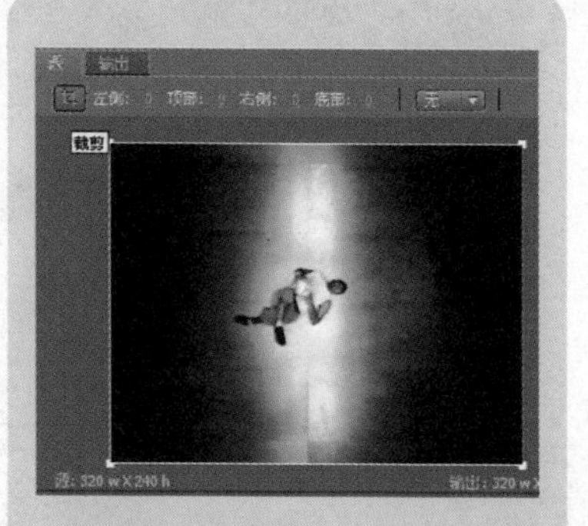

需要剪切视频，先单击“裁剪”按钮 。然后视频上会出现白框。可以拖动这个白框来手动剪切视频，也可以在裁剪按钮旁边的左侧、顶部、右侧和底部中输入数值来进行裁切。注意：这些数值是指裁剪的位置离源文视频相应位置的距离。并且可供裁剪的最小尺寸为 40 像素 × 40 像素。

7.4 其他组件

图 7-28

Flash 的组件是由 Macromedia 编译的 Flash 影片剪辑，使用它们制作出的 Web 内容极富感染力。组件的参数是在 Macromedia Flash 中创作时进行设置的，其中的 ActionScript 方法、属性和事件方便在运行时自定义组件。设计这些组件的目的是为了让开发人员重复使用和共享代码，封装复杂功能，使设计人员无须编写 ActionScript 就能够使用和自定义这些功能。Flash CS4 中自带了标准的 Flash UI 组件。在使用组件的过程中如果对默认外观不满意，可以自定义组件的外观。

本实例是一个组件的综合应用实例，是使用组件制作一个带万年历的注册窗口。其作用就是登记用户的姓名、性别、地址、电话、兴趣、电子邮件、对网站的建议及其他个人信息等，并在提交到服务器对用户输入的这些数据进行验证。完成后效果如图 7-28 所示。

01

打开 Flash CS4 选择新建一个 ActionScript 2.0 的 Flash 文件，设置场景的尺寸为 640 像素×480 像素，背景颜色为银灰色，其他参数为默认值，如图 7-29 所示。

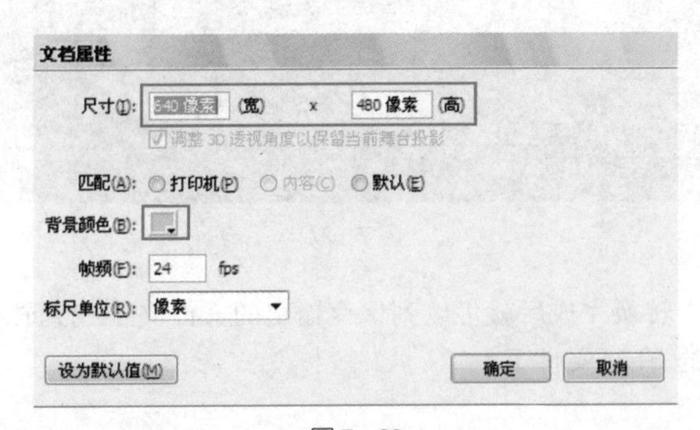

图 7-29

知识点提示

其他组件及其使用形式

1. CheckBox(复选框)

复选框是表单中最常见的成员，它的主要目的在于判断使用是否选取该方块，而一个表单中可以有许多不同的复选框，所以复选框大多数用在有许多选择且可以多项选择的情况下。可以使用“组件检查器”面板为 Flash 影片中的每个复选框实例设置参数，复选框组件效果和“组件检查器”面板，如下图所示。

02

执行“窗口”→“组件”命令，或使用快捷键〈Ctrl〉+〈F7〉，弹出“组件”面板。单击“组件”面板中“User Interface”项，如图 7－30 所示。

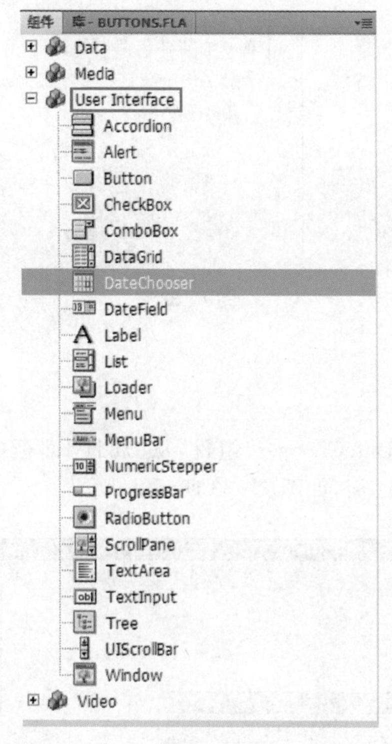

图 7－30

选择图层 1 第 1 帧处将其中的“日期选取”组件“DateChooser”拖放到舞台上居中位置，打开“属性”面板输入实例名称为“date”，宽度为 450 像素，高度为 250 像素，如图 7－31 所示。

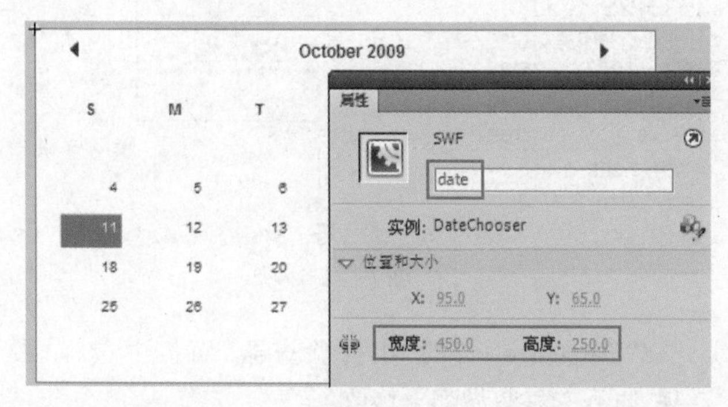

图 7－31

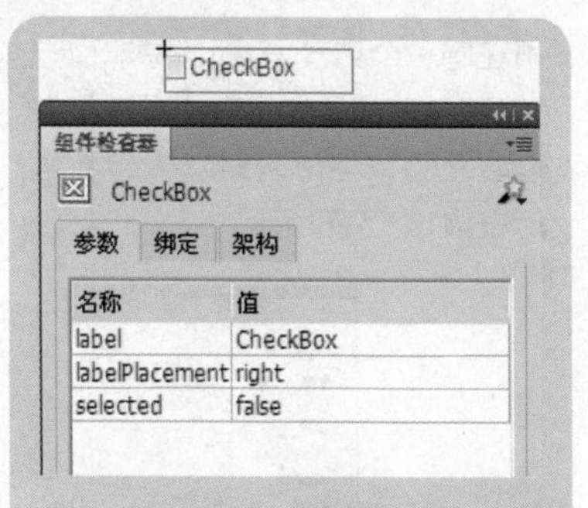

label：设置的字符串，代表复选框旁边的文字说明，通常位于复选框的右面。

labelPlacement：指定复选框说明标签的位置，在默认情况下，标签将显示在复选框的右侧，这样也比较符合广大读者的习惯。

selected：设置默认是否选中。

2. Button（按钮）

按钮组件效果及组件检查器面板中的参数设置，如下图所示。

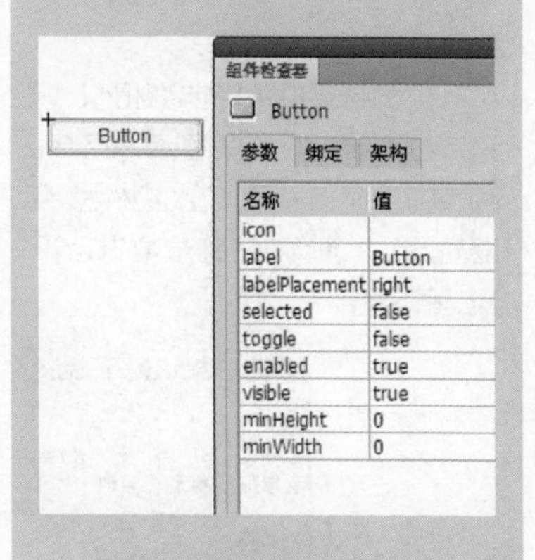

icon：设置按钮上的图标。

label：设置按钮上的文字。

labelPacement：标签放置的位置。

selected：设置默认是否选中。

toggle：设置为“true”，则在鼠标按下，弹起，经过时会改变按钮外观。

3. ComboBox（下拉列表）

下拉列表是将所有的选择放

置在同一个列表中，而且除非点选它，否则它都是收起来的。在组件检查器面板中可以对它的参数进行设置，如下图所示。

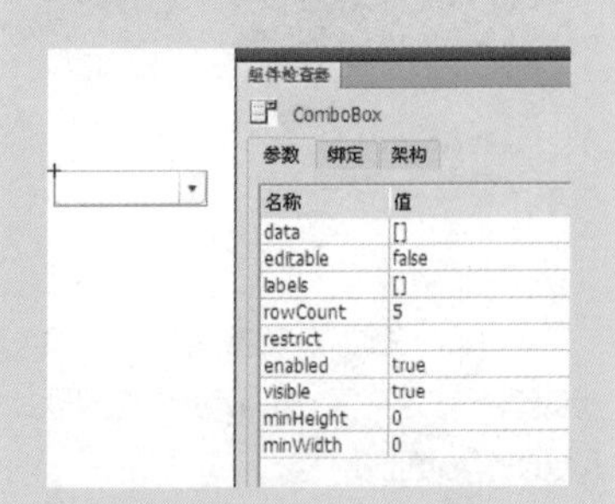

data：需要的数据在“data”中。

editable：设置使用者是否可以修改菜单的内容，默认值为“false”。

labes：它的设置同“data”的设置是相匹配的。

rowCount：菜单拉下来之后显示的行数。

4. List（列表）

列表与下拉菜单非常相似，只是下拉菜单一开始就显示一行，而列表则是显示多行。在“组件检查器”面板中可以对它的参数进行设置，如下图所示。

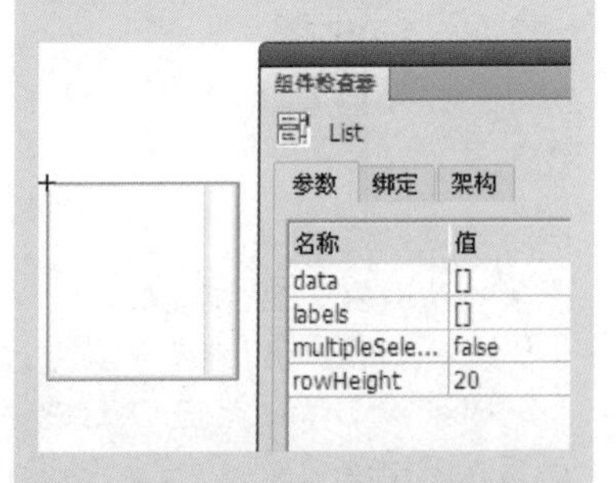

data：使用方法和下拉菜单相同。

labels：这是列表的内容，与“data”相对应。

multipleSelection：如果选择“true”，可以让使用者复选，不过要配合〈Ctrl〉键。

在第1帧处再将“组件”面板中的标签组件“Label”拖放到舞台上居中位置放置在日期选取组件下方，打开“属性”面板输入实例名称为“choosedate”，其他参数为默认，如图7-32所示。

图7-32

03

选中“DateChooser”组件，从“属性”面板中打开“组件检查器”面板，如图7-33所示。

图7-33

在“DateChooser”的“组件检查器”面板中选择“参数”项，将有关参数做如下修改：

选中“dayNames”，单击右侧的“放大镜”按钮，在弹出的对话框中，将默认参数值修改为中文的“星期日”、“星期一”、“星期二”、“星期三”、“星期四”、“星期五”、“星期六”，如图 7－34 所示。

图 7－34

选中“monthNames”，单击右侧的“放大镜”按钮，在弹出的对话框中也把参数改为中文月份，如图 7－35 所示。

图 7－35

其他各项为默认，参数面板最终结果如图 7－36 所示。

rowHeight：设置列表的行高，如果超出就会出现滚动条。

5. Radio Button(单选按钮)

选项按钮通常用在选项不多的情况下，它与复选框的差异在于它必须设定群组(Group)，同一群组的选项按钮不能复选。在“组件检查器”面板中可以对它的参数进行设置，如下图所示。

data：该按钮被选择后，会返回给 Flash 的值，ActionScript 也可以用这一点来判断使用者选择了哪一个按钮。

groupName：用来判断是否被复选的依据，同一群组的选项按钮只能选择其一。

label：是选择按钮旁的文字，主要是显示给使用者看的。

labelPlacement：指标签放置的地方，是按钮的左边还是右边。

selected：默认选择“false”。被选中的单选按钮中会显示一个圆点。一个组内只有一个单选按钮可以有表示被选中的值为“true”。如果组内有多个单选按钮被设置为“true”，则会选中最后实例化的单选按钮。

6. Alret(警告)

“Alert”组件能够显示一个窗口，该窗口向用户呈现一条消息和响应按钮。该窗口向用户呈现一条消息和响应按钮。该窗口包含一个可填充文本的标题栏，一个可自定义的消息和若干可更改标签的按钮。Alert 窗口可以包含“是”、“否”、“确定”和“取消”按钮的任意组合，如下图所示。

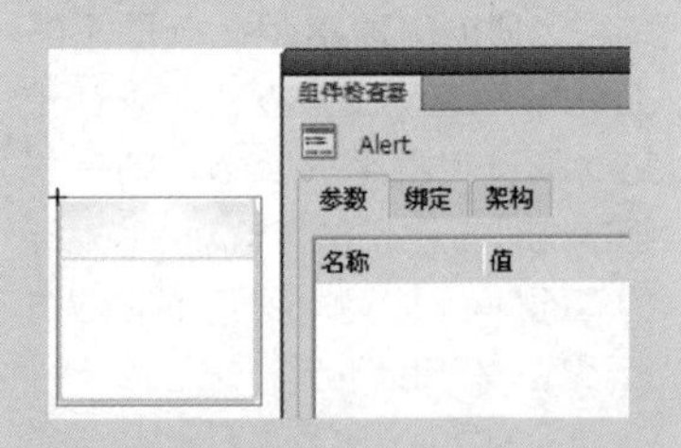

警告组件没有创作参数，必须调用 ActionScript 的 Alert. show () 方法来显示警告窗口。可以使用其他 ActionScript 属性来修改应用程序中的警告窗口。

7. DataGrid(数据网格)

“DataGrid”组件能够创建强大的数据驱动的显示和应用程序。可以使用 DataGrid 组件来实例化使用 FlashRemoting 的记录集，然后将其显示在列中。在“组件检查器”面板中可以对它的参数进行设置，如下图所示。

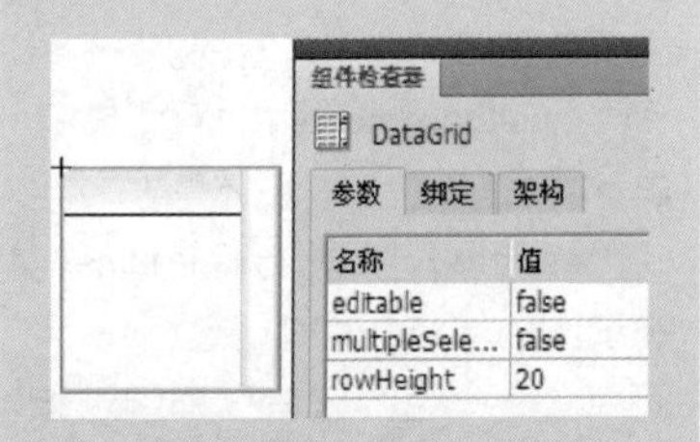

editable：是一个布尔值，它指示网格是(true)否(false)可编辑。默认为“false”。

multipleSelection：是一个布尔值，它指示是(true)否(false)可以选择多项。默认为“false”。

rowHeight：指示每行的高度(以像素为单位)。更改字体大小不会更改行高度，默认值为 20。

图 7 - 36

04

下面把“Label”组件绑定给“DateChooser”组件，在“DateChooser”的“组件检查器”面板中选择“绑定”项，单击“Add Binding”按钮(即“加号”按钮)，如图 7 - 37 所示。

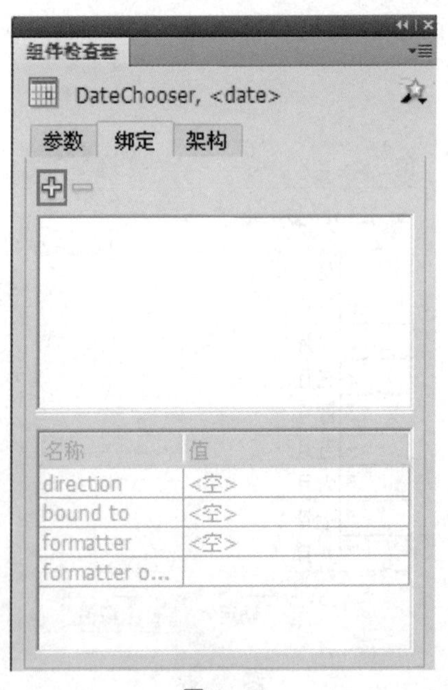

图 7 - 37

在列表框里面选择“selectedDate：Date”，这样就为日期选取组件设置了组件绑定，如图 7 - 38 所示。

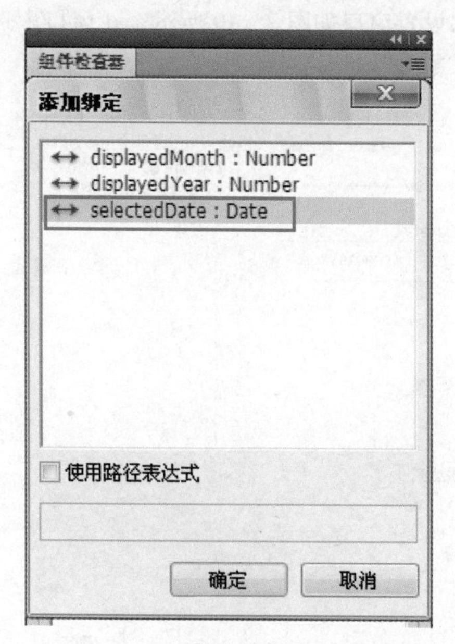

图 7-38

单击“确定”，下面给“DateChooser”组件指定绑定对象，在这里，所指定的绑定对象是“标签”组件“Label”。选择“绑定”项中的“selectedDate：Date”。这时，在下面的属性列表框便显示了一系列属性。选择“bound to”，并单击右侧的“放大镜”按钮，如图 7-39 所示。

图 7-39

8. DateChooser(日期选择)

“DateChooser”组件是一个允许用户选择日期的日历。它包含一些按钮，这些按钮允许用户在月份之间来回滚动并单击某个日期将其选中。可以设置指示月份名称和日名称，星期的第一天和任何禁用日期，以及加亮显示当前日期的参数。在“组件检查器”面板中可以对它的参数进行设置，如下图所示。

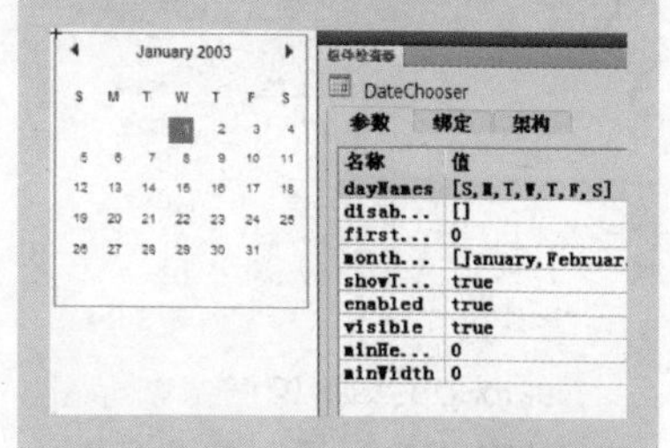

dayNames：设置一星期中各天的名称。该值是一个数组，其默认值为[S,M,T,W,T,F,S]。

disabledDays：指示一星期中禁用的各天。该参数是一个数组，并且最多具有七个值。默认值为[](空数组)。

firstDayOfWeek：指示一星期中的哪一天(其值为 0～6，0 是 dayNames 数组的第一个元素)显示在日期选择器的第一列中。此属性更改“日”列的显示顺序。

monthNames：设置在日历的标题行中显示的月份名称。该值是一个数组，其默认值为[January, February, March, April, May, June, July, August, September, October, November, December]。

showToday：指示是否要加亮显示今天的日期。默认为“true”。

9. Label(文本标签)

一个文本标签组件就是一行文本,可以指定一个标签采用HTML格式,也可以控制标签的对齐和大小。“Label”组件没有边框,不能具有焦点,并且内容不能改变。在“组件检查器”面板中可以对它的参数进行设置,如下图所示。

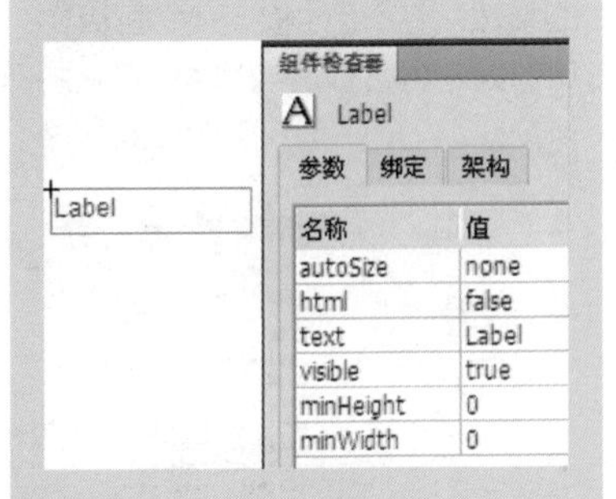

autoSize:指示如何调整标签的大小并对齐标签以合适文本。默认为“none”。

html:指示标签是(true)否(false)采用HTML格式。如果此参数设置为“true”,则不能使用样式来设置标签的格式,但可以使用font标记将文本格式设置为HTML。默认为“false”。

text:指示标签的文本,默认值是“Label”。

10. Menu(菜单)

“Menu”组件使用户可以从弹出菜单中选择一个项目,这与大多数软件应用程序的“文件”或“编辑”菜单很相似。在“组件检查器”面板中可以对它的参数进行设置,如下图所示。

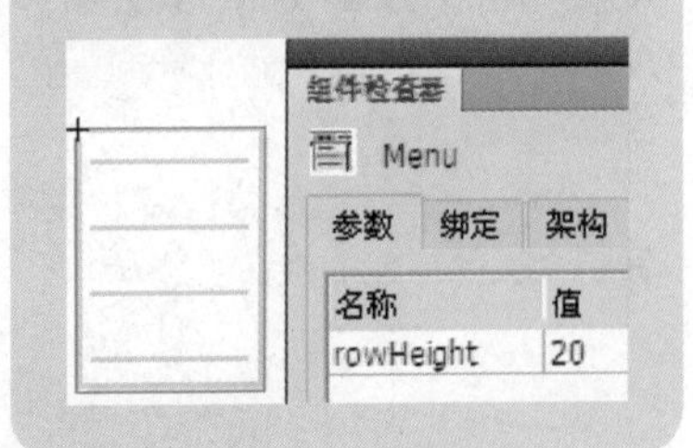

弹出设置窗口如图7-40所示。在窗口中选择绑定的目标对象为“Label”组件,并单击“确定”按钮。

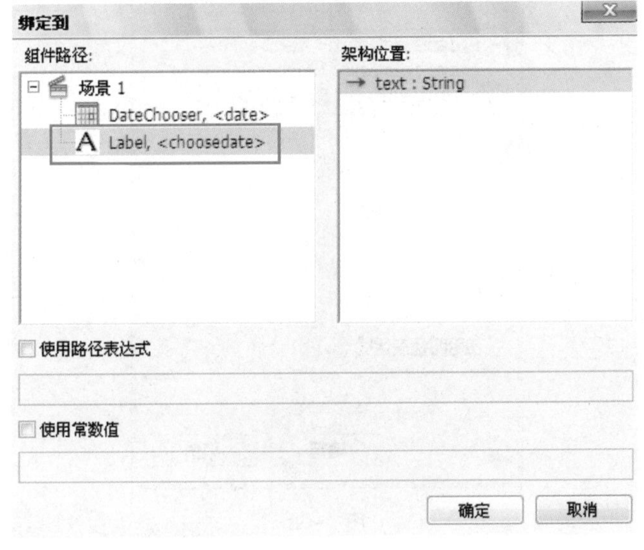

图7-40

05

下面改动“Label”组件的参数。从“属性”面板打开“Label”组件的“组件检查器”面板,选择“参数”项,选中“text”,把右侧的“Label”更改为“显示日期”。这样“Label”组件默认显示的字样就是“显示日期”,如图7-41所示。

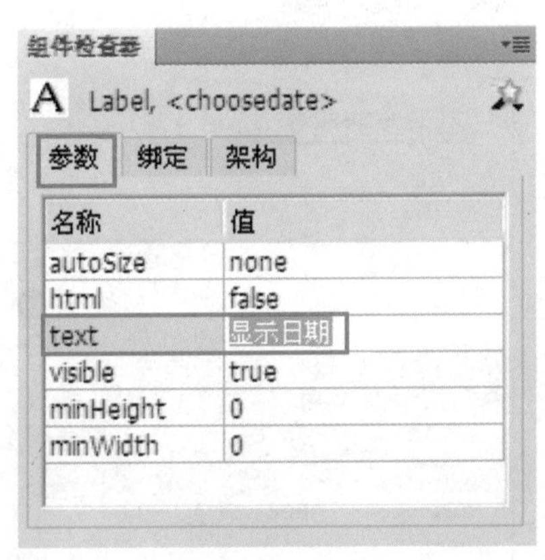

图7-41

选择“绑定”项,选中“formatter”,在右侧的下拉菜单中选择“Date”,如图7-42所示。

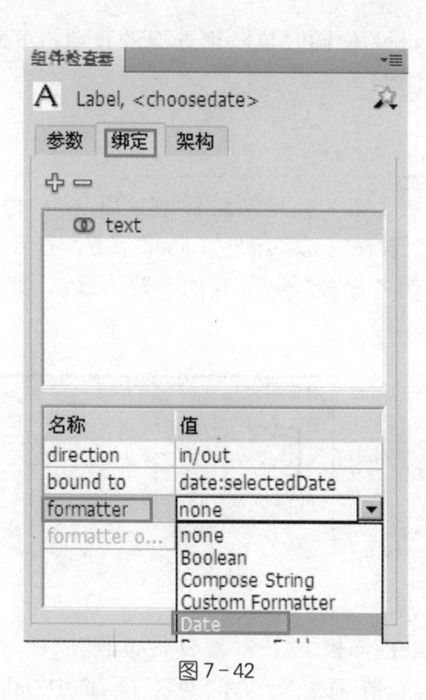

图 7-42

继续选中“formatter options”，单击右侧的“放大镜”按钮，在弹出的对话框中把一串数值后面的“HH：NN：SS”删除，如图 7-43 所示。

图 7-43

至此，使用快捷键〈Ctrl〉+〈Enter〉测试一下影片。当单击日期选取组件“Datachooser”的日期时，下面的标

rowHeight：指示每行的高度（以像素为单位）。更改字体大小不会更改行高度。默认值为 20。

11. DataField（数据域）

“DataField”组件是一个不可选择的文本字段，它右边显示带有日历图标的日期。如果未选定日期，则该文本字段为空白，并且当前日期的月份显示在日期选择器中。当用户在日期字段边框内的任意位置单击时，将会弹出一个日期选择器，并显示选定日期所在月份内的日期。当日期选择器打开时，用户可以使用月份滚动按钮在月份和年份之间来回滚动，并选择一个日期。如果选定某个日期，则会关闭日期选择器，并会将所选日期输入到日期字段中。在“组件检查器”面板中可以对它的参数进行设置，如下图所示。

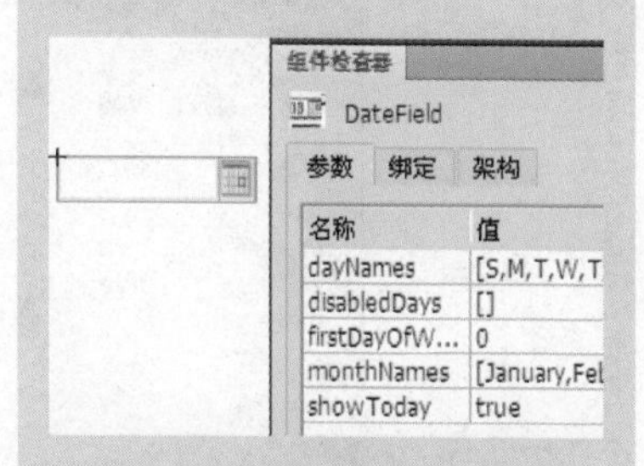

dayNames：设置一星期中各天的名称。该值是一个数组，其默认值为[S，M，T，W，T，F，S]。

disabledDays：指示一星期中禁用的各天。该参数是一个数组，并且最多具有 7 个值。默认值为[]（空数组）。

firstDayOfWeek：指示一星期中的哪一天（其值为 0～6，0 是 dayNames 数组的第一个元素）显示在日期选择器的第一列中。此属性更改"日"列的显示顺序。默认值为 0,即代表星期日的"S"。

monthNames:设置在日历的标题行中显示的月份名称。该值是一个数组,其默认值为[January, February, March, April, May, June, July, August, September, October, November, December]。

showToday:指示是否要加亮显示今天的日期。默认值为"true"。

12. MenuBar(菜单栏)

使用"MenuBar"组件可以创建带有弹出菜单和命令的水平菜单栏,就像常见的软件应用程序中包含"文件"菜单和"编辑"菜单的菜单栏一样。在"组件检查器"面板中可以对它的参数进行设置,如下图所示。

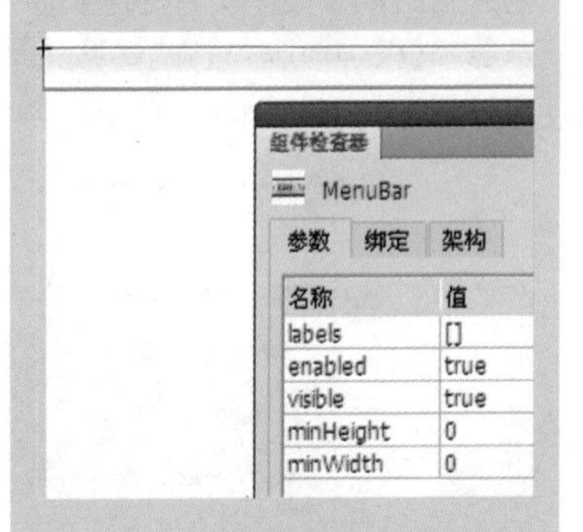

labels:一个数组,它将带有指定标签的菜单激活器添加到"MenuBar"组件。默认值为[](空数组)。

签组件"Label"便同时显示出选取的日期。下面进入注册窗口的制作。

06

在图层 1 第一帧处从组件中拉出一个"按钮"组件"Button"放置在"标签"组件"Label"下方。打开"属性"面板输入实例名称为"an0",其他参数为默认,如图 7－44 所示。

图 7－44

从"属性"面板中打开"组件检查器"面板,在"按钮"的"组件检查器"面板中选择"参数"项,选中"label",把右侧的"button"改为"用户注册",如图 7－45 所示。

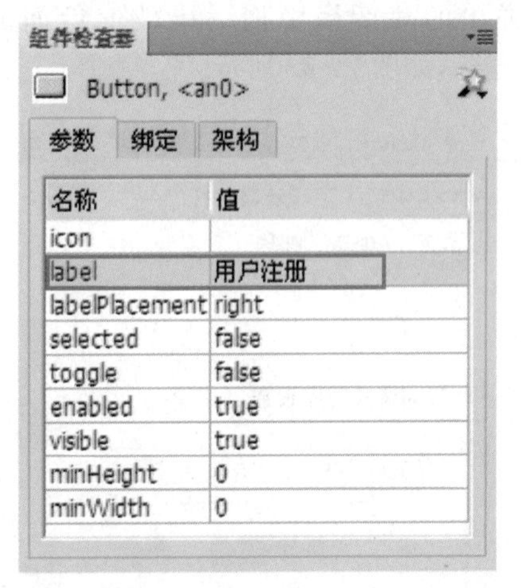

图 7－45

下面来利用代码实现更多的功能。新建图层 2,选中第 1 帧,打开"动作"面板,在"动作"面板中用英文输入法输入如下语句:

```
stop ();
date. setStyle ("backgroundColor","0x00ffff");
an0. setStyle ("themeColor","0x00ffff");
an0. setStyle ("color","0xff0000");
```

```
anList = new Object ();
anList. click = function (){ gotoAndPlay (2);}
an0. addEventListener ("click",anList);
```

这里一共7句代码,下面来一一解释。

第一句的作用是停止动画播放,第二句到第四句的作用是修改组件外观的,使用了"setStyle ()"这个设定样式语句。其中第二句是设置万年历的样式,将背景色设为青色,这里"backgroundColor"是背景属性,"0x00ffff"是颜色16进制值。第三句设置注册按钮样式,将激活色修改为青色,当鼠标经过该按钮时,按钮边框会变为青色。第四句是将注册按钮的字体颜色改为红色。

后面三句代码的目的是实现当按下注册按钮时,动画播放到第2帧。其中第5句是定义一个"Object"对象来创建对"注册按钮"组件"an0"的监听"anList"。第7句是当监听到"an0按钮"组件按下时触发"click事件"。第7句是"an0按钮"组件的"click事件"定义为播放到第2帧的函数。注意:第7句里面的"an0"一定要跟前面给按钮起的实例名称一样,大小写也要一样。这样通过这三句代码就实现当按下注册按钮时,动画播放到第2帧。

07

在图层1第2帧处插入空白关键帧,制作阅读协议窗口。在舞台顶部使用"文本工具"输入"我们的协议:",在"属性"面板设置为"静态文本",其他自定。如图7-46所示。

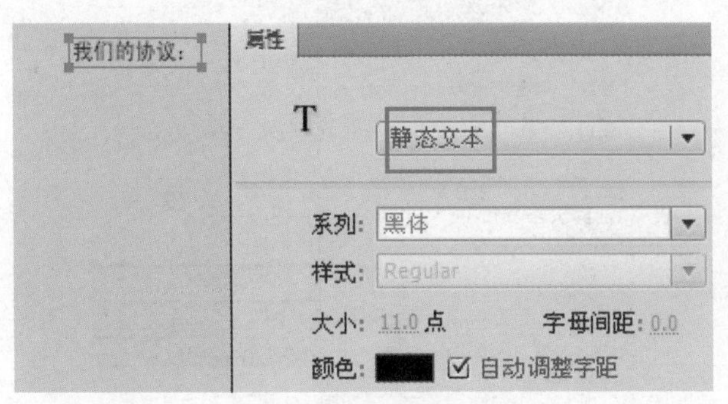

图7-46

然后使用"文本工具"在"我们的协议:",下方设置动态文本绘制一个动态文本框,在"属性"面板中设置行为为"多行"。再从"组件"面板中拖出一个"文本滚动条"组

13. NumericStepper(数字进阶)

"NumericStepper"组件允许用户逐个通过一组经过排序的数字。该组件由显示在小上下箭头按钮旁边的文本框中的数字组成。用户单击按钮时,数字将根据 stepSize 参数中指定的单位递增或递减,直到用户释放按钮或达到最大或最小值为止。"NumericStepper"组件的文本框中的文本也是可编辑的。在组件检查器面板中可以对它的参数进行设置,如下图所示。

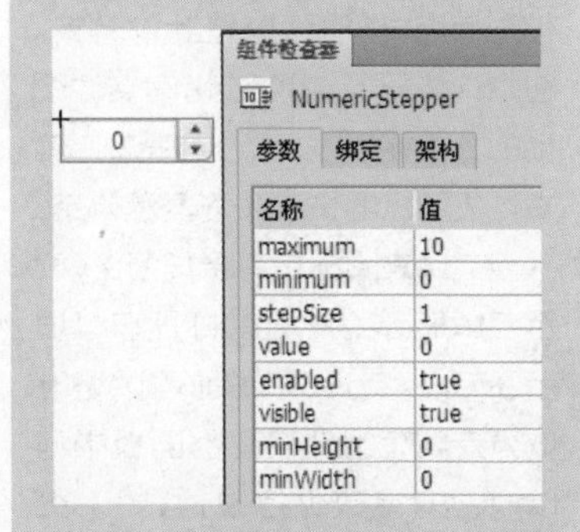

maximum:设置可在步进器中显示的最大值。默认值为 10。

minimum:设置可在步进器中显示的最小值。

stepSize:设置每次单击时步进器增大或减小的单位。默认值为 1。

Value:设置在步进器的文本区域中显示的值。默认值为 0。

14. ProgressBar(进度栏)

"ProgressBar"组件显示加载内容的进度。进度栏可用于显示加载图像和部分应用程序的状态。加载进程可以是确定的也可以是不确定的。在"组件检查器"面板中可以对它的参数进行设置,如下图所示。

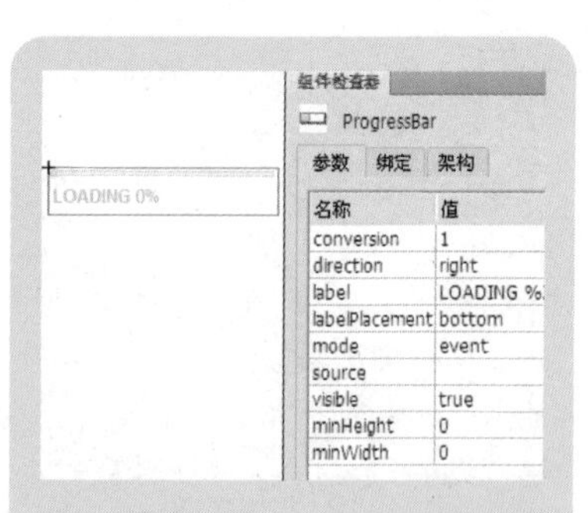

15. Tree(树)

“Tree”组件允许用户查看分层数据。树显示在类似 List(列表)组件的框中,但树中的每一项称为节点,并且可以是叶或分支。在默认情况下,用旁边带有文件图标的文本标签表示叶,用旁边带有文件夹图标的文本标签表示分支,并且文件夹图标带有展开箭头(展示三角形),用户可以打开它以显示子节点。分支的子项可以是叶或分支。在组件检查器面板中可以对它的参数进行设置,如下图所示。

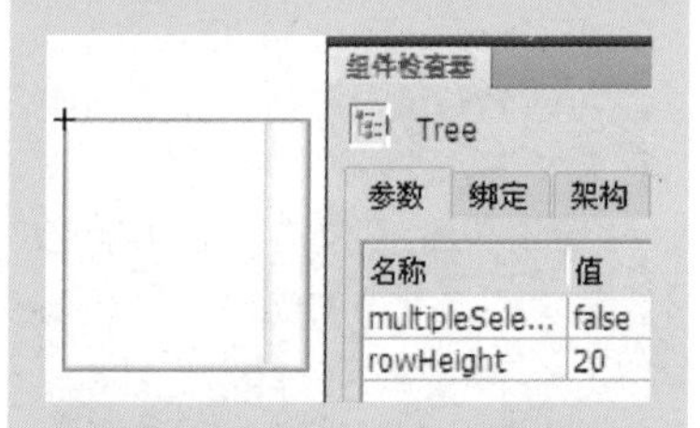

multipleSelection:是一个布尔值,它指示用户是(true)否(false)可以选择多个项。默认为“false”。

rowHeight:指示每行的高度(以像素为单位)。默认值为 20。

16. TextArea(文本区域)

“TextArea”组件的效果等于将 ActionScript 的 TextField 对象进行换行。可以使用样式自定义文本区域组件。当实例被禁用时,其

件“UIScrollBar”到第 1 帧的场景中,右键单击该组件并选择“任意变形”,将其设置成如图 7－47 所示大小并拖动该组件,让其吸附在输入文本上。方法是按住鼠标左键拖拽到输入文本中松手。这样“UIScrollBar”组件就成了该文本的滑动条,如图 7－47 所示。

图 7－47

在该文本框中输入协议内容。

继续从“组件”面板中拖出两个“按钮”组件“Button”并排放置在动态文本框下面。打开“属性”面板设置左边的“按钮”组件实例名称为“an1”,打开“组件检查器”面板,在“组件检查器”面板中选择“参数”项,选中“label”,把右侧的“button”改为“我接受”,如图 7－48 所示。

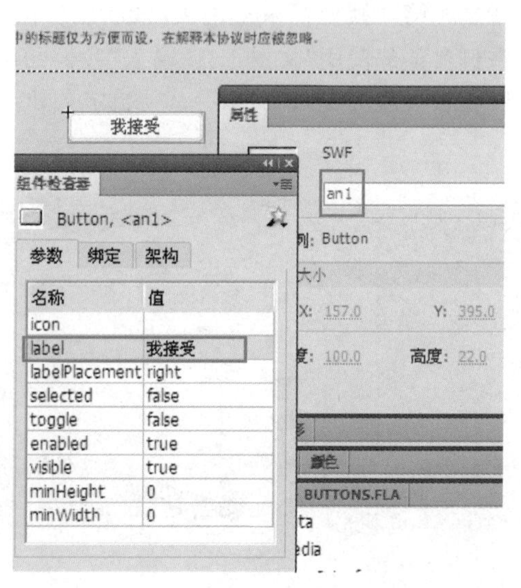

图 7－48

同样打开“属性”面板设置右边的按钮组件实例名称为“an2”,打开“组件检查器”面板,在“组件检查器”面板

中选择“参数”项，选中“label”，把右侧的“button”改为“我不接受”。

08

接下来使用代码来使动画在第 2 帧停止播放，当按下“我接受”按钮组件时播放到第 3 帧，当按下“我不接受”按钮组件时退出该动画。在图层 2 第 2 帧处插入空白关键帧，选中该帧打开“动作”面板，在其中输入以下代码：

```
stop ();
an1List = new Object ();
an1List. click =  function () { gotoAndPlay (3); }
an1. addEventListener ("click", an1List);
an2List = new Object ();
an2List. click = function () { fscommand ("quit", true); }
an2. addEventListener ("click", an2List);
```

同样的代码就不解释了，其中的“fscommand ("quit", true);”是退出动画命令。这样，第 2 帧中的组件和文本结合，就实现了让用户确定是否接受协议的作用。然后决定是否跳转到第 3 帧中去填写个人资料还是退出。

09

下面来实现让用户填入个人信息以及意见，并检验是否有遗漏的功能。在图层 1 第 3 帧处插入空白关键帧，使用静态文本分别在场景中输入“你的信息:”、“你的意见:”、“姓名:”等放置在舞台上，如图 7-49 所示。

图 7-49

从“组件”面板中拉出一个“输入文本框”组件“TextInput”放置在“姓名:”文本右边。在其“属性”面板

内容以 disabledColor 样式所指示的颜色显示。文本区域组件也可以采用 HTML 格式，或者作为掩饰文本的密码字段。在组件检查器面板中可以对它的参数进行设置，如下图所示。

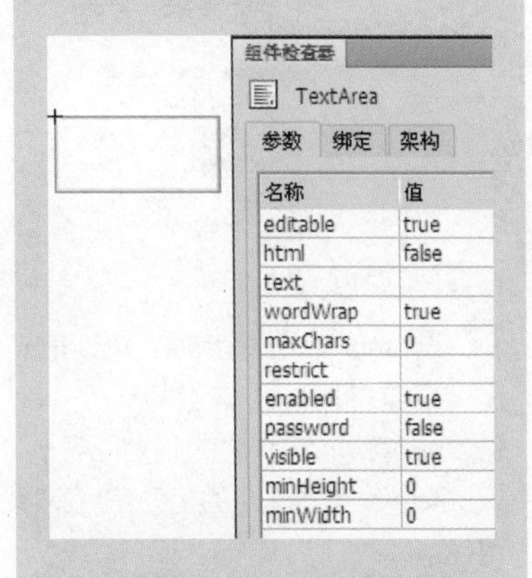

editable: 指示 TextArea 组件是(true)否(false)可编辑。默认为“true”。

html: 指示文本是(true)否(false)采用 HTML 格式。如果 HTML 设置为 true，则可以使用字体标签来设置文本格式。默认为“false”。

text: 指示 TextArea 组件的内容。

workWrap: 指示文本是(true)否(false)自动换行。默认为“ture”。

17. ScrollPane(滚动窗格)

“ScrollPane”组件在一个可滚动区域中显示影片剪辑，JPEG 文件和 SWF 文件。通过使用滚动窗格，可以限制这些媒体类型所占用的屏幕区域的大小。滚动窗格可以显示从本地磁盘或 Internet 加载的内容。在“组件检查器”面板中可以对它的参数进行设置，如下图所示。

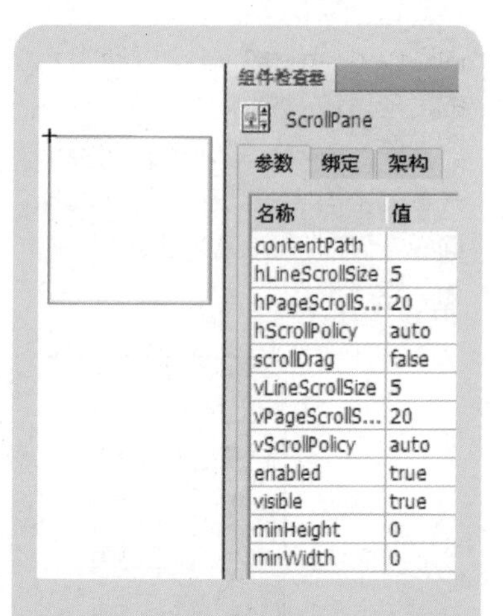

contentPath: 指示要加载到滚动窗格中的内容。该值可以是本地 SWF 或 JPEG 文件的相对路径，或 Internet 上的文件的相对或绝对路径。

hLineScrollSize: 指示每次单击箭头按钮时水平滚动条移动多少个单位。默认值为 5。

hPageScrollSize: 指示每次单击轨道时水平滚动条移动多少个单位。默认值为 20。

hScrollPolicy: 显示水平滚动条。该值可以是“on”，“off”或“auto”。默认为“auto”。

scrollDrag: 是一个布尔值，它确定当用户在滚动窗格中拖动内容时是(true)否(false)发生滚动。默认为“false”。

vLineScrollSize: 指示每次单击滚动箭头时垂直滚动条移动多少个单位。默认值为 5。

vPageScrollSize: 指示每次单击滚动条轨道时垂直滚动条移动多少个单位。默认值为 20。

vScrollPolicy: 显示垂直滚动条。该值可以时“on”，“off”或“auto”。

18. TextInput(输入文本框)

“TextInput”组件是单行文本

中输入实例名称为“text1”，在“组件检查器”面板中“参数”项，选中“text”，在右侧输入“你的名字”，如图 7 - 50 所示。

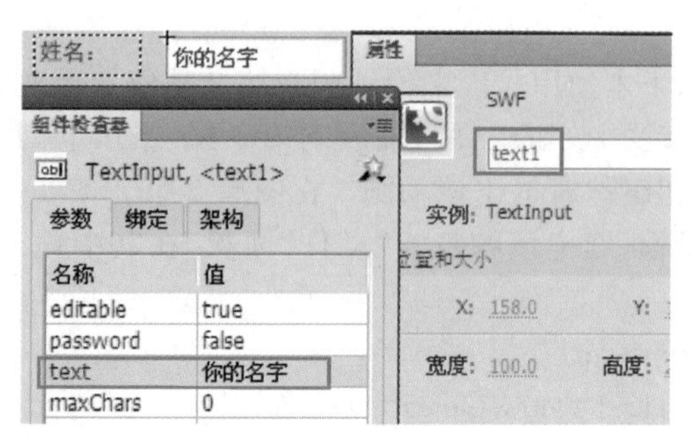

图 7 - 50

从“组件”面板中拉出一个文本区域“TextArea”组件放置在“你的建议:”文本下面。在其“属性”面板中输入实例名称为“text2”，设置它的宽为 200 像素，高为 220 像素。

从“组件”面板中拉出两个“单选按钮”组件“Radio Button”并排放置在“性别:”文本右边。选择左边的“Radio Button”组件在其“属性”面板中输入实例名称为“male”，在“组件检查器”面板中“参数”项，选中“date”，在右侧输入“男”，选中“label”，在右侧输入“男”。其中，“label”代表的是显示的内容，而下面的“data”则是代表上面的内容相对应的数值。需要注意的是“groupName”，本例中，有“男”、“女”两个选项，它们之间是相关的，只能选择一个，所以，这两个项目之间的联系就在“groupName”，“男”、“女”两个选项的“groupName”是一样的，如果不一样，那么它们两个选项之间将不存在任何关系。这里都取成“sex”。选中“selected”，在右侧下拉菜单中选择“true”，这样“男”选项就是默认选择状态，如图 7 - 51 所示。

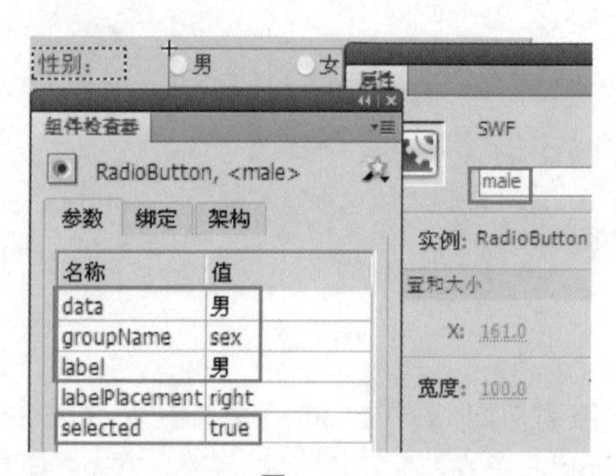

图 7 - 51

同样的选择另一个“RadioButton”组件在其“属性”面板中输入实例名称为“female”，在“组件检查器”面板中“参数”项，选中“date”，在右侧输入“女”，选中“label”，在右侧输入“女”，选中“groupName”，在右侧也输入“sex”。

继续从“组件”面板中拉出两个“下拉列表”组件“ComboBox”并排放置在“生日:”文本右边。选择左边的“ComboBox”组件在其“属性”面板中输入实例名称为“mymonth”。在“组件检查器”面板中“参数”项，选中“date”和“labels”，单击右侧的“放大镜”按钮，在弹出的对话框中，单击“加号”按钮增加至 12 个选项，然后将值修改为“1”到“12”，其他保持默认值。“label”和“data”的功能也是和上面单选按钮组件一样，如图 7－52 所示。

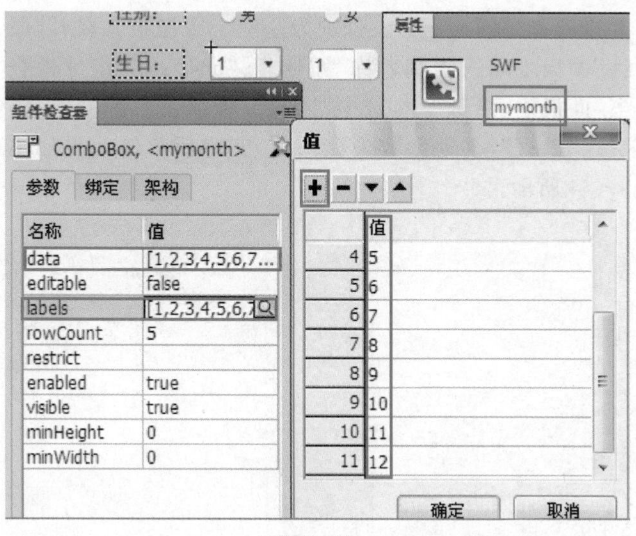

图 7－52

同样选择另一个“ComboBox”组件在其“属性”面板中输入实例名称为“myday”，在“组件检查器”面板中“参数”项，选中“date”和“labels”，单击右侧的“放大镜”按钮，在弹出的对话框中，单击“加号”按钮增加至 31 个选项然后将值修改为“1”到“31”，其他保持默认值。

继续从“组件”面板中拉出四个或更多的“CheckBox”组件“复选框”放置在“兴趣:”文本下方。分别为它们在其“属性”面板中输入实例名称为“b1”、“b2”、“b3”、“b4”，在“组件检查器”面板中“参数”项，选中“label”，分别在右侧输入“汽车”、“上网”、“音乐”、“游戏”其他保持默认

组件，该组件是对 ActionScript TextField 对象的包装。可以使用样式自定义输入文本框组件；当实例被禁用时，它的内容会显示为 disabledColor 样式表示的颜色。输入文本框组件也可以采用 HTML 格式，或作为掩饰文本的密码字段。在“组件检查器”面板中可以对它的参数进行设置，如下图所示。

组件检查器
TextInput
参数　绑定　架构

名称	值
editable	true
password	false
text	
maxChars	0
restrict	
enabled	true
visible	true
minHeight	0
minWidth	0

editable：指示“TextInput”组件是(true)否(false)可编辑。默认为“ture”。

displayAs password：指示字段是(true)否(false)为密码字段。默认为“false”。

text：指定“TextInput”组件的内容。

maxChars：是文本输入字段最多可以容纳的字符数。

restrict：指示用户可输入到文本输入字段中的字符集。

19. Window(窗口)

“Window”组件在一个具有标题栏、边框和关闭按钮(可选)的窗口内显示影片编辑的内容。在“组件检查器”面板中可以对它的参数进行设置，如下图所示。

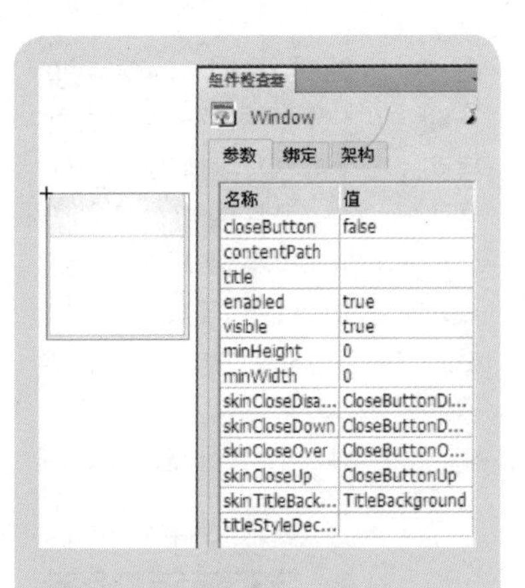

closeButton：指示是（true）否（false）显示关闭按钮。

contentPath：指定窗口的内容。这可以是电影剪辑的链接标识符，或者是屏幕，表单或包含窗口内容的幻灯片的元件的名称，也可以是要加载到窗口的 SWF 或 JPEG 文件的绝对或相对 URL。

title：指示窗口的标题。

20. Loader（加载）

“Loader”组件是一个容器，可以显示 SWF 或 JPEG 文件。可以缩放加载器的内容，或者调整加载器自身的大小来匹配内容的大小。在默认情况下，会调整内容的大小以适应加载器。在“组件检查器”面板中可以对它的参数进行设置，如下图所示。

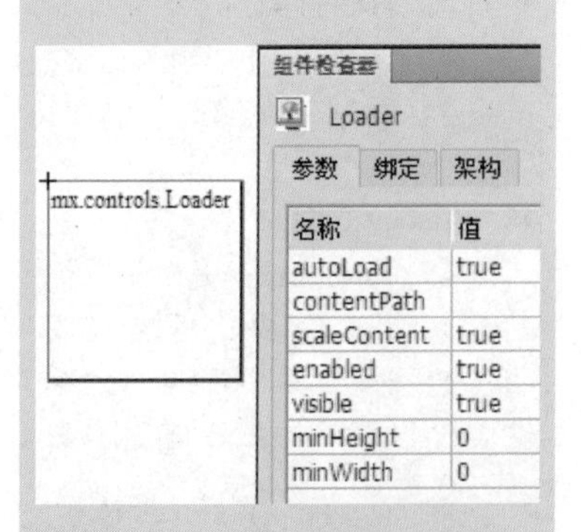

autoLoad：指示内容是应该自动加载（true），还是应该等到调用

值，如图 7－53 所示。

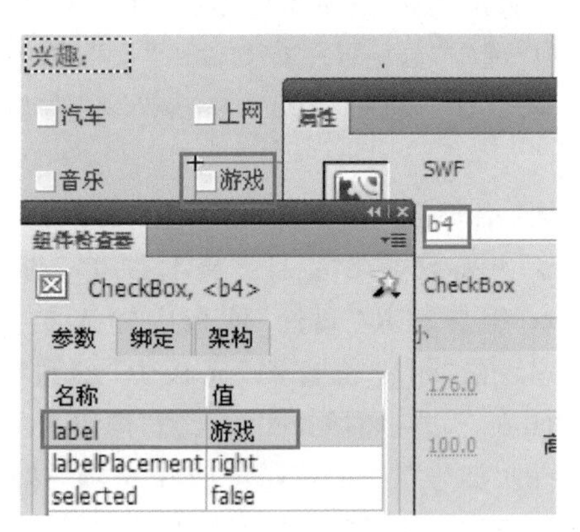

图 7－53

继续从“组件”面板中拉出两个“按钮”组件“Botton”并排放置在场景下面。分别为这两个按钮组件在其“属性”面板中输入实例名称为“an3”、“an4”，在“组件检查器”面板中“参数”项，选中“label”，分别在右侧输入“提交”、“重写”，其他参数为默认值，完成后整体效果如图 7－54 所示。

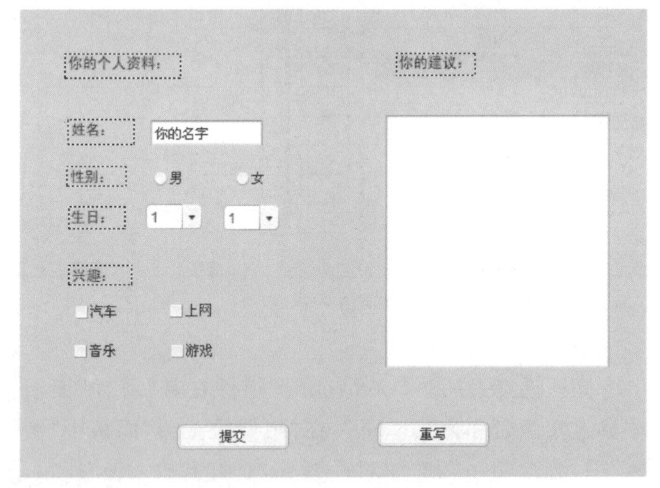

图 7－54

10

下面来使用代码来控制数据的提交和重写。在图层 2 第 3 帧处插入空白关键帧，选中该帧打开“动作”面板，在其中输入以下代码：

```
stop ();
a3List = new Object ();
a3List. click = function (){
    if ( b1. getSelected ( true )) { b1. setLabel
("汽车"); }else{b1. setLabel (" "); }
    if (b2. getSelected (true)) {b2. setLabel(" 上
网"); }else{b2. setLabel (" "); }
    if (b3. getSelected (true)) {b3. setLabel(" 音
乐"); }else{b3. setLabel (" "); }
    if (b4. getSelected(true)) {b4. setLabel(" 游
戏"); }else{b4. setLabel (" ");}
    str0 = "您的姓名是:" + text1. text;
    str1 = "您的性别是:" + sex. getValue ();
    str2 = "您的生日是:" + mymonth. getValue () +
"月" + myday. getValue () + "日";
    str3 = "您的兴趣有:" + b1. getLabel () + b2.
getLabel () + b3. getLabel () + b4. getLabel ();
    str4 = "您的建议是:" + text2. text;
    gotoAndPlay (4);
}
an3. addEventListener ("click", a3List);
```

这里解释下这段代码,它实现的是动画停止播放,当按下“an3”按钮组件时动画播放到第 4 帧,同时保留了“str0”、“str1”、“str2”、“str3”和“str4”这五个数据。其中“str0 = "您的姓名是:" + text1. text;”表示“str0”的数据内容是“你的姓名是:”加上输入文本框中输入的内容。后面的语句同理。其中“sex. getValue ()”表示两个单选框得出的值,“mymonth. getValue ()”表示“mymonth”下拉列表组件选择的值,“b1. getLabel ()”表示得到 b1 复选框的“label”参数值。关于复选框如何得到是否选择,可以看第 4 句“if (b1. getSelected(true)) {b1. setLabel ("汽车"); } else {b1. setLabel (" "); }”表示如果 b1 复选框被选中了,设置 b1 复选框的“label”参数值为“汽车”,否则为空格也就是无。“getSelected ()”是用来确定复选框组件有没被选中。

继续输入以下代码:

```
a4List = new Object ();
a4List. click = function (){
    text1. text = "";
    text2. text = "";
```

Loader. load ()函数时再进行加载(false)。默认为“true”。

contentPath: 是一个绝对或相对的 URL,它指示要加载到加载器的文件。相对路径必须是相对于加载内容的 SWF 文件的路径。

scaleContent: 指示是内容进行缩放以适合加载器(true),还是加载器进行缩放以适合内容(false)。默认为“true”。

21. UIScrollBar(UI 滚动条)

UIScrollBar(UI 滚动条)组件允许将滚动条添加至文本字段。可以在创作时将滚动条添加至文本字段,或在“组件检查器”面板中可以对它的参数进行设置,如下图所示。

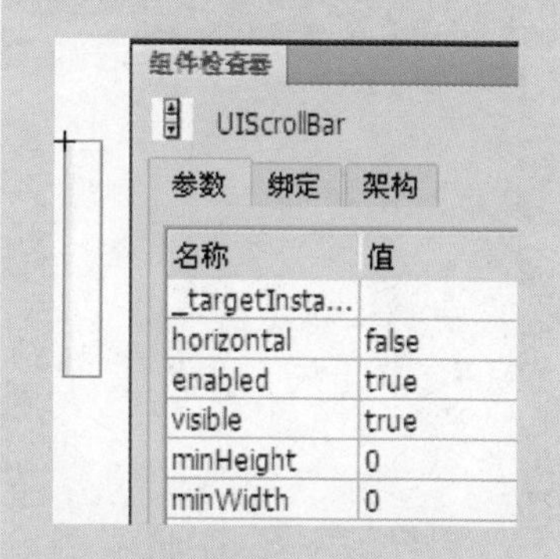

_targetInstanceName: 指示 UIScro UBar 组件所附加到的文本字段实例的名称。

horizontal: 指示滚动条是水平方向(ture)还是垂直方向(false)。

```
        male. setState (true);
        female. setState (false);
        mymonth. setSelectedIndex (0);
        myday. setSelectedIndex (0);
        b1. setSelected (false);
        b2. setSelected (false);
        b3. setSelected (false);
        b4. setSelected (false);
    }
    an4. addEventListener ("click",a4List);
```

这段代码实现的是当按下"an4"按钮组件时，把前面输入的数据清除。其中"male. setState (true)"表示把"male"单选组件设为被选状态。"mymonth. setSelectedIndex (0)"表示把"mymonth"下拉列表的选择值设为0号，其对应的显示值为1。其余的代码前面已讲过了。

11

最后来制作确认数据完成注册窗口。选择图层1第4帧插入空白关键帧。从"组件"面板中拉出一个文本区域"TextArea"组件放置在舞台中间。在其"属性"面板中输入实例名称为"text3"，设置它的宽为300像素，高为250像素。

再从"组件"面板中拉出一个"按钮"组件"Botton"放置在"text3"文本区域组件下面。在其"属性"面板中输入实例名称为"an5"，在"组件检查器"面板中"参数"项，选中"label"，在右侧输入"完成注册"。其他参数为默认，如图7－55所示。

图7－55

接下来用代码来实现确认数据并完成注册操作。在图层 2 第 4 帧处插入空白关键帧，选中该帧打开“动作”面板，在其中输入以下代码：

```
stop ();
text3.text = str0 + "\n" + str1 + "\n" + str2 + "\n" +
str3 + "\n" + str4;
a5List = new Object ();
a5List.click = function () { gotoAndPlay (1);}
an5.addEventListener ("click", a5List);
```

这段代码实现的是在第 4 帧停止播放，把“text3”文本区域组件的内容设为“str0”、“str1”、“str2”、“str3”和“str4”的内容，它们都分行显示。当按下“an5”按钮组件时跳回到动画第 1 帧。其中的"\n"表示分行。

这样一个可实时显示的万年历的注册窗口就制作好了。使用快捷键〈Ctrl〉+〈Enter〉测试一下效果是不是达到要求，然后使用快捷键〈Ctrl〉+〈S〉保存。

本章小结

本章讲述的是 Flash CS4 组件的使用和 Adobe Media Encoder 插件的应用。通过本章学习应该能够使用音频组件来加载外部 MP3，使用视频组件来加载外部 FLV 文件。能够使用 Adobe Media Encoder 插件来把各种视频文件转换成所需要格式的视频文件。另外还要能根据需要调用其他组件来进行动画制作。学会使用组件能节省很多制作动画的时间。组件是很方便实用的制作动画工具，应该学会利用它。

课后练习

❶ 下列(　　)不是 Flash 中内置的组件。

A. CheckBox（复选框）　　B. RadioButton（单选钮）

C. ScrollPane（滚动窗格）　　D. Adobe Media Encoder

❷ 在 Flash 中添加可滚动的单选和多选下拉菜单的是(　　)。

A. ComboBox　　B. ListBox　　C. ScrollBar　　D. ScrollPane

❸ Flash CS4 音频控制组件由三个组件构成，它们是________、________和________。

❹ Flash CS4 组件面板中的 FLV 视频播放器就是________组件。打开________面板，然后设置________面板中________项可以更换外观皮肤。

❺ Adobe Media Encoder CS4 中转换出视频大小的设置在________面板下的________中的________项。剪切视频，要先单击________，在裁剪框左侧、顶部、右侧和底部中输入的数值是指________。

❻ 组件是带有________的________。这些________可以修改组件的________和________。

附录1

全国信息化工程师——NACG数字艺术人才培养工程简介

一、工业和信息化部人才交流中心

工业和信息化部人才交流中心（以下简称中心）是工业和信息化部直属的正厅局级事业单位，是工业和信息化部在人才培养、人才交流、智力引进、人才市场、人事代理、国际交流等方面的支撑机构，承办工业和信息化部有关人事、教育培训、会务工作。

“全国信息化工程师”项目是经国家工业和信息化部批准，由工业和信息化部人才交流中心组织的面向全国的国家级信息技术专业教育体系。NACG数字艺术人才培养工程是该体系内针对数字艺术领域的专业教育体系。

二、工程概述

- 项目名称：全国信息化工程师—NACG数字艺术才培养工程
- 主管单位：国家工业和信息化部
- 主办单位：工业和信息化部人才交流中心
- 实施单位：NACG教育集团
- 培训对象：高职、高专、中职、中专、社会培训机构

现代艺术设计离不开信息技术的支持，众多优秀的设计类软件以及硬件设备支撑了现代艺术设计的蓬勃发展，也让艺术家的设计理念得以完美的实现。为缓解当前我国数字艺术专业技术人才的紧缺，NACG教育集团整合了多方资源，包括业内企业资源、先进专业类院校资源，经过认真调研、精心组织推出了NACG数字艺术&动漫游戏人才培养工程。NACG数字艺术人才培养工程以培养实用型技术人才为目标，涵盖了动画、游戏、影视后期、插画/漫画、平面设计、网页设计、室内设计、环艺设计等数字艺术领域。这项工程得到了众多高校及培训机构的积极响应与支持，目前遍布全国各地的300多家院校与NACG进行教学合作。

经过几年来自实践的反馈，NACG教育集团不断开拓创新、完善自身体系，积极适应新技术的发展，及时更新人才培养项目和内容，在主管政府部门的领导下，得到越来越多合作企业、合作院校的高度认可。

三、工程特色

NACG数字艺术才培养工程强调艺术设计与数字技术相结合，跟踪业界先进的设计理念与技术创新，引入国内外一流的课程设计思想，不断更新完善，成为适合国内的职业教育资源，努力打造成为国内领先的数字艺术教育资源平台。

NACG数字艺术才培养工程在课程设计上注重培养学生综合及实际制作能力，以真实的案例教学让学生在学习中可以提前感受到一线企业的要求，及早弥补与企业要求之间存在的差距。NACG实训平台的建设让学生早一步进入实战，在学生掌握职业技能的同时，相应提高他们的职业素养，使学生的就业竞争力最大限度地得以提高。

NACG教育集团通过与院校在合作办学、合作培训、学生考证、师资培训、就业推荐等方面的合作，帮助学校提升办学质量，增强学生的就业竞争力。

四、与院校的合作模式

- 数字艺术专业学生的培训 & 考证
- 数字艺术专业教材
- 合作办学
- 师资培训
- 学生实习实训
- 项目合作

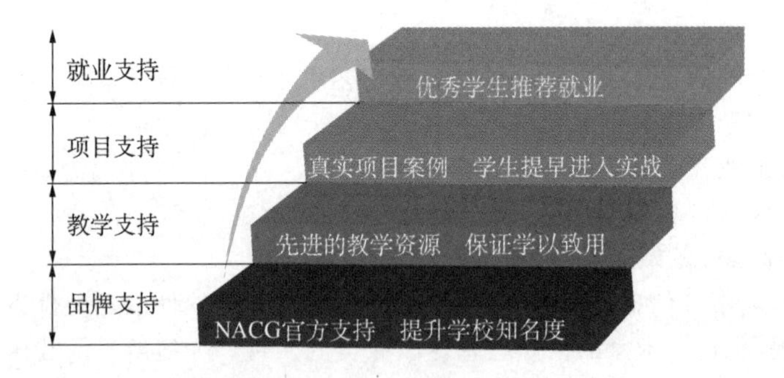

五、NACG发展历程

- NACG自2006年9月正式发布以来，以高品质的课程、优良的服务，得到了越来越多合作院校的认可
- 2007年1月获得包括文化部、教育部、广电总局、新闻出版总署、科技部在内的十部委扶

持动漫产业部级联席会议的高度赞赏与认可，并由各部委协助大力推广

- 2007 年 5 月在上海建立了动漫游戏实训中心
- 2007 年 9 月受上海市信息委委托开发动漫系列国家 653 知识更新培训课程，出版了一系列动漫游戏专业教材
- 2008 年与合作院校共同开发的“三维游戏角色制作”课程被评为教育部高职高专国家精品课程
- 2009 年 8 月出版了系列动漫游戏专业教材
- 2009 年 9 月 NACG 开发的“数码艺术”系列课程通过国家信息专业技术人才知识更新工程认定，正式被纳入国家信息技术 653 工程
- 2010 年 10 月纳入工业和信息化部主管的“全国信息化工程师”国家级培训项目
- 截至 2012 年 3 月，合作院校达到 300 多家
- 截至 2012 年 3 月，和教育部师资培训基地合作，共举办 20 期数字艺术师资培训，累计培训人数达 1 200 多人次，涉及动画、游戏、影视特效、平面及网页设计等课程
- 截至 2012 年 3 月，举办数字艺术高校技术讲座 260 余场、校企合作座谈会 60 多场
- 2012 年 5 月，组编“工信部全国信息化工程师—NACG 数字艺术人才培养工程指定教材/高等院校数字媒体专业‘十二五’规划教材”，由上海交通大学出版社出版

六、联系方式

全国服务热线：400 606 7968 或 02151097968
官方网站：www. nacg. org. cn
Email：info@nacg. org. cn

全国信息化工程师—NACG 数字艺术人才培养工程培训及考试介绍

一、全国信息化工程师—NACG 数字艺术水平考核

全国信息化工程师水平考试是在国家工业和信息化部及其下属的人才交流中心领导下组织实施的国家级专业政府认证体系。该认证体系力求内容中立、技术知识先进、面向职业市场、通用知识和动手操作能力并重。NACG 数字艺术考核体系是专业针对数字艺术领域的教育认证体系。目前全国有近 300 家合作学校及众多数字娱乐合作企业，是目前国内政府部门主管的最权威、最专业的数字艺术认证培训体系之一。

二、NACG 考试宗旨

NACG 数字艺术人才培养工程培训及考试是目前数字艺术领域专业权威的考核体系之一。该认证考试由点到面，既要求学生掌握单个技术点，更注重实际动手及综合能力的考核。每个科目均按照实际生产流程，先要求考生掌握具体的技术点(即考核相应的软件使用技能)；再要求学生制作相应的实践作品(即综合能力考，要求考生掌握宏观的知识)，帮助学生树立全局观，为今后更高的职业生涯打下坚实基础。

三、NACG 认证培训考试模块

学校可根据自身教学计划，选择 NACG 数字艺术人才培养工程下不同的模块和科目组织学生进行培训考试。

由于培训科目不断更新，具体的培训认证信息请浏览www. nacg. org. cn 网站。

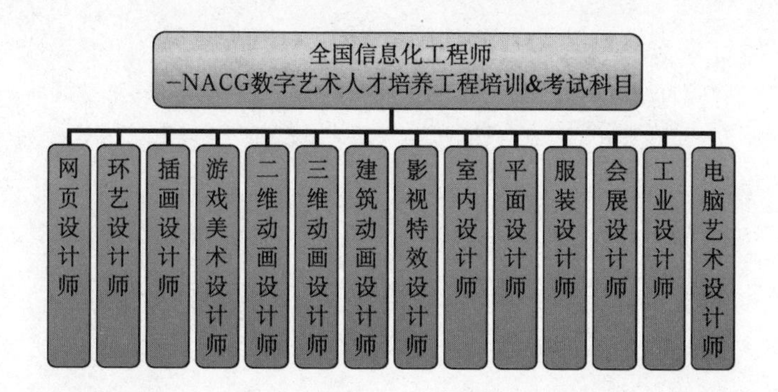

四、证书样本

通过考核者可以获得由工业和信息化部人才交流中心颁发的“全国信息化工程师”证书。

五、联系方式

全国服务热线：400 606 7968 或 02151097968
官方网站：www. nacg. org. cn
Email：info@nacgtp. org